ENZYKLOPÄDIE DER

SÄUGETIERE

ENZYKLOPÄDIE DER SÄUGETIERE

BERATENDE AUTOREN

Dr. Edwin Gould
Zoologischer Nationalpark
Smithsonian Institution, Washington DC., USA

Dr. George McKay
Hochschule für Biologie
Macquarie University, Sidney, Australien

ILLUSTRATIONEN VON

Dr. David Kirshner

Bechtermünz Verlag

Genehmigte Lizenzausgabe für Weltbild Verlag GmbH,
Augsburg 1999

Titel der Originalausgabe: MAMMALS
Herausgeber: Dr. Edwin Gould, Dr. George McKay
Illustrationen: Dr. David Kirshner
Übersetzung: Dr. Derek Vinyard
Satz: Partner-Satz, Hamburg
Gesamtherstellung: Druckerei Appl, Wemding
Printed in Germany
ISBN 3-8289-1556-6

Umschlag vorn: Giraffen-Stilleben. Foto von J. Sneesby und B. Wilkins/The Photo Library, Sydney.
Umschlag hinten: Junger Koala mit seiner Mutter. Foto von Art Wolfe/The Photo Library, Sydney.
Umschlaginnenseiten: Der auch als Kuguar, Berglöwe oder Panther bekannte Puma ist eine bedrohte Art. Foto von Leonard Lee Rue III/Bruce Coleman Ltd.
Seite 1: Ein Hermelin oder Wiesel in seinem kastanienbraunen Kleid mit einer weißen Unterseite. Im Winter wird das gesamte Fell weiß. Foto von Hans Reinhard/Bruce Coleman Ltd.
Seiten 2-3: Die riesigen Brustflossen des Buckelwals sehen wie Flügel aus. Foto von Mike Osmond/Auscape International.
Seiten 4-5: Der Magot ist im Englischen besser unter dem Namen »Barbary ape« bekannt.
Seite 7: Der aufgesperrte Rachen eines gähnenden Flußpferdes.
Seiten 8-9: Afrikanische Elefanten wandern zu gewissen Jahreszeiten und täglich durch ihr Gebiet. Fotos von Silvestris/Australasian Nature Transparancies.
Seite 10-11: Wildschweine suchen in Familienverbänden nach Nahrung.
Seiten 12-13: Die Impala-Herden ernähren sich von dem reichhaltigen, kurzen Gras der Regenzeit. Foto von Jonathan Scott/Planet Earth Pictures.
Seiten 46-47: Surikaten wärmen sich in der Morgensonne auf. Foto von David Mcdonald/ Oxford Scientific Films.

Jean-Paul Ferrero/Auscape International

HERAUSGEBER:

Dr. Edwin Gould
Dr. George McKay

DIE AUTOREN:

Dr. M. M. Bryden
University of Sydney, Australien

Dr. M. J. Delany
University of Bradford, Großbritannien

Dr. Valerius Geist
University of Calgary, Kanada

Dr. Tom Grant
University of NSW, Australien

Dr. Colin Groves
Australian National University

J. E. Hill
British Museum (Natural History), London

Dr. Tom Kemp
University Museum, Oxford

Judith E. King
British Museum (Natural History), London

Dr. Gordon L. Kirkland, Jr.
Shippensburg University, Pennsylvania, USA

Dr. Anne LaBastille
Beratende Lektorin, Autorin und Fotografin

Dr. Helene Marsh
James Cook University, Townsville, Australien

Dr. Norman Owen-Smith
University of Witwatersrand, Südafrika

Dr. Jeheskel (Hezy) Shoshani
Cranbook Institute of Science, USA

Dr. D. Michael Stoddart
University of Tasmania

Dr. R. David Stone
Word Wildlife Fund for Nature, Gland, Schweiz

Ronald Strahan
The Australian Museum, Sydney

Dr. W. Chris Wozencraft
National Museum of Natural History, Washington, USA

INHALT

ERSTER TEIL

DIE WELT DER SÄUGETIERE

ZWEITER TEIL

DIE ARTEN DER SÄUGETIERE

EINFÜHRUNG

Säugetiere gibt es heute in allen Formen und Größen, von winzigen Spitzmäusen und Fledermäusen, die nur zwei Gramm wiegen, bis zu gewaltigen Blauwalen, die 140 Tonnen erreichen. Und sie haben überall Nischen besetzt: auf dem Land, im Wasser und in der Luft. Doch ihre Erfolgsgeschichte erstreckt sich über eine lange Zeit. Die ersten Säugetiere waren mausgroße Insektenfresser. Sie entstammten therapsiden Reptilien während der Trias vor 245 Millionen Jahren, zu einer Zeit also, als die größeren Landmassen noch immer zusammenhingen. Während der Kreidezeit verschwanden die Dinosaurier plötzlich von der Erde, und Säugetiere nahmen ihren Platz ein. Es wurden ökologische Nischen für Tiere aller Größen frei; nicht nur für Pflanzen- und Fleischfresser, sondern auch für Omnivoren. Als dann die immergrünen Pflanzen wie Koniferen und Zykadeen langsam von den Blütenpflanzen mit eßbaren Früchten und Samen, wie etwa Palmen, Magnolien und Pappeln verdrängt wurden, entwickelten sich die Säugetiere. Irgendwann wurde die Verbreitung der Samen und die Bestäubung ein Teil dieser wechselseitigen Beeinflussung.

Die Säugetiere entwickelten neue, komplexe Verhaltensweisen, die die Kommunikation, das Sozialverhalten und die Brutfürsorge ein für allemal veränderten und schließlich die Informationsübertragung von einer Generation auf die nächste ermöglichten. Die neuen Milchdrüsen boten die Möglichkeit der mütterlichen Fürsorge. Daraufhin schließlich kam es zur Bindung zwischen Mutter und Kind, zur Wurzel des Sozialverhaltens.

Auf den Menschen üben die Säugetiere einen wesentlich größeren Einfluß aus, als ihre biologische Stellung im Ökosystem vermuten läßt. Die großen Tiere assoziieren wir mit der Lebenskraft auf Erden. Die Elefanten, Affen, Bären, Löwen und Tiger sind in unserer Literatur allgegenwärtig und sind dort Symbole der Kraft, Stabilität, Langlebigkeit, Weisheit und Gedächtnisleistung. Diese größere Wirbeltierklasse erleichtert das menschliche Dasein auf Erden als Nahrungsgrundlage, als Hilfe bei der Arbeit sowie als Hausgenosse.

So verbreitet die Säugetiere auch sind - viele Arten sind grundsätzlich leicht vom Aussterben bedroht. Dies ist eine ebenso natürliche Folge der Evolution wie der biologische Wandel. Mit dem Auftauchen des erfolgreichsten Räubers aller Zeiten jedoch, des Menschen, verschwinden die Arten in einer Geschwindigkeit, die bei weitem höher liegt als für die Evolution neuer Arten erforderlich ist. Auch wenn viele Säugetierarten unter den Jägern des Pleistozän verschwunden sind, sterben doch in der heutigen Zeit wesentlich mehr Arten aus. Die Zerstörung der Lebensräume unter der gegenwärtigen menschlichen Bevölkerungsexplosion macht das Leben für viele Arten unmöglich. Es ist durchaus zu befürchten, daß einige der in dieser Enzyklopädie beschriebenen Arten im nächsten Jahrhundert ausgestorben sein werden. Dennoch sollte dieses Buch jedem Leser das Verständnis für die morphologische und ökologische Verschiedenheit und die vielschichtigen Verhaltensweisen der Säugetiere öffnen. Vielleicht werden wir, wenn wir diesen Tieren erst mit mehr Achtung und Verständnis begegnen, Wege finden können, um ihre natürlichen Lebensräume zu bewahren. Dann können wir weiterhin zusammenleben und als partnerschaftliche Geschöpfe unseren schönen Planeten für die nächste Zeit zusammen bewohnen.

Edwin Gould

HERAUSGEBER

Hans Reinhard/Bruce Coleman Ltd

ERSTER TEIL
DIE WELT DER

SÄUGETIERE

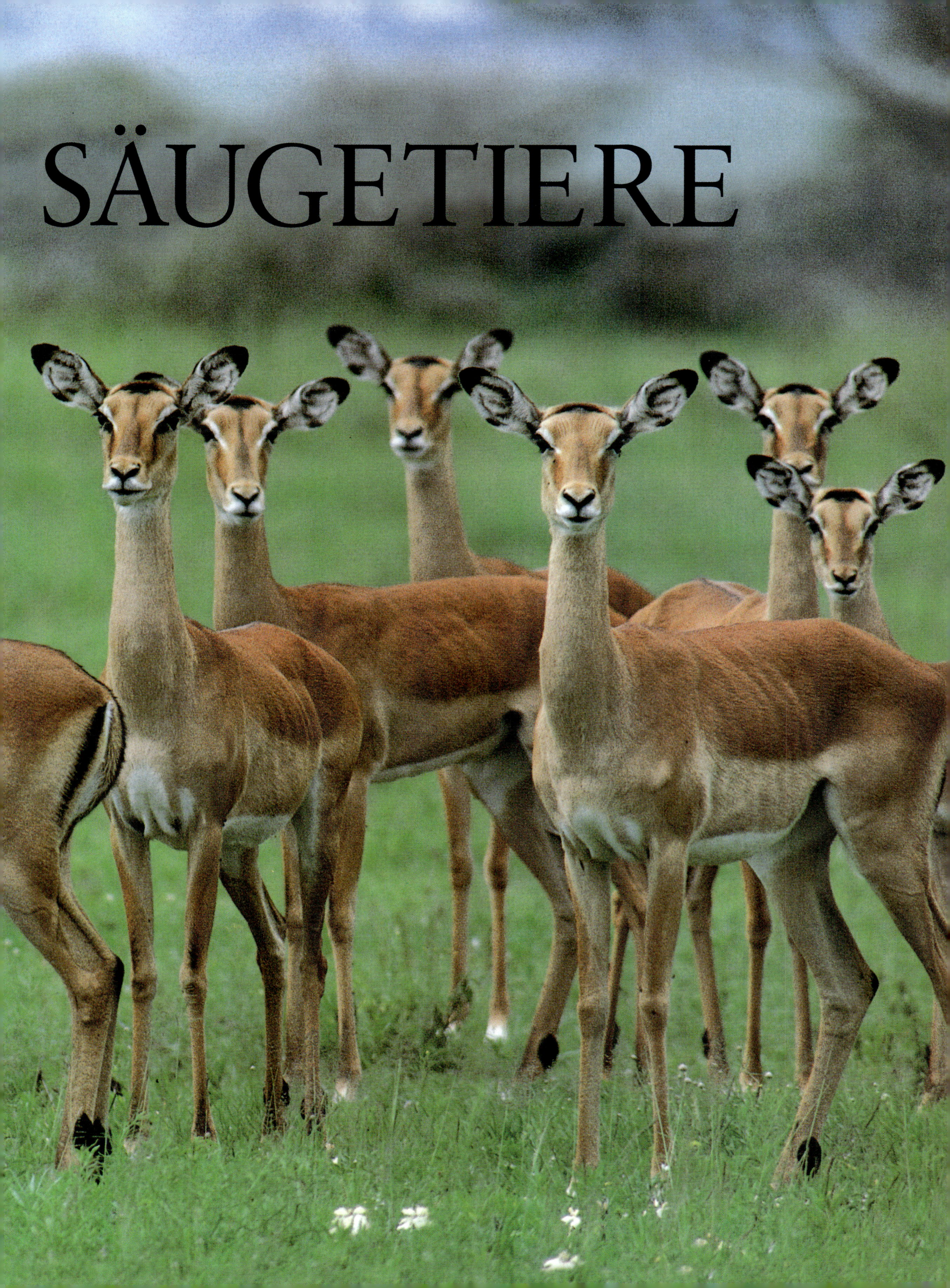

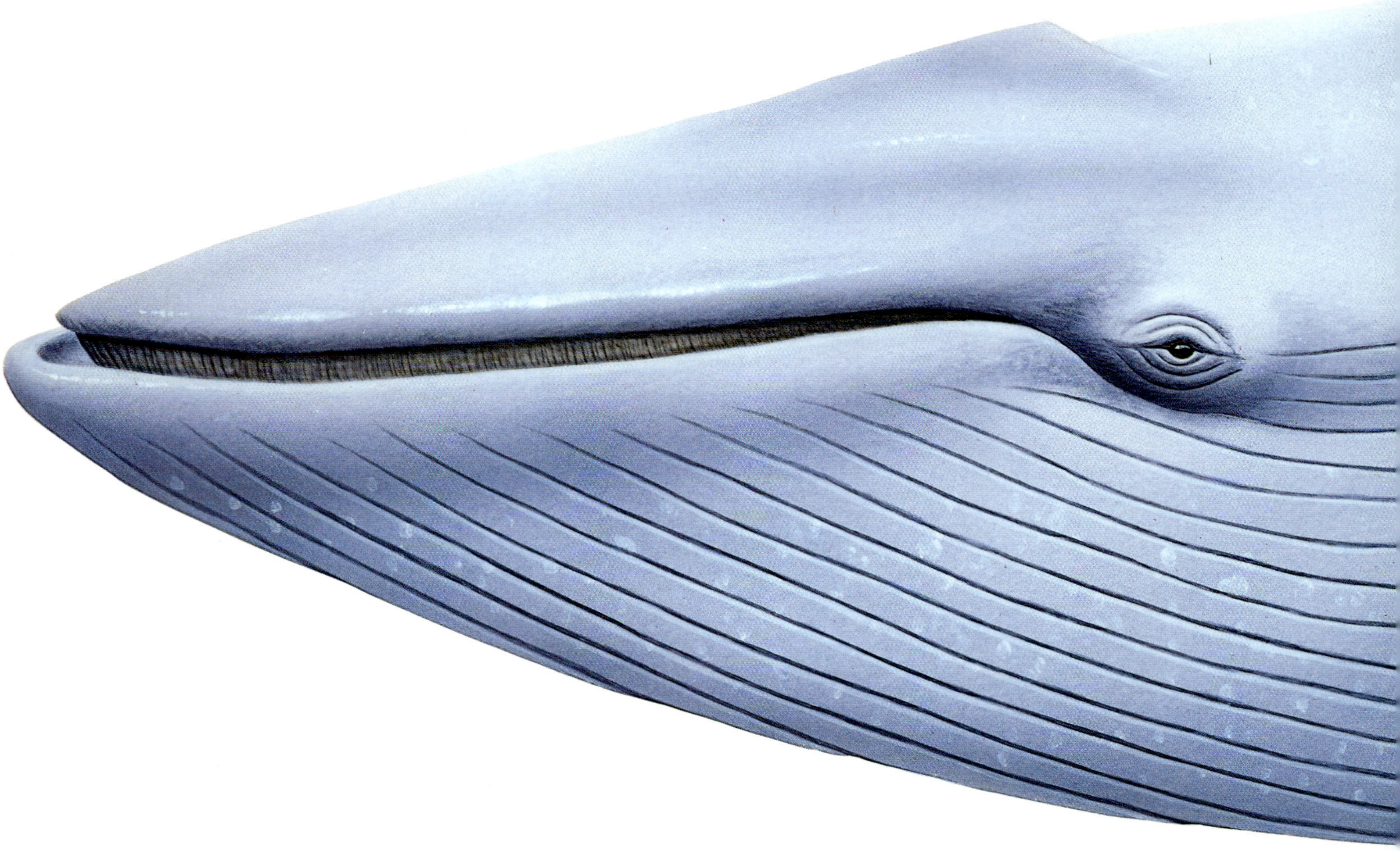

SÄUGETIERE KURZ VORGESTELLT

G. McKAY

Wissenschaftler unterteilen das Tierreich zum Zwecke der Klassifizierung in verschiedene größere Gruppen. Die bei weitem größte davon ist die der Wirbellosen: Sie enthält etwa 95 Prozent der bisher bekannten Millionen von Tierarten, darunter Schwämme, Mollusken, Arthropoden und Insekten. Die übrigen fünf Prozent der bekannten Arten gehören zu den Wirbeltieren, oder Tieren mit einem Rückgrat. Man kann sie grob in Fische, Amphibien, Reptilien, Vögel und Säugetiere einteilen. Die Klasse der Mammalia besteht aus weniger als 5000 Arten. Jedoch ist die unglaubliche Verschiedenartigkeit der Säugetiere schon erstaunlich. Von winzigen Feldmäusen bis zum gewaltigen Blauwal, vom Flußpferd bis zur Fledermaus, von Gürteltieren bis zu Gorillas, enthält die Klasse Mammalia einige der bestbekannten und -untersuchten, aber auch einige der am wenigsten bekannten Vertreter des Tierreichs. Auch der Mensch gehört dazu. Wir sind Säugetiere und werden mit Affen, Lemuren und Menschenaffen in der Ordnung Primates klassifiziert.

MERKMALE, DIE SÄUGERN GEMEINSAM SIND

Lebende Säugetiere sind warmblütige Tiere, die ihre Jungen mit Milch säugen und eine Körperbedeckung aus Haaren oder Fell besitzen. Zudem haben sie vorstehende äußere Ohren und ein mit Zähnen bewaffnetes Maul. Diese Merkmale, die übrigens nicht einmal allen Säugetieren gemeinsam sind, dienen dazu, die Säuger von allen anderen lebenden Wirbeltieren zu unterscheiden. Für die Wissenschaftler besteht jedoch das Einzelmerkmal, das die Säugetiere definiert, in der Art, in der das Dentale (das ist der Teil des Unterkieferknochens, in dem die Zähne sitzen) direkt mit dem Schädel gelenkt wird.

Die Säugetiere entwickelten sich aus einer Gruppe karnivorer (fleischfressender) Reptilien. So waren auch die primitivsten Säugetiere wie ihre Vorfahren kleine Fleischfresser. Als ihre Entwicklung fortschritt, breiteten sich die Säugetiere aus und paßten sich an viele unterschiedliche Lebensräume an: Heute besetzen sie eine große Spannbreite von Nischen, angefangen von kleinen, fliegenden Insektenfressern bis zu großen, terrestrischen Weidegängern, über winzige, grabende Fleischfresser bis zu den größten lebenden Tieren, den planktonfressenden Walen.

SCHÄDEL, KIEFERKNOCHEN UND ZÄHNE

Man kennt die säugetierähnlichen Reptilien, aus denen sich schließlich die Säugetiere entwickelten, unter dem Namen »Therapsiden«. Während der Entwicklungsgeschichte dieser Reptilien kam es zu zahlreichen Veränderungen im Schädelbau; die wichtigsten davon betreffen die Kiefer. Schon früh in der Entwicklung der Therapsiden verwuchs der Oberkiefer fest mit dem übrigen Schädel und verlor seine unabhängige Beweglichkeit, die man noch bei einigen Reptilien, wie etwa Schlangen, beobachten kann. Später er-

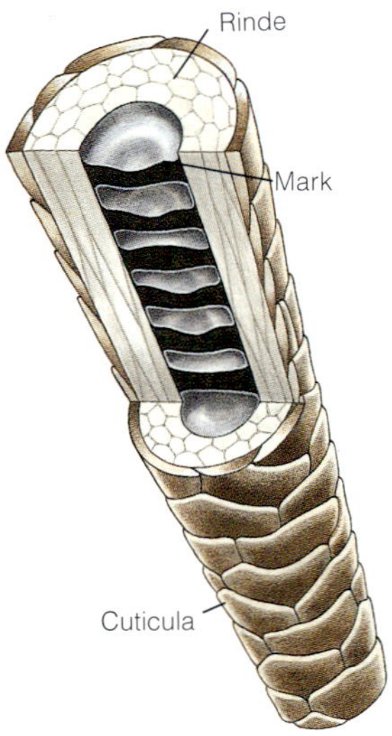

▲ Bau eines typischen Haares.

EIN TYPISCHES SÄUGERHAAR

Jedes Haar besteht aus drei konzentrisch angeordneten Zellschichten, die sich im Haarfollikel entwickeln und dann absterben und nach außen geschoben werden. Die innerste Schicht, die als Medulla bezeichnet wird, besteht aus toten Zelltrümmern, die Luft enthalten. Die erhöht die isolierende Wirkung des Fells und bietet in einigen Fällen schwimmenden Tieren auch Auftrieb. Bei sehr dünnen Haaren, etwa in den Fasern der Schafswolle, fehlt die Medulla.

Um die Medulla herum befinden sich die Zellen des Cortex, in die Keratinfasern einwandern und die auch Pigmente enthalten können. Die äußere Schicht ist die Cuticula, deren einzelne Zellen wie mikroskopisch kleine Schuppen aussehen. Die Zellen der Cuticula und der Medulla können sehr verschiedene Gestaltungsmuster aufweisen, die sich je nach Haartyp oder Tierart unterscheiden, so daß sich eine Tierart häufig allein durch die Struktur ihres Haares identifizieren läßt.

folgten bedeutende Veränderungen in der Zusammensetzung des Unterkiefers: Die Knochen, in denen sich die Zähne befinden, nahmen an Größe stark zu, während die anderen Knochen kleiner wurden. Schließlich war das Dentale der einzige Unterkieferknochen. Bei den frühesten Säugern erreichte das Dentale eine direkte Verbindung zum Squamosum (Schuppenbein) des Schädels.

Einer der bedeutenden Entwicklungsschritte der säugerähnlichen Reptilien bestand darin, daß die Zahl der Schädelknochen reduziert und die verbleibenden Schädelknochen verstärkt wurden. Die um das Auge herumliegenden Knochen verloren an Bedeutung, dafür vergrößerten sich die Knochen, die das Gehirn umgaben - eine Folge des ausgedehnteren Nervensystems.

Die Zähne sind bei den meisten Säugetieren die wichtigsten Werkzeuge zur Nahrungsaufnahme. Daher waren sie einem erheblichen evolutionären Wandel unterworfen und entwickelten eine Reihe unterschiedlicher Merkmale. Sie besitzen beispielsweise in verschiedenen Teilen des Kiefers eine unterschiedliche Form. Sie werden auch, wenn überhaupt, im Laufe des Lebens nur einmal ersetzt und nicht mehrfach, wie es bei Fischen und Reptilien der Fall ist. Außerdem sind sie schließlich in Zahnhöhlen im Knochen verankert.

HAUT UND FELL

Die Haut der Säugetiere zeigt einige Eigenschaften, die man bei anderen Wirbeltieren nicht findet. Dazu gehören das fortwährende Wachstum und der Ersatz der Epidermis, der äußersten der drei Hautschichten. Zum anderen bilden die Haare ein solches Merkmal und schließlich einige neue Typen von Hautdrüsen. In der wasserdichten Epidermis befinden sich die Haare und Hautdrüsen, jedoch keine anderen Strukturen. Die zweite Schicht, oder Dermis, enthält stützende Kollagenfasern, Blutgefäße, verschiedene sensorische Nervenenden und Muskulatur, mit der die Haare aufgerichtet werden können. An der Innengrenze der Dermis befindet sich die subdermale, isolierende Fettschicht.

Die Haare variieren erheblich in ihrer Gestalt und Größe. Sie wachsen aus der Basis von Follikeln und sind kompliziert gebaut. Viele Säugetiere besitzen wenigstens zwei Haupttypen von Haaren in ihrer Körperbedeckung: Lange Schutz- und Deckhaare und kürzere Haare oder Unterfell. Durch die Kombination dieser beiden Haartypen kommt es zu einer wirkungsvollen Isolierung, indem eine unbewegte Luftschicht dicht an der Haut eingeschlossen wird. Bei einigen großen Säugern sind die Haare spärlich oder fehlen. Diese Arten verlassen sich auf die isolierenden Eigenschaften ihrer Haut. Jedes einzelne Haar ist dem Verschleiß unterworfen und hat nur eine begrenzte Gebrauchsdauer. Der Austausch der Haare, also der Fellwechsel, kann kontinuierlich erfolgen oder, wie es in kälteren Klimaten geschieht, zu bestimmten Jahreszeiten. Einige Arten, wie etwa das Hermelin, besitzen unterschiedliche Sommer- und Winterkleider.

Besonders spezialisierte Haare, oder »Vibrissen«, kommen an verschiedenen Stellen des Körpers vor, normalerweise am Kopf, jedoch auch an den Oberarmen und an den Füßen. Die Vibrissen sind mit besonderen Sinneszellen verbunden und versorgen den Träger mit wichtigen taktilen Informationen.

Von den verschiedenen Drüsentypen, die es in der Haut gibt, sind die Milchdrüsen die wichtigsten. Sie scheiden die Milch aus, von der die Jungen sich ernähren. Zwar kommen Milchdrüsen bei plazentalen Säugetieren in beiden Geschlechtern vor, sie funktionieren jedoch nur bei den Weibchen. Alle Säugerweibchen besitzen Milchdrüsen. Jedoch gibt es schützende Zitzen oder Brustwarzen nur bei den Marsupialiern (Beuteltieren) und den Plazentaliern (Plazentatieren). Bei den Monotremen (Kloakentieren) öffnen sich die Drüsen in einen areolären Bezirk, in dem die Jungen mit ihren kurzen Schnäbeln herumwühlen können.

Die meisten Säugetiere haben Talgdrüsen. Diese stehen in engem Zusammenhang mit den Haarfollikeln. Sie scheiden einen öligen Stoff aus, der hilft, die Haare zu befeuchten und zu schützen. Viele Säuger besitzen Schweißdrüsen, die für Verdunstungskälte sorgen und beim Stoffwechsel anfallende Abfallprodukte ausscheiden. Schweißdrüsen können weit über

▼ Wie die meisten Säugetiere, die in kaltem Klima leben, besitzt der Nerz ein wärmeisolierendes Fell aus weichen, dichtstehenden Haaren. Seit Jahrtausenden benutzt der Mensch das Fell solcher Tiere für den Wärmeschutz seines eigenen, weitgehend nackten Körpers.

S. Roberts/Ardea London

den Körper verstreut sein, wie bei Menschen, oder sie sind auf bestimmte Regionen beschränkt. Sie können sogar vollständig fehlen. Duftdrüsen sind hochgradig spezialisierte Strukturen, die flüchtige Duftstoffe ausscheiden. Diese sind als Informationsüberträger bei der Kommunikation von Bedeutung. Bei einigen Arten bilden sie ein wichtiges Mittel der Selbstverteidigung.

WIRBELSÄULE UND GLIEDMASSEN

Die lebenden Säugetiere weisen eine zweifache Verbindung zwischen dem Schädel und dem Atlas (dem ersten Halswirbel) auf. Die meisten lebenden Säuger besitzen sieben Halswirbel. Allerdings variiert diese Zahl unter den Faultieren und ist bei den Manatis (Seekühen) auf sechs reduziert. Bei den meisten Säugetieren sind die Rippen nur mit den Brustwirbeln verbunden. Eine Ausnahme bilden die Monotremen (Kloakentiere), bei denen Halsrippen vorkommen.

Die Gliedmaßen der Säugetiere haben den ursprünglichen, fünffingerigen Bauplan der Wirbeltiere beibehalten. Es kam nur zu wenigen Abweichungen, selbst in so unterschiedlichen Gruppen wie den Fledermäusen, deren Hände zu Flügeln wurden, und den Walen mit ihren ruderförmigen Armen. Bei den Huftieren reduzierte sich die Zahl der Zehen fortlaufend von fünf auf zwei, oder sogar auf eins. Das Wachstum der Extremitätenknochen unterscheidet sich bei den Säugetieren von dem der Reptilien dadurch, daß es nicht unbegrenzt erfolgt und auf zwei Wachstumszonen an jedem Ende eines langen Knochens beschränkt ist.

Einigen frühen Säugergruppen ähnlich haben die Monotremen einen primitiven Schultergürtel mit einigen unabhängigen Knochen beibehalten. Dagegen besitzen die anderen lebenden Säugetiere einen Schultergürtel, der aus einer Scapula (Schulterblatt) und einer Clavicula (Schlüsselbein) besteht. Bei einigen Gruppen, wie etwa den Huftieren, ist die Clavicula häufig verlorengegangen. Hier mußten die Gliedmaßen extrem flexibel bleiben, um die Geschwindigkeit beim Laufen zu erhöhen. Andererseits haben diejenigen Primaten, die zum Klettern auf ihre starken Arme angewiesen sind, die Clavicula erhalten und sogar verstärkt.

Der Beckengürtel der Säugetiere besteht, wie bei den Reptilien, im Prinzip aus drei miteinander verwachsenen Knochen. Derjenige der Monotremen und Marsupialier besitzt jedoch einen zusätzlichen Knochen, der als Ansatzstelle für die Muskulatur dient, welche die Bauchwand stützt.

GEHIRN UND SINNESORGANE

Im Vergleich zu ihrer Körpergröße haben die Säugetiere viel größere Gehirne als andere Wirbeltiere. Das größere Hirnvolumen ist auf die Erweiterung der Hirnhemisphären zurückzuführen. Ein neuer Bestandteil des Hirns, das Neopallium, das in einem sehr kleinen Bereich auch bei einigen Reptilien zu finden ist, hat sich ausgedehnt und das urtümliche Reptiliengehirn mit grauen Zellen bedeckt. Während alle Säugetiere über ein Neopallium verfügen, besitzen die Placentalia zudem eine Verbindung zwischen den beiden Hirnhemisphären, das Corpus callosum.

Der Geruchssinn ist bei den meisten Säugern hoch entwickelt, wenn es auch bei vielen Primaten weniger bedeutsam ist und bei Walen überwiegend reduziert wurde oder gar fehlt. Der Geschmackssinn ist dagegen recht unspezialisiert. Tastrezeptoren sind überall auf dem Körper verteilt. Sie sind besonders wichtig mit den spezialisierten Haaren, die man Vibrissen nennt.

Das Säugerauge ist gut entwickelt und in Bau und Funktion dem Reptilienauge im Prinzip ähnlich. Bei verschiedenen Säugetieren kam es unabhängig voneinander zum Farbensehen, so etwa bei den Primaten und einigen Nagetieren. Auch das beidäugige Sehen, das auf sehr wirkungsvolle Weise erlaubt, Entfernungen einzuschätzen, ist bei den Primaten besonders gut entwickelt. Bei vielen nachtaktiven Säugern befindet sich an der Rückseite des Auges eine reflektierende Schicht. Sie reflektiert schwaches, eindringendes Licht zurück zur Netzhaut und steigert so die Sehschärfe.

Das Gehör ist für die meisten Säugetiere wichtig. Es haben sich etliche Spezialisierungen entwickelt, besonders die Verstärkungsfunktion des Mittelohres. Die meisten Säuger besitzen ein äußeres Ohr, das den Schall sammelt und an der Öffnung zum Mittelohr konzentriert. Viele Säugetiere können sehr hohe Töne hören. Dies wurde (beispielsweise bei Fledermäusen) zur Echoortung ausgenutzt. Hier entdecken die Tiere Hindernisse, indem sie auf die Reflexionen ihrer eigenen Tonimpulse lauschen.

WIE SÄUGER HÖREN

Das Ohr der Säugetiere setzt sich aus einer komplexen Reihe von Membranen und Knochen zusammen, die den von außen kommenden Schall übertragen und verstärken. Die Schallwellen treffen auf die Membrana tympani (Trommelfell), die von einem Knochen, dem Tympanicum, gestützt wird, und werden über den Malleus (Hammer), Incus (Amboß) und Stapes (Steigbügel) zum Ovalen Fenster des Innenohrs geleitet. Hier rufen sie in der Flüssigkeit des Innenohrs eine verstärkte Reihe von Druckwellen hervor, die wiederum die Sinneszellen auf dem Hörepithel erregen. Es ist ein interessantes Phänomen der Evolution, daß zwei frühere Gelenkknochen (der Malleus und der Incus) ihre Funktion verändert haben. Einst steuerten sie die Bewegung des Unterkiefers, heute helfen sie beim Hörvorgang, indem sie die Schallwellen verstärken.

Bei den etwas primitiveren Säugern befindet sich diese Struktur außerhalb des Schädels; bei stärker spezialisierten Formen wird sie jedoch von einer knöchernen Hülle geschützt, der Bulla, mit der das Tympanicum verschmilzt.

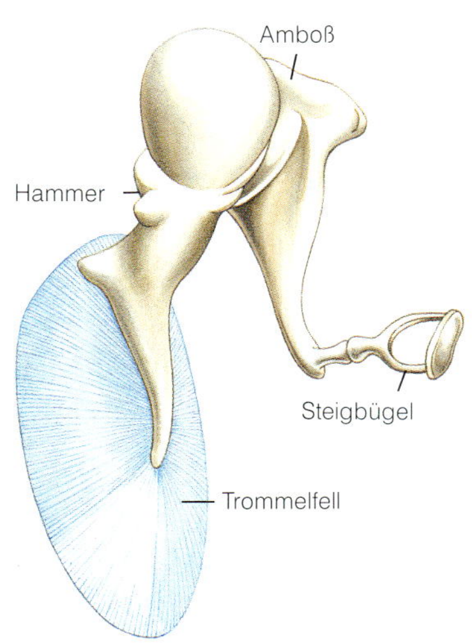

◀ Die drei Knochen im Ohr eines Säugers: Der Malleus (Hammer), Incus (Amboß) und Stapes (Steigbügel). Davon bilden zwei, Malleus und Incus, einen Teil des Kiefergelenks bei den Reptilien.

David Macdonald/Oxford Scientific Films

▲ Eine weibliche Surikate säugt ihre Jungen. Die Säugetiere (Mammalia) haben ihren Namen nach den Milchdrüsen (Glandulae mammae), die man nur in dieser Tiergruppe antrifft. Die Milch ist eine komplette Nahrung, die den Jungen alle Nährstoffe bietet, die sie brauchen, bis sie selber fressen können.

WIE SICH SÄUGETIERE FORTPFLANZEN

Die Fortpflanzung der Säugetiere ist durch eine innere Befruchtung charakterisiert, die zu einem Amnioten-Ei führt. Das weibliche Fortpflanzungssystem besteht aus einem Paar von Eierstöcken und ihrer dazugehörigen Gänge. Unter dem Einfluß von Hormonen, die aus der Hirnanhangdrüse stammen, werden reife Eier in die Eileiter entlassen. Die Ovulation kann durch die Umgebung gesteuert sein, wie es bei vielen Arten der Fall ist, die sich streng saisonal fortpflanzen. Sie kann aber auch durch die Kopulation ausgelöst werden, wie etwa bei Katzen. Die Männchen produzieren Sperma in ihren Hoden, die entweder innerhalb der Körperhöhle liegen oder außen in einem Skrotum. Hier kann das Sperma bei einer Temperatur heranreifen, die niedriger liegt als die normale Körpertemperatur. Im Anschluß an die Kopulation und Ejakulation wandern die Spermien rasch zum oberen Teil der weiblichen Eileiter, wo sie dann die Eier befruchten.

Bei den Monotremen wird das befruchtete Ei im Uterus von einer Schalenmembran und einer lederigen Schale umgeben. Anschließend wird es im Uterus etwa zwei Wochen lang ausgebrütet, ehe es gelegt wird und außen weiterhin bebrütet wird. Bei den Marsupialiern wird eine Schalenmembran angelegt, jedoch keine Schale. Bei plazentalen Säugern schließlich gibt es überhaupt keine Schalenmembranen.

Die jungen Marsupialier kommen nach einem kurzen Reifungsprozeß noch sehr unfertig zur Welt. Sie verwachsen fest mit der Zitze einer Milchdrüse, die in einer Tasche am Bauch der Mutter oder an einer anderen Stelle liegen kann. Bei den plazentalen Säugetieren ist die Reifungszeit vergleichsweise länger, und die neugeborenen Jungen befinden sich in einem weiter fortgeschrittenen Entwicklungszustand, wenngleich sie bei einigen Arten noch immer nackt und hilflos sind. Eine wesentliche Tendenz in der Entwicklungsgeschichte der plazentalen Säugetiere besteht darin, die Reifungszeit zu verlängern und höher entwickelte Jungtiere zur Welt zu bringen. In der Folge werden normalerweise weniger Jungtiere pro Wurf geboren.

DIE INNEREN ORGANSYSTEME

Bei den Säugern trennt ein muskulöses Diaphragma (Zwerchfell) die Höhlen der Brust und des Hinterleibes. Durch die Kontraktion des Diaphragmas und die Arbeit der Muskeln, die die Rippen verbinden, wird Luft in die Lunge gezogen. Das obere Atmungssystem besteht aus einer Luftröhre, die sich in Bronchien aufzweigt, die wiederum in die Lunge führen. Am oberen Ende der Luftröhre befindet sich der Larynx (Kehlkopf), mit dem Töne produziert werden können.

Das Gefäßsystem wird von einem vierkammerigen Herzen beherrscht, das sich in seinem Aufbau von dem vierkammerigen Herzen der Krokodile und Vögel unterscheidet. Beim erwachsenen Tier liegt eine vollständige Trennung zwischen dem Lungen- und dem Körperkreislauf vor. Die roten Blutkörperchen binden und transportieren Sauerstoff und Kohlendioxid von und zu den Lungen. Verschiedene weiße Blutkörperchen wachen über die Funktionen des körpereigenen Immunsystems. Alle Säugetiere sind imstande, ihre Körpertemperatur über diejenige ihrer Umgebung anzuheben. Viele könne sie auch herabsetzen, entweder täglich oder für eine längere Zeit der Starre oder Winterruhe.

Die Säugernieren sind tatsächlich »nierenförmig« und keine langgestreckten Strukturen wie bei anderen Wirbeltieren. Wie zahlreiche Fische, Amphibien und Wasserschildkröten, scheiden die Säugetiere ihre stickstoffhaltigen Abfallprodukte in Form von Harnstoff aus und nicht als Harnsäure, wie es die meisten Reptilien und sämtliche Vögel tun. Das Verdauungssystem der Säugetiere zeigt einige Besonderheiten. Dies gilt besonders für die Gruppen, die Pflanzenmaterial entweder in einem stark modifizierten Magen oder in einem Blinddarm zersetzen. Es handelt sich bei letzterem um einen Sack, der sich an der Verbindung vom Dünndarm zum anschließenden Enddarm befindet.

WIE SÄUGETIERE EINGEORDNET WERDEN

J.E. HILL

Es gibt einige Millionen verschiedener Arten von Pflanzen und Tieren. Das Ziel der Klassifizierung ist, eine jede von ihnen mit einem unverwechselbaren Namen zu versehen, unter dem sie bekannt sein soll. Sie soll aufgrund ihrer Beschreibung erkennbar sein. Schließlich soll sie in ein formales Gefüge oder eine Hierarchie eingeordnet werden, aus der ihr Verwandtschaftsgrad zu anderen hervorgeht. Die Wissenschaft, Pflanzen und Tiere in dieser Weise anzuordnen, nennt man Taxonomie oder manchmal Systematik.

DIE GATTUNGEN

Arten, die eine Reihe gemeinsamer Merkmale aufweisen, werden zu Gattungen zusammengefaßt, obwohl es gelegentlich vorkommt, daß eine sehr stark charakterisierte Art das einzige Mitglied seiner Gattung ist. So gehören zur Gattung Vulpes einige Fuchsarten außer dem Rotfuchs oder gemeinen Fuchs. Dagegen betrachtet man den Polarfuchs als so unterschiedlich von diesen und anderen Füchsen, daß man ihn separat in eine einzelne Gattung als *Alopex lagopus* setzt.

Die Gattungen basieren auf wesentlich weiterreichenden Merkmalen als die Arten und werden manchmal in Untergattungen unterteilt, um die Eigenschaften einer besonderen Art oder Artengruppe herauszustellen. Wiederum ist die Interpretation ihrer Merkmale subjektiv, und die Zahl der modernen Säugetiergattungen ist nicht unwiderruflich festgelegt: Gegenwärtig sind etwa 1050 davon aufgeführt.

DIE FAMILIEN

Ebenso wie Gattungen Gruppen von Arten beschreiben, oder manchmal eine besonders charakteristische Art, so umfassen die Familien Gruppen von Gattungen mit gemeinsamen Merkmalen oder Ähnlichkeiten: Es kommt vor, daß eine Familie nur eine besonders charakteristische Art umfaßt, möglicherweise mit nur einer einzigen Art.

Wenn die eingeschlossenen Gattungen hinreichend unterschiedlich sind, läßt sich eine Familie in zwei oder mehr Unterfamilien aufspalten. So umfaßt beispielsweise die neuweltliche Fledermausfamilie der Phyllostomidae eine weite Spanne von Gattungen, die in einige unterschiedliche Gruppen zerfallen, von denen jede als Unterfamilie anerkannt ist. Es gibt 132 Familien moderner Säugetiere.

DIE ORDNUNGEN

Familien, die in den wesentlichen Merkmalen übereinstimmen, werden zu Ordnungen zusammengefaßt. Im Prinzip sind diese recht eindeutig und grenzen sich von anderen durch naheliegende Merkmale ab. Manchmal jedoch mag die Unterscheidung weniger unmittelbar deutlich werden. So nehmen beispielsweise die Elefanten eine eigene Ordnung ein, die der Proboscidea, die sich leicht erkennen läßt. Dagegen sind einige australische Säugetiere, die zur Ordnung Marsupialia gehören, in einiger Hinsicht den Mitgliedern anderer Ordnungen sehr ähnlich, die jedoch ein ganz abweichendes Fortpflanzungssystem besitzen.

TRIVIALNAMEN

Viele Säugetiere, und ebenso natürlich andere Tiere und Pflanzen, besitzen Trivial- oder umgangssprachliche Namen, obwohl es diese bei vielen Arten auch nicht gibt. Sie unterscheiden sich von einem Land zum nächsten und von einer Sprache zur anderen und können zweideutig sein. Daher finden sie bei der Klassifizierung keine Anwendung.

WISSENSCHAFTLICHE NAMEN

Die wissenschaftlichen Namen sind stets lateinisch. Das liegt zum Teil daran, daß Latein die übliche Sprache der frühen Naturforscher war. Viel wichtiger ist jedoch, daß diese heute archaisch anmutende Sprache von der Wissenschaft allgemein als ein Hilfsmittel akzeptiert wurde, um den Problemen der Übersetzung und der Zweideutigkeit aus dem Wege zu gehen.

Der wissenschaftliche Name einer jeden Tier- oder Pflanzenart besteht immer aus zwei Wörtern: Der erste bzw. Gattungsname verweist auf die Verwandtschaft einer Art zu anderen, der zweite bzw. Artname bezeichnet die betreffende Art im besonderen. Um kleine Varianten innerhalb einer Art zum Ausdruck zu bringen, wird unter Umständen ein dritter Name eingesetzt, der die Unterart beschreibt.

Wissenschaftliche Namen haben oft eine beschreibende Funktion und lenken die Aufmerksamkeit auf ein besonderes Merkmal ihres Trägers, oder sie verweisen auf das Land oder den Ort seiner Herkunft. Gelegentlich würdigen die Namen auch eine besondere Person. Einige Namen sind in ihrer Entstehung recht klassisch, sie können jedoch auch willkürlich gewählt sein.

DIE ARTEN

Die Art ist die Grundeinheit der Klassifizierung. Man kennt etwa 4250 Arten moderner Säugetiere. Und obwohl einige von ihnen, etwa Panda, Löwe oder Tiger, leicht eindeutig erkennbar sind, ist dies bei der Mehrheit der Tiere weit weniger der Fall. Man bestimmt sie anhand von Unterschieden in der äußeren Gestalt und des äußeren Körperbaus, des Aufbaus von Schädel und Zähnen oder sogar anhand solcher Attribute wie Muster und Aufbau der Chromosomen. Die Auslegung von Ähnlichkeiten und Unterschieden ist häufig subjektiv. Daher variiert die Gesamtzahl der Säugetierarten geringfügig von einem Autoren zum anderen. Auch werden von Zeit zu Zeit, selbst heute noch, neue Arten entdeckt und beschrieben.

DER ROTFUCHS: EIN BEISPIEL FÜR DIE SYSTEMATIK DER SÄUGETIERE

Die Grundlage der Säugetier-Systematik läßt sich am Beispiel des Rotfuchses, *Vulpes vulpes,* der in Nordeuropa, Asien und Nordamerika lebt, verdeutlichen. Die Gattung *Vulpes* enthält außer dieser Art einige andere Fuchsarten. Sie wird mit anderen Gattungen von Füchsen, mit Hunden, Wölfen und Schakalen zu der Familie Canidae zusammengefaßt. Zusammen mit einer Reihe anderer Familien fleischfressender Säugetiere, wie den Ursidae (Bären und Pandas), Procyonidae (Waschbären), Hyaenidae (Hyänen) und Felidae (Katzen) bilden die Canidae einen Teil der Ordnung Carnivora. Diese gehört ihrerseits zu der Infraklasse Eutheria und der Unterklasse Theria.

Klasse: Mammalia
Infraklasse: Eutheria
Unterklasse: Theria
Ordnung: Canivora
Familie: Canidae
Gattung: *Vulpes*
Art: *Vulpes vulpes*

▼ Junge Rotfüchse der Art Vulpes vulpes. Die Systematik ermöglicht uns, Tiere in einer zweckmäßigen Form zu katalogisieren und hilft, das Ausmaß der stammesgeschichtlichen Verwandtschaft zwischen zwei verschiedenen Arten aufzuzeigen.

Hans Reinhard/Bruce Coleman Ltd

Zu den meisten Ordnungen gehören einige oder gar viele Familien. Neben den Proboscidea gibt es einige Ordnungen, die nur eine Familie enthalten. Die Ordnung der Tubulidentata besitzt sogar nur eine einzige Gattung und Art, das afrikanische Erdferkel, Orycteropus afer. Ordnungen können zu Unterordnungen unterteilt sein, um auf Unterschiede unter den beteiligten Familien hinzuweisen. Es gibt 20 Ordnungen moderner Säugetiere, von denen die Rodentia oder Nagetiere mit etwa 40 Prozent der bekannten Säugetierarten die größte darstellen. Es folgen die Chiropteren oder Fledermäuse, die etwa weitere 23 Prozent ausmachen.

HÖHERE ORDNUNGSSTUFEN

Die Säugetiere gehören zur Klasse der Mammalia, in der zwei große Abteilungen anerkannt sind. Die eine, die Prototheria, umfaßt nur die stacheligen Ameisenigel Australiens und Neu Guineas sowie das australische Schnabeltier mit seinem »Entenschnabel«. Diese Tiere sind unter den Säugern einmalig, denn sie pflanzen sich durch Eier fort. Zu der anderen Abteilung, den Theria, gehören alle anderen modernen Säugetiere; sie ist jedoch ihrerseits wieder zweigeteilt: Deren eine Gruppe, die der Metatheria, ist für die Marsupialia oder Beuteltiere reserviert, die heute auf Zentral- und Südamerika sowie auf Autralasien beschränkt sind. Ihre Jungen kommen in einem sehr unterentwickelten Zustand zur Welt und vollenden ihre Entwicklung in einer Tasche oder Falte am Hinterleib der Mutter. Der Rest der modernen Säugetiere gehört zur zweiten Gruppe, den Eutheria, deren Jungen bis zu einem recht fortgeschrittenen Stadium im Mutterleib heranreifen. Die Prototheria und die Theria werden als Unterklassen der Klasse Mammalia angesehen. Die Metatheria und Eutheria hält man häufig für Infraklassen innerhalb der Theria, jedoch ist ihre Klassifizierung einigen Meinungsverschiedenheiten unterworfen.

FOSSILE SÄUGETIERE

Die modernen Säuger bilden nur einen außerordentlich kleinen Teil aller Formen, die seit der Entwicklung der ersten Säugetiere vor 200 Millionen Jahren existierten. Vermutlich repräsentieren die jüngsten Fossilien heute bekannte Gattungen oder sogar Arten, und viele fossile Säugetiere gehören zu denselben Ordnungen und Familien wie ihre modernen Gegenstücke. Viele Fossilien repräsentieren jedoch vollständig abweichende Säugetiere, die sich während der langen Zeit, seitdem die Säuger erstmals erschienen, entwickelten, aufblühten und schließlich ausstarben.

DIE VERÄNDERUNGEN IN DER KLASSIFIZIERUNG

Von Zeit zu Zeit kommt es zu Veränderungen in der Klassifizierung, besonders unter den Arten und Gattungen. Dies liegt an neuen Wegen, die Ähnlichkeiten und Unterschiede zwischen den Säugetieren zu beurteilen, oder daran, daß man die Spanne der Merkmale, von denen die Klassifizierung abhängt, über die üblicherweise gebrauchten hinaus erweitert. Auch kann die Interpretation und Bedeutung der Merkmale von einem Autoren zum anderen unterschiedlich sein. Daher gibt es keine unveränderliche Klassifizierung. Und obwohl die Familien und Ordnungen der modernen Säuger feststehen, gibt es in einigen Fällen noch keine vollständige Übereinstimmung über ihre Verwandschaftsverhältnisse zueinander.

DIE ORDNUNGEN UND FAMILIEN DER SÄUGETIERE

Die folgende Aufstellung basiert auf „*A World List of Mammalian Species*“ von G.B. Corbet und J.E. Hill, zweite Auflage, 1986, Facts on File Publications, New York/British Museum (Natural History), London.

KLASSE MAMMALIA	
Unterklasse Prototheria	
Ordnung MONOTREMATA	KLOAKENTIERE
Tachyglossidae	Ameisenigel
Ornithorhynchidae	Schnabeltier
Unterklasse Theria	
Infraklasse Metatheria	
Ordnung MARSUPIALIA	BEUTELTIERE
Didelphidae	Beutelratten
Microbiotheriidae	Bergopossums
Caenolestidae	Opossummäuse
Dasyuridae	Raubbeutler
Myrmecobiidae	Ameisenbeutler
Thylacinidae	Beutelwölfe
Notoryctidae	Beutelmulle
Peramelidae	Nasenbeutler, Beuteldachse
Thylacomyidae	Kaninchennasenbeutler
Vombatidae	Plumpbeutler (Wombats)
Phascolarctidae	Koalas
Phalangeridae	Kletterbeutler
Petauridae	Gleithörnchenbeutler
Burramyidae	Bilchbeutler
Tarsipedidae	Rüsselbeutler
Macropodidae	Känguruhs, Wallabies
Infraklasse Eutheria	
Ordnung EDENTATA	ZAHNARME
Myrmecophagidae	Ameisenbären
Bradypodidae	Dreizehen-Faultiere
Megalonychidae	Zweizehen-Faultiere
Dasypodidae	Gürteltiere
Ordnung INSECTIVORA	INSEKTENFRESSER
Solenodontidae	Schlitzrüssler
Tenrecidae	Tanreks
Chrysochloridae	Goldmulle
Erinaceidae	Igel und Haarigel
Soricidae	Spitzmäuse
Talpidae	Maulwürfe, Desmane
Ordnung SCADENTIA	SPITZHÖRNCHEN-VERWANDTE
Tupaiidae	Spitzhörnchen
Ordnung DERMOPTERA	RIESEN-GLEITFLIEGER
Cynocelphalidae	Riesengleitflieger
Ordnung CHIROPTERA	FLEDERMÄUSE
Pteropodidae	Flughunde
Rhinopomatidae	Mausschwanz-Fledermäuse
Emballonuridae	Glattnasen-Freischwänze
Craseonycteridae	Schweinsnasen-Fledermäuse
Nycteridae	Schlitznasen
Megadermatidae	Großblattnasen
Rhinolophidae	Hufeisennasen
Hipposideridae	Rundblattnasen
Noctilionidae	Hasenmäuler
Mormoopidae	Kinnblatt-Fledermäuse
Phyllostomidae	Eigentliche Blattnasen
Natalidae	Trichterohren
Furipteridae	Stummeldaumen
Thyropteridae	Amerikanische Haftscheiben-Fledermäuse
Myzopodidae	Madagassische Haftscheiben-Fledermäuse
Vespertilionidae	Glattnasen-Fledermäuse
Mystacinidae	Neuseeland-Fledermäuse
Molossidae	Bulldoggen-Fledermäuse
Ordnung PRIMATES	PRIMATEN
Cheirogaleidae	Katzenmakis
Lemuridae	Lemurenartige
Indridae	Indriartige
Daubentoniidae	Fingertiere
Loridae	Loris, Galagos
Tarsiidae	Koboldmakis
Callitrichidae	Krallenaffen, Tamarins
Cebidae	Kapuzinerartige
Cercopithecidae	Meerkatzenartige
Hylobatidae	Gibbons
Hominidae	Menschenaffen, Menschen
Ordnung CARNIVORA	RAUBTIERE
Canidae	Hunde, Füchse
Ursidae	Bären, Pandas
Procyonidae	Waschbären etc.
Mustelidae	Marder etc.
Viverridae	Schleichkatzen
Herpestidae	Mangusten
Hyaenidae	Hyänen
Felidae	Katzen
Otariidae	Seelöwen
Odobenidae	Walrosse
Phocidae	Robben
Ordnung CETACEA	WALE, DELPHINE
Platanistidae	Flußdelphine
Delphinidae	Delphine
Phocoenidae	Schweinswale
Monodontidae	Narwale, Weißwale
Physeteridae	Pottwale
Ziphiidae	Schnabelwale
Eschrichtiidae	Grauwale
Balaenopteridae	Furchenwale
Balaenidae	Glattwale
Ordnung SIRENIA	SEEKÜHE
Dugonidae	Dugongs
Trichechidae	Manatis
Ordnung PROBOSCIDEA	RÜSSELTIERE
Elephantidae	Elefanten
Ordnung PERISSODACTYLIA	UNPAARHUFER
Equidae	Pferde
Tapiridae	Tapire
Rhinocerotidae	Nashörner
Ordnung HYRACOIDEA	SCHLIEFER
Procaviidae	Schliefer
Ordnung TUBULIDENTATA	RÖHRENZÄHNER
Orycteropodidae	Erdferkel
Ordnung ARTIODACTYLIA	PAARHUFER
Suidae	Schweine
Tayassuidae	Pekaris
Hippopotamidae	Flußpferde
Camelidae	Kamele, Lamas
Tragulidae	Hirschferkel
Moschidae	Moschushirsche
Cervidae	Hirsche
Giraffidae	Giraffen, Okapi
Antilocapridae	Gabelhorntiere
Bovidae	Rinder, Antilopen
Ordnung PHOLIDOTA	SCHUPPENTIERE
Manidae	Schuppentiere (Pangoline)
Ordnung RODENTIA	NAGETIERE
Aplodontidae	Stummelschwanzhörnchen
Sciuridae	Eichhörnchen, Murmeltiere etc.
Geomyidae	Taschenratten
Heteromyidae	Taschenmäuse
Castoridae	Biber
Anomaluridae	Dornschwanzhörnchen
Pedetidae	Springhasen
Muridae	Ratten, Mäuse, Rennmäuse etc.
Gliridae	Bilche
Seleviniidae	Salzkrautbilche
Zapodidae	Hüpfmäuse
Dipodidae	Springmäuse
Hystricidae	Altwelt-Stachelschweine
Erethiozontidae	Neuwelt-Stachelschweine
Caviidae	Meerschweinchen etc.
Hydrochaeridae	Wasserschweine
Dinomyidae	Pakaranas
Dasyproctidae	Agutis, Pakas
Chinchillidae	Chinchillas etc.
Capromyidae	Baum- und Ferkelratten
Myocastoridae	Biberratten
Octodontidae	Trugratten
Ctenomyidae	Kammratten
Abrocomidae	Chinchillaratten
Echymidae	Stachelratten
Thryonomyidae	Rohrratten
Petromyidae	Afrikanische Felsenratten
Bathyergidae	Sandgräber
Ctenodactylidae	Kammfinger
Ordnung LAGOMORPHA	HASENARTIGE
Ochotonidae	Pfeifhasen
Leporidae	Kaninchen, Hasen
Ordnung MACROSCELIDEA	ELEFANTENSPITZMÄUSE
Macroscelididae	Elefantenspitzmäuse

▲ *Dimetrodon*, eines der frühesten und primitivsten unter den »säugetierähnlichen Reptilien«, wurde etwa drei Meter lang. Das Tier bewohnte vor 300 Millionen Jahren Teile des heutigen Nordamerika.

DIE SÄUGETIERE IM WANDEL DER ZEIT

T.S. KEMP

Die Säugetiere der heutigen Welt sind die Überlebenden einer langen Geschichte, die vor etwa 195 Millionen Jahren ihren Anfang nahm. In den Gesteinen dieses Alters tauchen die ersten eindeutigen Säugerfossilien auf: winzige, insektenfressende Tiere, die ein wenig wie Spitzmäuse wirken. Etwa während zwei Drittel ihrer anschließenden Geschichte blieben die Säugetiere kleine, unscheinbare Tiere, die vermutlich nur nachts aktiv wurden. Während dieser ganzen Zeit (der Jura- und Kreideperiode der geologischen Zeitskala) teilten sie ihren Lebensraum mit den Dinosauriern. Als jedoch am Ende der Kreidezeit das große Aussterben der Dinosaurier erfolgte, schien sich das Land für die Säugetiere geradezu geöffnet zu haben. Von diesem Zeitpunkt an, über die folgenden 65 Millionen Jahre hinweg bis zur Gegenwart, entwickelten sich zahlreiche, unterschiedliche Typen von Säugetieren: große und kleine, fleisch- und pflanzenfressende, land- und wasserlebende. Sie blühten auf und verschwanden, um von noch moderneren Typen ersetzt zu werden.

DER URSPRUNG DER SÄUGETIERE

Säugetiere fossilisieren vergleichsweise leicht, denn ihr Skelette sind grundsätzlich robust und widerstehen den Belastungen des Versteinerungsprozesses recht gut. Besonders die Zähne und Kiefer sind häufig hervorragend erhalten. Dies ist doppelt erfreulich, denn die genaue Struktur eines jeden Säugetierzahns erzählt viel über die Entwicklungsgeschichte und Biologie dieses Tieres. Daher ist die Geschichte der Säugetiere besser bekannt als die irgendeiner anderen Organismengruppe vergleichbarer Größe.

Vor dreihundert Millionen Jahren war das Land von primitiven Amphibien und Reptilien besiedelt, die in den nassen, ausgedehnten tropischen Sümpfen dieser Zeit und in deren Umgebung lebten. Unter den Reptilienfossilien fand man die Überreste einiger Formen, die etwas größer als die übrigen waren und die ein Paar Schläfenfenster im hinteren Bereich ihres Knochenschädels besaßen. Diese Fenster gibt es in einer modifizierten Form auch heute noch bei den Säugetieren. Sie zeigen, daß diese frühen Tiere die ersten »säugetierähnlichen Reptilien« (oder Synapsiden, wie man sie richtig nennt) waren. Die Bedeutung dieser Gruppe liegt darin, daß jene Tiere dazugehören, aus denen sich irgendwann die Säugetiere entwickelten. Die frühen Vertreter dieser Gruppe wirkten jedoch nicht gerade wie Säuger, denn sie besaßen noch immer ein einfaches Gebiß mit schwachen Kiefern und plumpe, abgespreizte Gliedmaßen. Mit Sicherheit waren sie nicht warmblütig. Ein gut bekanntes Beispiel dieser frühen, primitiven Synapsiden ist Dimetrodon, ein Reptil mit Rückensegel, das in einem großen Bereich des Gebietes lebte, das heute Nordamerika ist.

Im Laufe der Zeit entwickelten sich aus den *Dimetrodon*-ähnlichen Vorfahren fortschrittlichere Typen von säugerähnlichen Reptilien, die man als Therapsida bezeichnet. Die Therapsiden hatten kräftigere Kiefermuskeln entwickelt, die sie jeweils zusammen mit einem weiter differenzierten Gebiß nutzen konnten: Da gab es etwa stark vergrößerte Eckzähne oder sogar Hornschnäbel. Auch waren ihre Gliedmaßen länger und schlanker. Dadurch waren sie vermutlich in der Lage, schneller zu rennen, um ihre Beute lebhafter zu verfolgen oder vor Räubern zu fliehen. Wahrscheinlich besaßen die Therapsiden bereits eine höhere, stabilere Körpertemperatur und ein größeres Gehirn, obwohl sich diese Aussagen nur schwer über Fossilien belegen lassen.

Eine besondere Gruppe fortschrittlicher Therapsiden, die man die Cynodontia nennt, hatte einige andere, deutliche Säugetiermerkmale entwickelt. Sie besaßen ein Gebiß, das dem der Säuger wesentlich ähnlicher war: Die Zähne waren mit Höckern ausgestattet, die durch eine scherende und zermalmende Bewegung zwischen Ober- und Unterkiefer wirkten. In Verbindung mit den Veränderungen der Zähne mußten besonders starke Kiefermuskeln entwickelt werden, um diesen Zähne eine größere Kraft beim Beißen zu geben. Dies führte zu einer starken Vergrößerung des Knochens, der die unteren Zähne trägt, des Dentale, so daß er auch die Ansatzstellen der unteren Kiefermuskeln tragen konnte. Die übrigen Knochen des Unterkiefers, die man als die Postdentalia bezeichnet, wurden entsprechend reduziert. Bei den Cynodonten hatten diese Postdentalia eine neue Funktion übernommen: Sie übertrugen Schallwellen zusammen mit dem alten Scharnierknochen (oder Quadratum) des Schädels von einem am Kiefer befestigten rudimentären Trommelfell zu der Gehörregion im Hirnschädel des Tieres. Auf diese Weise zeigen die Cynodonten eine Annäherung zu der vollständigen Anordnung der Säugetiere, bei denen im Unterkiefer lediglich das Dentale erhalten ist und die ein neues Kiefergelenk direkt mit dem Squamosum des Schädels gebildet haben. Die Postdentalia und das Quadratum der Säugetiere haben allesamt den Kontakt mit dem Kiefer verloren und wurden zu den schallübertragenden Knöchelchen des Mittelohres.

▼ *Cynognathus* war ein fleischfressender Cynodontier, eine fortschrittliche Version der »säugetierähnlichen Reptilien«. Die dachsgroßen Tiere besaßen kraftvolle Kiefer und säugerähnliche Zähne.

Die Cynodonten entwickelten zudem ein Skelett, das dem der Säuger schon wesentlich ähnlicher ist. Dabei wurden die sehr schlanken Gliedmaßen viel näher am Körper gehalten, so daß sie sich lebhafter bewegen konnten. Es wird auch häufig davon ausgegangen, daß die Cynodonten viele der physiologischen Säugermerkmale entwickelt hätten, etwa vollständige Warmblütigkeit. Dies wird jedoch nicht allgemein akzeptiert. Es gibt auch keine brauchbaren Hinweise darauf, ob sie bereits ein Fell trugen.

Aus der Zeit vor etwa 195 Millionen Jahren, dem Ende der Trias, stammen die ersten Fossilien, die ein vollständiges, neues Kiefergelenk zwischen dem Dentale und dem Schädel aufweisen. Diese werden allgemein als die frühesten echten Säugetiere angesehen, und zweifellos entwickelten sie sich aus fortschrittlichen Cynodonten. Da sie am Unterkiefer noch immer kleine Postdentalia und ein Quadratum aufweisen, sind sie jedoch außerordentlich primitiv. Die bestbekannten dieser frühesten Säugetiere sind die Morganucodontiden. Man fand sie in Europa, Südafrika, Nordamerika und China, sie müssen also weltweit verbreitet gewesen sein. Die Tiere waren allesamt mit einer Schädellänge von zwei bis drei Zentimetern und einer Gesamtkörperlänge von etwa 12 Zentimetern sehr klein. Ihre Zähne waren scharf und mehrhöckerig. Aus den Abnutzungsspuren, die im Laufe ihres Lebens entstanden, läßt sich vermuten, daß diese Zähne dazu dienten, Insekten und vielleicht andere Landwirbellose zu fangen und zu kauen. Auch ihre offensichtlich ausgebauten Hör- und Geruchssinne lassen vermuten, daß die Morganucodontiden an ein Leben als nächtliche Jäger angepaßt waren.

▲ Die Morganucodontiden entwickelten sich vor etwa 195 Millionen Jahren und gehörten zu den ersten echten Säugetieren. Sie waren außerordentlich klein - etwa so groß wie eine Spitzmaus.

DIE MESOZOISCHEN SÄUGETIERE

Die Morganucodontiden und die verwandten frühen Säuger bildeten den Anfang einer entwicklungsgeschichtlichen Radiation in einige unterschiedliche Gruppen, die sich über den Rest des Mesozoikums hinzog. Sie blieben jedoch ohne Ausnahme sehr kleine Tiere. Auch die größten unter ihnen überschritten nicht das Format einer Hauskatze, und die große Mehrheit war sogar wesentlich kleiner. Zudem blieben die meisten von ihnen Insektenfresser, wenn auch die Vertreter einer Gruppe, der Multituberculaten, eine pflanzenfressende Lebensweise annahmen und oberflächlich den heutigen Nagetieren ähnlich sahen.

Der wichtigste Evolutionsschritt während des Mesozoikums bestand darin, einen noch komplexeren Zahntyp zu entwickeln, den tribosphänen Molaren. Diese Zähne besitzen drei im Dreieck angeordnete Haupthöcker sowohl an den oberen als auch an den unteren Zähnen. Die unteren weisen zudem noch eine ausgedehnte Mulde an ihrer Rückseite auf. Ihre Funktionsweise war effektiver, und in der Späten Kreide, vor etwa 80 Millionen Jahren, ließen sich bereits zwei Hauptgruppen fossiler tribosphäner Säuger unterscheiden: Dies sind die Marsupialier und die Plazentalier, die sich bald zu den dominierenden Säugetieren entwickelten. In der Tat hatten sich bereits vor dem Ende der Kreide einige verschiedene Typen von Plazentaliern entwickelt.

Es ist ein Rätsel, warum all die mesozoischen Säuger so klein blieben. Möglicherweise konnten sie einfach in den Lebensräumen, die für große Landtiere geschaffen waren, nicht mit den Dinosauriern konkurrieren und waren daher auf eine nächtliche Lebensweise beschränkt, wie sie sich für kleine Tiere anbietet. Andererseits mag das Klima so beschaffen gewesen sein, daß sich die Physiologie dieser frühen Säugetiere für große Tiere nicht eignete.

Es wird noch immer viel darüber diskutiert, was das Aussterben der Dinosaurier, zahlreicher anderer Tiergruppen und, in einem geringeren Umfang, auch einiger Pflanzen verursachte. Es ist jedoch sicher, daß die Säugetiere nicht nur überlebten, sondern aus bestimmten Gründen gute Voraussetzungen hatten, um die vergleichsweise leere, nun vor ihnen liegende Welt zu ihrem Vorteil zu nutzen.

DIE AUFSPALTUNGEN IM TERTIÄR

Die Entwicklungsgeschichte der Säugetiere über die letzten 65 Millionen Jahre bis heute, also während des Tertiärs, begann mit wenigen Gruppen kleiner, insektenfressender Säuger, die das große Sterben am Ende der Kreidezeit überlebten. Die Geschichte ist außerordentlich kompliziert. Zu dieser Zeit starben nicht nur die Dinosaurier aus, sondern auch die großen Landmassen begannen, in einzelne Teile auseinanderzubrechen. Nach langem Auseinanderdriften bildeten diese die Kontinente, die wir heute kennen. Für eine erdgeschichtlich kurze Zeit waren Australien und Südamerika über die Antarktis miteinander verbunden. Sie wurden jedoch bald zu vollständig isolierten Inselkontinenten, auf denen sich recht unterschiedliche Säugetiergruppen entwickelten. Andererseits blieben Nordamerika, Europa und Asien miteinander verbunden. Ein weiterer komplizierender Faktor war eine Reihe von klimatischen Änderungen. Sie nahmen von Zeit zu Zeit auf die Evolution der Säuger Einfluß, indem sie gewisse Gruppen zum Aussterben brachten und anderen, normalerweise fortschrittlicheren Gruppen, erlaubte, zu überleben und aufzublühen. So kam es im Laufe der Jahrmillionen zu einer nahezu ständi-

gen Fluktuation von Arten und Familien.

Jedenfalls hatten sich innerhalb von nicht mehr als fünf Millionen Jahren verschiedene, wichtige neue Säugertypen entwickelt. Betrachtet man den größeren Teil der Welt, der von Nordamerika und Eurasien repräsentiert wird, gehörten zu den frühen neuen Säugetieren, die dabei waren, sich aus den kleinen, insektenfressenden, plazentalen Vorfahren zu entwickeln, die Creodonten. Dies waren die ersten großen Raubsäuger. Sie sahen modernen Raubtieren ziemlich ähnlich, besaßen spezialisierte, scherende Molaren und kräftige Gliedmaßen mit scharfen Krallen. Diverse andere Säugetiergruppen hatten sich zu großen, weidenden Pflanzenfressern entwickelt. Sie verfügten über verschiedene Muster großer, flacher, mahlender Backenzähne sowie über lange Beine, an deren Zehenspitzen sich kleine Hufe befanden, so daß sie schneller rennen konnten.

Einige von ihnen sahen ziemlich seltsam aus, etwa die Uintatherien Nordamerikas mit ihren knöchernen Vorsprüngen am Schädel und das ägyptische *Arsinoitherium* mit seinen beiden massiven Hörnern. Erstaunlicherweise wurden die kleinen Pflanzenfresser, die jene Nischen besetzten, die später von den Nagetieren übernommen wurden, von einer Gruppe primitiver Primaten, die man Plesiadapiden nennt, vertreten.

Im Laufe der Zeit entwickelten sich neue und modernere Tiergruppen, allerdings häufig in einer recht primitiven und ungewohnten Form. Vor etwa 50 Millionen Jahren erschienen die echten Carnivora und die früheste der Pferdefamilien, vertreten durch Hyracotherium, das Eohippus. Ebenso gab es die ersten Wale (obwohl diese noch immer gesägte Zähne besaßen) und andere, später sehr erfolgreiche Gruppen, wie Fledermäuse, Nagetiere, Paarhufer, Elefanten und Lemuren.

Vor etwa 40 Millionen Jahren verschlechterte sich das Klima vorübergehend. Dadurch starb etwa ein Drittel der existierenden Säugerfamilien aus. Am stärksten betroffen waren die archaischen, primitiveren Arten. Infolgedessen nahm die Fauna ein zunehmend modernes Erscheinungsbild an. Es folgte dann eine lange Periode sehr günstigen Klimas, die man als Miozän bezeichnet. Dies war der Höhepunkt der Säuger-Evolution. Damals gab es mehr Gruppen von Säugetieren als jemals zuvor oder danach.

Eine der bedeutendsten neuen Entwicklungen des Miozäns bestand in der Ausbreitung der Gräser, die große Ebenen bildeten, auf denen Herden weidender Tiere gedeihen konnten. Die Pferde und in einem

▲ Zu den ersten großen Pflanzenfressern gehörte Uintatherium. Es hatte etwa die Größe eines heutigen afrikanischen Nashorns. Auf seinem Kopf trug es drei Paar knöcherner Vorsprünge.

▲ *Indricotherium*, ein hornloser Nashornverwandter, der im Miozän lebte, erreichte eine Schulterhöhe von 5,5 Meter und möglicherweise ein Gewicht von 20 Tonnen. Damit war es das größte Landsäugetier aller Zeiten.

noch stärkeren Maße auch die Unpaarhufer (Hirsche, Antilopen ect.) spalteten sich auf. Auch wenn die meisten der Säugetiergruppen etwa so aussahen, wie wir sie heute kennen, gab es doch viele bizarre Arten, besonders unter den Unpaarhufern. Dazu gehörten die Chalicotherien, deren Vorderbeine länger waren als die hinteren, und das Indricotherium, mit einer Schulterhöhe von über fünf Metern das größte Landsäugetier aller Zeiten. Unter den Raubtieren gab es einige sehr große Säbelzahn-Katzen.

Auch die Menschenaffen entwickelten sich während des Miozän aus den primitiveren Primaten, und ein wenig später, vor etwa vier Millionen Jahren, tauchten die ersten Vertreter von Australopithecus in Afrika auf. Sie waren die unmittelbaren Vorgänger der Menschen, die zwei Millionen Jahre später auftauchen sollten.

DIE SÄUGETIERE SÜDAMERIKAS

Während der größten Zeit des Tertiärs war Südamerika ein isolierter Inselkontinent. Daher unterscheidet sich die Geschichte seiner Säugerfauna von der der übrigen Welt. Es entwickelten sich einige einzigartige Ordnungen pflanzenfressender, plazentaler Säugetiere, etwa die Litopternen, die wie Pferde aussahen, jedoch mit ihnen überhaupt nicht verwandt waren, sowie unter anderem Tiere, die oberflächlich Nashörnern oder Flußpferden glichen. Eine andere, wichtige Gruppe bildeten die Edentaten, zu denen so merkwürdige Tiere gehörten wie das riesige, gepanzerte *Glyptodon* und das Riesenfaultier *Megatherium*. Letztere Ordnung hat bis heute überlebt. Zu ihr gehören einige der seltsamsten Säugetiere, die Gürteltiere und die Ameisenbären.

Die erstaunlichste Eigenheit der südamerikanischen Säuger-Evolution betrifft die Raubtiere. Diese bestanden ausschließlich aus Beuteltieren, einer Gruppe, die es seit dem Tertiär in Nordamerika, Europa und Asien nicht mehr gab. Es handelte sich um kleinere Formen, wie die Didelphiden und Caenolestiden, die bis heute überlebt haben. Es gab aber auch große Raubtiere, die Borhyaeniden, die dieselbe Rolle übernommen hatten wie die Raubtiere in den anderen Teilen der Welt. Es existierten Formen in Löwengröße, ja sogar ein Gegenstück zum plazentalen Säbelzahntiger: der *Thylacosmilus* mit riesigen, oberen Eckzähnen.

Von den Fledermäusen einmal abgesehen, die sich leicht über die ganze Welt ausbreiten, waren die Nagetiere und die Primaten als einzige plazentale Säuger imstande, während des Früheren Tertiärs in Südamerika einzudringen. Sie kamen vermutlich aus Nordamerika über die Karibischen Inseln. Einmal etabliert, entwickelten sie sich zu den charakteristischen südamerikanischen Gruppen, den hystricomorphen Nagetieren und den Platyrhinen oder Neuweltaffen.

Aufgrund tektonischer Änderungen, die vor etwa drei Millionen Jahren erfolgten, driftete Südamerika irgendwann nach Norden und verband sich mit dem nordamerikanischen Kontinent. Wegen der daraus folgenden klimatischen Veränderungen kam es zu jenem Ereignis, das häufig als der »Große amerikanische Faunenaustausch« bezeichnet wird. Dies führte zu einer dramatischen Veränderung der Säugerfauna Südamerikas. Die südamerikanischen Pflanzenfresser verschwanden und wurden von den Eindringlingen aus dem Norden ersetzt. Es waren Vertreter solch moderner Gruppen wie Pferde, Tapire, Lamas und Hirsche. Zugleich verschwanden auch die großen Raubbeutler. An ihre Stelle traten Hunde Katzen, Bären und andere. Andererseits haben sich viele Überreste der alten südamerikanischen Fauna erhalten, etwa Edentaten, kleine Beuteltiere, Nagetiere und Affen. Einige von diesen schafften es tatsächlich, nach Nordamerika vorzudringen, wie zum Beispiel die Opossums und das Stachelschwein.

Die gegenwärtige südamerikanische Säugerfauna ist ganz eindeutig das Resultat zahlreicher entwicklungsgeschichtlicher, biogeographischer und klimatischer Prozesse, die miteinander eine lange, wechselvolle Geschichte verursachten.

DIE SÄUGETIERE AUSTRALIENS

Die Geschichte der australischen Säugetiere ist bisher kaum bekannt. Das liegt daran, daß bis ins Tertiär hinein praktisch keine fossilen Ablagerungen bekannt sind, in denen Säuger enthalten sind. Der wesentliche Unterschied zu anderen Gebieten besteht darin, daß alle Hinweise darauf hinweisen, daß die plazentalen Säugetiere den australischen Kontinent erst im Späten Tertiär erreichten. Und selbst diese waren nur einige Nagetier- und Fledermausarten aus Asien. Alle anderen plazentalen Arten, wie der zum Beispiel Dingo und das Kaninchen, wurden vom Menschen eingeschleppt.

Die eierlegenden Monotremen (Kloakentiere) trennten sich ziemlich früh von den tribosphenen Säugetieren (deren Molaren eine besondere Kaufläche aufweisen), nämlich den Marsupialiern (Beuteltieren) und Plazentaliern (plazentabildenden Säugetieren). Man entdeckte die fossilen Zähne eines primitiven Monotremen in der Kreide Australiens; diese Gruppe war jedoch niemals von besonderer Bedeutung.

Von diesen geringfügigen Ausnahmen abgesehen, handelt es sich bei sämtlichen australischen Säugetieren der Vergangenheit und der Gegenwart um Beuteltiere. Sie besetzten viele der Nischen, die an anderen Stellen auf der Welt mit plazentalen Säugern in Verbindung gebracht werden: So taten es die großen, räuberischen Thylacinen, die weidenden, in Herden lebenden Känguruhs und die insektivoren-ähnlichen Opossums.

DIE AUSSTERBEWELLE IM PLEISTOZÄN

Das letzte Drama in der Geschichte der Säugetiere ereignete sich vor nur 10000 Jahren, im Späten Pleistozän. Es müssen in dieser Phase zahlreiche Säuger ausgestorben sein, denn sie fehlen in den fossilen Belegen dieser Zeit. Besonders betroffen waren die großen Formen. Es hatte überall in der Welt gigantische Vertreter vieler Gruppen gegeben, so die bekannten Mammute, den irischen Riesenhirsch und die Säbelzahntiger. Weniger bekannt, aber nicht weniger bemerkenswert waren die riesigen Menschenaffen und Warzenschweine in Afrika, ein Riesenlemur auf Madagaskar, ein Riesentapir und ein Riesenfaultier in Südamerika, sowie Großformen von Känguruhs, Wombats und Schnabeltieren in Australien. Sie alle starben etwa in derselben Zeit aus.

Es wird viel darüber diskutiert, ob die Ursache in einer Klimaveränderung zu suchen ist, die das Leben für die größeren Arten schwieriger machte. Andererseits könnte das Aussterben mit der zu der Zeit einsetzenden raschen Verbreitung des Menschen über die ganze Welt zusammenhängen. Vielleicht war dies die erste, wenn auch beileibe nicht die letzte, negative Auswirkung des Menschen auf die Säugetiere der Erde.

▼ Das mit den Gürteltieren eng verwandte Glyptodon besaß etwa das Format eines Kleinwagens und steckte in einem starren Knochenpanzer.

LEBENSRÄUME UND ANPASSUNG

GORDON L. KIRKLAND JR.

Säugetiere haben im Laufe ihrer Entwicklungsgeschichte nahezu jeden Lebensraum auf der Erde besetzt. Nur das Innere des antarktischen Kontinents ist von ihnen frei geblieben. Um derart erfolgreich zu sein, entwickelten die Säuger verschiedenartige Anpassungen in Fortbewegung und Ernährung. So waren sie imstande, in so unterschiedlichen Lebensräumen wie tropischen Regenwäldern, Grasländern, Tundren und Wüsten zu überleben und zu gedeihen. Häufig spiegelt die Verschiedenheit ihrer äußeren Gestalt die Anpassungen an besondere Lebensräume wider.

DIE SÄUGER DES WALDES

Bäume stellen für die waldbewohnenden Säugetiere eine Schlüsselkomponente ihres Lebensraumes dar. Sie sind gleichzeitig Nahrungsquelle, Unterschlupf sowie Flucht- und Wanderungsweg, weshalb viele Säugetiere des Waldes hervorragende Kletterer sind und verschiedene Stufen der Spezialisierung zeigen, um sich in den Bäumen zu bewegen. Bei den weniger spezialisierten Arten, so etwa bei vielen Mäusen und Ratten, erfolgt die Anpassung in Gestalt eines langen Schwanzes, der beim Klettern über die Zweige das Gegengewicht hält. Andere, höher spezialisierte, arboricole (auf Bäumen lebende) Arten verfügen über einen Greifschwanz, der wie eine »fünfte Hand« gebraucht wird. Greifschwänze entwickelten sich unabhängig voneinander bei den waldbewohnenden Vertretern verschiedener Säugetiergruppen. Dazu gehören die neuweltlichen Beutelratten (Opossums), die australischen Possums und Kuskusse, die südamerikanischen Ameisenbären, die Pangoline oder Schuppentiere Afrikas und Südostasiens, die Neuweltaffen, die Stachelschweine Südamerikas und einige tropische Ratten. Auch opponierbare Großzehen, oder in einigen Fällen Daumen, die zum Greifen der Zweige dienen, sind Spezialisierungen, um sich durch die Bäume zu bewegen. Sie entwickelten sich in verschiedenen Gruppen von Primaten, Neuwelt-Opossums, australischen Possums und Kuskussen, dem Koala sowie dem Rüsselbeutler. Das Gleiten als eine Fortbewegungsart im Wald entwickelte sich unabhängig bei den Flughörnchen Nordamerikas und Eurasiens, den afrikanischen Dornschwanzhörnchen, den Colugos oder Riesengleitfliegern in den Dschungeln Südostasiens, sowie bei den Vertretern der australischen Flugbeutler.

Die vielleicht am stärksten an das Leben in Bäumen angepaßten Säuger sind die Faultiere. Sie verbringen nahezu ihr ganzes Leben in den Bäumen und kommen, durchschnittlich etwa einmal wöchentlich, nur zum Koten auf den Boden. Wenn sie auf dem Boden auch nahezu hilflos sind, können Faultiere doch aus-

▼ Am lebhaftesten von allen baumbewohnenden Säugetieren Südamerikas sind die Spinnenaffen. Sie schwingen sich mit ihren langen Armen und Beinen durch die Bäume. Mit ihrem gut entwickelten Greifschwanz besitzen sie »fünf Extremitäten«. Allerdings sind die noch lebhafteren, asiatischen Gibbons schwanzlos.

Francois Gohier/Auscape International

gezeichnet schwimmen, eine Anpassung an die zahlreichen Ströme und Flüsse, die in den Tieflandwäldern der neuweltlichen Tropen ihren Lebensraum charakterisieren. Auch die für diese Tiere so typische Trägheit stellt eine Anpassung dar. Die Blätter, von denen sie sich ernähren, enthalten nämlich hohe Konzentrationen giftiger Verbindungen, die von den Pflanzen als ein Schutz gegen Pflanzenfresser erzeugt werden.

Zudem senkt der hohe Faser- und Zellulosegehalt dieser Blätter ihren Nährwert. Durch die Kombination einer minimalen Aktivität, einer niedrigen Stoffwechselrate sowie eines für ein tropischen Säugetier außerordentlich dichten Fells senken die Faultiere ihre Nahrungsanforderungen ganz erheblich, ebenso natürlich auch die Aufnahme der toxischen Chemikalien. Zusätzlich decken diese Tiere einen Teil ihres Energiebedarfs, indem sie in den Baumdächern Sonnenbäder nehmen. Der Koala, der sich ebenfalls von Pflanzen ernährt, die reich an sekundären Verbindungen sind, weist viele derselben Anpassungen auf. Typisch für ihn sind ebenfalls langsame Bewegungen und eine vergleichsweise niedrige Stoffwechselrate.

Partridge Productions Ltd/Oxford Scientific Films

▲ Die Faultiere der tropischen und subtropischen Wälder Amerikas haben sich an eine langsame Lebensweise angepaßt. Sie sind in ihrer Ernährung vollständig von Blättern (die nur wenig Nährstoffe bieten) abhängig. Ihre Stoffwechselrate ist recht niedrig; die Tiere kontrollieren ihre Körpertemperatur nur unzureichend. Zudem sind ihre Bewegungen sehr langsam. Diese Verhaltensweisen machen sie zu den dominierenden Pflanzenfressern ihrer Umgebung.

Jean-Paul Ferrero/Auscape International

◀ Viele Säugetiere, die in Bäumen leben, springen mit ausgestreckten Beinen von einem Baum zum nächsten. Es war nur ein einfacher Evolutionsschritt, den Sprung in ein Gleiten umzuwandeln. Dazu entwickelten die Tiere eine Flughaut zwischen Körper und Beinen - so etwa das Riesenflughörnchen, ein australisches Beuteltier. Das Gleiten entwickelte sich unabhängig voneinander in drei Beuteltierfamilien, zwei Nagetierfamilien sowie bei den Großen Gleithörnchenbeutlern oder Colugos.

Richard Matthews/Planet Earth Pictures

▲ Der Mähnenwolf besitzt extrem lange Beine, mit denen er seine Beute - normalerweise durch das hohe Gras - springend verfolgt. Er ist mit den echten Wölfen nur entfernt verwandt und lebt nicht in Rudeln.

▼ Erdhörnchen bilden eine wesentliche Nahrungsgrundlage zahlreicher fleischfressender Säugetiere, Vögel und Schlangen. Außerhalb ihrer Bauten befinden sie sich in einem ständigen Zustand nervöser Wachsamkeit. Sie profitieren von ihrem Leben in sozialen Verbänden, denn auf diese Weise werden Räuber von vielen zusätzlichen Sinnesorganen wahrgenommen.

DIE SÄUGETIERE DES GRASLANDES

Im Gegensatz zu den waldbewohnenden Arten verlassen sich die in Graslandschaften lebenden Säugetiere bei der Flucht eher auf ihre Geschwindigkeit als auf Tarnung. Die langen Beine der Huftiere sind auf den offenen Flächen ein grundlegendes Hilfsmittel, Räubern zu entweichen. Sie erlauben den Tieren aber auch in sehr wirkungsvoller Weise, auf der Suche nach Nahrung und Wasser lange Strecken zurückzulegen. Eines der erstaunlichsten Säugetiere des Graslandes ist der Mähnenwolf, ein südamerikanischer Fleischfresser. Er entwickelte besonders lange Beine, die ihm erlauben, die hohen Gräser der Pampas zu überblicken und sich darin mit Leichtigkeit fortzubewegen.

Die Offenheit der Grasländer förderte bei vielen Säugerarten die Entwicklung sozialer Verhaltensweisen, so bei den großen Ungulaten (Huftieren), Kängurus, Wallabies, Erdhörnchen, Präriehunden, Pavianen und Streifenmangusten. Das Individuum innerhalb einer Herde profitiert von den in vielfacher Zahl vorhandenen Sinnesorganen (Ohren, Augen und Nasen). Auf diese Weise werden potentielle Raubtiere aus größerer Entfernung entdeckt als ein einzelnes Tier dazu in der Lage wäre. Die Bildung von Herden wird bei den Ungulaten in hohem Maße von den Raubtieren gefördert. Diese erbeuten Einzeltiere, die sich nicht in der Nähe der Herde aufhalten. Ebenso sind soziale Raubtiere, wie Löwen und Geparden, typisch für die Lebensräume des Graslandes.

Viele kleinere Säugetiere der Grasflächen haben sich daran gewöhnt, Gänge zu graben und ihre Gangsysteme dafür zu verwenden, Räubern auszuweichen und sich im Hochsommer Erleichterung von den hohen Temperaturen zu verschaffen. Zahlreiche Vertreter der Hörnchenfamilie, etwa die nordamerikanischen Erdhörnchen und Präriehunde, leben halb unterirdisch. Dies bedeutet, daß sie zwar als Unterschlüpfe und Nistplätze umfangreiche Gangsysteme verwenden, sie aber ihre Nahrung, krautige Pflanzen und Samen, auf der Oberfläche zusammensuchen. Einige Nagetiergruppen, wie die neuweltlichen Taschenratten, die südamerikanischen Kammratten und die afrikanischen Sandgräber, haben das Leben auf der Oberfläche aufgegeben, um sich die reichen, unterirdischen Pflanzenressourcen in Gestalt von Wurzeln, Zwiebeln und Knollen zunutze zu machen. Die Taschenratten und die Kammratten graben mit ihren kräftigen Vorderbeinen. Dagegen benutzen die afrikanischen Sandgräber ihre großen Schneidezähne, um Höhlen anzulegen. Diese grabenden oder fossorialen Nagetiere zeichnen sich durch ein kurzes Fell, kleine Ohren und Augen sowie kurze Schwänze aus.

Francois Gohier/Auscape International

DIE SÄUGETIERE DER TUNDRA

Die Säugetiere der arktischen Tundra weisen zahlreiche Anpassungen auf, die es ihnen ermöglichen, unter den physischen Belastungen dieser Region zu überleben. Die gewaltigen, zottigen Felldecken der Moschusochsen zeigen, daß es sich bei dieser Art um einen echten Überlebenden der Eiszeit und um eines der bestangepaßten arktischen Säugetiere handelt.

Eine der bekanntesten Anpassungen arktischer Säuger besteht in der Fähigkeit einiger Arten, im Winter weiß zu werden. Die weiße Wintertracht der Schneehasen, Polarfüchse und Halsbandlemminge sorgt einerseits für die Tarnung in einer weißen Welt und andererseits für eine ausgezeichnete Isolierung.

Der arktische Winter macht die Fortbewegung häufig schwierig, daher besitzen die Säugetiere der Tundra verschiedene besondere Anpassungen, um besser voranzukommen. Bei Schneehasen wird die Oberfläche der Füße durch dichte, bürstenartige Haare vergrößert, die auf den Fußballen wachsen. Die ungewöhnlich breiten Hufe des Karibu erleichtern die Fortbewegung im winterlichen Schnee, aber auch im feuchten Boden während des Sommers. Im Winter vergrößern sich die Krallen der dritten und vierten Finger der Halsbandlemminge. Damit können sie sich leichter durch Schnee, Eis und den gefrorenen Boden graben.

Die Karibus oder Rentiere sind einzigartig unter den Hirschen, denn bei ihnen besitzen normalerweise auch die Weibchen ein Geweih, obwohl es kleiner ist als das der Männchen. Im Winter benutzen beide Geschlechter ihr Geweih, um Schnee und Eis fortzuscharren und die Pflanzen freizulegen, von denen sie sich ernähren. Wie viele große Säugetiere, die in Graslandschaften leben, haben die Moschusochsen und die Karibus auf ihren offenen Lebensraum reagiert, indem sie als Verteidigung gegen Räuber Herden bilden. Ein Beispiel dafür ist die klassische Verteidigung durch die »Wagenburg« der Moschusochsen.

Eine andere Anpassung gegen Raubtiere bildeten die Karibus, indem sie gleichzeitig kalben: 80 bis 90 Prozent aller Kälber in einer Population werden in einem zehntägigen Zeitraum im späten Mai oder frühen Juni eines jeden Jahres geboren. Diese kurze Zeit des Kalbens bildet offenbar eine Strategie, die dazu geeignet ist, Räuber mit einer großen Anzahl von Jungtieren zu überhäufen und zu sättigen, wobei es immer einigen der Jungen gelingt, der Erbeutung zu entgehen. Die außerordentlich frühreifen, neugeborenen Kälber können sich bald der Herde anschließen und von ihrem Schutz profitieren. Wenn auch das gleichzeitige Kalben beim Karibu als eine Antwort auf die Einschränkungen gilt, die durch den extrem kurzen arktischen Sommer aufgezwungen wird, kommt dieses Phänomen auch bei einigen Huftieren der Grasebenen vor, etwa beim afrikanischen Wildebeest. Diese Tiere stehen jedoch nicht unter dem Zwang einer extrem kurzen Wachstumsperiode.

DIE SÄUGETIERE DER WÜSTE

Die Säugetiere der Wüste sind darauf angewiesen, in einer rauhen physikalischen Umgebung erfolgreich zu überleben, die durch extremen Feuchtigkeitsmangel und hohe Temperaturen gekennzeichnet ist. Die meisten Wüstensäuger halten die physische Belastung durch diese beiden Faktoren dadurch niedrig, daß sie nachtaktiv sind und den Tag in unterirdischen Gängen verbringen, wo die Temperaturen niedriger und die Feuchtigkeitswerte höher sind als an der Erdoberfläche. Diese Säugetiere ernähren sich ausgiebig von Insekten und Samen und decken damit sowohl ihren Nahrungs- als auch ihren Wasserbedarf, denn der Insektenkörper besitzt einen hohen Feuchtigkeitsgehalt. Samenfressende Nagetiere decken ihren Wasserbedarf überwiegend oder vollständig durch Wasser, das als Nebenprodukt ihres Kohlenhydratstoffwechsels bei den Samen entsteht und das man Stoffwechselwasser nennt.

Die Antilopen-Erdhörnchen sind in den Wüstengebieten Nordamerikas tagsüber aktiv und sind daher

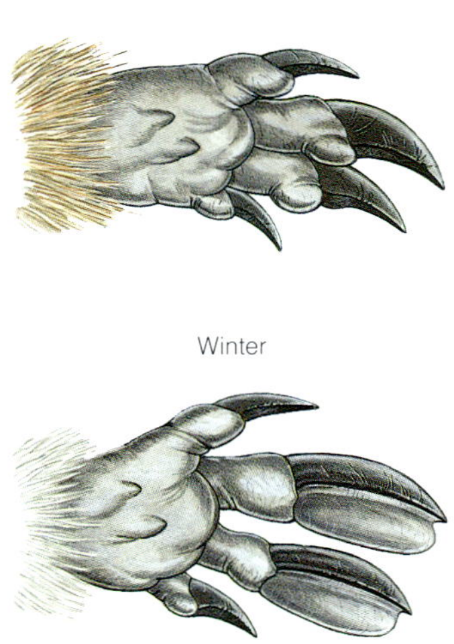

▲ In jedem Winter vergrößert sich jeweils die dritte und die vierte Kralle an den Vorderfüßen des Halsbandlemmings. Mit ihrer Hilfe graben die Tiere im gefrorenen Boden.

▼ Ein dickes, zottiges Fell schützt den Moschusochsen vor der subarktischen Kälte, und die erwachsenen Tiere sind so groß, daß sie keine natürlichen Feinde haben. Die Jungen sind dagegen durch Wölfe gefährdet. Werden sie angegriffen, umringen die Erwachsenen ihre Jungen und bilden einen Verteidigungsring, wobei die Hörner nach außen gerichtet sind: die klassische »Wagenburg«-Verteidigung.

Leonard Lee Rue III/Bruce Coleman Ltd

Steve Kaufman/Bruce Coleman Ltd

▲ Die arabische Oryx-Antilope bewohnt Wüstengebiete, in denen die Tage extrem heiß und die Nächte entsprechend kalt sind. Als Anpassung an diese rauhe Umgebung frißt und wandert sie meist in der Nacht. Ihr weißes Fell reflektiert die Sonnenstrahlung, und mit ihren gespreizten Füßen kann sie gut auf dem Sand laufen. Ihre Körpertemperatur ist nicht konstant, und die Mitglieder einer Herde haben meist nur wenig Streit untereinander; dadurch können die Tiere möglicherweise Energie sparen.

direkt der Herausforderung hoher Umgebungstemperaturen ausgesetzt. Da bei der Nahrungssuche rasch tödliche Körpertemperaturen erreicht werden, kehren diese Hörnchen in regelmäßigen Abständen in ihre Bauten zurück, um die Hitze in der kühleren Umgebung ihres Baues »abzuladen«. Sobald die Körpertemperaturen sich normalisiert haben, nehmen sie ihre Nahrungssuche wieder auf.

Große Wüstensäuger, wie Kamele und einige Arten von Oryx-Antilopen, können sich nicht in Gänge zurückziehen, und sind so den täglichen Extremtemperaturen ausgesetzt. Eine Art zu überleben, ohne übermäßig viel Wasser zur Erzeugung von Verdunstungskälte einzusetzen, besteht darin, daß sie ihre Körpertemperatur schwanken lassen. In der Nacht nutzen sie die Strahlungskälte, um die Körpertemperatur unter ein für Säugetiere normales Maß sinken zu lassen. Tagsüber lassen sie ihre Temperatur in dem Maße langsam ansteigen, indem sie von der Sonne erwärmt werden. Nur am Ende des Tages, wenn sich die Körpertemperatur tödlichen Grenzwerten nähert, greifen sie auf die Verdunstungskälte zurück und sparen auf diese Weise sehr viel Wasser. Ihr blasses Fell hilft, das Sonnenlicht zu reflektieren und bietet so eine Isolierung gegen hohe Umgebungstemperaturen. Zudem fressen die Oryx-Antilopen in der Nacht, wenn der Wassergehalt der Vegetation höher ist als am Tage.

KONVERGENTE EVOLUTION

Betrachtet man die Anpassungen der Säugetiere an verschiedene Lebensräume, wird deutlich, daß bestimmte Anpassungstypen in idealer Weise zu bestimmten Lebensräumen passen. Daher findet man zahlreiche Beispiele von Säugern, die miteinander nicht verwandt sind, jedoch bemerkenswert ähnliche Anpassungen entwickelt haben. Dies liegt daran, daß sie in ähnlichen Lebensräumen zu Hause sind und in verschiedenen Teilen der Welt auch ähnliche ökologische Rollen spielen. Dieses Phänomen bezeichnet man als konvergente Evolution.

Unter den Säugetieren der Wüste gibt es beachtliche Beispiele dafür: Etwa bei samenfressenden Nagetieren, darunter die nordamerikanischen Känguruh-Ratten, die Rennmäuse und die mongolischen Rennmäuse Asiens und Afrikas, die asiatischen und afrikanischen Springmäuse, sowie die australischen Springmäuse. Alle diese Nagetiere weisen ein beachtliches Maß an Übereinstimmung in ihrer Gestalt und Lebensweise auf. Sie besitzen alle ein blasses, sandfarbenes Fell, vergrößerte Hinterbeine und lange Schwänze. Um Räubern zu entfliehen, bedienen sie sich überwiegend der springenden Fortbewegung auf zwei Beinen.

Diese Parallelentwicklung der samenfressenden Wüstennager sowie die anderen Beispiele in diesem Kapitel lassen vermuten, daß es auf die Herausforderungen, sich an die Ausnutzung besonderer Lebensraumtypen anzupassen, optimale Antworten der Evolution gibt. Wegen ihrer weiten Verbreitung und des Erfolges, den sie bei der Anpassung an so viele verschiedene Lebensräume vorzuweisen haben, sind die Säugetiere hervorragend geeignete Modelle, um das Phänomen der konvergenten Evolution zu verdeutlichen.

DAS VERHALTEN DER SÄUGETIERE

D. M. STODDART

Alle Tiere zeigen ein bestimmtes Verhalten (das bedeutet, sie reagieren auf besondere Reize in besonderer Weise), jedoch ist das Verhalten der Säugetiere dadurch charakterisiert, daß sie - mit nur zwei Ausnahmen - lebende Junge zur Welt bringen. Außerdem sind die Jungen aller Arten in ihrer Ernährung von der Mutter abhängig; diese erfolgt durch die Milch, die von spezialisierten und modifizierten Schweißdrüsen ausgeschieden wird. Dies erfordert eine besondere Art des Sozialverhaltens, das die Jungen an ihre Mutter bindet.

DIE UNSELBSTÄNDIGEN SÄUGER

Einige Säugertypen bleiben viele Monate (oder sogar jahrelang) von ihrer Mutter abhängig. Dies ist bei den Primaten (einschließlich des Menschen) der Fall, ebenso bei Walen und Elefanten. Andere, wie etwa die Nagetiere, sind in weniger als drei Wochen bereits entwöhnt. Unabhängig von der Zeitdauer dieses Abhängigkeitsverhältnisses bildet es ein Beispiel sozialen Verhaltens, das man als Interaktion zweier Individuen derselben Art ansehen kann. Selbst die sogenannten »solitären« Säugetierarten, wie der australische Nasenbeutler oder der Orang Utan, die als Erwachsene nur zur Paarung zusammenkommen, weisen als Jungtiere ein enges verhaltensmäßiges Wechselspiel mit der Mutter auf. Alle anderen Verhaltensweisen, die bei Säugetieren vorkommen, werden als nicht sozial eingestuft. Dazu gehören Verhaltensweisen, die dazu dienen, die Körperfunktionen aufrechtzuerhalten, wie etwa Fressen, Fellpflege, Urinieren, Koten und kuscheln.

DIE VERHALTENSWEISEN DER SELBSTERHALTUNG

Es ist nicht leicht, die Verhaltensweisen der Selbsterhaltung vom Sozialverhalten vollständig zu trennen, da beide häufig miteinander zusammenhängen. So ist etwa die Ausscheidung von Urin eine biologische Notwendigkeit, die im Zusammenhang mit der Notwendigkeit der physiologischen Stickstoffausscheidung steht. Kühe, Robben, Wale sowie weibliche Hunde und Mäuse geben ihren Urin einfach immer dann ab, wenn die Ausdehnung der Harnblase einen Punkt erreicht, an dem das Urinierungs-Zentrum im hinteren Bereich des Gehirns stimuliert wird. Anschließend entspannen sich die Streckungsrezeptoren in der Wand der Harnblase, der Nachrichtenstrom zum Gehirn kommt zum Erliegen, und das Tier fühlt keinen Drang mehr, Wasser zu lassen.

Erwachsene männliche Hunde, Mäuse und zahlreiche andere Säugetiere urinieren jedoch nicht in dieser Weise. Bei ihnen wird das Verhalten durch die Gegenwart des Geschlechtshormons Testosteron beeinflußt, das in den Hoden gebildet wird. So wird der Urin an bestimmten Punkten in der Umgebung des Tieres abgegeben, an denen andere Männchen voraussichtlich darauf stoßen werden. Dies ist ein Beispiel territorialer Markierung. Auf diese Weise sind die sozialen Verhaltensweisen und die der Selbsterhaltung manchmal miteinander verwoben.

Das gleiche gilt für das Freßverhalten (viele Fleischfresser jagen gemeinsam, um sich den Bauch zu füllen) und die Verhaltensweisen der Körperpflege, die

▼ Für die Nahrungsbeschaffung sind immer die Weibchen eines Löwenrudels zuständig. Einzelnen Weibchen gelingt es, kleine Beute zu fangen. Häufiger jedoch erlegen zwei oder mehr Tiere in Zusammenarbeit Antilopen, Gazellen und Zebras. Sogar bei einer vergleichsweise großen Beute dieser Art fällt die Kosten- Nutzenrechnung ins Gewicht: Ist die Beute nicht nach einem relativ kurzen Anlauf zu fangen, lohnt es sich nicht, noch mehr Energie bei einer ausgedehnten Jagd zu verschwenden.

Purdy & Matthews/Planet Earth Pictures

bei den Primaten eine wichtige soziale Funktion erfüllen. Dennoch ist bei allen diesen Verhaltensweisen der zugrundeliegende Trieb die Erhaltung des Individuums. Sie wird nur vom sozialen Aspekt überlagert.

SOZIALVERHALTEN

Sieht man von den vergleichsweise kurzen Interaktionen zwischen Müttern und ihren Jungen einmal ab, läßt sich das Sozialverhalten in vier Hauptgruppen einteilen: Spielen, Rangkämpfe, Territorialkämpfe und Sexualverhalten. Das Ziel aller dieser Verhaltensweisen ist letztlich, die lebenstüchtigeren Individuen von den schwächeren zu trennen, wobei nur die lebenstüchtigsten zur Fortpflanzung gelangen und ihre Gene weitergeben können. Die Idee der Gleichheit hat in der Natur keinen Platz.

Spielen

Das Spielen ist eine besondere Form des Sozialverhaltens, dem sich junge Primaten und fleischfressende Säugetiere, besonders Hunde, Katzen, Marder und Mangusten hingeben. Bemerkenswerterweise ist es bei den Jungen der großen Pflanzenfresser nicht festzustellen, obwohl man Ansätze davon gelegentlich bei Lämmern, Fohlen und Kälbern sehen kann. Das Spielen dient dazu, dem Jungtier die Gelegenheit zu geben, die Geschicklichkeit zu entwickeln, die es später braucht, um sich in der Wildnis zu behaupten. Junge Raubtiere verbringen viel Zeit mit Scheinkämpfen, bei denen sie sich im Angriff üben. Man betrachte nur zwei miteinander herumtollende Welpen: Sie stoßen häufig zur Kehle und zum Genick vor, wo ein Tötungsbiß am wirkungsvollsten wäre. Auf der höchsten sozialen Stufe aller Säugetiere stehen die Primaten. Bei ihnen lernen die Jungen im Spiel, soziale Beziehungen zu anderen Individuen aufzubauen. Im Spiel lernen sie auch, auf die Signale zu reagieren, die von anderen Individuen ausgesandt werden und den sozialen Status und die gegenwärtige Verfassung anzeigen.

▼ Junge Gemsen beim Spiel. In der Regel spielen nur die Jungen sozial organisierter Arten, während sie unter dem Schutz der Erwachsenen stehen. Dazu gehört das »Umreißen« oder »Proben« von Verhaltensweisen - besonders des Nahrungserwerbs und des Kampfes, die im späteren Leben von Bedeutung sind. Zudem verbessert das Spielen die Beweglichkeit des Individuums; bei den in den Felsen kletternden Gemsen ist dies besonders wichtig.

Gunter Ziesler/Bruce Coleman Ltd

Rangkämpfe

Viele Säugetiere leben nicht immer am selben Ort, sondern wandern von einer Stelle zur nächsten. Häufig bilden sie eine soziale Rangfolge aus, bei der ein Individuum (oder mehrere) über die anderen herrschen. In einer Pavianhorde wandern beispielsweise die dominanten Männchen in der Mitte, während die jüngeren, noch nicht vollkommen akzeptierten Männchen die Vor- und die Nachhut bilden. Die dominanten Männchen sind leicht an ihrer Größe und der Dicke ihrer Mähnen zu erkennen. Auch lassen sich die dominanten Vertreter einer jeden Gruppe an einer zusätzlichen Ausschmückung erkennen: Sie mag sichtbar sein, wie beim Pavian oder bei der Hirschziegenantilope (hier ist nur das dominante Männchen schwarz, alle anderen Männchen sind hellbraun); hörbar, wie beim südamerikanischen Brüllaffen, bei denen die dominanten Männchen die lautesten Stimmen haben. Sie mag aber auch olfaktorischer Art sein, wie beim australischen Mittleren Gleithörnchenbeutler, bei dem die Duftdrüsen auf den Köpfen der meisten dominanten Männchen reichhaltiger sezernieren als die der untergeordneten Männchen. In

Gerald Cubitt/Bruce Coleman Ltd

◀ Bei den meisten sozialen Säugetieren bildet ein Tier der Gruppe den Führer. Bei einigen Arten ist das dominierende Individuum ein Weibchen, häufiger jedoch ist es ein Männchen, das seine Position nach Auseinandersetzungen mit Rivalen erlangte und nun (wenigstens so gut es geht) eine Monopolstellung bei der Fortpflanzung innehat. Diese Wasserbock-Herde wird von einem auffällig gefärbten Männchen angeführt. Bei dem dunklen Tier im Hintergrund handelt es sich um ein halberwachsenes Männchen, das noch zu jung ist, um eine Bedrohung für das Leittier zu bilden.

▼ Bei zahlreichen Arten besetzen einzelne Tiere (oder Paare) gut abgegrenzte Territorien und greifen Eindringlinge an, die sich dann normalerweise zurückziehen. Treffen sich zwei Individuen benachbarter Gebiete an einer Grenze, halten sich die Neigung, anzugreifen oder zu fliehen, die Waage und führen wie bei diesen Kurzschwanz-Spitzmäusen zu einem »Unentschieden«.

sämtlichen Fällen bleibt die Paarung meist den dominanten Männchen überlassen.

Territorialkämpfe

Eine große Zahl von Säugetieren ist territorial. Dies bedeutet, daß die Männchen um ein Stück Land kämpfen und von diesem dann alle anderen Männchen fernhalten. Das Territorium kann sehr groß sein, wie es bei den Großkatzen der Fall ist, so daß genügend Nahrung und andere Ressourcen darin enthalten sind, um eine Familie zu ernähren; es kann jedoch auch ein symbolischer Flecken sein, gerade groß genug für das Männchen und seine Gefährtinnen. Der letztere Territoriumstyp kommt bei See-Elefanten und einigen Huftieren vor, etwa bei der ugandischen Kob-Antilope. Die Territorialkämpfe können aggressiv geführt werden, in der Regel wird der Verlierer jedoch nicht umgebracht. Die Hörner und Geweihe haben sich entwickelt, um das Risiko eines tödlichen Unfalls durch Aufspießen möglichst gering zu halten. In den meisten Fällen ist das Männchen das territoriale Geschlecht. Es ist dann bedeutend größer als das Weibchen und hat so die besten Chancen, aus seinen Kämpfen als Sieger hervorzugehen. Nahezu ohne

Dwight R. Kuhn

▼ Wenn sie sich nicht gerade ausruhen, sind die männlichen Löwen damit beschäftigt, entweder ein Territorium gegen andere Löwen zu verteidigen oder sich zu paaren. Letzteres erfordert beim Männchen ein recht gutes Urteilsvermögen, denn ein Weibchen, das nicht in Hitze ist, weist dessen Annäherungsversuche heftig zurück.

Ausnahme weisen die Männchen visuelle, akustische oder olfaktorische Merkmale auf, um das Territorium zu markieren und gegen Unterwanderung zu verteidigen. Bei kleinen und mittelgroßen Säugetieren ist es üblich, die Duftmarkierung an gut zugänglichen Grenzstellen und im Hinterland des Territoriums abzusetzen. Derartige Duftplätze, die nach den Markierungen ihrer Besucher duften, dienen allen vorüberkommenden Tieren zum Informationsaustausch.

Sexualverhalten

Beim Sexualverhalten der Säuger kann es sehr kurz und rauh zugehen, wie bei den Nasenbeutlern. Es gibt aber auch die hoch stilisierten und ritualisierten Paarungsspiele einiger Tiere wie etwa des ugandischen Wasserbocks. Ob die Paarung, wie in diesen beiden Beispielen, unter allen Tieren gleichmäßig erfolgt, oder ob Männchen und Weibchen ihr Leben lang zusammenbleiben, wie es bei vielen kleinen, waldbewohnenden Antilopen der Fall ist, oder ob die Verhältnisse, wie bei den meisten Säugetieren, zwischen diesen Extremen liegen, hängt von zahlreichen komplexen und miteinander verwobenen Umweltfaktoren ab. Bei Arten, die nicht zu beliebigen Paarungen neigen, kommt es zu einer Paarung, bei der sich ein Männchen und ein Weibchen aus der Gruppe heraus zusammentun. Bei einigen Arten verursacht allein die Nähe des Männchens beim Weibchen Brunftverhalten, und nur zu dieser Zeit versucht es zu kopulieren. Man vermutet, daß Pheromone oder Signalduftstoffe im männlichen Urin das Fortpflanzungssystem des Weibchens stimulieren. Bei einigen Arten - der Haushund und der Hamster sind bekannte Beispiele dafür - sendet das Weibchen einen besonderen Duft aus, der die Männchen aus weiter Entfernung anlockt. Anschließend kann es wählen, mit welchem es sich paaren möchte. Bei einigen Arten, etwa bei Primaten und vielen Karnivoren, sind beide Partner erforderlich, um die Jungen großzuziehen. Hier erfolgt die Paarung so rechtzeitig, daß sich die Nachkommenschaft einer eventuell zuvor eingegangenen Verbindung auf jeden Fall ankündigt, ehe es zur Kopulation kommt. Ist das Weibchen schwanger, bleibt die Paarbindung aus. Auf diese Weise ist das Männchen sicher, daß die zu erwartende Nachkommenschaft, an deren Aufzucht es beteiligt ist, mit Sicherheit von ihm stammt. Bei diesen Arten wird die Paarung normalerweise durch zärtliche, versteckte Gesten eingeleitet, die nicht für die Öffentlichkeit bestimmt sind.

Im Gegensatz dazu verkünden die Vertreter derjenigen Arten, die sich ohne feste Bindung paaren, ihre sexuelle Bereitschaft in ungewöhnlichen Verhaltenswei-

D. Parer & E. Parer-Cook/Auscape International

Jonathan Scott/Planet Earth Pictures

▲ Anubispaviane bei der gegenseitigen Fellpflege. Dieses Verhalten findet man häufig bei Säugern und Vögeln; es dient normalerweise der Festigung einer Paarbindung. Bei Affen und Menschenaffen weitet sich die gegenseitige Fellpflege häufig auf die ganze Gruppe aus und dient als Ausdruck der Solidarität in der Gruppe sowie der feinen sozialen Rangunterschiede.

sen. Weibliche Schimpansen, die feste Bindung eingehen, sind im Bereich ihrer Vagina mit einem großen Flecken weißer Geschlechtshaut verziert, die sich in der Hitze noch massiv aufbläst. Die Männchen sind davon fasziniert, stellen sich geduldig in der Paarungsschlange an und warten ab, bis sie an die Reihe kommen. Erstaunlicherweise kommt es während dieses ganzen bizarren Vorgangs nur zu wenig Störungen und Aggressionen.

DAS ÜBERLEBEN DER ART

Das Verhalten der Säugetiere ist nicht nur komplex, sondern auch in hohem Maße angepaßt. Es leistet also seinen Beitrag zum fortgesetzten Überleben der Art genauso wie jede andere biologische Eigenschaft. Forschungsarbeiten an Säugergruppen, die eine weite Spanne von Lebensräumen besetzen, wie etwa Primaten oder Antilopen, haben erwiesen, daß die Umwelt der letztgültige Faktor ist, der festlegt, welcher Verhaltenstyp zur Entwicklung kommt. So muß das merkwürdige Verhalten der Krallenaffen mit Rücksicht auf die Natur ihrer Lebensräume erklärt werden: Das Weibchen gebärt grundsätzlich Zwillinge, obwohl es selbst gerade groß genug ist, nur eines der beiden Jungtiere zu tragen. Das Territorium ist im Vergleich zu den winzigen Tieren so groß, daß es in angemessener Form nur von beiden Geschlechtern verteidigt werden kann. Ein Weibchen allein wäre nicht in der Lage, eine Familie großzuziehen und das von dieser bewohnte Territorium zu schützen. Um das Männchen in der Nähe zu halten, entwickelte die natürliche Selektion eine Fortpflanzungsstrategie, bei der, wenn das Männchen nicht beim Weibchen bleibt und hilft, die Jungen zu tragen und zu schützen, dessen Investition in die nächste Generation beeinträchtigt wird. Dieser offensichtliche Tatbestand der genetischen Erpressung seitens des Weibchens ist nichts weiter als der Einfluß der Umgebung auf die Lebensweise der Art, der zu vergrößerten Überlebenschancen führt.

C.A. Henley/Auscape International

▲ Eine weibliche braune Breitfußbeutelmaus mit acht Wochen alten Jungen. Bei der Geburt heften sich die Jungtiere, die nicht viel größer als ein Weizenkorn sind, an die Zitzen der Mutter, wo sie etwa fünf Wochen lang bleiben. Anschließend werden sie in ein Nest gebracht und weitere acht Wochen lang täglich gesäugt.

Frieder Sauer/Bruce Coleman Ltd

◀ Männliche Impalas reiben die Köpfe aneinander. Während der meisten Zeit des Jahres sammeln sich die männlichen und die weiblichen Impalas in verschiedenen Herden. Innerhalb der männlichen Herde kommt es vor, daß einzelne Tiere ihre Verbundenheit zur Gruppe zeigen, indem sie die Köpfe aneinanderreiben und Düfte aus ihren Gesichtsdrüsen austauschen. In der Fortpflanzungszeit lösen sich diese Verbindungen wieder auf.

BEDROHTE ARTEN

ANNE LABASTILLE

Schon immer, seitdem die ersten Lebewesen die Erde vor etwa 3,5 Milliarden Jahren bevölkerten, sind Arten ausgestorben. Man schätzt, daß im Verlauf dieser gewaltigen Zeitspanne 250 bis 500 Millionen verschiedener Lebensformen existiert haben und daß davon 98 Prozent schrittweise ausstarben und durch neue Typen ersetzt wurden. Auf der ganzen Welt belief sich die durchschnittliche Aussterberate aller Arten während dieses Zeitraums zwischen mindestens einer Art pro tausend Jahre und einem Maximum von einer Art pro Jahr. Aber das Aussterben erfolgt immer schneller. Heutzutage verschwinden Arten überall auf der Erde in einer wesentlich schnelleren Rate, seien es nun Vögel, Fische, Pflanzen, Säugetiere, Wirbellose oder Reptilien. Und sie werden nicht ersetzt.

DIE »AUSSTERBE-WELLE«

Die heutigen Lebensformen umfassen zwischen drei und zehn Millionen Arten. Die Hälfte von ihnen lebt in tropischen Regenwäldern. Niemand weiß wirklich, wieviele es sind, da vermutlich noch Millionen (überwiegend Wirbellose, Insekten und niedere Pflanzen) noch entdeckt und benannt werden müssen. Nach Ansicht der Zoologen existieren mit Sicherheit etwa 4300 Säugetierarten.

Nach Schätzungen von Wissenschaftlern wurden im Zeitraum zwischen 1600 und 1900 rund 75 Arten, überwiegend Vögel und Säuger, ausgerottet. Weitere 75 verschwanden zwischen 1900 und den sechziger Jahren. Seitdem hat die Rate rapide zugenommen. Nach den Unterlagen von CITES (Übereinkunft zum internationalen Handel mit bedrohten Arten) werden bereits 500 Arten und Unterarten von Säugetieren als »bedroht« aufgeführt, darunter die großen Katzen, Primaten (außer dem Menschen), sowie sämtliche Wale. Der britische Ökologe Dr. Norman Myers warnte davor, daß wir in den nächsten 25 Jahren damit rechnen können, mindestens 1000 Tier- und Pflanzenarten pro Jahr zu verlieren, vielleicht sogar 100 von ihnen pro Tag.

Sollte sich dieser Negativ-Trend fortsetzen, bedeutet dies, daß alle Leser, die im Jahre 2015 noch am Leben sind, das Aussterben von vielleicht einer Million Lebensformen erlebt haben. Ein derartig brutales und rasches Ereignis hat es in der langen Erdgeschichte noch niemals zuvor gegeben. Es wird als »Krampf der Vernichtung« bezeichnet.

DER MENSCHLICHE EINFLUSS

Was ist die Ursache dieser Krise, und wie fing sie an? Wahrscheinlich ist die menschliche Bevölkerungsexplosion ein ausschlaggebender Faktor. Der Mensch ist und war schon immer ein Ausbeuter, und so wird es immer sein. Wir Menschen gehören zu den klügsten

▼ Der Schwarzfußiltis starb in der Wildnis aus, nachdem durch menschliche Einflüsse die Präriehunde, die seine Hauptnahrung bildeten, aus seinem Lebensraum verschwanden. Zwei Regierungsbehörden der Vereinigten Staaten riefen ein Zuchtprogramm für die letzten Schwarzfußiltisse ins Leben und hoffen, dieses Tier in seinem ursprünglichen Lebensraum wieder ansiedeln zu können.

Franz J. Camenzind/Planet Earth Pictures

Gerard Laez/NHPA

▲ Da es für Mensch und Tiger unmöglich ist, friedlich miteinander zu leben, läßt sich diese Art nur erhalten, indem Waldgebiete reserviert werden, die groß genug sind, um diese Raubtiere mit Beute zu versorgen. Der Schutz der Tiger bewirkt zugleich den Schutz tausender anderer Pflanzen- und Tierarten.

und geschicktesten Säugetieren. Wir haben, in geologischen Zeiträumen gesehen, überhaupt nicht lange gebraucht, um die Herrschaft über andere Säuger zu gewinnen. Schon seit wir erstmals als intelligente Jäger und Sammler hervortraten, benutzen wir andere Säugetiere als Nahrung, als Lieferant für Milch, Kleidung, Schuhwerk, Waffen, Werkzeuge und Öl. Und in den letzten paar tausend Jahren haben wir uns erfolgreich in jeden Winkel der Erde ausgebreitet. Mit unserer hoch organisierten Gesellschaft, unseren zunehmend ausgefeilten Arten des Transports, der Rüstung und Kommunikation und unseren immer anspruchsvolleren Arten der Agrikultur und Ausbeutung der Meere, richten wir den Planeten zugrunde. Zugleich hat sich die Zahl der Menschen explosionsartig vermehrt. Heute sind wir die entscheidende Lebensbedrohung für die meisten anderen Lebensformen und die Hauptursache für die Verarmung der Natur.

Ein Schlüsselfaktor war die Art und Weise, in der primitive Waffen sich zu wirkungsvollen, furchteinflößenden Tötungsmaschinen entwickelten. Einst benutzten die Jäger Keulen und Steine, dann Steinschleudern und Speere. Dann kamen sie zu Pfeil und Bogen. Es folgten Feuerwaffen; die Entwicklung ging von einschüssigen Musketen bis zu Harpunenkanonen mit Explosivgeschossen und schnellen Maschinengewehren. Auch die Transporttechnologie entwickelte sich in einer ähnlichen Weise: Zuerst ging man zu Fuß, dann ritt man auf Lasttieren, fuhr mit Segelbooten und Wagen. Heute schließlich betreibt man Eisenbahnen, Flugzeuge, Schiffe und Autos mit fossilen Brennstoffen.

Die furchtbaren Auswirkungen dieser Entwicklungen lassen sich an einigen Beispielen verdeutlichen. So haben etwa Paläontologen bei der Erforschung der alten »Knochenfelder« des späten Pleistozäns (vor 100000 bis 10000 Jahren) Beweise dafür, daß die prähistorischen Menschen trotz ihrer geringen Körpergröße und ihrer schwächlichen Waffen imstande waren, sich in Gruppen zu sammeln und die Megafauna (die großen Säugetiere) ihres Gebiets in großen Zahlen zu töten. Man hat Skelette ausgegraben, in den sich steinerne Pfeil- oder Speerspitzen befanden.

Jedesmal, wenn Menschen einen neuen Kontinent betraten, folgte offensichtlich eine Welle des Aussterbens. Dafür ein Beispiel: Kurz nachdem Menschen vor 10000 oder 15000 Jahren am Ende der Eiszeit die Behringstraße nach Nordamerika überquerten, verschwanden prompt Riesenbiber, Elefanten, Mastodonten, Kamele, Mammute, Säbelzahntiger und Riesenbison. Wenigstens 50 Typen der Megafauna verschwanden auf Nimmerwiedersehen. Offenbar kam es aus ähnlichen Ursachen zu einer vergleichbaren Aussterbewelle in Europa, Afrika, Lateinamerika und Australasien.

Die Republik Malagasy (Madagaskar)ist ein Gebiet, das erst vor kürzerer Zeit von Menschen heimgesucht wurde. Die Indonesier erreichten diese Insel im Jahre 20, und es verschwanden daraufhin die Riesenlemuren, die Moas und die Zwergflußpferde. Es er-

Richard Matthews/Planet Earth Pictures

▲ Das südamerikanische Löwenäffchen. Bis in die jüngste Zeit waren die Hartholzwälder in der Küstenregion des südöstlichen Brasiliens von allen Wäldern Südamerikas am wenigsten geschützt. Abgesehen von wenigen Flecken, wurden sie in den frühen siebziger Jahren ausgelöscht - und mit ihnen verschwanden ihre Primaten, einschließlich des Löwenäffchens. Die drei Arten schrumpften zu winzigen Restpopulationen zusammen. Trotz einiger Versuche, die wilden Populationen mit in Gefangenschaft gezüchteten Tieren wieder zu festigen, bleiben diese Arten bedroht.

folgte ein von Menschen verursachter Kahlschlag. Es gibt kein Zeichen klimatischer Veränderung oder anderer biologischer Bedrohungen, um dieses Massensterben zu erklären.

Allerdings scheint es, daß weder die Aussterbewellen der Eiszeit noch die auf Madagaskar so schrecklich waren, wie die Schlächtereien, die in historischer Zeit erfolgten. Als der Weiße Mann in Amerika angekommen war, trieb er immer wieder Millionen von Bisons und anderen großen Säugetieren zusammen, um sie abzuschlachten. Ein solches Ereignis ist als die Große Umzingelungsjagd von Pennsylvania bekannt. 1760 bildeten Jäger zu Fuß eine 170 Kilometer große, kreisförmige Kette. Sie waren jeweils etwas weniger als einen Kilometer voneinander entfernt. Dann marschierten sie nach innen und knallten alles ab, was ihnen vor die Flinte kam. Das Ergebnis der Jagd: 41 Pumas, 109 Wölfe (Kojoten?), 112 Füchse, ein Otter, 12 Vielfraße, drei Biber, 114 Luchse, 10 Schwarzbären, zwei Wapiti, 98 Hirsche, 111 Bisons und drei Fischer!

Die technologischen Fortschritte in der Bewaffnung und im Transportwesen erlauben dem Menschen heute, in Alaska Wölfe und Eisbären zu jagen. Die Jäger spüren die Wölfe auf dem Festland mit kleinen Flugzeugen auf, ermüden sie und kommen dicht an sie heran, während man Eisbären auf den riesigen, treibenden Eisschollen vom Helikopter aus sucht. Anschließend werden die Tiere auf dem Land mit Hilfe großkalibriger Schußwaffen mit Zielfernrohren erlegt. Eine technologisch derart hochgezüchtete Tötungsmethode läßt den Jagdtieren nicht die geringste Chance zu überleben.

DIE WELTWEITE ZERSTÖRUNG DER LEBENSRÄUME

Die entscheidende Bedrohung unserer Zeit, die das Überleben der Säugetiere in Frage stellt, liegt jedoch in den Umweltproblemen, die auf menschliche Einwirkungen zurückgehen. Eines der schlimmsten Verbrechen an der Natur ist die Zerstörung von Lebensräumen - sei es nun die arktische Tundra, Inseln, Küsten- Feuchtgebiete, Prärien oder tropischer Regenwald. Der Mensch macht sich an jedem Ökosystem der Erde zu schaffen, indem er Flüsse eindämmt, Waldgebiete abholzt, Feuchtgebiete trockenlegt, Pipelines installiert, sein Vieh weiden läßt und Autobahnen und Vorstädte baut. Die Säugetiere verlieren sehr schnell ihre Heimat, Nahrung und Wasser sowie offenen Raum zum Leben.

Das erschreckendste Beispiel ist die Erschließung des Amazonas-Regenwaldes. Hier liegen die Aussterberaten höher als irgendwo anders auf der Erde, denn dieses Ökosystem beheimatet die Hälfte aller auf der Welt lebenden Arten.

Das Amazonasbecken ist so riesig (sechs Millionen Quadratkilometer) und scheinbar so fruchtbar und grün, daß es wie ein unberührtes Paradies erscheint. Verschiedene lateinamerikanische Staaten, deren Grenzen zum Teil auf diesem Gebiet liegen, versuchen, es zu kolonisieren. Vor allem die Regierung Brasiliens baute die ausgedehnte Transamazonica-Autobahn und etliche Nebenstraßen. Tausende armer Kleinbauern sollten sich am Rande dieser Straßen ansiedeln. Jeder dieser Siedler rodete kleine, unberührte Waldstücke und brannte sie ab, um Reis, Bananen, Pfeffer und Kakao anzupflanzen. Sind die Anbauflächen erst einmal aus dem Urwald herausgehackt, wird der Lebensraum von Jaguaren, Brüllaffen und anderen Tieren des Regenwaldes zerrissen und verkleinert.

Tatsächlich stellte sich das Amazonasbecken für die meisten Siedler als ein trügerisches Paradies heraus: Die Krume ist unfruchtbar und enthält giftiges Aluminium, und die Regenfälle haben sintflutartigen Charakter. Ist die grüne Überdachung der großen Bäume einmal dahin, verdichtet sich der Boden rasch und erodiert unter der glühenden Sonne und den brutalen Regenfällen.

Heute unterstützt die brasilianische Regierung riesige Viehzuchtbetriebe und Holz- oder Palmenplantagen. Die meisten davon gehören multinationalen Gesellschaften und erstrecken sich über tausende von Hektar. Wenn der Regenwald umgehauen ist, läßt man riesige Feuer wochenlang wild brennen. Tatsächlich wurde das größte von Menschen jemals erzeugte Feuer (man entdeckte es per Satellit) von einer multinationalen Gesellschaft gelegt, um Weideflächen zu gewinnen.

Man schätzt, daß in der Welt durchschnittlich *in jeder Minute* 20 Hektar Regenwaldes gestört oder abgebrannt werden. Dies entspricht in jedem Jahr einem Gebiet von der Fläche Großbritanniens. In Lateinamerika hat man bereits 37 Prozent des feuchten, tropischen Regenwaldes in weniger produktive Ökosysteme umgewandelt. In Südostasien waren es 38 und in Afrika 52 Prozent. Die erstaunliche Umstellung von einem komplexen, augeglichenen, gesunden, langlebigen Ökosystem mit riesigen, reifen Bäumen zu den auf kurze Zeiten angelegten Ernteflächen mit Ölpalmen und Pfefferbüschen oder Weideland für Rinder ist einer der am stärksten störenden ökologischen und ökonomischen Ausverkaufsaktionen der heutigen Zeit. Sollte sich diese Zerstörung fortsetzen, so sagen Wissenschaftler voraus, daß es im Jahre 2000 bis 2010 nur noch vereinzelt einen Rest des einstigen Regenwaldes in abgelegenen Plätzen geben wird.

Eine andere Art der Zerstörung der Lebensräume ereignet sich im Norden und Westen Afrikas. Die sogenannte Sahelzone verwandelt sich mit großer Geschwindigkeit in Wüstenland. Die Sahara-Wüste dringt unmerklich in die Savannengebiete vor. Ursache dafür ist in erster Linie die Überweidung durch Vieh, die geringen Niederschläge und hohe Besiedelungsdichten. Schätzungen zufolge wurden in jüngerer Zeit etwa 250 Millionen Menschen mitsamt ihrem Vieh von Dürrekatastrophen heimgesucht. Die wilden Säugetiere wie Antilopen, Geparden und Mendesantilopen verdursteten.

BEDROHUNGEN VON ALLEN SEITEN

Viele Umweltsünden wirken sich indirekt auf das Leben der Säugetiere aus. Dazu gehört die Verschmutzung der Luft, der saure Regen, die Verschmutzung von Salz- und Süßwasser und die Erosion des Bodens. Wir haben keine Vorstellung davon, wie zahlreiche Säuger durch den Genuß unsauberen Wassers, durch Aufnahme von Pflanzen, die auf kontaminierter Erde wachsen, oder durch das Leben im Meerwasser, das durch giftige oder radioaktive Abfälle belastet ist, krank werden oder sterben. Man untersuchte Rehe, die in einem polnischen Nationalpark leben, der den Abwinden einer größeren, stahlproduzierenden Stadt ausgesetzt ist. Dabei zeigten sich mißgebildete Geweihstangen und eine absinkende Geburtenrate. Die zuständigen Biologen vermuteten, daß die Rehe sich von Pflanzen ernähren, die dem sauren Regen ausgesetzt sind und Spuren toxischer Metalle aus den Stahlmühlen enthalten. Man weiß auch von Rentieren in Lappland, daß sie radioaktiv verseucht waren, nachdem sie Flechten gefressen, die den radioaktiven Niederschlag der sowjetischen Tschernobyl-Katastrophe absorbiert hatten.

Ein drohender Umweltfaktor ist die globale Erwärmung. Im dem Maße, in dem immer mehr Kohlendioxid und Methan von wilden, tropischen Feuern und durch die Verbrennung fossiler Brennstoffe in die Atmosphäre gepumpt werden, heizt sich die Erde auf. Die Schachtel der Pandora liegt, mit klimatischen Veränderungen gefüllt, schon bereit: Wärmere Temperaturen, heftigere Stürme, zunehmende Meerespegel und sintflutartige Regenfälle in Breiten, die daran nicht gewöhnt sind. Einige Säuger werden auswandern können, um eine passende, neue Heimat zu finden, und einige mögen sich anpassen. Für andere wird jedoch die Belastung zu groß sein, sie werden ihr erliegen. Vermutlich wird die globale Erwärmung die größten Aussterbe-Welle aller Zeiten hervorrufen.

Eine weitere Bedrohung für die einheimische Tierwelt ist die Einschleppung exotischer Tiere in die bestehenden Ökosysteme, sei es als Nahrungsgrundlage oder für den Jagdsport. Die ortsfremden Arten können nicht nur unerwartete Parasiten und Krankheiten einschleppen und verbreiten, sie sind in der Regel überlebensfähiger als die einheimischen Arten und vermehren sich häufig in kurzer Zeit sehr stark. Daraufhin kommt es zu einer brutalen Konkurrenz, und die einheimische Fauna geht unter Umständen zugrunde.

Alle Formen menschlicher Aktivität (darunter die wissenschaftliche Forschung und die Erprobung verschiedener Kosmetika und Medikamente) führen zu einer fortgesetzten Zerstörung der Tierwelt. Im Krieg tötet die menschliche Angriffslust unzählige Säugetiere. Das gilt auch für die Herstellung von Modeartikeln, für die diese Tiere ausgebeutet werden.

DIE GESCHICHTE VON FÜNF ARTEN

Um die Gefahren, denen die Säugetiere ausgesetzt sind, zu erläutern, folgen nun fünf Beispiele aus Land, Luft und Meer. Alle diese Arten werden als bedroht auf der Roten Liste der Internationalen Vereinigung für die Erhaltung der Natur geführt.

Der Mähnenwolf

Der Mähnenwolf durchzieht die trockene, grasbestandene Pampas Argentiniens, Paraguays und Brasiliens. Er sieht aus wie ein langgliedriger, roter Hund auf Stelzen, schwarzen Strümpfen und einem schwarzen »Umhang« über den Schultern. Mit einem Gewicht von mehr als 20 Kilogramm hat er Wolfsgröße, ist aber in Wirklichkeit ein Fuchs. Mähnenwölfe können auf ihren langen Beine in einer Nacht über 30 Kilometer zurücklegen. Sie jagen überwiegend nach Pakas, Nagetieren, Kaninchen und Vögeln. Sie werden von

▼ Da man seinen Geschlechtsteilen magische Kräfte zuschrieb, wurde der südamerikanische Mähnenwolf in Massen abgeschlachtet. Seine Populationen sind heute auf etwa 2000 Tiere reduziert, und er wird in der Wildnis vermutlich nicht überleben.

Francisco Erize/Bruce Coleman Ltd

Coo-ee Historical Picture Library

▼▲
Vor der Ankunft der Europäer war der Fortbestand des amerikanischen Bisons nicht gefährdet. Allerdings reduzierten sogenannte Büffeljäger die Bestände zwischen Mitte und Ende des vergangenen Jahrhunderts von etwa 50 Millionen auf weniger als 800 Exemplare. Aufgrund von Schutzmaßnahmen und der Einrichtung von Schutzgebieten konnten die Zahlen wieder auf etwa 40000 Exemplare ansteigen.

Sammlern für zoologische Gärten gefangen und von den Einheimischen wegen Zauberei: Die Brasilianer sprechen den Körperteilen eine heilende Wirkung zu und glauben, daß das linke Auge (sofern es einem lebenden Tier entnommen wurde) Glück bringe. Diese Probleme haben zusammen mit Parasiten und Krankheiten dazu geführt, daß heute weniger als 2000 Mähnenwölfe übrig sind.

Der Bison

Sowohl der nordamerikanische Bison als auch sein enger Verwandter, der europäische Wisent (eine Unterart) sind in den vergangenen hundert Jahren ganz knapp dem Aussterben entgangen. Man schätzt, daß einstmals 50 bis 60 Millionen Tiere die amerikanischen Prärien bedeckten und dabei den Anblick eines Meeres von schwarzen Punkten boten. Man betrachtete die wandernden Bisons als das größe Naturschauspiel, das Menschen je vor Augen gekommen war. Die Indianer der offenen Grasflächen waren vom Bison, der auch als »Büffel« bekannt wurde, in hohem Maße abhängig, und sie verehrten das Tier auch. Die Ankunft der Europäer jedoch sorgte dafür, daß die zottigen, eine Tonne schweren Tiere beinahe verschwanden.

Professionelle Jäger schlachteten die Bisons auf der Suche nach Leder und Fleisch zu Millionen ab. Häufig schnitt man nur die Zungen heraus, die als Delikatesse galten, und überließ das Fleisch der Fäulnis. Buffalo Bill tötete nach eigenen Angaben in einem Jahr allein 4280 Tiere. Auch die sich nach Westen ausdehnende Eisenbahn spielte eine Rolle bei der Vernichtung der Bisons. Die Fahrgäste der frühen Züge schossen nur zum Zeitvertreib auf die Büffel. Um 1884 war der Bison aus den Vereinigten Staaten praktisch verschwunden. Im letzten Augenblick wurden Reservate eingerichtet und die wenigen verbliebenen Tiere geschützt. Heute gibt es wieder einige Tausend von ihnen in den Nationalparks Yellowstone und Wood Buffalo, im Wichita Mountains-Naturschutzgebiet und in anderen Schutzgebieten. Da die Tiere jedoch auf diese isolierten Gebiete begrenzt sind, findet nur ein geringer genetischer Austausch statt.

Jeff Foott/Bruce Coleman Ltd

James Watt/Planet Earth Pictures

▲ Der Einsatz von Harpunenkanonen und Fabrikschiffen brachte die meisten großen Wale an den Rand des Aussterbens. Nach einem jüngst erfolgten Verbot des kommerziellen Walfangs scheinen sich die Bestände einiger Arten, wie des hier gezeigten Buckelwals, langsam zu erholen.

Der Buckelwal

Das Schicksal des Buckelwals ist ein beeindruckendes Beispiel für die Ausbeutung einer Tierart. Von diesen 19 Meter langen, schwarzen Bartenwalen gab es einmal 100 000 Exemplare. In den sechziger Jahren waren nur noch rund 6000 davon übrig.

Der Mensch hat die Wale seit Jahrhunderten gejagt. Die nordischen Fischer fertigten Schnitzereien mit Walen schon vor 4000 Jahren an, und die Eskimos ernährten sich von ihnen seit mindestens dreieinhalb Jahrtausenden. Der kommerzielle Walfang, der die Schuld am Rückgang der Tiere trägt, begann jedoch bereits im zehnten oder zwölften Jahrhundert. Man jagte die Wale wegen des Fleisches, des Öls und der Knochen. Da Buckelwale zu den Arten gehören, die sich am leichtesten fangen lassen, wurden sie zu hunderten harpuniert. Solange die Walfänger mit kleinen Booten arbeiteten und die Tötung und Schlachtung mit der Hand vornahmen, hatten die Wale wenigstens eine Chance. Als aber die großen Fabrikschiffe mit Echopeilung, Hubschraubern, Harpunenkanonen mit Explosivgeschossen und einer kompletten Verarbeitungsanlage an Bord auftauchten, bedeutete dies den Untergang der Wale.

1946 gründete man die internationale Walfangkommission, um den Walfang zu regulieren. Allerdings wurde dies von einigen Staaten ignoriert. Im Jahre 1973 verbot das amerikanische Gesetz über Meeressäuger, von diesen Tieren und deren Erzeugnissen Gebrauch zu machen. Nur die Eingeborenen erhielten die Erlaubnis dazu. Zur selben Zeit verhängte die Konferenz der Vereinten Nationen über die Umwelt des Menschen ein weltweites, zehnjähriges Moratorium über den Walfang. Die Kommission hielt sich nicht an diese Regelung. Schließlich ließ sich dank der Beteiligung zahlreicher Wissenschaftler und des zunehmenden öffentlichen Interesses im Jahre 1986 ein generelles Verbot für den kommerziellen Walfang durchsetzen. Naturschutzgruppen wie Greenpeace und ihre Aktion »Rettet die Wale« trugen dazu bei, die Öffentlichkeit über Wale zu informieren und Respekt gegenüber diesen Tieren hervorzurufen. Mit Hilfe moderner Technologie lassen sich die ungewöhnlichen Lautmuster von Piepsen, Stöhnen und Schreien hörbar machen, die in den Gesängen der männlichen Buckelwale in der Fortpflanzungszeit auftauchen. Die Weibchen (und die Unterwasser-Mikrophone) können diese Gesänge noch aus 160 Kilometer Entfernung unter Wasser empfangen.

Dies war das erste Mal in der menschlichen Geschichte, daß Wale geschützt wurden. Aber selbst unter diesen Vorgaben betreiben Japan, Island und Norwegen den Walfang noch immer unter dem Vorwand wissenschaftlicher Forschung.

Der Flughund

Die Fledermäuse bilden beinahe ein Viertel aller Säugetierarten. Darunter sind die 173 verschiedenen Arten von Flughunden am faszinierendsten. Die größte Fledermaus der Welt ist der Samoa- Flughund mit einer Flügelspanne von nahezu zwei Metern. Da diese Fledermäuse sich von Blüten und Früchten, Nektar und Pollen ernähren, benutzen sie eher ihre scharfen Augen und Nasen, um Nahrung zu finden, als das Gehör und die Echoortung.

Man jagt diese verborgen lebenden Tiere mit ihren großen, leuchtenden Augen und hundeähnlichen Gesichtern in Malaysia und Indonesien wegen ihres Fleisches, denn es wird dort als Delikatesse angesehen. Angeblich heilt das Fleisch aber auch Asthma.

Die tropischen Pflanzen der Alten Welt sind auf die früchtefressenden Fledermäuse für die Verbreitung ihrer Samen und die Befruchtung ihrer Blüten angewiesen. Diese »Fledermauspflanzen« liefern dem Menschen über 450 nützliche Produkte, etwa schwarzen Farbstoff für Körbe, wohlschmeckende Früchte, Kapok-Fasern, Holzkohle und Medikamente. In Westafrika verbreitet der Palmenflughund die Samen des Iroko-Baumes, der die Grundlage einer Industrie bildet, die einen jährlichen Umsatz von 100 Millionen Dollar aufweist.

▼ Flughunde kommen normalerweise zahlreich vor. Allerdings sind sie durch ihre Gewohnheit, sich in großen Zahlen an Schlafplätzen zusammenzudrängen und durch Massenschlächterei besonders gefährdet. Einige Inselarten, wie der Marianas-Flughund, sind in ihrem Fortbestand bedroht, weil ihnen der Mensch nachstellt.

Merlin D. Tuttle/Bat Conservation International

Die Flughunde gehen jedoch in ihrer Zahl zurück. Auf vielen Inseln wie Guam, der Mariana-Kette, Yap, Samoa, Rodrigues und den Seychellen sind sie fast verschwunden. Die größte Bedrohung geht für diese Arten von der Zerstörung ihrer Lebensräume durch Landwirtschaft und der Gewinnung von Brennholz aus. Vor Ort werden nur wenig Schutzmaßnahmen ergriffen.

Der Gorilla

Jeder, der die Artikel im National Geographic Magazine über Gorillas gelesen oder das Buch „Gorillas im Nebel“ von Dian Fossey oder vielleicht den gleichnamigen Film gesehen hat, kennt die Wahrheit über die größten lebenden Primaten. Sie sind wirklich sanfte Riesen.

Dr. Fossey verbrachte beinahe 20 Jahre mit dem Studium dieser Tiere in Afrika und entwickelte ein enges Verhältnis zu verschiedenen Gruppen von Berggorillas. Trotz ihrer Arbeit und der Durchbrüche, die sie erreichte, bleibt der Mensch der schlimmste Feind der Gorillas. Obwohl die afrikanischen Gesetze das Töten von Gorillas verbieten, versäumt man es meist, ihnen Geltung zu verschaffen. Noch immer verkaufen Wilderer Köpfe und Hände als Souvenirs. Von der im Tiefland lebenden Unterart gibt es zwischen 5000 und 13000 Tieren, von den Berggorillas sind nur noch 350 bis 500 Tiere übrig. Selbst im Virunga Volcanoes Nationalpark ist der Lebensraum für die Gorillas nicht sicher. In jüngerer Zeit wurde ein ansehnlicher Abschnitt davon verschlungen, um Pyethrum, ein Insektizid, anzubauen. Außerdem fressen sich die Baumfäller ständig ihren Weg entlang den Hängen des Vulkans hoch.

Die größte Hoffnung, die Gorillas zu retten, besteht im Tourismus. Schon jetzt besuchen interessierte Gruppen das Virunga-Gebiet, um die Primaten zu fotografieren, ohne sie im geringsten zu belästigen. Dies führt auch dazu, daß anstelle der Wilderer nun die Eingeborenen ihr Einkommen haben.

NATURSCHUTZMASSNAHMEN KÖNNEN DEN UNTERGANG AUFHALTEN

So hoffnungslos die Aussicht für viele Säugetiere sein mag, bereitet man doch in praktisch jedem Staat Naturschutzmaßnahmen vor. Es existieren Hunderte staatlicher Einrichtungen und privater Organisationen. Unter den bekannteren befinden sich die Internationale Vereinigung zur Erhaltung der Natur (IUCN), der World Wildlife Fund, sowie die amerikanische Organisation für Bildung, Wissenschaft und Kultur (UNESCO). In den USA sind darüber hinaus auch die National Audubon Society, der Sierra Club, die Natur Conservancy und Planned Parnethood bekannt.

Zahlreiche Gesetze schützen Tierwelt und Natur auf der ganzen Welt. Das Problem besteht lediglich darin, diesen Gesetzen hinreichend Geltung zu verschaffen.

Wenn es darum geht, Arten zu retten, ist die internationale Zusammenarbeit jedoch häufig sehr erfolgreich. So ist beispielsweise die Gesamtzahl der Elefanten, der größten Landsäuger, von 1,3 Millionen auf 625000 Exemplare abgesackt. Noch immer werden

D. Parer & E. Parer-Cook/Auscape International

diese Tiere von Wilderern und Rebellen abgeschossen, um sich an dem Elfenbein zu bereichern und damit Bürgerkriege zu finanzieren. In jüngerer Zeit wurde Elfenbein jedoch von CITES (dem Übereinkommen zum internationalen Handel mit bedrohten Arten) auf die Liste der Produkte gesetzt, deren Handel verboten ist. Da CITES von mindestens 75 Staaten und Hunderten nichtstaatlicher Organisationen unterstützt wird und sich an dessen Vorgaben halten, haben die Tiere eine Chance.

Einige bedrohte Arten können Hilfe dadurch erfahren, daß man sie in zoologischen Gärten in Gefangenschaft züchtet. Diese Einrichtungen haben es im Laufe der Jahre geschafft, 19 Prozent aller lebenden Säugetierarten nachzuzüchten. Besonders erfolgreich war das Zuchtprogramm für das Löwenäffchen, und auch die Zucht der arabischen Oryx-Antilope war recht erfolgreich. Kürzlich wurden einige dieser Tamarine in kleinen Landstrichen mit geeignetem Lebensraum wieder ausgesetzt, jedoch befinden sich die Bemühungen, Arten wieder auszuwildern, noch in den Kinderschuhen. Die wesentliche Aufgabe der Zoos besteht nach wie vor darin, die Öffentlichkeit über die Zerstörung der Lebensräume und das Verschwinden von Arten aufzuklären.

Eine andere Methode, seltene Tiere zu hegen, besteht in der Haltung und Zucht in Jagdreservaten. Elen-Antilopen, Wildebeeste, Wildschweine, Capybaras und Pacas gehören zu den Arten, die sich profitabel aufziehen lassen. Häufig enthält gejagtes Fleisch mehr Eiweiß, weniger Fett und bringt mehr Geld ein als das Fleisch von Haustieren. In Venezuela darf das Fleisch der Capybaras während der Fastenzeit gegessen werden, das Fleisch aller anderen Säuger dagegen nicht. Die katholischen Mönche des sechzehnten Jahrhunderts hielten diese Tiere für Fische!

Zweifellos besteht der Schlüssel zur Erhaltung von Lebensräumen im direkten Ankauf, in der Pacht, in finanziellen Erleichterungen oder Schenkungen der Ländereien. Zur Zeit schützen die Nationalparks und gleichwertige Reservate 1,6 Millionen Quadratkilometer (ein Prozent der Landoberfläche der Erde). Dies jedoch reicht nicht. Es werden dringend Reservate gebraucht, die groß genug sind, um alle residenten Arten in jedem Ökosystem der Erde zu schützen.

Vielleicht hilft das zunehmende Interesse an Zahlungen von Ersatzleistungen an Menschen oder Staaten, die Tiere und Natur bewahren. Die Länder können sich »Naturschutz-Kredite« verdienen, um ihre Schulden zu begleichen, indem sie Land für Parks reservieren. Und eines Tages werden die Naturschützer möglicherweise in der Lage sein, Ausgaben abzuführen oder Steuerbefreiungen in Anspruch zu nehmen, wenn sie natürliche Ressourcen schützen.

Schließlich sollte die menschliche Einstellung über das Interesse der Ausbeutung, der Ökonomie oder Erholung an Tieren und Pflanzen hinausgehen. Alle Lebewesen sollten ihren Wert in und aus sich selbst heraus bekommen und haben das Recht zu existieren. Wenn der Mensch jetzt handelt, um die letzten Säugetiere dieser Welt vor dem Aussterben zu schützen, ist es vielleicht noch nicht zu spät.

▲ Die Bedrohung für Gorillas liegt in der Beschneidung ihrer Lebensräume. Auch werden Jungtiere für einige skrupellose Zoos gewildert und erwachsene Tiere abgeschlachtet, weil man aus ihnen Souvenirs gewinnt. Wahrscheinlich erbringt im Gegenzug ein kontrollierter Tourismus genug öffentliche Einnahmen, um die Einheimischen zum Schutz dieser Art zu motivieren.

ZWEITER TEIL

DIE ARTEN DER

SÄUGETIERE

MONOTREMEN

T. R. GRANT

Ordnung Monotremata: 2 Familien, 3 Gattungen, 3 Arten

GRÖSSE
Schnabeltier *Ornithorhynchus anatinus,* Länge: Männchen 45 bis 60 Zentimeter, Weibchen 39 bis 55 Zentimeter. Gewicht Männchen: 1 bis 2,4 Kilogramm; Weibchen: 0,7 bis 1,6 Kilogramm.
Schnabeligel Langschnabeligel *Zaglossus bruijnii,* Länge 45 bis 90 Zentimeter. Gewicht: 5 bis 10 Kilogramm. Kurzschnabeligel Tachyglossus aculeatus, Länge 30 bis 45 Zentimeter.Gewicht 2,5 bis 8 Kilogramm.

ARTENSCHUTZ
Langschnabeligel-Populationen sind bedroht. Die beiden anderen Arten sind häufig, jedoch sind die Schnabeltier-Populationen wegen der besonderen Anforderungen an den Lebensraum labil.

Es gibt auf der Welt nur drei lebende Arten von Monotremen: Das Schnabeltier *Ornithorhynchus anatinus,* den Langschnabeligel *Zaglossus bruijnii* und den Kurzschnabeligel *Tachyglossus aculeatus.* Das Schnabeltier, das man nur in den östlichen Staaten Australiens findet, ist ein derart ungewöhnliches Tier, daß das erste Exemplar, als es 1798 nach England geschickt worden war, weithin als eine Fälschung angesehen wurde, die durch Zusammennähen eines Entenschnabels mit Körperteilen eines Säugers entstanden ein soll! Die beiden Echidna-Arten findet man auf der Insel Neu Guinea. Die kurzschnäblige Echidna ist außerdem in Australien weit verbreitet. Hier findet man die langschnäblige Echidna nicht mehr. Die Ursprünge dieser kleinen Säugetiergruppe liegen im Dunkeln, und weder sie noch ihre Fossilien kennt man aus irgendeinem anderen Teil der Welt.

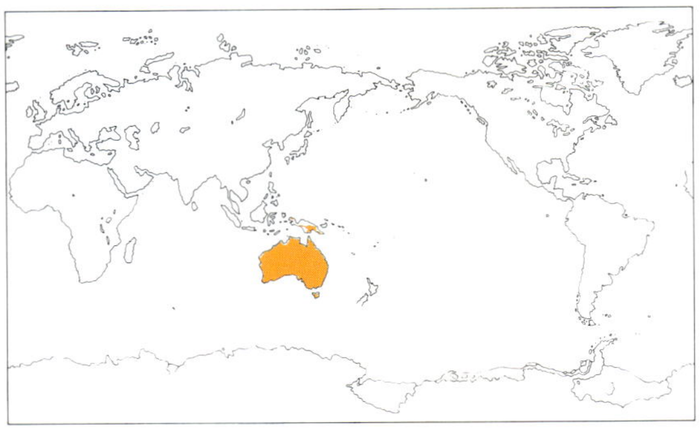

EIERLEGENDE SÄUGER

Man weiß von fossilen Funden, daß es Monotremen in Australien seit mindestens 15 Millionen Jahren gibt, vielleicht sogar seit der Kreide (seit 100 Millionen Jahren).

Obwohl man heute keine Langschnabeligel in Australien mehr findet, weisen Fossilien, die sich der Gattung Zaglossus zuordnen lassen, darauf hin, daß bis zum späten Pleistozän (vor 100000 bis 12000 Jahren) einige Arten davon auf dem australischen Festland und auf Tasmanien vorkamen.

Der Ordnungsname Monotremata bedeutet soviel wie »ein Loch« und bezieht sich auf die Tatsache, daß alle drei Arten nur eine Öffnung zur Körperaußenseite aufweisen, durch die die Produkte ihrer Fortpflanzungs-, Verdauungs- und Ausscheidungssysteme ausgeschleust werden. Dieses Merkmal betrifft jedoch nicht ausschließlich die Monotremen, denn auch die Beuteltiere besitzen diese Anordnung. Wenn auch alle drei Arten einige anatomische Ähnlichkeiten mit den Reptilien aufweisen, etwa Rippen auf den Halswirbeln und besondere Knochen in ihren Schultergürteln, ist ihre Physiologie und Anatomie doch weitgehend säugetierähnlich.

Das wesentliche Unterscheidungsmerkmal dieser Gruppe ist jedoch, daß sie Eier legen, anstatt lebende Junge zur Welt zu bringen, wie es alle anderen Säugetierarten tun. Die weichschaligen Eier messen etwa 15 mal 17 Millimeter und werden etwa 10 Tage lang ausgebrütet. Anschließend werden die Jungen mit Milch ernährt. Dieses Säugen der Jungen, der Besitz von

▼ Das Schnabeltier paddelt mit den Vorderfüßen durch das Wasser, die Hinterfüße dienen der Steuerung oder Richtungsänderung. Der weiße Fleck im Fell unterhalb der Augen schließt das Auge und die Ohröffnung ab, wenn das Tier sich unter Wasser befindet.

Jean-Paul Ferrero/Auscape International

EIN EINZIGARTIGER, GIFTIGER BEWOHNER AUSTRALIENS

Das Schnabeltier gehört zu den wenigen giftigen Säugetieren. Es gibt zwei karibische Solenodon-Arten und einige Spitzmaus-Arten, die ihre Beute, die häufig größer ist als sie selbst, mit Hilfe ihres giftigen Speichels überwinden. Das Schnabeltier besitzt etwas völlig anderes, dessen Funktion man übrigens noch nicht kennt.

Bei allen drei Monotremen-Arten findet man Stacheln am hinteren Knöchel. Im Zusammenhang mit den dazugehörigen Drüsen bezeichnet man diese als das »Unterschenkel-Komplex«. Dieser Sporn geht den Weibchen sämtlicher Monotremen-Arten im ersten Lebensjahr verloren. Obwohl die Sporen und Drüsen bei den männlichen Schnabeligeln beider Arten erhalten bleiben, setzen diese Tiere das System offenbar nicht ein, um Gift zu injizieren; bei den Schnabeltieren ist das anders.

Anhand der Veränderungen im Bau des Sporns lassen sich bei männlichen Schnabeltieren Altersbestimmungen vornehmen. Dies ist noch bis zu 15 Monaten, nachdem sie den Bau, in dem sie zur Welt kamen, verlassen haben, möglich. Die Sporen voll ausgewachsener Arten haben eine Länge von etwa 15 Millimetern. Sie lassen sich vom Knöchel abspreizen und mit der Hinterbeinmuskulatur in ein Objekt hineinstoßen. Der Stich allein ist

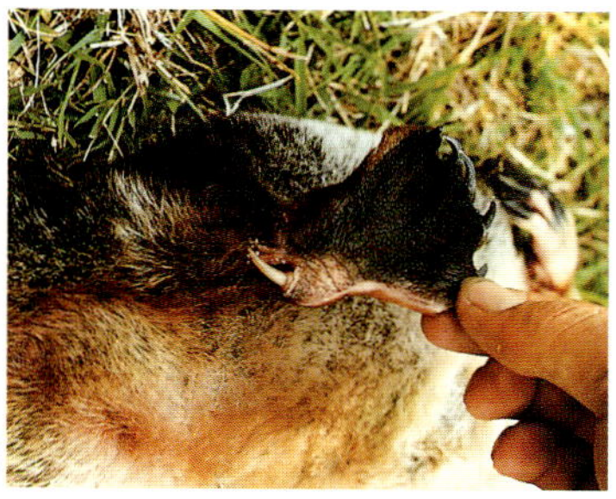

Tom Grant

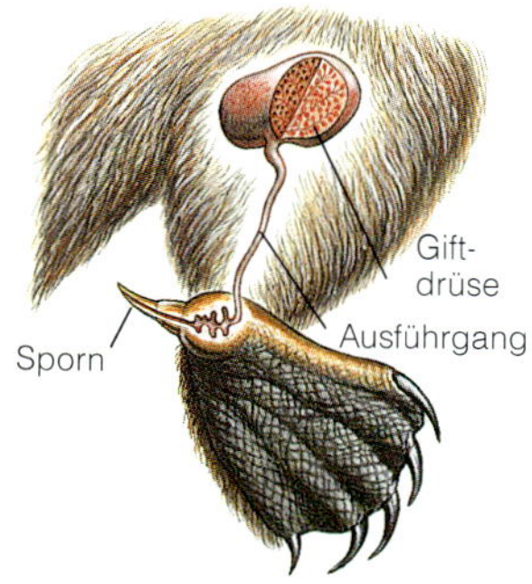

Der gebogene, hohle Stachel des Schnabeltiers (oben) ist durch Ausführgänge mit den Giftdrüsen unter den Oberschenkelmuskeln verbunden (unten).

schon schmerzhaft, das injizierte Gift kann jedoch bei Menschen zu verschiedenen Symptomen führen, von einem örtlichen Schmerz bis zur Paralyse der ganzen Extremität. Als man die Tiere noch wegen ihrer Pelze jagte, wurden sie durch einen großkalibrigen Schuß, der unter ihnen im Wasser einschlug, betäubt. Dann sandte man einen Jagdhund ins Wasser, um die Beute zu bergen. Es existieren zahlreiche Geschichten, die davon berichten, daß Schnabeltiere sich erholten und die Hunde durch einen Stich in die Schnauze töteten.

Die Zusammensetzung des Giftes ist ebenso unbekannt wie seine Funktion. Ein früher Naturforscher vermutete, daß das Männchen sich mit Hilfe der Sporen sein Weibchen während der Paarung gefügig mache, allerdings haben neuere Beobachtungen ergeben, daß das Weibchen im wesentlichen selber die Initiative bei der Paarung übernehmen kann und daher keiner Motivation bedarf. Die mit den Sporen verbundenen Drüsen wachsen mit den Hoden und gehen mit diesen auch wieder zurück. Daher vermutet man jetzt, daß ihre Funktion mit der Fortpflanzung zusammenhängt. Mit Sicherheit verhalten sich die Männchen zu dieser Jahreszeit besonders aggressiv gegeneinander (und natürlich gegen jeden, der sie fangen möchte).

Haaren, ein jederseits aus einem einzigen Knochen bestehender Unterkiefer sowie ein muskulöses Zwerchfell zur Atmung ordnet die Monotremen zweifellos der Klasse der Mammalia zu.

DAS SCHNABELTIER

Dieses kleine, amphibische Tier mit seinem biegsamen, entenähnlichen Schnabel, dem dicken Fell und den großen Schwimmhäuten an den Vorderfüßen ist vielleicht eines der ungewöhnlichsten heute lebenden Tiere. Die Art ist in ihrer gegenwärtigen Verbreitung in den Strömen, Flüssen und Seen eines großen Teils Ostaustraliens recht häufig. Hier kann man die Tiere oft beobachten, wie sie nach kleinen Insektenlarven und anderen Wirbellosen tauchen, die ihre Nahrungsgrundlage bilden. Zwischen den Tauchgängen verbringen die Tiere einige Minuten damit, die Nahrung zu kauen, die sie in ihren Backentaschen gesammelt haben. Dazu benutzen sie die hornigen Polster, die bei erwachsenen Tieren die Zähne ersetzen. Ein Tauchgang dauert normalerweise weniger als zwei Minuten. Dabei wird die Furche, die Augen und Ohren umfaßt, geschlossen, und das Schnabeltier lokalisiert seine Beute mit dem Schnabel. Dieses Organ ist berührungsempfindlich und besitzt darüber hinaus Elektrosensoren, die es dem Tier ermöglichen, seine Beute unter Wasser in der Nacht und bei schlechten Sichtverhältnissen zu orten und zu finden. Obwohl man die Tiere meist in der Morgen- und Abenddämmerung beobachtet, können sie während der ganzen Nacht aktiv sein und ihre Nahrungssuche, besonders im Winter, auch in die Tagesstunden ausdehnen.

Weil man annahm, das Tier verfüge nur über eine unvollkommene Fähigkeit, seine Körpertemperatur zu regulieren, hielt man das Schnabeltier für primitiv. Es hat sich jedoch herausgestellt, daß das Schnabeltier ein durchaus fähiger Warmblüter ist, der eine Körpertemperatur von 32 Grad Celsius aufrechterhält, und zwar auch dann, wenn er über längere Zeit im Wasser schwimmt, das beinahe gefroren ist. Um in der kalten Umgebung mehr Wärme zu produzieren, steigert das Tier seinen Stoffwechsel. Sehr hilfreich ist dabei außerdem eine gute Körperisolierung, unter anderem ein feines, dichtes Fell, das eine isolierende Luftschicht zurückhält, wenn das Tier ins Wasser geht. (Dieses Fell wurde einst vom Menschen sehr geschätzt und die Art deswegen intensiv bejagt, bis sie zu Anfang dieses Jahrhunderts unter Schutz gestellt wurde.)

Außerhalb des Wassers bewohnt das Schnabeltier eine Höhle, die in das Flußufer gegraben wird. Hier ist das Tier vor extremen Umwelttemperaturen sicher. In einigen Bereichen seines Verbreitungsgebietes kommt es zu Außentemperaturen, die im Winter bis ca. -15 Grad Celsius absinken und im Sommer bis zu 40 Grad Celsius ansteigen. Einige noch nicht bewiesene Hinweise sprechen dafür, daß das Schnabeltier im Winter möglicherweise einen Winterschlaf hält.

Nicht alle Weibchen einer Schnabeltier-Population pflanzen sich jährlich fort, und es hat den Anschein, daß weder die Männchen noch die Weibchen zur Fortpflanzung schreiten, ehe nicht wenigstens ihre zweite Brutsaison vorüber ist. Die Weibchen legen ein bis drei Eier, in den meisten Fällen sind es zwei. Man vermutet, daß das Weibchen sich in einem besonderen, bis zu 30 Meter langen Nistbau zusammenrollt und dabei die Eier zwischen Schwanz und Körper ausbrütet. Nach dem Schlüpfen bleiben die Jungen drei bis vier Monate in diesem Bau und werden während

Hans & Judy Beste/Auscape International

▲ Mit diesem Foto läßt sich einschätzen, wie klein ein Schnabeltier ist. Dies ist ein Weibchen, das etwa 450 Millimeter lang wird; das Männchen kann 600 Millimeter erreichen. Wenn es an der Wasseroberfläche frißt, kann das Schnabeltier beinahe vollkommen untertauchen, wobei nur die Nasenlöcher sowie die oberen Bereiche von Kopf und Rücken aus dem Wasser ragen.

dieser Zeit von der Mutter mit Milch ernährt. Die Milch sickert aus zwei zitzenähnlichen Flecken an der Unterseite des mütterlichen Körpers auf das Fell. Man nimmt an, daß die Jungen die Milch vom Fell aufnehmen. Die Fortpflanzungssaison zieht sich über einen langen Zeitraum hin: Die Paarung erfolgt von Juli bis Oktober. Nach einer vermutlich dreiwöchigen Reifungszeit, gefolgt von etwa zehn Tagen des Ausbrütens und der langen Zeit, in der sie im Bau gesäugt werden, gelangen die Jungen in jedem Jahr zwischen Januar und März nach draußen.

Man weiß, daß Schnabeltiere in Gefangenschaft bis zu 20 Jahre überleben. Die größte aus der Wildnis berichtete Lebenserwartung beträgt jedoch nur 12 Jahre. Allerdings waren die beiden Tiere, von denen diese Altersangaben stammen, bereits erwachsen, als sie zum erstenmal gefangen wurden. Sie können daher viel älter gewesen sein. Über die Sterblichkeit in wilden Populationen weiß man praktisch nichts, obwohl die Tiere allerdings Füchsen und Greifvögeln zum Opfer fallen. In jedem Jahr verteilen sich die Jungtiere, was vermutlich zu einer erheblichen Sterblichkeit führt. Dies gilt besonders in trockenen Jahren, in denen das Angebot an geeigneten Lebensräumen eingeschränkt ist. Das Schnabeltier beherbergt zahlreiche Außen- und Innenparasiten, darunter nur hier gefundene Zeckenarten. Es ist aber nicht bekannt, ob diese zur Sterblichkeit der Schnabeltiere beitragen. In Gefangenschaft hat sich das Schnabeltier nur einmal fortgepflanzt. Da die Tiere leicht unter Streß leiden, ist es nicht einfach, sie mit Erfolg in Gefangenschaft zu halten.

SCHNABELIGEL

Lang- und Kurzschnabeligel sind Tiere, deren Schnauze zu einem langen, schnabelähnlichen Organ umgebildet ist. Sie sind zahnlos, besitzen eine lange, vorstreckbare Zunge und weisen zusätzlich zu der normalen Behaarung an den Seiten und am Rücken einige besondere Haare auf, die sich zu scharfen Stacheln umgewandelt haben. Die langschnäblige Art ist mit einer Länge von 45 bis 90 Zentimeter und einem Gewicht von fünf bis zehn Kilogramm wesentlich größer als die kurzschnäblige Art, die nur 30 bis 45 Zentimeter lang und nur 2,5 bis acht Kilogramm schwer wird. Beim Kurzschnabeligel sind die Männchen größer als die Weibchen. Unter beiden Arten weisen nur die Männchen den Stachel am Knöchel eines jeden Hinterbeins auf.

Über den Populationsstatus des Langschnabeligels bestehen keine eindeutigen Vorstellungen, da sein Verbreitungsgebiet nur unzureichend untersucht ist. Der Kurzschnabeligel ist über das kontinentale Australien und über Tasmanien verbreitet. Hier kann er als häufig angesehen werden. Auf Papua-Neu Guinea wird er in den Tieflandgebieten noch immer als häufig betrachtet, obwohl beide Arten bekanntlich vom Menschen als Nahrung erbeutet werden.

Im Gegensatz zum Schnabeltier befinden sich die Augen und Ohren der Schnabeligel nicht in derselben Rinne. Die Ohröffnung (mit einem nur wenig sichtbaren äußeren Ohr) befindet sich direkt hinter dem Auge. Beim Fressen werden die Schnauze und die vorstreckbare Zunge eingesetzt. Der Kurzschnabeligel frißt überwiegend Termiten und Ameisen, allerdings auch die Larven einiger Insekten. Er besorgt sich die Ameisen und Termiten, indem er die Hügel, Gänge und Nester dieser Insekten mit den großen Krallen seiner Vorderfüße aufgräbt. Dann nimmt er die Ameisen oder Termiten mit seiner klebrigen Zunge auf. Er vermag seine langgestreckte Schnauze in kleine Hohlräume zu stecken und seine Zunge in kleine Aussparungen hineinzustrecken, um an diese Insekten heranzukommen. Der Gattungsname *Tachyglossus* bedeutet tatsächlich soviel wie »schnelle Zunge«. Der Langschnabeligel ist in erster Linie ein Wurmfresser. Mit Hilfe von Stacheln, die sich in einer Rinne seiner Zunge befinden, zieht er sich die Würmer ins Maul hinein. Bei beiden Arten sorgen schleimige Sekrete dafür, daß die Zunge klebrig wird. Da auch beide zahnlos sind, wird die Nahrung zwischen Stacheln der Zungenbasis und des hinteren Gaumens zermahlen.

Über die Aktivitätszeiten der Schnabeligel Neu Guineas weiß man wenig. In Australien lassen sich diese Tiere jedoch zu jeder Tageszeit beobachten, wenn sie auch bei extremer Hitze oder Kälte weniger aktiv sind und es dann offenbar vorziehen, im Boden oder einem Unterschlupf unter Felsen oder Pflanzen verborgen zu bleiben. Auch bei Regenwetter läßt ihre Aktivität vermutlich nach. Wie das Schnabeltier können sie keine hohen Temperaturen aushalten und sterben an Hitzschlag, wenn kein Schatten vorhanden ist. Die Fähigkeit des Kurzschnabeligels, sich einzugraben, ist schon legendär, denn die Tiere können sich senkrecht in die Erde graben und so in weniger als einer Minute verschwinden.

Die Schnabeligel sind warmblütig und vermögen, wie die Schnabeltiere, ihre Körpertemperaturen erheblich über die der Umgebung anzuheben, indem sie ihren Stoffwechsel steigern und von ihrer Körperisolierung aus Fell und Fettpolstern Gebrauch machen. Bei allen drei Monotremen-Arten liegt die normale Körpertemperatur niedriger als bei vielen anderen Säugetierarten. Sie wird normalerweise mit einer Toleranz von wenigen Grad bei 32 Grad Celsius erhalten

▼ Der Langschnabeligel besitzt mehr Haare und weniger Stacheln als der Kurzschnabeligel, vielleicht weil er die kühleren Hochlandgebiete Neu Guineas bewohnt. Er ernährt sich von Würmern, die er mit seinem langen Schnabel in der Erde sucht. Anschließend wird der Wurm mit der langen, gefurchten Zunge ergriffen und ins Maul gezogen. Die Nasenlöcher und das Maul befinden sich am Ende des Schnabels.

D. Parer & E. Parer-Cook/Auscape International

D. Parer & E. Parer-Cook/Auscape International

▲ Um sich zu verteidigen, graben sich Schnabeligel senkrecht in die Erde, bis nur noch die Spitzen ihrer Stacheln sichtbar sind. Dieses Verhalten verleiht ihnen vor Räubern normalerweise einen gewissen Schutz, allerdings sind die Dingos imstande, sie auszugraben und mitsamt ihren Stacheln zu fressen. Dieses Foto von einer Mutter mit ihrem Jungen ist insofern ungewöhnlich, als die Jungtiere meist im Versteck zurückbleiben, zu dem die Mutter alle paar Tage zurückkehrt.

solange die Tiere aktiv sind. Heute weiß man, daß die Kurzschnabeligel während des Winters in den Australischen Alpen manchmal für zwei oder drei Wochen eine Winterruhe einlegen, wobei die Körpertemperaturen in Bereiche von vier bis neun Grad Celsius abfallen können.

Der Fortpflanzungszyklus des Langschnabeligels ist weitgehend unbekannt. Bei der kurzschnäbligen Art entwickelt sich in der Fortpflanzungszeit eine Tasche, in die ein Ei hineingelegt wird. Nach etwa zehn Tagen Brutdauer schlüpft das Junge und ernährt sich von der Milch, die von den Milcharealen in der Tasche aufgenommen wird. Dabei stimuliert das Stoßen des Jungen den Milchfluß. Die Milchproduktion hält bis zu sechs Monaten an, jedoch wird das Junge, sobald ihm Stacheln wachsen (dies ist mit etwa neun Wochen der Fall) in der Höhle zurückgelassen, zu der die Mutter immer wieder zum Füttern zurückkehrt. Wie beim Schnabeltier gibt es eine ausgedehnte Fortpflanzungssaison; die Paarung erfolgt normalerweise im Juli und August. Die Dauer der Reifung, ehe das Weibchen die Eier legt, ist nicht genau bekannt - man vermutet einen Zeitraum von etwa drei Wochen. Auch pflanzen sich, wie bei den Schnabeltieren, nicht alle Weibchen einer Kurzschnabeligel- Population in jedem Jahr fort. Die Ursachen dafür kennt man jedoch noch nicht.

Beide Echidna-Arten sind recht langlebig. Ein Kurzschnabeligel lebte im Zoo von Philadelphia 49 Jahre lang, und ein in der Wildnis markiertes Exemplar erwies sich als mindestens 16 Jahre alt. Im Berliner Zoo überlebte ein einzelner Langschnabeligel beide Weltkriege. Er lebte dort 31 bis 36 Jahre lang. Über die Lebenserwartung dieser Art in der Wildnis weiß man gar nichts. Sicher ist nur, daß Schnabeligel trotz ihrer Fähigkeit, sich zu vergraben und ihrer stacheligen Panzerung, von Dingos erbeutet werden. Füchse, streunende Katzen und Warane rauben die Jungen aus den Bauten solange sie gesäugt werden. Der entscheidende Sterblichkeitsfaktor ist jedoch möglicherweise das Automobil. Man weiß kaum, wie sich Parasiten oder Krankheiten auf die Sterblichkeit auswirken. In der Gefangenschaft lassen sich die Schnabeligel durchaus halten, kommen jedoch selten erfolgreich zur Nachzucht.

D. Parer & E. Parer-Cook/Auscape International

◀ Die lange, klebrige Zunge des Kurzschnabeligels läßt sich aus dem Maul heraus- und in die Löcher von Termitenhügeln einführen, um deren Bewohner aufzulecken. Man kann Schnabeligel bei der Nahrungssuche auf Ameisenhügeln beobachten, die von Ameisen geradezu bedeckt sind. Es scheint, daß sie weibliche Ameisen besonders schätzen, vielleicht weil diese mehr Fett enthalten und daher besser schmecken.

BEUTELTIERE

Ordnung Marsupialia: 16 Familien, 77 Gattungen, ca. 260 Arten

GRÖSSE
Kleinste Art Pilbara Ningaui, *Ningaui timealeyi;* Kopf-Rumpflänge 46 bis 57 Millimeter, Schwanzlänge 59 bis 79 Millimeter.
Größte Art Rotes Riesenkänguruh, *Macropus rufus;* Kopf- Rumpflänge 165 Zentimeter, Schwanzlänge 107 Zentimeter, Gewicht 90 Kilogramm.

ARTENSCHUTZ
Die folgenden Arten werden in der Roten Liste der IUCN als gefährdete Säugetiere aufgeführt: Sprenkel-Beutelmaus, *Parantechinus apicalis;* Ameisenbeutler, *Myrmecobius fasciatus;* Kaninchennasenbeutler, *Macrotis lagotis;* Leadbeaters Hörnchenbeutler, *Gymnobelideus leadbeateri;* Nördl. Breitstirnwombat, *Lasiorhinus krefftii;* Bergbilchbeutler, *Burramys parvus;* Bürstenrattenkänguruh, *Bettongia penicillata;* Nagelschwanz-Känguruh, *Onychogalea fraenata.* Viele andere Arten werden als bedroht angesehen, oder über ihren Zustand ist nichts Sicheres bekannt.

RONALD STRAHAN

Die Beuteltiere (Metatheria) und die plazentalen Säugetiere (Eutheria) verfolgten wenigstens 100 Millionen Jahre lang unterschiedliche Evolutionswege. Dennoch gibt es zwischen ihnen nur wenige grundlegende Unterschiede. Man faßt sie als Vertreter der Theria zusammen und stellt sie damit den Prototheria gegenüber, von denen allein die Monotremen überlebt haben. Obwohl sich anatomisch Unterschiede zwischen allen Beuteltieren und allen plazentalen Säugetieren aufzeigen lassen, unterscheiden sich die beiden Gruppen dadurch, daß die Jungen der Beuteltiere in einem wesentlich unreiferen Zustand geboren werden als die der plazentalen Säuger.

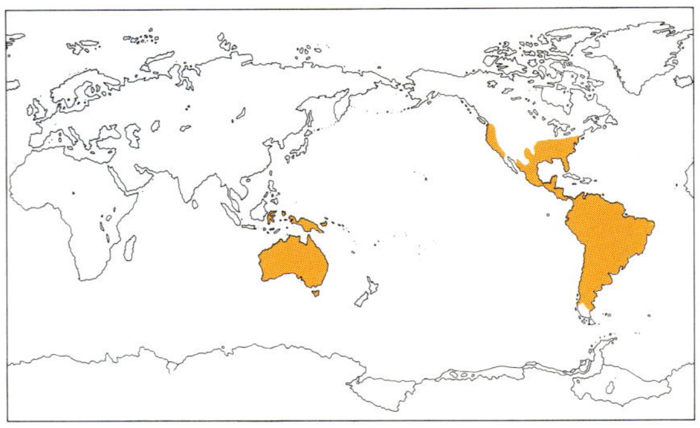

WAS DIE BEUTELTIERE UNTERSCHEIDET

Andere Unterschiede zeigen sich bei vielen, wenn auch nicht bei allen Beuteltieren. Die Marsupialier besitzen eine größere Höchstzahl von Schneidezähnen (fünf Paar im Oberkiefer, vier Paar im Unterkiefer) als die Eutheria (hier gibt es niemals mehr als drei Paar in jedem Kieferteil). Bei den meisten Beuteltieren läßt sich die erste Zehe des Fußes wie bei den Primaten den anderen vieren gegenüberstellen; außerdem ist diese stets ohne Kralle. Allerdings haben viele nicht kletternde Beuteltiere diese Zehe reduziert. Grundsätzlich ist das Gehirn der Beuteltiere etwas kleiner als das von plazentalen Säugetieren vergleichbarer Größe. Auch die Körpertemperatur und die Stoffwechselrate liegen leicht unterhalb der plazentaler Säuger. Man könnte versucht sein, die Beuteltiere in dieser Hinsicht als »minderwertig« anzusehen; in diesem Fall müßte man allerdings auch die Vögel höher einstufen als sie.

▶ Die Rote Wollbeutelratte (oben) lebt im Blätterdach des Waldes und ernährt sich hauptsächlich von Früchten. Seine großen, nach vorn gerichteten Augen verleihen ihm das Aussehen eines Affen. Obwohl die meisten Beuteltiere schwimmen können, ist doch der Yapok oder Schwimmbeutler (unten) die einzige wirklich amphibisch lebende Art. Die Tiere besitzen daher auch Schwimmhäute an den Hinterfüßen. Sie fressen wirbellose Tiere, die am Grunde der Süßwasserseen und -ströme leben. Die Beute wird bei fest geschlossenen Augen unter Wasser mit tastenden Bewegungen der empfindsamen Finger aufgespürt.

Dave Watts/Australasian Nature Transparencies

▲ In vielerlei Hinsicht ist der Tasmanische Teufel das Gegenstück der Hyäne unter den Beuteltieren: er erbeutet zwar auch manchmal lebende Tiere, ist jedoch im wesentlichen ein Aasfresser. Mit seinen kraftvollen Kiefern vermag er ein totes Schaf - einschließlich des Schädels - vollständig zu fressen.

Die Klassifizierung der Beuteltiere ist noch immer ein Streitobjekt. Nach geltender Expertenmeinung liegen in der modernen Fauna zwei außerordentlich unterschiedliche Komplexe vor: Die auf Amerika beschränkten Ameridelphia und die Australidelphia, zu denen Arten gehören, die man in Australien, Neu Guinea und den umliegenden Inseln findet.

DIE BEUTELTIERE AMERIKAS

Es existieren ungefähr 75 Arten lebender Ameridelphier, die alle als Beutelratten oder Opossums bezeichnet werden, obwohl sie drei verschiedene Familien enthalten: Didelphidae (Beutelratten), Caenolestidae (Opossummäuse) und Microbiotheriidae (Bergopossums).

Beutelratten Diese »richtigen« Opossums variieren in der Größe vom katzengroßen Virginia-Opossum *Didelphis virginiana* bis zu den treffend bezeichneten Zwergbeutelratten der Gattung Marmosa. Die meisten sind Allesfresser und können gut klettern. Viele von ihnen verbringen jedoch mehr Zeit auf dem Boden als in den Bäumen. Zudem sind die Schwänze der auf dem Boden lebenden Arten kürzer und weniger zum Greifen geeignet. Die räuberischen, kurzschwänzigen Spitzmaus-Beutelratten der Gattung *Monodelphis* leben überwiegend auf dem Boden. Dagegen halten sich die Wollbeutelratten der Gattung *Caluromys* beinahe ausschließlich auf den Bäumen auf und ernähren sich überwiegend von Früchten und Nektar. Die Dickschwanzbeutelratte, *Lutreolina crassicaudata,* lebt räuberisch und verfolgt ihre Beute auch im Wasser. Der Schwimmbeutler, *Chironectes minimus,* schwimmt unter Wasser, um seine Beute auf dem Grund zu suchen.

Opossummäuse Die sieben Arten der Opossummäuse sind Überlebende einer Gruppe, die man von fossilen Überresten aus den vergangenen 35 Millionen Jahren gut kennt. Heute sind sie auf die kühlen Nebelwälder der Anden beschränkt. Diese maus- bis rattengroßen Beuteltiere zeichnen sich durch ein Paar langer, meißelförmiger Schneidezähne aus, die vom Unterkiefer aus nach vorn ragen und dazu verwendet werden, die großen Insekten und kleinen Wirbeltiere aufzuspießen, von denen sie sich ernähren.

Chiloe-Beutelratte Die Chiloe-Beutelratte oder Monito del Monte, *Dromiciops australis,* aus den Regenwäldern des südlichen Chile ist der einzige lebende Vertreter dieser Familie, die eine lange Fossilgeschichte aufweist. Es besitzt die Größe einer kleinen Ratte und ernährt sich in erster Linie von Insektenlarven und -puppen. Nach Ansicht der meisten Spezialisten für die Entwicklungsgeschichte der Beuteltiere ist die Chiloe-Beutelratte mit den amerikanischen Opossums verwandt. Es mehren sich jedoch Hinweise für eine Verwandtschaft mit den Australidelphiern: Sollte dies zutreffen, würde die Chiloe- Beutelratte ein wichtiges entwicklungsgeschichtliches Verbindungsglied zwischen den Beuteltieren beider Kontinente darstellen.

DIE BEUTELTIERE AUSTRALIENS

Die etwa 200 lebenden Arten der Australidelphier weisen eine viel größere Verschiedenartigkeit auf als die lebenden Ameridelphier. Die 16 Familien zerfallen in vier sehr unterschiedliche Komplexe: die fleischfressenden Beuteltiere, den Beutelmull, die Gruppe der Nasenbeutler sowie eine große Gruppe, die als Diprotodontier bezeichnet wird und zu der die Koalas, Wombats, Kletterbeutler und Känguruhs zählen.

A.P. Smith/Australasian Nature Transparencies

▲ Der Kleine Pinselschwanzbeutler ist eines der wenigen Dasyuriden unter den Beuteltieren, die auf der Jagd nach Beute viel Zeit in den Bäumen zubringen.

Die fleischfressenden Beuteltiere
Hierzu gehören drei Familien: Die Dasyuridae (Raubbeutler), die Thylacinidae (Beutelwölfe) und die Myrmecobiidae (Ameisenbeutler). Sie besitzen drei oder vier Paar engstehender, spitzer oberer Schneidezähne sowie drei Paar von Zähnen ähnlicher Form im Unterkiefer. An den Hinterfüßen befinden sich vier oder fünf einzeln stehende Zehen.

Raubbeutler Die Größe der Raubbeutler variiert von den winzigen, flachköpfigen Flachkopf-Beutelmäusen der Gattung Planigale, die nur etwa vier Gramm wiegen und über Kopf und Rumpf weniger als sechs Zentimeter messen, bis zum terriergroßen Tasmanischen Teufel, *Sarcophilus harrisii.* Die meisten leben auf dem Boden. Viele können jedoch klettern, obwohl sich ihr Schwanz zum Greifen nicht eignet, und einige, besonders die Pinselschwanzbeutler der Gattung *Phascogale,* leben wirklich auf den Bäumen. Die Körperform ist meist einheitlich, sieht man von der östlichen Springbeutelmaus *(Antechinomys laniger)* ab, deren Hinterbeine und Schwanz sehr lang sind; diese werden bei einer ungewöhnlichen, springenden Fortbewegung eingesetzt.

Der Beutelwolf Der Beutelwolf oder »Tasmanische Tiger« *(Thylacinus cynocephalus)* starb vermutlich in den vierziger Jahren dieses Jahrhunderts aus. Mit einer Kopf-Rumpflänge von über einem Meter war er das größte räuberische Beuteltier, das bis in historische Zeit überlebte. Sieht man von seinem relativ unflexiblen Schwanz mit der breiten Basis ab, hatte er im Prinzip die Proportionen eines Wolfes, allerdings war er wie ein Tiger gestreift.

Dave Watts/Australasian Nature Transparencies

▲ Da er manchmal Schafe angriff, wurde der Beutelwolf in Tasmanien verfolgt. Und das letzte bekannte Individuum starb 1933 in einem Zoo.

▶ Der Fleckenbeutelmarder (oben) ist ein katzengroßes Raubtier. Obwohl er lebhaft zu klettern versteht, verbringt er mehr Zeit auf dem Waldboden als in den Bäumen. Der Kaninchennasenbeutler (unten links) bewohnt die Wüstengebiete Zentralaustraliens. Sein seidiges Fell sorgt für Wärmeisolation, dagegen geben die langen Ohren vermutlich überschüssige Körperwärme an die Umgebung ab. Der Ameisenbeutler (unten rechts) ist das einzige Beuteltier, dessen Hauptnahrung aus Termiten besteht.

Der Ameisenbeutler Als einziger Vertreter der Familie der Myrmecobiidae ist der Ameisenbeutler *(Myrmecobius fasciatus)* das einzige wirklich tagaktive Beuteltier. Mit Hilfe seiner langen, klebrigen Zunge ernährt er sich ausschließlich von bodenlebenden Termiten. Seine Zähne sind zu einfachen Stümpfen reduziert.

Der Beutelmull

Der Beutelmull *(Notoryctes typhlops)* fristet sein Leben, indem er sich durch den Wüstensand bewegt und sich dabei von eingegrabenen Insekten und Reptilien ernährt. Er ist der einzige lebende Vertreter der Familie Notorycditae. Man weiß nur wenig über seine Verhaltensweisen, und seine Verwandtschaft zu den anderen Beuteltieren bleibt ein Geheimnis.

Die Gruppe der Nasenbeutler

Bei etwa einem Dutzend omnivorer Arten Australiens und Neu Guineas ist die Anordnung der Zähne der räuberischen Beuteltiere recht ähnlich. Sie unterscheiden sich jedoch von diesen in vielen anderen Merkmalen, besonders dadurch, daß die zweite und dritte Zehe des Hinterfußes jeweils miteinander verschmolzen ist, so daß der Eindruck entsteht, es liege eine Zehe mit zwei Krallen vor.

Man unterteilt die Gruppe normalerweise in der Familie Peramelidae oder »echte« Nasenbeutler, sowie in die Thylacomyidae mit nur einer lebenden Art, dem großen Kaninchen- Nasenbeutler *(Macrotis lagotis)*. In jüngerer Zeit kam jedoch der Vorschlag auf, die Teilung solle zwischen den überwiegend auf Neu Guinea lebenden Stachel-Nasenbeutler der Gattungen *Peroryctes* und *Echymipera* und allen übrigen Arten erfolgen. Sie sind sämtlich Allesfresser und graben mit ihren kräftigen Krallen nach vergrabenen Insekten und deren Larven sowie nach unterirdischen, wasserspeichernden Pflanzenteilen.

»Echte« Nasenbeutler Die typischen Vertreter der Familie Peramelidae, wie etwa der langnasige *Perameles nasuta,* besitzen ein kurzes Stoppelfell, kurze Ohren sowie einen kurzen, dünnbehaarten Schwanz, mit dem sie nicht greifen können. Die Beine sind recht muskulös und sehr kurz. Die lebenden Nasenbeutler haben eine springende Fortbewegungsweise. Allerdings scheint der Schweinsfuß-Nasenbeutler, der im neunzehnten Jahrhundert ausstarb, auf den Zehenspitzen gelaufen zu sein.

Der große Kaninchen-Nasenbeutler Der große Kaninchen-Nasenbeutler oder Bilby *(Macrotis lagotis)* ist der einzige überlebende Vertreter der Familie Thylacomyidae. Er unterscheidet sich von den »echten« Nasenbeutlern durch sein langes, seidiges Fell und einen langen, behaarten Schwanz. Er ist ein Wüstenbewohner und verbringt den Tag in einem tiefen Bau.

M.W. Gillam/Auscape International

▲ Der australische Beutelmull ist dem afrikanischen Goldmull bemerkenswert ähnlich und bildet ein erstaunliches Beispiel konvergenter Evolution. Er gräbt keinen Tunnel, sondern »schwimmt« durch den Sand, der hinter ihm wieder zusammenfällt. Offensichtlich erhält er seinen Sauerstoff aus der Luft, die sich zwischen den Sandkörnern befindet.

Robert W.G. Jenkins/Australasian Nature Transparencies

◀ Der Braune Nasenbeutler gräbt mit seinen stark bekrallten Vordergliedmaßen nach wasserspeichernden Wurzeln und unterirdischen Insekten. Mit den kräftigen Hintergliedmaßen bewegt er sich hüpfend voran - etwa wie im »Kaninchensprung«.

▶ Man sagt dem Wort »Koala« nach, es sei ein Begriff der australischen Aborigines, der etwa bedeutet: »er trinkt nicht«. Die wahrscheinlichere Bedeutung ist allerdings »Beißer«. Die Koalas sind untereinander sehr aggressiv und verstehen sich wirkungsvoll mit Zähnen und Krallen gegen Hunde und Menschen zu verteidigen. Gemessen an seiner Körpergröße besitzt der Koala ein bemerkenswert kleines Gehirn.

J. Cancalosi/Auscape International

▼ Mit einer Kopf-Rumpflänge, die acht Zentimeter nicht übersteigt, ist der Zwerggleitbeutler das kleinste gleitende Säugetier. Mit seinem federähnlichen Schwanz steuert das Tier seine bis zu 20 Meter weiten Flüge.

Jean-Paul Ferrero/Auscape International

Diprotodontier

Zu dieser verschiedengestaltigen Gruppe gehört mehr als die Hälfte aller Beuteltiere des australischen Raumes. Sie zeichnen sich dadurch aus, daß im Unterkiefer jeweils nur ein Paar gut entwickelter Schneidezähne sitzt; zudem sind die zweite und dritte Zehe des Hinterfußes (wie bei der Gruppe der Nasenbeutler) miteinander verwachsen und bilden so einen von zwei Krallen gebildeten Kamm zur Körperpflege. Die meisten von ihnen sind Pflanzenfresser, viele ernähren sich jedoch von Insekten und einige lecken Pflanzensäfte auf.

Wombats Die drei lebenden Wombat-Arten aus der Familie der Vombatidae sind gedrungene, weidende Tiere mit sehr kurzen Schwänzen. Insgesamt bieten sie ein bärenähnliches Erscheinungsbild. Sie bewegen sich auf ihren Fußsohlen vorwärts, die an ihren kurzen Zehen kräftige Krallen tragen. Wombats graben lange Gänge, in denen sie den Tag schlafend verbringen.

Koalas Der Koala, *Phascolarctos cinereus,* ist der einzige Vertreter der Familie Phascolarctidae. Er ist ein langbeiniger, nahezu schwanzloser Marsupialier, der sich von den Blättern bestimmter Eukalyptus-Arten ernährt. Der Koala ist entfernt mit den Wombats verwandt.

Kuskuse und Kusus Die Familie der Phalangeridae umfaßt die Kuskusse der Gattung Phalangeridae und anderer, den kuskus-ähnlichen Schuppenschwanz-Kusu, *Wyulda squamaticaudata,* und die Kusus der Gattung Trichosurus. Abgesehen von den Kusus besitzen sie einen ausgesprochenen Greifschwanz, dessen Ende zum großen Teil nackt ist. Sie leben auf Bäumen und ernähren sich überwiegend von Blättern. Zusätzlich fressen sie Knollen, Früchte und Triebe.

Ringelschwanz-Kletterbeutler und Riesen-Gleitbeutler Bis auf eine Ausnahme gehören alle Vertreter der Familie Pseudocheiridae zu den Ringelschwanz-Kletterbeutlern, die ihren Namen von ihrem langen, schlanken, kurzhaarigen Greifschwanz haben: Der Felsen-Ringelschwanzbeutler, *Pseudocheirus dahli,* der sein Nest auf dem Boden anlegt, besitzt einen kürzeren Schwanz als die anderen Arten, die ausschließlich auf den Bäumen leben.

Das größte Mitglied der Familie, der Riesen-Gleitbeutler, *Petauroides volans,* hebt sich von allen anderen durch eine Haut ab, die sich zwischen dem Ellenbogen und Knöchel einer jeden Körperseite ausspannt und mit deren Hilfe das Tier von einem Baum zum nächsten gleitet. Der lange, gut behaarte Schwanz vermag nur schwach zu greifen. Alle Vertreter dieser Familie ernähren sich in erster Linie von Blättern. Dabei beschränkt sich der Gleithörnchenbeutler auf diejenigen der Eucalyptus-Arten.

Gleit- und Kletterbeutler Innerhalb der Familie der Petauridae werden vier gleitende Arten in der Gattung *Petaurus* zusammengefaßt. Sie unterscheiden sich vom Riesen-Gleitbeutler dadurch, daß ihre Membran sich nicht von den Ellenbogen, sondern von den Handgelenken zu den Knöcheln erstreckt. Der Hörnchen-Kletterbeutler, *Gymnobelideus leadbeateri,* sieht dem Kurzkopfgleitbeutler, *Petaurus breviceps,* ähnlich, besitzt jedoch keine Flughaut. Sie ernähren sich sämtlich von Pflanzensäften und Insekten. Vier Arten, die zu der Gattung *Dactylopsila* gehören, zeichnen sich durch schwarzweiße Streifen aus, wie sie beim Stinktier vorkommen, sowie durch einen außerordentlich langen, schlanken, vierten Finger. Sie ernähren sich

▼ Der Riesengleitbeutler (unten) ist mit einer Länge von etwa einem Meter das größte gleitende Beuteltier.

fast ausschließlich von holzbohrenden Insekten.

Bilchbeutler Die fünf Arten der Familie Burramyidae umfassen vier baumlebende Bilchbeutler der Gattung *Cercartetus,* deren Gewicht zwischen sieben und dreißig Gramm liegt. Sie besitzen lange, schmale Greifschwänze, die ihnen beim Klettern in Sträuchern und Bäumen gute Dienste leisten, wenn sie nach Nektar, Pollen und Insekten suchen. Die fünfte Art, der Schlafbeutler, *Burramys parvus,* ist mit einem Gewicht von 40 Gramm der größte Vertreter dieser Familie. Er lebt überwiegend auf dem Boden und ernährt sich von Insekten, Grünpflanzen und Samen. Er ist das einzige australische Beuteltier, das oberhalb der Schneegrenze lebt.

Federschwanzbeutler Die beiden Arten dieser Familie zeichnen sich durch eine Reihe langer, steifer Haare aus, die jederseits des Schwanzes waagerecht vorstehen. Bei dem nur 12 Gramm leichten Zwerggleitbeutler, *Acrobates pygmaeus,* stehen diese Haare so dicht beieinander, daß der Schwanz an die Schwungfedern eines Vogels erinnert. Mit Hilfe des Schwanzes gleitet das Tier, indem es auch eine Flughaut zwischen den Ellenbogen und den Knien zu Hilfe nimmt, von einem Baum zum anderen. Bei dem großen Federschwanzbeutler, *Distoechurus pennatus,* der auch keine Flughaut besitzt, stehen die seitlichen Haare weiter auseinander.

Rüsselbeutler Der Rüsselbeutler, *Tarsipes rostratus,* ist der einzige Vertreter der Familie Tarsipedidae. Er ist nur ein kleines Beuteltier: Die Männchen haben

▲ Der Mittelflugbeutler (oben links) gehört zu den gleitenden Beuteltieren, deren Flughaut sich vom Fuß- bis zum Handgelenk erstreckt. Er bewohnt das Blätterdach des offenen Waldes. Der Streifenbeutler (oben rechts) Neu Guineas und der tropischen Regenwälder Australiens gräbt mit seinen meißelförmigen unteren Schneidezähnen die Gänge holzbohrender Insekten auf und zieht die Beute mit seinem langen, schlanken vierten Finger heraus. Die meisten Kuskuse (oben Mitte) findet man auf Neu Guinea und den umliegenden Inseln. Mit ihren starken Greifhänden und -füßen und einem kräftigen Greifschwanz bewegen sie sich bedächtig durch die Baumdächer des Regenwaldes. Ihr Gesicht ist allgemein recht flach, und die Augen sind nach vorn gerichtet. Die frühen europäischen Forscher hielten diese Tiere irrtümlich für Affen.

John Cancalosi/Auscape International

ein Gewicht von neun, die Weibchen von zwölf Gramm. Der Rüsselbeutler ernährt sich ausschließlich von Nektar, den er mit seiner langen, fransigen Zunge aufnimmt.

Rattenkänguruhs Die Vertreter der Familie Potoroidae haben einige vergleichsweise unspezialisierte Merkmale erhalten, die den eng verwandten »echten« Känguruhs der Familie Macropodidae verlorengegangen sind. Das »primitivste« Glied dieser Gruppe ist das Moschusrattenkänguruh, *Hypsiprymnodon moschatus,* das eine Kopf-Rumpf-Läge von nur 23 Zentimetern besitzt. Bemerkenswert sind fünf Zehen am Hinterfuß (dagegen besitzen die anderen Protoroiden und die »echten« Känguruhs vier). Wenn es schnell vorwärtskommen will, gleicht sein Gang auch eher einem Hoppeln als einem Springen.

Andere Vertreter dieser Gruppe sind die Kaninchenkänguruhs der Gattung *Potorous* und die Bürstenkänguruhs der Gattung *Bettongia* sowie andere, von denen die meisten unterirdische Knollen, Zwiebeln und Pilze fressen, das sie gelegentlich durch Grünzeug ergänzen. Der Schwanz wird beim Hoppeln zum Balancieren benutzt. Er kann in geringem Umfang greifen und wird zum Tragen von Nistmaterial eingesetzt.

Känguruhs und Wallabies Als die vermutlich zuletzt entwickelte Beuteltiergruppe umfassen die Macropodidae elf Gattungen und mehr als 50 Arten von Wallabies, Känguruhs und Baumkänguruhs. Von den Baumkänguruhs der Gattung *Dendrolagus* abgesehen, weisen sie alle eine ähnliche Körperform auf. Die vorderen Gliedmaßen sind kurz, die hinteren dagegen groß und kräftig. Die Füße sind lang und besitzen eine sehr große vierte Zehe. Bei schneller Fortbewegung hüpfen sie auf den Hinterbeinen und halten dabei mit dem langen, ziemlich unflexiblen Schwanz die Balance. Die Felsenkänguruhs der Gattung *Petrogale* haben etwas kürzere Füße als die typischen Bodenkänguruhs und sind sehr lebhafte Bewohner von Klippen und Felsen.

Die Baumkänguruhs entwickelten sich aus den bodenbewohnenden Macropodiden. Ihre Arme sind außerordentlich lang und stark, die Füße kurz und breit. Sie können auf einem waagerechten Zweig entlanggehen oder senkrecht klettern, indem sie einen Ast oder eine kräftige Rebe mit den Krallen aller vier Füße ergreifen. Alle Vertreter der Familie sind Pflanzenfresser: Im allgemeinen neigen die »primitiveren« Arten dazu, sich von Blättern zu ernähren, die »fortschrittlicheren« weiden auf dem Boden.

▲ Das Graue Riesenkänguruh, einer der größten Makropoden, ernährt sich von Gras. Noch lange, nachdem es sich selbständig fortbewegen kann, schlüpft das Junge in den Beutel der Mutter, sei es, um einer Gefahr zu entgehen, sei es zum Schlafen oder zum Reisen.

A. Fox/Auscape International

▶ Felsenkänguruhs leben auf Klippen, Felsbrocken oder Steinhaufen. Ihre Hinterfüße tragen gekörnte »rutschfeste« Sohlen und sind kürzer als die typischer Känguruhs. Hier ist das Gelbfuß- Felsenkänguruh abgebildet.

▶ Das Goodfellow-Baumkänguruh (oben rechts) ist von allen Baumkänguruhs, die sich übrigens aus am Boden lebenden Känguruhs entwickelt haben, am prächtigsten gefärbt. Als Anpassung an die kletternde Lebensweise wurden ihre Vorderbeine länger und kräftiger, die Hinterfüße dagegen kürzer und breiter. In vielerlei Hinsicht liefert das Moschusratten-Känguruh (Mitte) Hinweise dafür, daß sich die Känguruhs aus Kletterbeutlern entwickelten: Es besitzt noch eine gegenüberstellbare große Zehe, es hoppelt noch mehr als zu springen, es besitzt einen Greifschwanz und bringt Zwillinge zur Welt. Das Rote Riesenkänguruh (unten links) ist das größte lebende Beuteltier. Alte Männchen sind im Sitzen zwei Meter hoch; wenn sie sich auf den Schwanz stützen, sogar noch erheblich größer. Die Weibchen sowie etwa ein Drittel aller Männchen sind nicht rot, sondern blaugrau gefärbt. Das großäugige Buschkänguruh Neu Guineas (unten rechts) bewohnt den schwach beleuchteten Boden des Regenwaldes. Der Schwanz, der an seiner Spitze einen beschuppten Fleck trägt, wird beim Sitzen zu einer rechtwinkligen Stütze gebogen.

Jean-Paul Ferrero/Auscape International

▲ Beim schnellen Springen wendet ein Känguruh weniger Energie auf als ein vierbeiniges Tier vergleichbarer Größe, das sich mit derselben Geschwindigkeit bewegt. Ein springendes Känguruh funktioniert wie ein Springstock.

▶ Bei den meisten Känguruh- und Wallaby-Arten neigen die Männchen dazu, mehrere trächtige Weibchen zu beherrschen. Dies führt zu Kämpfen unter den Männchen, die häufig erbittert ausgetragen werden.

Hans & Judy Beste/Auscape International

SPRINGEN, GLEITEN UND SCHWIMMEN

Die vertraute, springende Fortbewegungsweise der Känguruhs entwickelte sich vermutlich aus der hoppelnden Gangart, die von dem kleinen, primitiven Moschusrattenkänguruh beibehalten wurde. Die Hinterbeine wurde zunehmend größer als die Arme, und die Füße wurden länger, so daß sie für die schnelle, springende Fortbewegung eine wirkungsvolle Hilfe wurden. Bei vergleichbarer Geschwindigkeit und unter Berücksichtigung des unterschiedlichen Gewichts verbraucht ein springendes Känguruh weniger Energie als ein laufender Hund oder ein rennendes Pferd.

Eine derartige Spezialisierung hat jedoch auch ihre Nachteile - ein typisches Känguruh kann nicht normal gehen. Wenn es sich langsam fortbewegen möchte, hebt es sein Hinterteil an und stützt sich dann mit den Armen und dem Schwanz vom Boden ab. Anschließend werden (übrigens immer gleichzeitig) beide Beine nach vorn geschwungen. Wenn sie den Körper stützen müssen, können die Hinterbeine nicht unabhängig voneinander bewegt werden, obwohl die Tiere damit beim Schwimmen abwechselnd schlagen können und dies auch tun. Auch die Baumkänguruhs, die eine sekundäre Verkürzung ihrer hinteren Füße erfahren haben, können ihre Hinterbeine abwechselnd bewegen, wenn sie an einem Ast entlanggehen.

Bei den typischen Känguruhs ist der Schwanz nicht besonders biegsam. Er wird jedoch bei der springenden Fortbewegung auf und ab bewegt, um das Gleichgewicht zu halten. Zudem dient er bei der langsamen Fortbewegung als fünftes Glied, um den Körper zu stützen. Bei den primitiveren Rattenkänguruhs vermag der Schwanz in der senkrechten Ebene in geringem Umfang zu greifen. Die Tiere benutzen ihn, um kleine Bündel von Nistmaterial zu transportieren.

Die Fähigkeit, zu gleiten, entwickelte sich bei den Beuteltieren unabhängig voneinander in drei verschiedenen Familien: den Pseudocheiridae, den Petauridae und den Acrobatidae. In jedem Fall existiert eine flächige Haut zwischen den Vorder- und den Hintergliedmaßen, die sich bei ausgestreckten Beinen zu einem rechteckigen, drachenähnlichen Tragflügel ausbreitet. Nach einem Sprung von einem hohen Baum kann ein Beutelgleiter über recht lange Entfernungen segeln. Die Steuerung erfolgt dabei durch Spannungsänderungen an den Häuten einer jeden Seite und durch Balancieren mit dem ausgestreckten Schwanz. Schließlich wird der Körper beim Landen senkrecht ausgerichtet, um an dem Stamm eines anderen Baumes mit allen vier Füßen zu landen. Kein anderes gleitendes Säugetier verfügt über etwas, das dem Schwanz des Federschwanzbeutlers vergleichbar wäre: jede Seite trägt eine dünne Reihe steifer, dicht stehender Haare von genau gleicher Länge, die eine Struktur bildet, die der einer Federfahne eines Vogels sehr ähnlich ist.

Obwohl vermutlich die meisten Beuteltiere schwimmen können wenn es nötig ist, kann nur der Schwimmbeutler als wirklich aquatisch angesehen werden. Mit abwechselnden Schlägen seiner mit Schwimmhäuten versehenen Hinterfüße taucht diese zentralamerikanische Art mit geschlossenen Augen auf den Grund eines Teiches oder Stroms. Dabei tastet das Tier mit seinen langen, spatelförmigen Fingern nach lebender Beute, die es mit dem Maul packt und dann ans Ufer nimmt, um sie zu fressen. Der Beutel des weiblichen Schwimmbeutlers öffnet sich nach hinten und wird beim Schwimmen durch einen starken Sphincter-Muskel verschlossen und zudem mit wasser-abweisenden Sekreten versiegelt.

Am weitesten spezialisiert unter allen Beuteltieren ist die Fortbewegung des kleinen, würstchenförmigen Beutelmulls. Das Tier ist blind, ohne äußere Ohren und besitzt über der Schnauze und um die Nasenlöcher herum einen verhornten Schild. Die kurzen Gliedmaßen enthalten außerordentlich derbe Knochen und eine kräftige Muskulatur. Die spatenförmigen Hände tragen an den dritten und vierten Fingern zwei riesige, dreieckige Krallen; an den übrigen Fingern sitzen kleinere. Mit den Vorderfüßen gräbt das Tier die vorn liegende Erde beiseite und zieht sich damit auch voran. Mit den hinteren Füßen, die jeweils vier kurze Krallen und, unter Beuteltieren einmalig, an der ersten Zehe eine krallenähnliche Struktur tragen, stoßen sie den Sand vom Körper weg nach hinten. Der Beutelmull baut keinen Tunnel, sondern »schwimmt« durch den Sand, normalerweise in einer Tiefe von 10 bis 20 Zentimeter. Manchmal steigt er jedoch in Tiefen von bis zu zwei Metern oder mehr hinab.

Der Federschwanzbeutler, der Rüsselbeutler und die Schlafbeutler der Gattung *Cercartetus* sind sehr kleine Beuteltiere, die sich beim Klettern mit ihren ausgestreckten Finger- und Zehenspitzen festgreifen. Abgesehen von den miteinander verbundenen zweiten und dritten hinteren Zehen sind die Krallen reduziert und nagelförmig. Sie liegen über den Fingerspitzen. Die Ballen an den Fingern und Zehen des Federschwanzbeutlers besitzen mikroskopisch kleine Rillen, wie die von Gekkos. Mit deren Hilfe können sie sich an glatter Oberfläche festheften, wie etwa an senkrechtem Glas, ja sie können sich sogar, wenn auch nur kurz, an der Unterseite eines horizontalen Blattes festhalten.

BESONDERE ERNÄHRUNG

Die ersten Beuteltiere ernährten sich vermutlich überwiegend von Insekten und anderen kleinen Wirbellosen, wie es die am wenigsten spezialisierten der lebenden Opossums, Dasyuriden und Possums tun. Es war für die größeren Dasyuriden und die Beutelwölfe ein vergleichsweise einfacher Entwicklungsschritt, auf das Erbeuten von Wirbeltieren überzugehen. Unter den insektenfressenden Arten findet man die größte Spezialisierung bei den Großen Streifenbeutlern, die ihre scharfen, vorstehenden unteren Schneidezähne in Zweige hineingraben, um bohrende Insektenlarven freizulegen. Diese werden dann mit der Kralle des sehr langen und dünnen vierten Fingers herausgezogen. Auf eine verblüffend ähnliche Weise ernährt sich auch das Fingertier Madagaskars, ein lemurenähnlicher Primat.

Kein Beuteltier ernährt sich ausschließlich von Früchten, doch gehören diese bei vielen Opossums und sogar einigen Dasyuriden zum Speiseplan des Al-

Jean-Paul Ferrero/Auscape International

▲ Der winzige Honigbeutler ernährt sich ausschließlich von Nektar und besitzt eine lange Zunge mit einer bürstenähnlichen Spitze.

▼ Der Numbat leckt mit seiner langen, klebrigen Zunge Termiten auf.

Dick Whitford/Australasian Nature Transparencies

lesfressers. Die Gleitbeutler der Gattung *Petaurus* fressen zum Teil Insekten, jedoch auch den Gummi und Saft von Bäumen. Sie forcieren den Fluß des Saftes bei Eucalyptusbäumen, indem sie mit ihren scharfen, unteren Schneidezähnen Rinnen in den Stamm schneiden. (Diese Ernährungsweise wird auch vom Zwergmarmosetten angewandt.) Die Nasenbeutler und der Bilby graben in der Erde nach Insektenlarven, saftspeichernden Knollen, Zwiebeln und Wurzeln (unterirdischen Trieben). Auf der Suche nach unterirdischen Pilzen legen auch die Rattenkänguruhs leichte Höhlungen an. Einige fressen jedoch auch Insekten und die weichen Teile grüner Pflanzen, insbesondere die Triebe.

Viele diprotodonte Beuteltiere fressen Blätter. Baumkänguruhs und Kuskuse ernähren sich in erster Linie von den weichen, breiten Blättern der Bäume des Regenwaldes und zusätzlich von Früchten, obwohl Kuskuse auch große Insekten, Eier und nestjunge Vögel zu sich nehmen. Die Federschwanzbeutler sind zum großen Teil auf die derben Eucalyptusblätter angewiesen. Der Koala und der Riesen-Gleitbeutler sind dagegen ausschließlich auf diese Quelle spezialisiert, die, obwohl im Überfluß vorhanden, nicht sonderlich nahrhaft ist und zudem einen hohen Gehalt an giftigen Substanzen aufweist. Viele Wallabies fressen an den Blättern von Büschen und niedrigen Bäumen; viele fressen jedoch auch einige Gräser. Die einzigen Beuteltiere, bei denen Gras die Hauptnahrung bildet, sind die Wombats, einige Wallaby-Arten und die *Macropus*-Känguruhs.

▼ Dieser Mittlere Gleithörchenbeutler landet gerade an einem Baumstamm, den er mit Händen und Füßen ergreifen wird. Man beachte die daumenähnlichen große Zehe, mit denen das Tier gegen die anderen Zehen greifen kann.

C. & S Pollitt/Australasian Nature Transparencies

Da Säugetiere nicht die erforderlichen Enzyme besitzen, um pflanzliche Fasern in die Zuckersorten zu zerlegen, aus denen sie bestehen, sind Blätter und Gräser schwer zu verdauen. Allerdings kann dies mit Hilfe von Mikroorganismen erfolgen, wenn diese genügend Raum und Zeit haben. Die meisten Beuteltiere ermöglichen die Verdauung pflanzlicher Fasern, indem sie die zerkaute Nahrung in den Blinddarm (eine geräumige Abzweigung des Darmes) umleiten. Hier hält sie sich einige Zeit auf und wird von Mikroorganismen enzymatisch aufgelöst, ehe sie in den Darm zurückgelangt. Andere, besonders die Wombats, zerkleinern das Gras besonders gründlich und lassen es nur sehr langsam durch einen verlängerten Dickdarm passieren. Der Koala ist in der Hinsicht bemerkenswert, daß er von allen Säugetieren den vergleichsweise größten Blinddarm und zudem einen außerordentlich langen Dickdarm besitzt. Die Ringelschwanz-Kletterbeutler haben zwar einen großen Blinddarm; dieser scheint jedoch für die vollständige Verdauung pflanzlichen Materials ungeeignet zu sein. Der Inhalt des Blinddarms (die sogenannten »Soft-Feces«) werden einmal täglich entleert und wieder gefressen. Dieses Material wandert ein weiteres Mal durch den Körper; dabei wird der nicht vom Körper aufgenommene Anteil in Form harter Kotpellets entleert.

Die Känguruhs haben eine etwas andere Methode, derbe Gräser zu verdauen. Die fein zerkaute Nahrung wird in einem Teil des Magens für die mikrobielle Verdauung zurückbehalten, ehe sie ihren Weg zum übrigen Verdauungskanal fortsetzt. Obwohl in mancherlei Hinsicht Parallelen zu der Verdauung der wiederkäuenden Schafe und Rinder bestehen, sind die anatomischen und funktionellen Einzelheiten der Känguruhs doch recht verschieden; zudem bildet bei deren Verdauung das Wiederkäuen keinen wesentlichen Bestandteil.

DIE WINTERRUHE

Wenn es kalt ist, verwendet ein sehr kleines Säugetier viel von der Energie, die es aus seiner Nahrung erhält, zur Erhaltung seiner Körpertemperatur. Da die Kälte im Winter am größten ist, wenn auch das Futter knapper wird, stehen solche Säuger also erheblichen Problemen gegenüber. Eine Lösung dieses Problems besteht in der Überwinterung. Dabei kann die Körpertemperatur beinahe auf diejenige der Umgebung abfallen, und die Lebensfunktionen scheinen beinahe aufgehoben. Auf diese Weise verliert der Körper weniger Wärme und braucht weniger Nahrung.

Man ist sich nicht ganz einig darüber, ob überhaupt einige Beuteltiere wirklich überwintern. Man weiß jedoch, daß der Kurzkopfgleitbeutler, der Rüs-

▲ Schmalfußbeutelmäuse sehen kleinen Nagetieren recht ähnlich; sie wurden einst »Beutelmäuse« genannt. Allerdings wäre ein Vergleich mit Spitzmäusen besser angebracht, denn die Schmalfußbeutelmäuse sind wilde, kleine Räuber. Dieser hier frißt gerade eine Wüstenheuschrecke.

selbeutler, der Federschwanzbeutler, die meisten Bilchbeutler und einige kleine Dasyuriden auf Kälte oder eine Nahrungsverknappung reagieren, indem sie über Nacht oder sogar für Wochen in eine Starre verfallen. Ein so erstarrtes Tier schaltet seine Wärmeregulation quasi ab und kühlt auf eine Temperatur ab, die nur wenig über derjenigen der Umgebung liegt. Entsprechend senken sich auch die Herzschlagrate und der Stoffwechsel. Die meisten der Arten, die in eine derartige Starre verfallen, erhalten ihre Körperwärme auch dadurch, daß sie sich in einem gemeinsamen Nest zusammenkuscheln.

DIE TAGESUNTERKÜNFTE

Die meisten Beuteltiere schlafen tagsüber in einem Nest aus verschiedenen Materialien, zumeist aus trockenem Laub. Einige Arten jedoch, wie die Bilchbeutler und die Gleitbeutler der Gattung *Petaurus* und *Acrobates* bauen sich kompakte, gewobene Nester, die zumeist in hohlen Bäumen angelegt werden, jedoch auch stabil genug sind, um ihr eigenes Gewicht in einer Astgabel zu tragen. Die meisten anderen Beuteltiere bauen sich weniger strukturierte Nester in der Höhlung eines lebenden oder liegenden Baumes oder in irgendeiner anderen Spalte. Die Flachkopfbeutelmäuse und einige andere, sehr kleine, flachköpfige Dasyuriden bauen sich ihre Nester während der Trockenzeit in den tiefen Rissen, die in lehmigem Boden zustandekommen. Für die Nasenbeutler ist es typisch, daß sie eine seichte Mulde in den Boden schar-

Dave Watts/Australasian Nature Transparencies

▲ Die Wombats bringen ein Junges zur Welt, das in einem nach hinten offenen Beutel untergebracht wird. Sobald es selbst herumlaufen kann, folgt das Junge seiner Mutter auf Schritt und Tritt.

ren und dann Pflanzenmaterial darüberhäufen, um ein strukturlos wirkendes Nest zu erzeugen. Es besitzt allerdings einen eindeutigen Ein- und Ausgang. Die meisten Rattenkänguruhs bauen Nester häufig gegen einen Baumstamm oder unter einen Busch. Die Felsenkänguruhs und das Bergkänguruh *Macropus robustus* weichen der Hitze des Tages unter überhängenden Felsen oder in Höhlen aus, während andere Wallabies und Känguruhs im Schatten von Bäumen oder Büschen Zuflucht suchen. Die Wombats, der Bilby, das grabende Bürstenkänguruh und die meisten in der Wüste lebenden Dasyuriden bauen ihre Nester in Höhlen. Baumkänguruhs, die größeren Kuskuse und der Koala haben weder Nester noch Bauten.

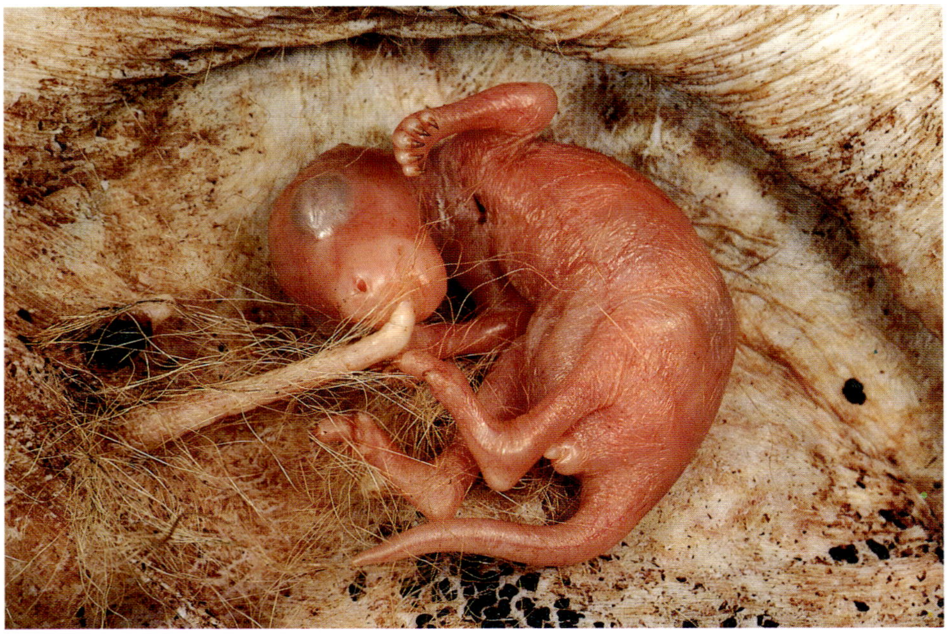

Jean-Paul Ferrero/Auscape International

▲ Dieser Beutelembryo des Roten Riesenkänguruhs ist mehr als vier Wochen alt. Er ist fest mit einer der vier mütterlichen Zitzen verbunden. Obwohl er noch blind und haarlos ist, besitzt er Hintergliedmaßen und einen Schwanz.

WIE DAS JUNGE GEBOREN WIRD UND SICH ANHEFTET

Wie bei anderen Säugetieren, entlassen auch bei weiblichen Beuteltieren der rechte und der linke Eierstock ihre unbefruchteten Eier in die entsprechenden rechten und linken Eileiter. In anderer Hinsicht ist die Anatomie des Fortpflanzungsapparates weiblicher Beuteltiere jedoch recht abweichend. Ein jeder Eileiter setzt sich in einer getrennten Gebärmutter fort und von dort aus in jeweils einer seitlichen Vagina. Die beiden Vaginae sind mit einer in der Mitte gelegenen Röhre verbunden, die zusammen mit dem Enddarm in eine seichte Höhlung oder Kloake münden. (Normalerweise definiert man die Monotremen als die Säugetiere mit einer Kloake. Dies unterscheidet sie jedoch nicht von weiblichen Beuteltieren, die ebenfalls ihren Kot, Urin und ihre neugeborenen Jungen durch eine einzige Kloakenöffnung entlassen.)

Unter normalen Umständen würde man den Aufbau dieses Fortpflanzungssystems für einfacher und primitiver halten als den der plazentalen Säugetiere, bei denen die Eileiter in einen einzigen (allerdings an der Spitze manchmal paarigen) Uterus einmünden und von dort aus in eine einzige Vagina, die sich nach außen öffnet. Andererseits ist der Zustand der Beuteltiere jedoch auch stärker (und in einzigartiger Weise) spezialisiert, denn diese Tiere besitzen eine dritte, mittlere Vagina. Dies ist ein Durchgang, der die beiden Uteri mit dem Urogenitalsinus verbindet und durch den die Jungen geboren werden. Bei den meisten Beuteltieren wird diese nur zeitweilig angelegt. Sie entwickelt sich unmittelbar vor dem Geburtsvorgang und verschwindet wieder, sobald die Geburt vorbei ist. Bei den Känguruhs und dem Rüsselbeutler bleibt sie allerdings erhalten, nachdem sie sich bei der ersten Geburt einmal gebildet hat.

Männliche Beuteltiere unterscheiden sich von männlichen Eutheriern dadurch, daß sich ihr Scrotum vor dem Penis befindet. Bei zahlreichen Arten ist der Penis gespalten, vermutlich, um das Sperma in jede der seitlichen Vaginae zu leiten. Die Spermien wandern die Vaginae hoch und in die Eileiter hinein, wo sie eines oder mehrere Eier befruchten. Während ein befruchtetes Ei den Eileiter hinunterwandert, wird es von einer sehr dünnen Schalenmembran umschlossen, einem Überbleibsel der altertümlichen Eischale. Im Laufe der Reifung bildet sich diese zurück, und der Embryo heftet sich an der Uteruswand an. Solange er von der Schalenmembran umschlossen ist, wird ein Beuteltierembryo von Flüssigkeiten ernährt, die aus den Drüsen der Uteruswand in die Höhle abgegeben werden. Die Embryonen einiger Arten haben nur einen schwachen Kontakt mit der Uteruswand: Diese erhalten den größten Teil ihrer Nahrung aus den Sekreten des Uterus. Die Weibchen derjenigen Arten, die eine richtige Plazenta entwickeln, können ihre Jungen zusätzlich mit Stoffen versorgen, die direkt aus dem mütterlichen Blut in das des Embryos übergehen.

Die Reifungszeit ist bei den Beuteltieren nur kurz. Sie reicht von etwa neun Tagen bei dem östlichen Beutelmarder, *Dasyurus viverrinus,* bis zu 38 Tagen beim grauen Riesenkänguruh, *Macropus giganteus.* Neugeborene Beuteltiere sind sehr klein. Der weibliche Rüsselbeutler wiegt ungefähr zwölf Gramm und bringt Junge zur Welt, die nur etwa fünf Milligramm wiegen. Das weibliche rote Riesenkänguruh *Macropus rufus* bringt bei einem Gewicht von etwa 27 Kilogramm einen Neonatus zur Welt, der nur 800 Milligramm wiegt (das sind nur 0,003 Prozent des mütterlichen Gewichts, bei Menschen sind es immerhin fünf Prozent).

Alle neugeborenen Beuteltiere sind bemerkenswert ähnlich: Die Haut ist nackt, dünn und reich durchblutet (vielleicht hat sie eine Atmungsfunktion) Augen und Ohren sind noch embryonal und noch nicht funktionstüchtig (allerdings wird das Gleichgewichtsorgan bereits arbeiten). Die Hinterbeine sind nur kurze, fünfstrahlige Ballen. Allerdings sind die Nasenlöcher gewaltig, und der Geruchssinn ist wohlentwickelt. Das Maul und die Zunge sind groß, die Lungen und Darmkanal sind funktionstüchtig. Die Vordergliedmaßen sind übermäßig groß und kräftig und mit nadelscharfen Krallen ausgestattet.

Die Geburt ist eine rasche Angelegenheit - das Junge wird einfach »ausgestoßen«. Sogleich ist der Neonatus von seinen Embryonalhüllen befreit und beginnt, sich auf eine Zitze zuzubewegen. Dabei wiegt er seinen Kopf von einer Seite auf die andere und zieht sich durch abwechselnde Bewegungen der Vordergliedmaßen durch den Wald von Haaren auf dem Bauch seiner Mutter. Ist er bei einer Zitze angekommen, nimmt er sie fest ins Maul. Die Spitze der Zitze dehnt sich aus und füllt den Mundraum. All dies geschieht in nur wenigen Minuten.

Eine große Glottis (die Öffnung der Luftwege am Ende des Schlundes), die sich hinten am Maul des Neugeborenen befindet, schließt die Zitze gegen den Luftkanal zwischen den Nasenlöchern und den Lungen ab. So kann das Junge atmen, während es gesäugt wird, ohne Gefahr zu laufen, zu ersticken. Wenn der Neonatus einmal fest mit der Zitze verbunden ist, beginnt für ihn ein Zeitraum passiven Wachstums und der Entwicklung, der erheblich länger ist als die Zeit der Embryonalreifung. Während dieser Zeit wird das Junge als »Beutel-Embryo« bezeichnet.

Der Vorgang der Geburt und der Anheftung an eine Zitze wurden am genauesten bei den Känguruhs untersucht, die einen tiefen, sich nach vorne öffnenden Beutel besitzen. Daher muß der Neonatus zunächst nach oben an die Spalte des Beuteleingangs klettern und anschließend nach unten hineinklettern (oder fallen), um eine Zitze zu suchen. Allerdings sind Känguruhs keine typischen Marsupialier, da sie, zusammen mit den Kletterbeutlern, die einzigen Beuteltiere sind, deren Beutel sich nach vorne öffnet. Bei den übrigen Marsupialiern öffnet sich der Beutel entweder nach hinten oder besteht gar nur aus wenig mehr als einigen seitlichen Falten in der Umgebung der Brustdrüsenausgänge; ja einige kleine Beuteltiere besitzen überhaupt keinen Beutel. Ganz eindeutig kommt ein nach hinten offener Beutel dem Neugeborenen mehr entgegen, und dies ist vermutlich die ursprüngliche Anordnung.

Die Känguruhs sind auch deswegen nicht das ideale Beispiel, weil sie zwar vier Zitzen haben, jedoch normalerweise nur ein einziges Junges zur Welt bringen. Bei den Opossums sind Würfe von mindestens sechs Jungen durchaus üblich, und die Robinson-Zwergbeutelratte, *Marmosa robinsoni,* trägt in ihrem Beutel manchmal ein Junges an jeder seiner vierzehn Zitzen. Einige Dasyuriden tragen sechs bis zehn Junge, bei Nasenbeutlern sind normalerweise drei bis vier. Die Bilchbeutler können Würfe von vier bis sechs Junge haben.

Einige Beuteltiere bringen mehr Junge zur Welt als an ihren Zitzen Platz finden. Man weiß von einem Virginia-Opossum, das mindestens neun überzählige Junge zur Welt brachte. Der östliche Beutelmarder und der Kowari können wenigstens drei überzählige Junge haben. Man weiß nicht sicher, bis zu welchem Grade eine solche Überproduktion erfolgt, da die meisten überzähligen Jungen vermutlich gefressen werden oder im Nest verlorengehen, da sie auch nur dann zu sehen sind, wenn die Geburt auf einer glatten, sauberen Unterlage stattfindet.

Bei zahlreichen plazentalen Säugetieren, einschließlich gewisser Robben und Fledermäuse, entwickelt sich die befruchtete Eizelle zu einem winzigen, hohlen Ball aus Zellen; anschließend ruht die Entwicklung für eine Weile. Diesen Vorgang, der als embryonale Diapause bekannt ist, gibt es auch bei den meisten Känguruhs (allerdings mit bei den Protoroiden), einigen Bilchbeutlern und wahrscheinlich beim Rüsselbeutler. Bei den meisten Känguruhs durchläuft der Embryo, der aus der ersten Paarung eines Weibchens hervorgeht, eine normale Embryonalreifung, wird geboren und heftet sich an einer Zitze fest. Etwa einen Tag nach dieser Geburt paart sich das Weibchen ein weiteres Mal. Allerdings entwickelt sich der aus dieser Paarung resultierende Embryo nicht über das Stadium der Blastozyste hinaus und verbleibt auf diesem Entwicklungsstand solange, bis das erste Junge im Begriff ist, seine Anheftung an der Zitze aufzugeben. Anschließend nimmt die Blastozyste ihre normale Entwicklung wieder auf. Etwa zum Zeitpunkt der Geburt erfolgt dann eine dritte Paarung, und so geht es immer weiter. Daher trägt ein Weibchen, solange es fortpflanzungsfähig ist, normalerweise eine Blastozyste, einen Beutelembryo und ein Junges, das noch immer gesäugt wird, jedoch selbständig im Beutel einund ausgeht. Die Milchdrüse einer Zitze, an der ein Beutelembryo hängt, bringt eine andere Milchzusammensetzung hervor als die einer Zitze, die ein älteres Geschwister versorgt.

Die größeren Beuteltiere haben in der Regel geräumige Beutel und weniger Junge (normalerweise nur eines). Bei diesen Arten sind die Jungen daran gewöhnt, den Beutel noch lange Zeit, nachdem sie sich von der Zitze gelöst haben, zu bewohnen. Auch in der Entwöhnungsphase benutzen sie den mütterlichen Beutel als Transportmittel und als Schlafplatz. Dies gilt besonders für Känguruhs, Nasenbeutler und Wombats. Beim Koala und den größeren Kletterbeutler-Arten werden teilweise entwöhnte Junge häufig auf dem Rücken der Mutter herumgetragen. Sie werden jedoch manchmal auch »abgestellt«, wenn sich die Mutter auf einen langen Ausflug zur Nahrungsuche aufmacht. Zudem nimmt die mütterliche Fürsorge am Ende der Entwöhnungszeit ab. Die Männchen sind an der Brutfürsorge immer unbeteiligt.

Der entscheidende Unterschied der Beuteltiere zu den plazentalen Säugern besteht in der vergleichsweise geringen Größe der neugeborenen Jungen: Die anfängliche Investition einer Beuteltiermutter in die Fortpflanzung ist nur gering. Allerdings entspricht zu der Zeit, da die Jungen entwöhnt sind, das Gewichtsverhältnis zwischen Mutter und Nachkommenschaft (ob es sich nun um mehrere Geschwister oder nur um ein Junges handelt) dem der plazentalen Säugetiere. Der Unterschied ist eigentlich eine Frage des relativen Entwicklungszeitraumes, den das Junge im Mutterschoß verbringt. Es gibt keinen Hinweis darauf, daß die Fortpflanzung der Beuteltiere minderwertiger sei als die der plazentalen Säuger.

Weibliches plazentales Säugetier
Die Geschlechtsöffnung ist vom Anus getrennt. Es existiert eine Vagina und ein Uterus.

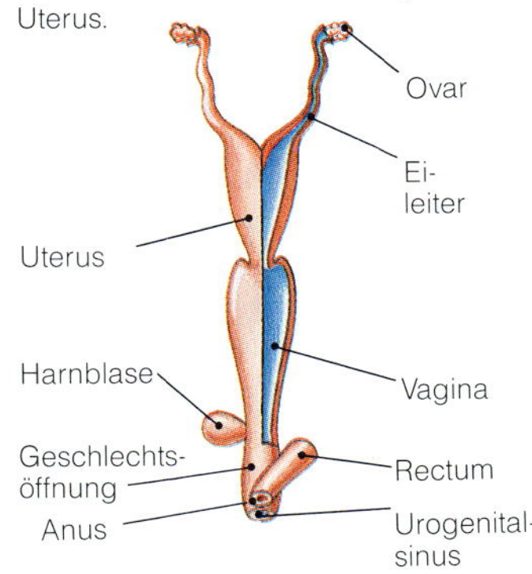

Nicht schwangeres, weibliches Beuteltier
After und Urogenitalsinus münden durch dieselbe (Kloaken-)Öffnung nach außen. Es existieren zwei Vaginae und zwei Uteri.

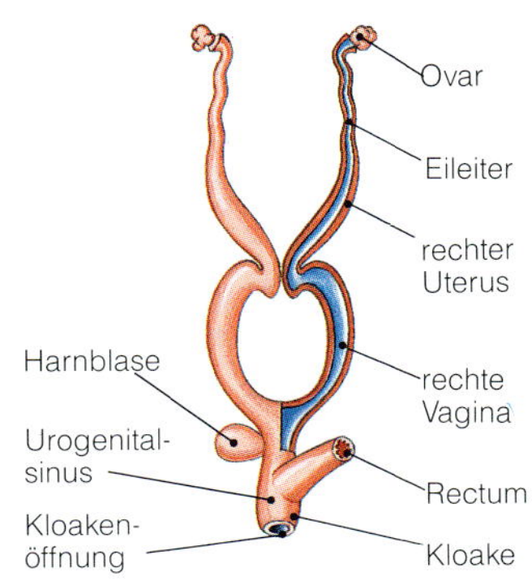

Schwangeres Beuteltier
Es entwickelt sich eine mittlere Vagina, durch die die Geburt erfolgt.

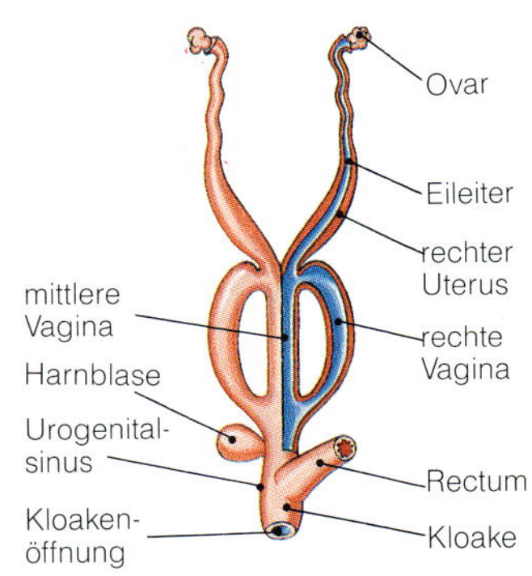

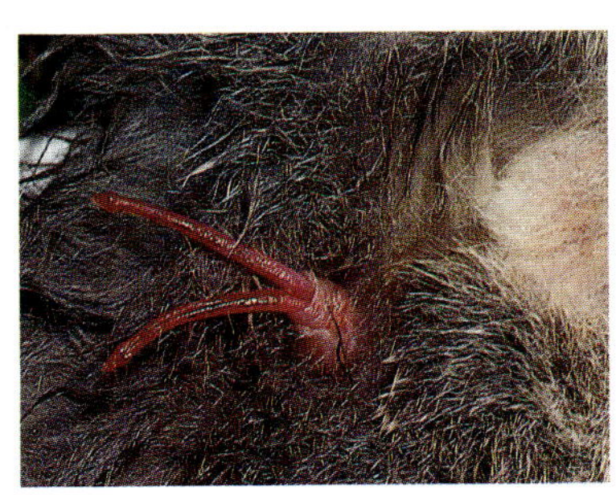

A. P. Smith/Australasian Nature Transparencies

▲ Wie zahlreiche andere männliche Beuteltiere besitzt auch der hier gezeigte Mittlere Gleithörnchenbeutler einen gegabelten Penis.

Ordnung Edentata: 4 Familien, 13 Gattungen, 29 Arten

GRÖSSE

Kleinste Art Kleiner Gürtelmull, *Chlamyphorus truncatus;* Kopf-Rumpflänge 125 bis 150 Millimeter, Schwanz 25 bis 30 Millimeter, Gewicht 80 bis 100 Gramm.

Größte Art Großer Ameisenbär, *Myrmecophagus tridactyla;* Kopf-Rumpflänge 100 bis 120 Zentimeter, Schwanz 70 bis 90 Zentimeter, Gewicht 20 bis 40 Kilogramm.

ARTENSCHUTZ

Das Kragenfaultier, *Bradypus torquatus,* wird auf der Roten Liste der gefährdeten Säugetiere der IUCN als bedroht geführt. Der Status anderer Arten gilt wenigstens als bedenklich, oder man weiß nichts Sicheres.

ZAHNARME

R. D. STONE

Die Ordnung Edentata umfaßt eine bizarre Tiergruppe, die sich im Paläozän und Pliozän (vor 65 bis zwei Millionen Jahren) in Südamerika aufsplitterte. Aus diesem altertümlichen Bestand entwickelten sich vier Hauptlinien heraus: Eine Linie gepanzerter, auf dem Boden lebender, grasender Pflanzenfresser; eine nicht gepanzerte Gruppe von baumlebenden Blattfressern; eine allesfressende oder insektenfressende Gruppe mit grabender Lebensweise; sowie eine Linie, die sich in hohem Maße auf Ameisen- und Termitennahrung spezialisiert hat. Die erste Linie wird heute von den Gürteltieren (20 Arten) vertreten, die zweite von den Faultieren (fünf Arten), die dritte ist heute ausgestorben und die vierte wird von den Ameisenbären (vier Arten) repräsentiert. Es sind nur noch wenige der seltsamen und wunderbaren Tiere übrig, aber diese Reste einer vergangenen Ära bilden einige der faszinierendsten und merkwürdigerweise auch am wenigsten untersuchten lebenden Säuger.

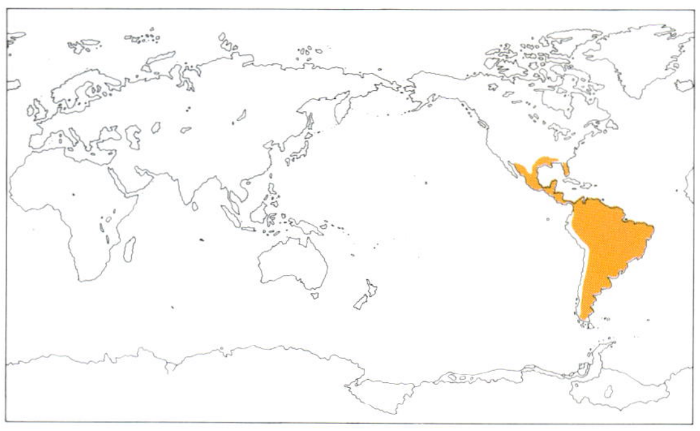

TIERE OHNE ZÄHNE

»Edentat« bedeutet wörtlich übersetzt »zahnlos«. Dieser Begriff ist allerdings für die Vertreter dieser Ordnung eher mißverständlich, denn nur die Ameisenbären sind wirklich zahnlos. Die Faultiere und die Gürteltiere besitzen noch Backenzähne ohne Wurzeln, die das ganze Leben hindurch wachsen. Allerdings sind auch diese Reste einfach gebaut und besitzen nicht einmal eine äußere Schmelzschicht, die die Zähne bei den meisten Säugerarten gegen Abrieb schützt.

Die Zahnarmen sind eine ausschließlich neuweltliche Gruppe, die ihren Ursprung in Nordamerika hat. Zu Beginn des Paläozäns verband eine Landbrücke die Landmassen Nord- und Südamerikas. Sie erlaubte so den ungehinderten Austausch von Tieren und Pflanzen zwischen diesen beiden Kontinenten. So wurde Südamerika schrittweise von den Vorfahren vieler moderner Säugetiere besiedelt.

Als diese nabelschnurartige Landbrücke für mindestens 70 Millionen Jahre getrennt wurde oder untertauchte, konnten die Tiere, die die südliche »Insel« erfolgreich besiedelt hatten, sich in vollständiger Isolation entwickeln. Dies führte zur Evolution vieler neuer Ordnungen, Familien und Gattungen mit unverwechselbaren und häufig bizarren Merkmalen.

AMEISENBÄREN

Die Ameisenbären gehörten vermutlich zu den ersten Säugergruppen, die den südamerikanischen Kontinent erreichten, ehe er zu einer Insel wurde. Sie haben sich dann wohl in der warmen, feuchten Abgeschlossenheit des tropischen Regenwaldes entwickelt.

▼ Der Tamandua klettert mit Hilfe seines Greifschwanzes im Geäst herum. Mit den drei gebogenen Krallen an jedem Vorderfuß öffnet er die Bauten von Ameisen und Termiten.

Haroldo Palo Jr./NHPA

Der große Ameisenbär

Der große Ameisenbär, *Myrmecophaga tridactyla,* erreicht eine Länge von 100 bis 120 Zentimetern und ein Gewicht von 20 bis 40 Kilogramm (die Männchen sind allerdings häufig 10 bis 20 Prozent schwerer als die Weibchen). Er ist grau gefärbt und besitzt einen schwarzen und einen weißen Schulterstreifen. Er ist ein verbreiteter Bewohner der südamerikanischen Savannen und offenen Waldgebiete. Gelegentlich dringt er jedoch auf der Suche nach seiner Lieblingsnahrung - Ameisen und Termiten - auch in den tropischen Regenwald vor. Nur mit einem durchschnittlichen Gesichtssinn ausgestattet, verfügt dieses großartige Tier über einen hochentwickelten Geruchssinn. Mit seiner verlängerten, rüsselähnlichen Schnauze schnüffelt es ständig in der Luft und am Boden, um potentielle Beute zu orten. Wissenschaftliche Tests haben gezeigt, daß der Geruchssinn des Ameisenbären wenigstens 40 mal schärfer ist als der des Menschen.

Hat der Ameisenbär einen Ort gefunden, an dem er möglicherweise fündig wird, gräbt er mit raschen Bewegungen seiner verhärteten Krallen einen Zugang zum Nest. Die lange, wurmförmige Zunge ist vorstreckbar und mit einem klebrigen Speichel bedeckt, der aus vergrößerten Drüsen an der Halsbasis stammt.

Der große Ameisenbär ist der einzige Vertreter der

Haroldo Palo Jr./NHPA

Familie Myrmecophagidae, der nicht vorwiegend auf Bäumen lebt. Wenn er auch recht gut klettern kann, findet man ihn mit seiner typischen rollenden Gangart normalerweise auf dem Boden an. Anstatt sein Körpergewicht auf den Fußsohlen zu tragen, wie es bei den meisten Säugetieren üblich ist, muß das Tier auf der Außenkante eines jeden Fußes gehen und dabei die beiden größten Krallen (die zweite und die dritte) nach innen drehen. Die Ursache für diesen ungraziösen Gang besteht darin, daß sich die langen, starken Krallen nicht einziehen lassen und daher die Fortbewegung auf dem Boden behindern. Allerdings täuschen die recht schwerfälligen Bewegungen des großen Ameisenbären darüber hinweg, daß er zur Not durchaus schneller läuft als ein Mensch.

Wird ein Ameisenbär von einem Raubtier gestellt, dienen die furchtbaren Krallen an den Vordergliedmaßen noch einem anderen Zweck als die betonähnlichen Termitenbauten aufzureißen, nämlich der Verteidigung. Bei Gefahr - etwa, wenn er von einem Jaguar überrascht wird - richtet sich der große Ameisenbär zu voller Größe auf die Hinterbeine auf. Die schwingende, schlitzende Wirkung der Vordergliedmaßen sorgt nachdrücklich dafür, daß potentielle Räuber auf Distanz bleiben; diese ziehen sich grundsätzlich zurück, um schmerzhaften Verletzungen zu entgehen.

Die erstaunlichen entwicklungsgeschichtlichen Anpassungen des großen Ameisenbären und anderer Vertreter der Familie Myrmecophagidae an eine derart spezialisierte Ernährungsweise, sind zweifellos das Resultat einer Millionen von Jahren währenden, schrittweisen Entwicklung ursprünglicher Formen unter den Bedingungen weitgehender Isolation. Obwohl Säugetiere, die sich von Ameisen ernähren, auch in den meisten anderen zoogeographischen Regionen zu finden sind, zeigt keine einzige andere Art das gleiche Ausmaß an Spezialisierung wie der große Ameisenbär Südamerikas. Andere, besonders das Erdferkel und die Pangoline Afrikas, geben ein interessantes Beispiel konvergenter Evolution. Sie alle verwenden ähnliche Waffen, um ihre Beute zu fangen und herauszuziehen, nämlich starke, gebogene Krallen und eine klebrige, vorstreckbare Zunge. Sie besitzen auch denselben Typ von Muskelmagen, der imstande ist, die verhärteten Außenskelette vieler Arten zu verdauen.

Über das Sozialverhalten des großen Ameisenbären weiß man wenig; man kann lediglich sagen, daß seine Reifungsdauer bei 190 Tagen liegt.

Tamanduas und Zwergameisenbären

Die anderen Repräsentanten der Familie Myrmecophagidae sind die beiden Tamandua-Arten - *Tamandua mexicana* im Norden und *T. tetradactyla* im Süden - sowie der Zweizehen- oder Zwergameisenbär, *Cyclopes didactylus.* Im Gegensatz zu ihrem wesentlich größeren Verwandten bevorzugen diese Arten einen Lebensraum mit Wald oder dichtem Baumbestand. Zudem handelt es sich, wie man bei diesem Le-

▲ Mit seinen immensen Klauen und kraftvollen Vorderbeinen gräbt der Große Ameisenbär die steinharten Termitenhügel auf und verteidigt sich gegen größere Raubtiere. Er schläft auf der Seite und deckt sich mit seinem fächerähnlichen Schwanz wie mit einer Decke zu.

Michael Fodgen/Oxford Scientific Films

▲ Der ausschließlich auf Bäumen lebende Zwerg-Ameisenbär besitzt an seinen Vorderpfoten nur noch zwei Zehen, die beide mit außerordentlich großen Krallen bewaffnet sind. Zudem hat er einen stark behaarten Greifschwanz.

bensraum schon vermuten kann, um baumbewohnende Tiere. Sie kommen nur selten auf den Boden herunter, denn dort wären sie, ohne die eindrucksvollen Waffen des großen Ameisenbären, allen Räubern des Waldes ausgeliefert.

Die beiden Tamandua-Arten sind etwa halb so groß wie der große Ameisenbär, dessen Verbreitungsgebiet sie zu einem großen Teil auch überschneiden. Abgesehen von der Färbung (das weiche, beigefarbene Fell der Tamanduas steht in krassem Gegensatz zu der grauen, zottigen Erscheinung des großen Ameisenbären) besteht der Hauptunterschied zwischen diesen beiden Gattungen darin, daß die Tamanduas einen nackten Greifschwanz besitzen, den sie beim Klettern einsetzen. Auch sind die Tamanduas im Gegensatz zum großen Ameisenbären ausschließlich nachtaktiv und verkriechen sich während des Tages in hohlen Bäumen. Jedoch weiß man, wie schon beim großen Ameisenbären, auch über die Fortpflanzung der Tamanduas nur wenig. Es ist nur die Reifungszeit von etwa 140 Tagen bekannt.

Der wesentlich kleinere, noch verborgener lebende Zwergameisenbär ist ebenfalls nachtaktiv und an das Leben in den Bäumen gebunden. Im Gegensatz zu seinen nahen Verwandten ernährt sich der Zwergameisenbär selten von Termiten. Er zieht stattdessen den delikaten Geschmack von Ameisen vor, die auf den Stämmen von Lianen und auf Baumästen leben. Seine Schnauze ist vergleichsweise kürzer als die seiner Verwandten, jedoch ist seine Zunge ähnlich im Bau und auch ebenso klebrig. Sein langes Fell ist gelb gefärbt und hat eine seidene Oberfläche. Der Greifschwanz ist länger als der Körper. Wegen seiner oberflächlichen Ähnlichkeit mit baumbewohnenden Affen bezeichnet man diese Art häufig als den langschwänzigen Baumaffen. Obwohl der Zwergameisenbär einen gewissen optischen Schutz durch seine schattige Umgebung erhalten mag, wird er häufig von Räubern aus der Luft bedroht, etwa von der Harpyie, dem Prachtadler und dem Brillenkauz. Um sich gegen derartige Angriffe zu verteidigen, reagiert er wie andere Vertreter seiner Familie: Er erhebt sich auf die Hinterbeine und schlägt mit den Armen aus.

FAULTIERE

Die Faultiere repräsentieren die Überlebenden einer frühen Artenaufspaltung laubfressender Säugetiere, die in Südamerika erfolgte. Als ausschließliche Pflanzenfresser ernähren sich die Faultiere überwiegend von Blättern und steigen nur selten auf den Boden hinunter. Diese Tiere sind tatsächlich so stark an die Fortbewegung in den Bäumen angepaßt, daß sie beinahe die Fähigkeit verloren haben, auf dem Boden zu gehen. Die Probleme der Umwandlung von Zellulose in einfache Zucker und der Entgiftung der Tannine, die in den Blättern in großen Mengen vorkommen, lösten die Tiere durch die Entwicklung eines gekammerten Magens. Dort werden die Blätter mit Hilfe symbiontischer Organismen (teils Protozoen, teils Bakterien) aufgeschlossen.

Die beiden Faultier-Familien enthalten jeweils eine einzige Art: Die Bradypodidae, das Dreizehenfaultier und die Megalonychidae, das Zweizehenfaultier. Beide kommen nur in der Neuen Welt vor und sind auf die tropischen Regenwälder Zentral- und Südamerikas beschränkt. Die Faultiere besitzen rundliche Köpfe und flache Gesichter mit winzigen Ohren, die unter einem dichten, zottigen Fell verborgen liegen.

Ihre Hände und Füße enden in gekrümmten Krallen, die acht bis zehn Zentimeter lang sind. Bei beiden Arten sind die vorderen Gliedmaßen erheblich länger als die hinteren, so daß die Fortbewegung auf dem Boden schwierig und staksig wirkt. Tatsächlich sind die Gliedmaßen eines Faultiers unfähig, das Körpergewicht zu tragen. Die Tiere bewegen sich auf dem Boden vorwärts, indem sie den Körper langsam mit den Armen vorwärtsziehen. Sie klettern entweder aufrecht, indem sie einen Zweig umarmen, oder indem sie mit dem Kopf nach unten hängen und sich vorwärtshangeln. Faultiere verbringen viel Zeit damit, kopfüber im Blätterdach zu hängen (zum Teil schlafen sie sogar in dieser Stellung), wo sie wie lebende Kleiderbügel wirken.

Der gesamte Körper wird von einem dichten, weichen Vlies bedeckt, aus dem größere, derbere Haarbüschel hervorstehen. Ein jedes dieser Haare besitzt senkrechte und waagerechte Rillen. Und wegen der nahezu konstanten Feuchtigkeit, die im Blätterdach des Regenwaldes herrscht, befinden sich in diesen engen Schlitzen etliche mikroskopisch kleine Grünalgen. Dieses Übermaß an Algen in den äußeren Haaren verleiht dem Fell einen unverwechselbaren Grünstich, obwohl die Grundfarbe des Faultierhaares eigentlich grau oder braun ist. Auf diese Weise tarnt sich das Tier sehr wirkungsvoll gegen Räuber aus der Luft und vom Boden, wie etwa vor der Harpyie und dem Jaguar.

Faultiere sind langlebige Einzelgänger, die offenbar keine festen Fortpflanzungszeiten haben. Nach einer etwa einjährigen Reifungszeit kommt das einzige Junge hoch in den Baumkronen zur Welt. Die Mutter hilft ihm anfangs, die Zitzen zu finden, an denen es beinahe einen Monat lang gesäugt wird. Das Männchen beteiligt sich nicht an der Aufzucht der Jungen. Es wird kein besonderer Nistplatz verwendet. Stattdessen wirkt die Mutter als ein bewegliches Nest, und das Junge klammert sich an ihr fest. Nach der Entwöhnung bleibt das Junge weitere sechs Monate bei der Mutter; es wird normalerweise immer noch getragen. Während dieser Zeit beginnt das Kind von denselben Bäumen zu fressen wie seine Mutter. Die erwachsenen Faultiere scheinen individuelle, unverwechselbare Nahrungspräferenzen auszubilden, die sie auf ihre Jungen übertragen.

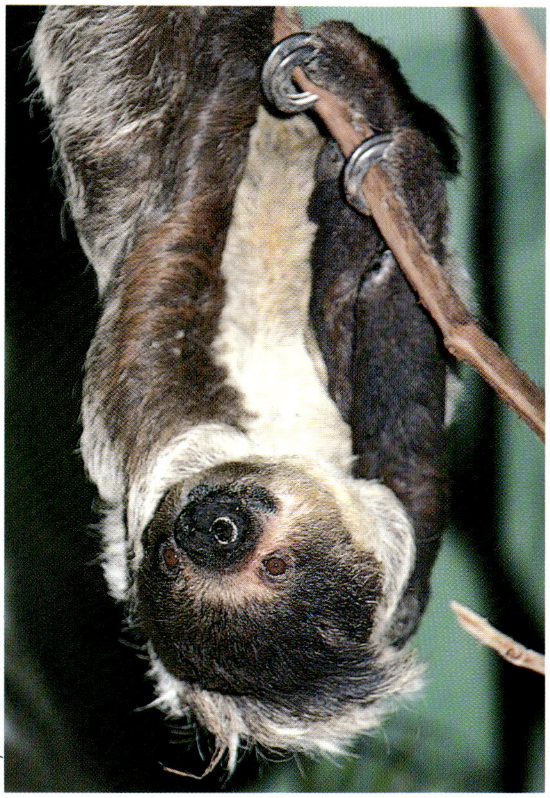

Gary Milburn/Tom Stack & Associates

◀ Das Zweizehen-Faultier lebt in den Regenwäldern des Gebirges, wo es sich von den breiten Blättern einiger weniger Baumarten ernährt. Solange das Tier wach ist, frißt es nahezu pausenlos.

Joe McDonald/Tom Stack & Associates

◀ Das Dreizehen-Faultier kommt selten auf den Boden herunter - es sei denn zum Koten, was etwa einmal wöchentlich vorkommt. Er bewegt sich auf dem Waldboden sehr ungeschickt, denn die Muskeln seiner Gliedmaßen sind mehr daran angepaßt, kopfunter zu hängen als den Körper zu tragen.

▶ Faultiere bauen normalerweise keine Nester und bewohnen keine Bauten. Daher muß das einzige Junge vom Zeitpunkt seiner Geburt an von der Mutter umhergetragen werden. Das hier gezeigte Dreizehen-Faultier trägt sein Junges bis dieses etwa sechs Monate alt ist.

▼ Die Faultiere haben ein langes, zottiges Fell. Ein jedes Haar besitzt eine Rinne, die sich über die gesamte Länge hinzieht und in deren Hohlraum Algen wachsen. Bei entsprechender Luftfeuchtigkeit vermehren sich die Algen, und das Haar wird grün. Wahrscheinlich dient diese Färbung der Tarnung.

Den größten Teil seiner aktiven Zeit verbringt ein Faultier mit dem Fressen. Wenn der Bauch voll ist, kann er beinahe ein Drittel des Körpergewichts ausmachen, das von vier bis zu acht Kilogramm reicht. Entsprechend der geruhsamen Lebensweise ist auch die Verdauung ein vergleichsweise geruhsamer Vorgang: Es kann bis zu einem Monat verstreichen, ehe die Nahrung endlich aus dem vielkammerigen Magen in den Dünndarm übergeht.

Im Gegensatz zu den meisten baumlebenden Säugetieren steigen die Faultiere von den Bäumen herab, um auf dem Boden Kot abzusetzen. Diese Übung nehmen sie zwar nur einmal wöchentlich vor. Angesichts ihrer lethargischen Lebensweise erfordert dies jedoch einen erheblichen Energieverbrauch. Ist das Tier auf dem Boden, scharrt es unten am Baumstamm eine kleine Mulde aus (wenigsten ist dies bei den Dreizehenfaultieren so), ehe der Kot abgesetzt wird. Die dafür vorgesehene Stelle wird offenbar sorgfältig ausgewählt. Dieser Vorgang bietet nicht nur anderen Faultieren der Umgebung ein brauchbares olfaktorisches Signal, man vermutet zudem, daß die Faultiere ihre bevorzugten Nahrungsbäume auf diese Weise düngen.

Derartige Besuche am Boden sind auch für andere Arten von Bedeutung, denn das zottige Fell der meisten Faultiere beherbergt eine Vielfalt von Insekten - darunter Nachtfalter, Käfer, Zecken und Milben. Obwohl die genaue Beziehung zwischen diesen Arten und ihrem »Lebensraum« noch unzureichend untersucht ist, weiß man heute, daß wenigstens ein Nachtfalter, der im Fell lebt, seine Eier in dem Kot ablegt, den das Faultier unten am Baum absetzt.

GÜRTELTIERE

Als die ersten spanischen Entdecker diese eilig trippelnden Geschöpfe mit harten, panzerähnlichen Schuppen zu Gesicht bekamen, nannten sie diese faszinierenden Tiere »Armadillos« (vom spanischen *armado*, was »gerüstetes Tier« bedeutet). Wie ihr Name schon sagt, sind die Gürteltiere mit einem biegsamen, hornigen Schild gepanzert, der mit Knochen verstärkt ist. Einer befindet sich über den Schultern, ein anderer über der Hüfte. Um die Taille herum werden beide Teile durch eine wechselnde Zahl von Spangen verbunden. Diese Körperschale entsteht ursprünglich aus der Haut und besteht aus starken Knochenplatten, die

Michael Fodgen/Bruce Coleman Ltd.

Jany Sauvanet/NHPA

Francisco Erize/Bruce Coleman Ltd.

▲ Andere gepanzerte Säugetiere sind durch eine verdickte Haut oder Hornstrukturen geschützt. Dagegen besteht der Panzer der Gürteltiere aus Knochenplatten, die eine hornige Bedeckung aufweisen. Dieses Patagonische Gürteltier ist an seinem Körper überwiegend von acht gelenkig miteinander verbundenen Banden aus derartigen Platten bedeckt. Nur der Kopf und der Hinterleib liegen unter soliden Platten.

von Horn überwachsen sind. Nur die obere Körperoberfläche und die Extremitäten sind vollständig gepanzert; die Bauchseite des Körpers ist von einer weichen, behaarten Haut bedeckt.

Obwohl die Gürteltiere (Familie Dasypodidae) in ihrer Ernährung weniger spezialisiert sind als die Ameisenbären, fressen auch sie große Mengen von Ameisen und Termiten aus den Savannen und Waldflächen der südamerikanischen Tropen. Die meisten der 20 Arten nehmen überwiegend Insekten zu sich, sie fressen aber auch verschiedene Wirbellose, kleine Wirbeltiere und Pflanzen. Gemessen an ihrer Artenzahl und dem Umfang ihrer Verbreitung (von Argentinien über Zentralamerika bis nach Florida) bilden sie entwicklungsgeschichtlich die erfolgreichste Edentaten-Familie.

Das Riesengürteltier, *Priodontes maximus,* ist von ähnlicher Größe wie der große Ameisenbär, geht aber bei der Nahrungssuche sehr ernsthaft vor. Anstatt nun ganz sorgfältig eine elegante Nase in einen schmalen Gang des Termitenhügels zu strecken, wie es etwa ein Ameisenbär täte, gräbt das Riesengürteltier einen recht beachtlichen Tunnel direkt in den Hügel hinein, bis es zum Zentrum des Insektenstaates vorgedrungen ist. Offenbar machen ihm die Bisse tausender wütender Termitensoldaten überhaupt nichts aus.

Die meisten Gürteltiere leben in tiefen unterirdischen Gängen, die sie an Stellen anlegen, die nicht zu Überflutungen neigen. Gürteltiere sind grundsätzlich nachtaktiv. Sie verbringen den Tag häufig aufgerollt in ihrem Bau. Dabei werden Kopf und Schwanz säuberlich über den Bauch gefaltet. Wenn auch der verhärtete Panzer eines Gürteltiers auf den ersten Blick dazu geeignet scheint, die meisten Raubtiere abzuschrecken, ist er doch in Wirklichkeit recht verwundbar. So besteht auch die erste Reaktion bei den meisten Gürteltierarten nicht darin, sich sofort in eine Verteidigungsstellung zusammenzurollen, sondern in der Flucht. Am besten gelingt diese - oft in einem erstaunlichen Tempo - im Unterholz oder in den Bau hinein. Zwei steppenbewohnende Arten, der Gürtelmull, *Chlamyphorus truncatus,* und der Burmeister-Gürtelmull, *Burmeisteria retusa,* versperren den Eingang zu ihren Gängen mit ihren gepanzerten Hinterteilen. Nur eine einzige Art, das Dreibinden-Kugelgürteltier, *Tolypeutes tricinctus,* vergräbt sich nicht, da es sich zu einer festen Kugel zusammenrollen kann. Grundsätzlich leben die Gürteltiere in semi-ariden und sogar in Wüstenzonen; sie dringen nur selten in die Wälder vor. Allerdings besitzt das Riesengürteltier eine gewisse Vorliebe für den Lebensraum des Waldes, obwohl es zur Nahrungssuche auch die Savanne aufsucht. Die am weitesten verbreitete Art ist das Neunbinden-Gürteltier, *Dasypus novemanctus,* welches man in verschiedenartigen Lebensräumen von Nordamerika bis Argentinien antrifft. Es scheint, daß die sechs Arten dieser Gattung nicht auf eine feste Fortpflanzungszeit beschränkt sind; wenn die Umweltbedingungen günstig sind, pflanzen sie sich fort. Der unerreichte Erfolg der Vertreter dieser Gattung ist möglicherweise auf ihre Flexibilität im Fortpflanzungsverhalten und in der Ernährungsweise zurückzuführen, die ihnen erlaubt, alle Gebiete bis auf die extrem trockenen auszubeuten.

WAS IHR ÜBERLEBEN BEDROHT

Eine erschütternde Eigenschaft, die den Faultieren, Ameisenbären und Gürteltieren gemeinsam ist, besteht darin, daß einige Arten in ihrem natürlichen Ökosystem ernsthaft bedroht sind. Der faszinierende große Ameisenbär wurde durch direkte Trophäenjagd und durch den Tierhandel schon in großen Gebieten Brasiliens und Perus ausgerottet. Die Haut dieser Tiere wird auch vor Ort verwertet.

Die vermutlich größte einzelne Bedrohung für das Überleben dieser großartigen, bizarren Tiere besteht jedoch in der Zerstörung ihrer Lebensräume. Zweifellos wird dies einen erheblichen Einschlag auf die in ihrer Ernährung so hoch spezialisierten und eingeschränkten Tiere ausüben. Die riesigen Savannen Lateinamerikas sind größeren Veränderungen der Lebensräume ausgesetzt, da auf diesen Flächen die millionenstarken Rinderherden vieler Züchter ernährt werden. Anderenorts werden derweil die einst weitläufigen Züge tropischer Regenwälder ernsthaft erodiert und unwiederbringlich geschädigt. Sie fallen der Holzverarbeitung zum Opfer, der Urbarmachung mit Abhauen und Verbrennen des Holzes sowie der Überschwemmung im Zuge der Errichtung von Staudämmen. Die Edentaten brauchen wahrlich nicht die Herausforderung anpassungsfähigerer Tierkonkurrenten in der Zukunft zu fürchten; ihr gegenwärtiges und zukünftiges Überleben hängt von der Handlungsweise des Menschen und von seinen Bemühungen ab, die allerletzten Reste ihrer Lebensräume zu schützen. Ohne derartige Bemühungen sind diese hochspezialisierten Arten dem sicheren Untergang geweiht.

Francisco Erize/Bruce Coleman Ltd.

◀ Beim Schlafen oder wenn sie belästigt werden, rollen sich viele Gürteltiere zusammen. Allerdings sind sogar in dieser Stellung einige Körperteile Raubtieren zugänglich. Das Dreibanden-Gürteltier rollt sich zu einem vollständig geschlossenen Ball zusammen.

▼ Der Panzer eines Gürteltiers besitzt einige Schwachpunkte, die Ameisen- und Termitensoldaten, deren Nester überfallen werden, mit einiger Sicherheit finden. Dieses Neunbanden-Gürteltier ist dabei, die Ameisen abzustreifen, die seine Panzerung durchdrungen haben.

Jeff Foott/Bruce Coleman Ltd.

INSEKTIVOREN

R. D. STONE

Ordnung Insectivora: 6 Familien, 60 Gattungen, ca. 400 Arten

GRÖSSE
Kleinste Art Etrusker-Spitzmaus, *Suncus etruscus;* vom Kopf bis zum Schwanz 35 bis 48 Millimeter lang, Gewicht 2 Gramm.
Größte Art
Großer Haarigel, *Echinosorex gymnurus;* Kopf und Körper 26 bis 45 Millimeter lang, Schwanz 20 bis 21 Zentimeter, Gewicht 1000 bis 1400 Gramm.

ARTENSCHUTZ
Die am stärksten bedrohte Art ist *Solenodon.* Der Riesengoldmull, *Chrysospalax trevelyani,* wird in der Roten Liste der gefährdeten Säuger der IUCN als bedroht geführt. Der Status anderer Arten gilt wenigstens als bedenklich, oder man weiß nichts Sicheres.

Die Ordnung Insectivora (Insektenfresser) ist sehr alt. Grundsätzlich gelten die »echten« Insektivoren als die primitivsten unter allen lebenden Säugetieren. Daher sind sie auch repräsentativ für den altertümlichen Bestand, aus dem die modernen Säugetiere hervorgingen. Es handelt sich um eine verschiedenartige, übergangslose Zusammenstellung von Tiergruppen, die eine Tendenz (oder gar eine extreme Spezialisierung) gemeinsam haben: Sie fressen Insekten. Man beschreibt die Insektivoren vermutlich am treffendsten als kleine, außerordentlich bewegliche Tiere mit langer, enger und häufig differenzierter Schnauze.

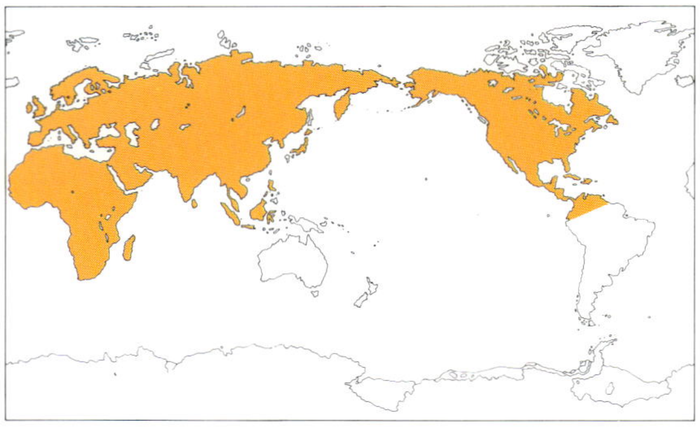

SPEZIALISIERTE UND VERSCHIEDENARTIGE SÄUGER

Mit über 400 Arten bilden die Insektivoren die drittgrößte Säugetierordnung. Sie sind überwiegend auf die nördlichen, gemäßigten Zonen Nordamerikas, Kanadas, Europas und der Sowjetunion sowie auf Afrika und das südliche Asien beschränkt. Grob gesagt, besitzen die Insektivoren primitive Gehirne und verlassen sich mehr auf ihren Geruchs- als auf ihren Gesichtssinn. Ihre Bezahnung ist normalerweise sehr spezialisiert, ihre Gliedmaßen dagegen niemals; sie bewegen sich stets auf allen Vieren.

Die Taxonomie dieser verschiedenartigen Gruppe war - und ist noch immer - Gegenstand umfangreicher Diskussionen und Kontroversen. Häufig benutzte man diese Gruppe als einen allgemeinen Abladeplatz für alle diejenigen Arten, die keine eindeutigen Beziehungen zu anderen Gruppen aufweisen oder denen man, nachdem sie einmal eingeordnet waren, keinen Platz in einer eigenen Ordnung zugestehen wollte. Vielleicht besitzt keine andere Säugetiergruppe eine derart nebulöse Geschichte wie diejenige, die sich auf die Insektivorie, also das Fressen von Insekten, spezialisierte. Heute geht aus fossilen Belegen hervor, daß die primitivsten plazentalen Säugetiere Insektivoren waren. Da auch deren Nachfahren eine Bezahnung beibehielten, die noch an eine Insektennahrung angepaßt sind, neigten die Taxonomen dazu, alle diese primitiven Formen mit den modernen Nachfahren ihrer altertümlichen Entwicklungslinie zusammenzufassen. Heute jedoch hat man erkannt, daß die morphologischen Unterschiede zwischen den verschiedenen Formen ausreichen, um eine Revision dieser Einteilung zu verlangen. So sind heute drei verschiedene Ordnungen insektenfressender Säugetiere anerkannt: Die Insectivora, zu denen so bekannte Arten gehören wie Igel, Maulwürfe, Tanreks und Spitzmäuse, ferner die Ordnung Scandentia oder Spitzhörnchen aus Asien und schließlich die Ordnung Macroscelididae oder afrikanische Elefantenspitzmäuse.

Die Ordnung Insectivora ist reich an Beispielen für konvergente Evolution (hier haben sich miteinander nicht eng verwandte Arten im Verhalten oder morphologisch angepaßt, um den Anforderungen eines besonderen Lebensraumes oder einer besonderen Lebensweise zu entsprechen). So haben sich beispielsweise drei verschiedene und geographisch getrennte Arten - der Pyrenäen-Desman, *Galemys pyrenaicus,* die Zwerg-Otterspitzmaus, *Micropotamogale lamottei* und der madagassische Wassertanrek, *Limnogale mergulus* - in völliger Isolation voneinander entwickelt; allerdings hat sich jede dieser Arten, vermutlich angesichts fehlender Räuber im Wasser und als Antwort auf eine verfügbare, noch nicht besetzte Nische, auf eine Lebensweise im Wasser hin entwickelt. Infolgedessen haben sie alle einige physische Veränderungen gemein: Eine stromlinienförmige Körperform mit weitgehend reduzierten äußeren Anhängen, teilweise Schwimmhäute an den Füßen, einen langen Schwanz, der als Ruder Verwendung findet, einen spezialisierten Atmungsapparat, ein dichtes, wasserabweisendes Fell und schließlich eine besondere Sinnesausstattung, um Beute unter Wasser zu orten. Zu den anderen, allgemeineren Beispielen konvergenter Evolution innerhalb dieser Ordnung gehört die Besetzung der Nische des Grabens beim europäischen Maulwurf und beim afrikanischen Goldmull.

▼ Schlitzrüssler sind kleine, etwa 300 Millimeter lange Tiere mit einem Schwanz, der beinahe noch einmal so lang ist. Sie untersuchen ihre Umgebung mit einer langen, beweglichen Schnauze, an der sich Sinneshaare befinden. Die Vorderbeine tragen starke Krallen zum Graben und um die Beute festzuhalten. Die Beute erliegt rasch einem giftigen Speichel, den der Schlitzrüssler durch seinen Biß dem Opfer injiziert.

P. Morris/Ardea London

Schlitzrüssler

Die im Verborgenen lebenden Schlitzrüssler (Familie Solenodontidae) gehören zu den größten lebenden In-

▼ ▶ Haarigel (oben rechts) sind keine Nagetiere, sondern enge Verwandte der Igel. Ihr Name bezieht sich auf den nackten, rattenähnlichen Schwanz. Von allen Insektivoren sind sie am wenigsten spezialisiert, und ihr Beutespektrum ist recht breit. Die überwiegend auf Madagaskar beschränkte Familie der Tanreks unterzog sich einer erstaunlichen Artenaufsplitterung von spitzmausähnlichen Tieren bis zu Formen, die an Igel, Maulwürfe und Otter erinnern. Die stinktierähnliche Färbung des Streifentanrek (unten links) weist darauf hin, daß es nicht gut schmeckt. Ebenso wie die typischen Maulwürfe, mit denen sie verwandt sind, besitzen die Desmane kleine Augen und eine empfindsame Schnauze. Der Pyrenäen-Desman (unten rechts) lebt an schnellen Gebirgsströmen und frißt Wirbellose, die am Boden der Gewässer leben.

sektivoren. Ihr Vorkommen ist gegenwärtig auf Kuba und Hispaniola auf den Großen Antillen beschränkt. Da sie nur noch von zwei Arten *(Solenodon paradoxus* und *S. cubanus)* vertreten werden, muß man leider davon ausgehen, daß diese beiden Relikt-Arten zu den am stärksten gefährdeten auf der Erde gehören.

Vor der Ankunft des Menschen auf diesen Inseln gehörten die Schlitzrüssler vermutlich zu den Endgliedern der Nahrungskette ihrer Ökosysteme, obwohl sie ihrerseits möglicherweise großen Eulen und Boaschlangen zum Opfer fielen. Die Ankunft des Menschen verhängte mit ziemlicher Sicherheit das Todesurteil über diese überwiegend nachtaktiven Tiere. Von den Fischerbooten aus erfolgte auf den Inseln bald eine Invasion von Hunden und Ratten. Und im Bemühen, die Ratten zu dezimieren, die überall Zerstörung und Krankheiten verbreiteten, führte man zu einem späteren Zeitpunkt die Manguste ein. Bei jedem dieser Vorgänge wurden exotische, hochintelligente Räuber eingeschleppt, die natürlich eine Konkurrenz für die Schlitzrüssler bildeten. Es gibt in der Tat Hinweise dafür, daß die heute ausgestorbene Spitzmausgattung *Nesophontes* einst auf den Westindischen Inseln weit verbreitet war und daß ihr Verschwinden mit der Ankunft der Spanier zusammenfiel. Es scheint, daß die wenigen übrigen Schlitzrüssler heute dazu verurteilt sind, dasselbe Schicksal zu erleiden.

Wie bei den meisten nächtlichen Insektivoren ist das Gehirn vergleichsweise klein, jedoch ist der Tastsinn hoch entwickelt. Bei der Nahrungssuche arbeitet die ausgezogene und hochempfindliche Schnauze wie ein Fühler; sie sucht in Ritzen und Spalten nach Beute, während mit den starken Krallen faulende Pflanzen aufgegraben oder -gebrochen werden. Ist die Beute gefunden, wird sie schnell gebissen und ihr eine kleine Menge giftigen Speichels eingespritzt, wodurch sie in Starre verfällt. Vermutlich macht der Schlitzrüssler von dieser Technik häufiger Gebrauch, wenn er größere Beute als Insekten fängt, so etwa Frösche, Echsen oder kleine Vögel.

Die Naturgeschichte der Schlitzrüssler ist nur wenig bekannt, und die Tiere wurden weder in der Wildnis noch in Gefangenschaft genauer untersucht. Ihre Lebensgeschichte ist durch eine vergleichsweise lange Lebensdauer und eine geringe Nachkommenschaft (es wird nur alle 12 bis 18 Monate ein Junges zur Welt gebracht) charakterisiert. Das einzige Junge wird in ei-

S.C. Bisserot

▲ Die Ähnlichkeit des Igeltanreks zu den »echten« Igeln beruht auf der konvergenten Evolution zweier verschiedener Insektivoren-Familien. Die Tanreks haben einige primitive Säugermerkmale erhalten: So fehlt den Männchen etwa ein Scrotum, und die Weibchen besitzen (wie bei den Monotremen und den Beuteltieren) eine Kloake.

ner extra gebauten Nisthöhle geboren und begleitet, einmal entwöhnt, die Mutter auf ihren nächtlichen Streifzügen. Die Schlitzrüssler sind die einzigen Insektivoren, bei denen die Jungen an der Zitze transportiert werden; dieses Verfahren erleichtert vermutlich die rasche Verlegung der Jungen von einem Bau zum nächsten, wenn das Tier gestört wird. Alle anderen Insektivoren tragen ihre Jungen im Maul.

Es scheint, daß die Schlitzrüssler ausgesprochene Einzelgänger sind. Die Verbindung der Mutter zu ihrem Kind dürfte den einzigen Zeitraum repräsentieren, in dem es zu einem ausgedehnten Sozialverhalten kommt. Als nachtaktive Tiere verlassen sich die Schlitzrüssler auf akustische und olfaktorische Signale, um ihre Beute zu orten und die Gegenwart anderer Tiere zu überwachen.

Die Schlitzrüssler bewohnen gut entwickelte, offene Wälder, die grundsätzlich große Mengen an Gebüsch oder Bodenbedeckung aufweisen. Leider weiß man so gut wie nichts über ihr Sozial- und Verbreitungsverhalten in der Wildnis.

Tanreks und Otterspitzmäuse

Die madagassischen Tanreks und die Otterspitzmäuse Zentralafrikas erinnern in ihrem grundsätzlichen Erscheinungsbild und zum Teil auch in ihrer Lebensweise an Igel. Sie bieten ein erstaunliches Beispiel von konvergenter Evolution und von Auseinanderentwicklung. Fossilen Belegen zufolge, waren Vertreter der Familie Tenrecidae in der allgemeinen afrikanischen Fauna vor 25 Millionen Jahren bereits etabliert. Heute sind jedoch als einzige Überlebende dieser alten Entwicklungslinie nur die drei Arten der Otterspitzmäuse übrig geblieben, die nur noch an den kleinen Flüssen des tropischen Waldgürtels in West- und Zentralafrika vorkommen.

Die Tanreks gehörten zu den ersten Säugetieren, die Madagaskar nach seiner Trennung vom afrikanischen Festland vor etwa 150 Millionen Jahren erreichten. Da sie auf der Insel keine nennenswerten Konkurrenten vorfand, fächerte sich die Gründerart vielfach auf und besetzte etliche ökologische Nischen. Die Auffächerung der Tanreks ist eines der klassischen Beispiele für die Radiation. Dabei kam es zu Formen mit grabender, bodenlebender und halb-aquatischer Lebensweise; ja einige Formen leben sogar teilweise auf Bäumen. Die Tanreks sind grundsätzlich kleine Tiere - der größte, *Tenrec ecaudatus,* wiegt ein Kilogramm und der kleinste, eine *Geogale*-Art, die sich auf Termitennahrung spezialisiert hat, wiegt weniger als zehn Gramm. Sie sind entweder dämmerungs- oder vollständig nachtaktiv, und die meisten von ihnen sind Einzelgänger. Eine Ausnahme bilden nur die Vertreter der Art *Hemicentetes semispinosus,* die während der Fortpflanzungszeit offenbar Kolonien bilden.

GOLDMULLE

Die Goldmulle verdanken ihren Namen dem Bronzeschimmer auf ihrem Fell. Ihr Vorkommen ist ausschließlich auf Afrika beschränkt. Da sie an eine grabende Lebensweise angepaßt sind, zeigen die 18 Arten der Familie Chrysochloridae morphologische und verhaltensmäßige Anpassungen an eine Vielfalt von Lebensräumen des ebenen Bodens.

Der stromlinienförmige Körper des Goldmulls ist von einem vergleichsweise groben, nach hinten weisenden Fell bedeckt. Es ist feuchtigkeitsabweisend und bildet eine Lage über einer wesentlich weicheren, dichteren Fellschicht, die den Körper isoliert. Die winzigen Augen sind möglicherweise zurückgebildet und mit einer behaarten Haut bedeckt. Die Ohrengänge liegen in dichtem Fell verborgen und die Nase wird durch eine derbe Lederplatte geschützt, mit der vermutlich beim Graben lose Erde bewegt werden kann.

Der stämmige, gedrungene Körper vermittelt den Eindruck von Kraft. Und in der Tat vermerkte ein früher Naturforscher, daß ein Goldmull in Gefangenschaft eine Kraft ausüben könnte, die 150 mal seinem eigenen Körpergewicht entspricht. Die Vorderextremitäten sind außerordentlich kräftig und mit vier kurzen Grabkrallen ausgestattet. Beim Graben stemmen sich die Hinterbeine fest gegen die Tunnelwand. Die Erde an der Front wird durch wiederholte, scharfe, nach unten gerichtete Streiche gelockert, die das Tier mit den Vorderbeinen abwechselnd ausführt. Die abgelöste Erde wird mit Hilfe des verbreiterten Kopfes oder der Schultern entweder gegen die Seite oder das Dach des Tunnels gedrückt, so daß an der Oberfläche Rillen entstehen. Sie kann aber auch über einige Entfernung im Tunnel nach hinten gestoßen und anschließend mit dem Kopf an die Oberfläche gedrückt werden, so daß an der Erdoberfläche Maulwurfshügel entstehen. Das Grabeverhalten der Goldmulle, die kombiniert mit Kopf, Füßen und Körper arbeiten, unterscheidet sich ganz erheblich von dem der europäischen und nordamerikanischen Maulwürfe, die nur ihre Füße einsetzen.

Die Goldmulle sind Einzelgänger, die auf das Graben mehr Zeit verwenden als auf irgendeine andere Beschäftigung. Dieser Drang ist so groß, daß einige Arten bis zu 75 Prozent der Zeit, in der sie aktiv sind, mit dem Graben zubringen. Die Anlage und Größe des Gangsystems hängt von der jeweiligen Art und ihrem Lebensraum ab. Die im Gebirge und offenen Ebenen vorkommenden Arten, wie der Riesengoldmull, *Chrysopalax trevelyani,* oder der Hottentotten-Goldmull, *Amblysomus hottentotus,* errichten eine Reihe von Gängen, die bis zu drei Meter tief gehen können. Diese und vergleichbare Arten fangen und fressen ihre Nahrung innerhalb des Tunnels, wie es auch die europäischen und nordamerikanischen Maulwürfe tun. Die Nahrung wird weder versteckt noch verstaut, sondern sofort gefressen. Die wüstenbewohnenden Arten, wie etwa der Wüstengoldmull, *Eremitalpa granti,* bilden keine dauerhaften Tunnelsysteme, sondern schieben sich durch die oberen Bereiche ihres Sand-Dünen-Ökosystems nahezu schwimmend durch. Dabei orten sie ihre Beute durch Berührung, möglicherweise aber auch akustisch. Gelegentlich jagen die Wüstenmulle wohl auch an der Sandoberfläche, wo sie beinlose Echsen oder Insekten fangen.

Igel und Haarigel

Der europäische Igel *(Erinaceus europaeus)* ist vielleicht einer der bekanntesten Insektivoren. Er erinnert auf verschiedene Weise an einen verkleinerten Schlitzrüssler. Die Igel gehören zu der Familie Erinaceidae, deren Vertreter überall in Europa, Afrika und Asien vorkommen. Diese Gruppe umfaßt etwa 17 Arten, von denen einige (wie etwa der stämmige europäische Igel und die Wüstenigel Asiens und Nordafrikas) Stacheln haben, während andere, wie die Haarigel oder Gymnuren Südostasiens, eine Körperbedeckung aus grobem Haar tragen und zudem lange Schwänze besitzen.

Das eindeutigste Merkmal des Igels besteht in seiner dichten Stachelhülle. Ein erwachsenes Tier besitzt bis zu 5000 nadelspitze Stacheln, die zwei bis drei Zentimeter lang sind. Die Stacheln sind in Wirklichkeit umgewandelte Haare. Ein jeder von ihnen ist mit vielfachen Luftkammern und Verstärkungsgraten ausgestattet, die an der Innenwand einer jeden Stachelröhre verlaufen. Die Stacheln bedecken die gesamte Rückenfläche; der Bauch ist dagegen von einer derben Haut bedeckt, aus der ein grobhaariges Fell erwächst. Normalerweise sind die Stacheln flach am Körper angelegt; wenn sie aber aufgerichtet sind (z.B. bei einer Bedrohung des Tieres), ragen sie in den verschiedensten Winkeln heraus und überkreuzen und stützen einander. Auf diese Weise bilden sie ein wirklich furchtbares Verteidigungssystem. Als ob dieser Schutz noch nicht ausreichte, können sich die Igel zu einem dichten Ball zusammenrollen; dabei verbergen und schützen sie die weicheren Bereiche ihrer Bauchseite.

▼ Der afrikanische Goldmull sieht dem australischen Beutelmull erstaunlich ähnlich - ein faszinierendes Beispiel konvergenter Evolution. Die Augen sind winzig und möglicherweise ohne Funktion. Auch fehlt dem Tier ein äußeres Ohr. Die Schnauze wird von einem hornigen Schild geschützt, und die Vorderbeine sind zu kräftigen, spatenförmigen Strukturen geworden.

G.J. Broekhuysen/Ardea London

Angesichts solcher Verteidigungsmittel machen wenige Räuber auch nur den Versuch, anzugreifen.

Igel sind einzelgängerische Tiere und sind in ihrer Fortpflanzung, je nach Art und Klima, recht unterschiedlich. Die Bewohner trockener Gegenden, wie etwa die wüstenbewohnenden *Paraechinus*-Arten und die langohrigen *Hemiechinus-Arten,* pflanzen sich nur einmal jährlich fort. Man weiß, daß in gemäßigten Zonen regelmäßig zwei Würfe vorkommen. In den Tropen, wo die Verfügbarkeit der Nahrung und das Wetter leichter vorhersagbar sind (diese beiden Faktoren bestimmen wesentlich den Zeitpunkt und die Dauer der Fortpflanzungszeit), können Igel sich während des ganzen Jahres fortpflanzen.

Angesichts ihres hohen Energiebedarfs ist es für alle Insektivoren ein ernsthaftes Problem, ob sie an Beute herankommen oder ob es schwierig ist, diese zu orten. Um mit der Notwendigkeit fertigzuwerden, daß sie bei ungünstigen Umgebungsbedingungen aktiv bleiben müssen, haben zahlreiche Arten die Fähigkeit entwickelt, in eine Ruhephase (Starre oder Überwinterung) zu verfallen. In dieser Zeit sinkt die Körpertemperatur beinahe auf das Niveau der umgebenden Luft herab. So kann etwa der Sauerstoffbedarf eines Igels von einem durchschnittlichen (normalen) Niveau von 500 Millilitern pro Kilogramm und Stunde auf nur etwa 10 Milliliter zurückgehen. Diese Vorgehensweise erlaubt jenen Arten, die mit kritischen Situationen, wie beispielsweise Nahrungsmangel und extremen Temperaturen, fertigwerden müssen, ihren Energieaufwand drastisch zu reduzieren. Dadurch können diese Tiere länger von weniger Reserven leben.

Die Überwinterung ist keine Eigenheit der Art, sondern wird von den Umweltbedingungen ausgelöst. So werden tropische Igel unter normalen Umständen niemals überwintern. Werden sie jedoch künstlich einer Nahrungsverknappung oder niedrigen Umgebungstemperaturen ausgesetzt, zeigen auch diese Arten die Fähigkeit, zu überwintern. Der europäische Igel, der in seiner Heimat überwintert, zeigt dieses Verhalten auf Neuseeland, wo er zu Beginn dieses Jahrhunderts eingeschleppt wurde, nicht.

▼ Wie bei den anderen Igeln sind auch beim Langohr-Igel der Kopf und die Körperoberseite mit Stacheln bedeckt. Diese Igel sind Bewohner der trockenen Zonen. Mit ihren langen Ohren führen sie Wärme ab. Ebenso wie die wüstenbewohnenden Arten pflanzen sie sich nur einmal im Jahr fort.

Eyal Bartov/Oxford Scientific Films

Die Igel der gemäßigten Breiten trifft man normalerweise in Laubwäldern, auf von Knicks begrenztem Ackerland und in städtischen Gärten an. In den Sommermonaten wird ein einfaches Nest aus Blättern und Gras gebaut. Es wird normalerweise nicht unterirdisch, sondern an der Basis eines Baumes im Unterholz angelegt. Derartige Nester sind rasch gebaut und werden unter Umständen nach nur wenigen Tagen zugunsten eines anderen wieder verlassen. Im Winter erfolgt die Auswahl des Nistplatzes etwas sorgfältiger, da dieser gut gegen die Kälte abgeschirmt sein muß.

Aktive Igel sind ständig auf der Suche nach Nahrung. Man hat Tiere beobachtet, die während des Beutezuges einer einzigen Nacht mehr als drei Kilometer zurücklegten. Ihre Lieblingsnahrung sind Regenwürmer. Sie fressen jedoch auch die meisten Wirbellosen, die sie auf dem Boden finden sowie Samen und Früchte. In Europa ist es durchaus üblich, Igel

Hans Reinhard/Bruce Coleman Ltd.

in den Garten zu locken, denn ihr Appetit auf Schnecken und Maikäfer macht sind zu Verbündeten der Gärtner.

Zu dem wenigen, was von den asiatischen Gymnuren bekannt ist, gehört, daß sie wie die Igel überwiegend Einzelgänger sind und offenbar kein festes Territorium verteidigen. Als nachtaktive Tiere verständigen sie sich vermutlich in erster Linie auf geruchlicher Basis. Dies ist besonders beim größeren Haarigel, *Echinosorex gymnurus,* und beim kleineren Haarigel, *Hylomys suillus,* der Fall. Denn beide besitzen wohlentwickelte, duftende Analdrüsen, die einen auf die menschliche Nase faulig wirkenden Geruch abgeben. Wird diese Substanz an den entscheidenden Stellen im Wohngebiet eines Tieres abgesetzt, zeigt sie an, daß dieses Gebiet bereits besetzt ist. Vielleicht gibt sie auch Hinweise auf das Geschlecht, das Alter (und damit auch die Rangstufe) oder den sexuellen Reifungsgrad des dort ansässigen Tieres.

Die Haarigel gehören zu den größten Insektivoren und wiegen manchmal bis zu zwei Kilogramm. Mit ihrem groben, struppigen Fell und ihren eindrucksvollen Drohgesten sehen sie bei geöffnetem Maul richtig wild aus. Die Haarigel bewohnen Flachlandgebiete, unter anderem Mangrovensümpfe, Gummiplantagen, sowie primäre und sekundäre Wälder. Sie sind zum großen Teil nachtaktiv und an den Boden gebunden. Daher ruhen sie tagsüber in hohlen Baumstämmen, unter Baumwurzeln oder in leeren Höhlen. Es scheint, daß sie feuchte Gegenden bevorzugen und häufig im Wasser nach Insekten, Fröschen, Fischen, Krebsen und Mollusken jagen.

▲ Obwohl Igel Einzelgänger sind, begleiten die teilweise entwöhnten Jungen ihre Mutter in der Nacht auf der Suche nach Insekten und Würmern. Es scheint, daß diese vier Kinder von der Mutter getrennt wurden.

A. & E. Bomford/Ardea London

▶ Wie die meisten Vertreter ihrer Familie lebt die Gemeine Spitzmaus auf dem Waldboden und ernährt sich dort sehr intensiv von Insekten, Würmern und anderen Wirbellosen. Die meisten Spitzmäuse sind so klein, daß sie permanent fressen müssen, um ihre Körpertemperatur zu erhalten. Ohne Nahrung kann eine Spitzmaus in nur vier Stunden verhungern.

▼ Die eurasiatische Wasserspitzmaus frißt in erster Linie bodenlebende Wirbellose, nimmt allerdings auch Frösche zu sich, die beinahe so groß sind wie sie selbst. Eine derartige Beute wird durch einen giftigen Speichel getötet, den die Spitzmaus ihrer Beute injiziert, wenn sie mit ihren Zähnen in deren Fleisch eindringt.

SPITZMÄUSE

Von allen Insektivoren sind die winzigen Spitzmäuse die erfolgreichste Einzelgruppe, sowohl hinsichtlich ihrer entwicklungsgeschichtlichen Auffächerung als auch bezüglich ihrer geographischen Verbreitung; dazu gehören das gesamte Nord- und Zentralamerika, Europa, Asien und der größte Teil Afrikas. Spitzmäuse sind klein: Die kleinste Art, *Suncus etruscus,* wiegt nur zwei Gramm und ist das kleinste Säugetier der Welt. Spitzmäuse leben im Verborgenen. Typisch sind ihre lange, spitze Schnauze, die vergleichsweise langen Ohren, die winzigen Augen und ein dichtes, seidiges Fell.

Die Familie Soricidae, zu der die Spitzmäuse gehören, unterteilt sich in zwei Gruppen: Die sogenannten rotzähnigen Spitzmäuse, die pigmentierte Zähne besitzen und aus Nordeuropa stammen, sowie die weißzähnigen Spitzmäuse, die ihren Ursprung in Nordafrika haben und heute einen großen Teil des europäischen Festlandes besiedelt haben.

Spitzmäuse sind außerordentlich aktive Tiere. Aufgrund ihrer hektischen Lebensweise müssen sie, gemessen an ihrer Körpergröße, unverhältnismäßig große Nahrungsmengen zu sich nehmen. Nach neueren Untersuchungen haben viele Spitzmausarten eine wesentlich höhere Stoffwechselrate als Nagetiere vergleichbarer Größe. Um mit solchen beständigen Energieanforderungen fertigzuwerden, neigen Spitzmäuse dazu, sich hoch produktive Lebensräume auszusuchen. Es ist für sie überlebenswichtig, alle zwei bis drei Stunden zu fressen. Es wurde beobachtet, daß sie

Dwight R. Kuhn

täglich soviel Nahrung verzehren, die 70 bis 130 Prozent ihres Körpergewichts entspricht. Es überrascht daher nicht, daß die Spitzmäuse meist keine sonderlich wählerischen Fresser sind. Sie ernähren sich von einer Vielfalt von Wirbellosen; zusätzlich fressen sie manchmal Aas, Früchte, Samen und anderes Pflanzenmaterial. Auch die Verdauung erfolgt bei den Spitzmäusen erstaunlich rasch: Der Darm wird unter Umständen in weniger als drei Stunden entleert. Wenigstens die in den gemäßigten Breiten vorkommenden Arten leben zumeist in hohem Maße territorial und verteidigen ein bestimmtes Gebiet aggressiv gegen alle eindringenden Spitzmäuse. Dadurch stellen sie sicher, daß sie zu der größtmöglichen Nahrungsmenge ungestört Zugang behalten.

Die Spitzmäuse besetzen eine weite Spanne von Nahrungshabitaten, sei es im Wasser, auf dem Boden oder unterirdisch. Einige unterirdisch lebende Arten machen von den Gängen gebrauch, die von Maulwürfen und Nagetieren bereits angelegt wurden. Einige rotzähnige Spitzmausarten, wie etwa die Kurzschwanz-Spitzmaus, *Blarina brevicauda,* haben sich jedoch einer echten grabenden Lebensweise angepaßt, und ihre Körperform ist derjenigen der echten Maulwürfe recht ähnlich. Die Beute wird in erster Linie akustisch und in einem geringeren Umfang mit dem Geruchssinn geortet. Sie wird rasch gepackt und getötet. Von wenigstens zwei Arten - der amerikanischen Kurzschwanz-Spitzmaus, *Blarina brevicauda,* und der eurasiatischen Wasserspitzmaus, *Neomys fodiens,* - ist bekannt, daß sie ähnlich den Schlitzrüsslern ihrer Beute giftigen Speichel injizieren. Dies mag besonders nützlich sein, wenn sie es mit so großer Beute wie Fröschen oder Fischen zu tun haben. Ist die Beute im Überfluß vorhanden, kommt es vor, daß sie einen Teil davon verstecken oder aufbewahren. Die geheimen Lager werden normalerweise heftig verteidigt.

Spitzmäuse leben in der Regel allein, und nur zur Fortpflanzungszeit kommt es vor, daß sie einander auf eine Weise begegnen, die etwas Freundliches an sich hat. Ebenso wie die Maulwürfe sind auch die Spitzmäuse nur in einem sehr kurzen Zeitraum empfängnisbereit. Bei einigen Spitzmäusen ist dies jahreszeitlich begrenzt, andere können sich jedoch zu jeder Jahreszeit fortpflanzen. So kommt es etwa bei *Suncus,* der Hausspitzmaus, vor, daß ein Weibchen gerade nicht empfängnisbereit ist. Dann kommt ein Männchen, reitet auf und beißt wiederholt in dessen Nackenregion. Irgendwann, nachdem das Weibchen einen typisches Piepsen ausgestoßen hat, wird es dann empfängnisbereit. Dann reitet das Männchen wieder auf und kopuliert. Das Weibchen wird von dem aggressiven Vorgehen und den Duftmarkierungen des Männchens in Hitze gebracht.

Die Jungen kommen nach einer Reifungsperiode von etwa drei Wochen zur Welt und bleiben für einige Zeit an eine extra angefertigte Nistkammer gebunden, die wegen der größeren Schutzwirkung meist unterirdisch angelegt ist. Die Mutter ist außerordentlich aufmerksam und kommuniziert mit ihrem Wurf von (je nach Art) drei bis acht Jungen mit einem schwachen, für das menschliche Ohr kaum hörbaren Quieken. Wenn sich die Jungen vom Nest verirren, trägt sie die Mutter im Maul zum Nest zurück.

In einem Alter von drei Wochen werden die Jungen ermuntert, das Nest zu verlassen und die Mutter auf kurzen Beutezügen zu begleiten. Eine eigenartige, für die weißzähnigen Spitzmäuse typische Angewohnheit ist das Gehen im verbundenen Gänsemarsch. Dabei reihen sich die Jungen auf der Futtersuche tatsächlich hintereinander auf, und ein jedes ergreift ein Haarbüschel aus dem Rumpf seines Vorgängers. Das erste Junge hält sich genauso an der Mutter fest. Die besondere Verhaltensweise dient den Jungen in erster Linie dazu, Räubern aus dem Weg zu gehen.

Sollten die Jungen über längere Zeit beim Nest bleiben, werden sie, wie es auch bei den Maulwürfen der Fall ist, mit aggressiven Gesten verjagt. Zu dieser Zeit hat sich der Wurf aufgelöst und das Weibchen unter Umständen wiederum gepaart. Auf diese Weise können erwachsene, geschlechtsaktive Weibchen zwei oder drei Würfe pro Jahr zur Welt bringen, obwohl die Erwachsenen selber den Winter nicht überleben. Verglichen mit anderen Säugetieren ähnlicher Größe, besitzen die Spitzmäuse mit durchschnittlich neun bis zwölf Monaten eine sehr kurze Lebenserwartung. Allerdings können sie in Gefangenschaft wesentlich älter werden; der Rekord liegt für eine weißzähnige Spitzmaus, *Crocidura russula,* bei vier Jahren.

Stephen Dalton/NHPA

▲ Das dichte Fell der Wasserspitzmaus ist stark wasserabweisend. Wenn das Tier taucht, ist sein Körper von der Luft umgeben, die zwischen den Haaren eingeschlossen ist. Wo Ströme durch Waschmittel verschmutzt sind, wird das Fell der Wasserspitzmäuse naß, und die Tiere sterben an Unterkühlung.

MAULWÜRFE UND DESMANE

Zu der Familie Talpidae gehören die Maulwürfe, die Spitzmausmaulwürfe und die Desmane, die in ihrer Verbreitung alle auf den Norden Nordamerikas und Eurasiens beschränkt sind. Diese überwiegend grabenden Insektivoren (29 Arten in 12 Gattungen) führen eine sehr verstecktes Leben und wurden wegen ihrer Lebensweise zumeist nur wenig untersucht. Die Art, der bis heute die Naturforscher und Biologen gleichermaßen am meisten Aufmerksamkeit geschenkt haben, ist der europäische Maulwurf, *Talpa europaea,* der in seiner Lebensweise und im Verhalten vielen anderen Arten dieser Familie ähnlich sein dürfte.

Die Maulwürfe sind in hohem Maße an eine unterirdische, grabende Lebensweise angepaßt. Ihre breiten, spatenförmigen Vordergliedmaßen, die sich zu kraftvollen Graborganen entwickelt haben, sind mit muskulösen Schultern und einem tiefen Brustbein verbunden. An der Brust ist die Haut dicker als irgendwo sonst am Körper, denn dieser Körperteil trägt den größten Teil des Körpergewichts beim Graben oder Schlafen. Hinter den enormen Schultern ist der Körper beinahe zylindrisch und verjüngt sich leicht bis zu den schmalen Hüften. An ihnen befinden sich kurze, kräftige Hintergliedmaßen (die nicht besonders an das Graben angepaßt sind) und ein kurzer, keulenförmiger Schwanz, der normalerweise aufrecht getragen wird. Bei den meisten Arten verfügen beide Extremitätenpaare über einen zusätzlichen Knochen, der einerseits die Oberfläche der Pfoten vergrößert, der andererseits die Hintergliedmaßen stützt und mit dessen Hilfe die Erde mit den Armen verschoben werden kann. Der langgestreckte Kopf verjüngt sich zu einer unbehaarten, fleischigen, rosafarbenen Schnauze, die hoch sensibel ist. Beim nordamerikanischen Sternmull, *Condylura cristata,* trägt das Organ 22 Tentakel, von denen jeder mit Tausenden von Sinnesorganen ausgerüstet ist.

Die Funktion eines Maulwurfstunnels wird häufig mißverstanden. Maulwürfe graben nicht ständig oder gezielt nach Nahrung. Stattdessen funktioniert das

Andy Purcell/Bruce Coleman Ltd.

Tunnelsystem, in dem das jeweilige Tier permanent wohnt, als eine Nahrungsfalle. Hier sammeln sich ständig Wirbellose, wie z.B. Regenwürmer und Insektenlarven. Während sich diese Wirbellosen durch die Erdschichten bewegen, fallen sie in den Bau des Tieres hinein und können häufig nicht entkommen, ehe der im Gang patrouillierende, ansässige Maulwurf sie entdeckt hat. Die einmal entdeckte Beute wird rasch gepackt. Wenn es sich etwa um einen Regenwurm handelt, wird zuerst der Kopf abgebissen. Der Wurm wird dann durch die Krallen der Vorderfüße durchgezogen, wobei Sand- und Erdpartikel herausgequetscht werden. Anderenfalls würde der Maulwurf einen erheblichen Zahnverschleiß erleiden - übrigens eine häufige Todesursache bei Maulwürfen. Findet ein Maulwurf plötzlich Beute im Übermaß vor, versucht er, möglichst viele Tiere zu fangen und verstaut sie in einem zentral gelegenen Versteck, das normalerweise gut verteidigt wird. Dieses Versteck befindet sich häufig dicht am einzigen Nest des Maulwurfs. Die Würmer werden in die Erde eingebettet, so daß sie zwar lebendig, aber für einige Monate inaktiv bleiben. So kann ein Tier, wenn die Nahrung knapp wird, einfach diese Speisekammer plündern, anstatt wichtige Körperreserven auf der Suche nach knapper Beute zu verbrauchen. Wenn es darum geht, welche Beute sich zum Verstauen eignet, sind Maulwürfe offenbar sehr wählerisch, denn sie nehmen dafür nur die größten Beutetiere, die sie bekommen können.

Einen großen Teil seiner aktiven Zeit verbringt ein Maulwurf damit, sein Gangsystem zu bauen und zu erhalten. Ein Maulwurf gräbt aktiv das ganze Jahr hindurch, obwohl auf der Erde von der Gegenwart eines solchen Tieres kaum noch etwas zu spüren ist, wenn das Gangsystem einmal angelegt ist. Maulwürfe bauen ein komplexes System von Gängen, die sich normalerweise auf verschiedenen Höhenstufen befinden. Wenn ein Maulwurf beginnt, ein Tunnelsystem auszuheben, legt er in der Regel zuerst einen recht geraden, bis zu 20 Meter langen Erkundungstunnel an, ehe er irgendwelche Verzweigungen anfügt. Dies ist vermutlich ein Versuch, Nachbartiere zu orten. Gleichzeitig wird damit jedoch auch die Nahrungsfalle für den späteren Gebrauch angelegt. Die Gänge werden später verlängert, und unterhalb dieser vorläufigen Gänge werden viele weitere angelegt. Dieses mehrstöckige Tunnelsystem kann so aussehen, daß die Gänge eines Tieres über denen eines anderen liegen, ohne daß sie miteinander in Verbindung stehen. Bei einer ausgebauten Population gehen allerdings viele Tunnel zwischen benachbarten Tieren ineinander über.

Maulwürfe besitzen einen ausgeprägten Orientierungssinn und bauen häufig ihre Tunnel in jedem Jahr an genau demselben Platz. Bei ständigem Nahrungsangebot werden einmal angelegte Tunnel von vielen Generationen von Maulwürfen benutzt. Es kommt vor, daß ein Tier aus seinem Tunnel durch ein stärkeres verdrängt wird. In solchen Fällen muß das unterlegene Tier abwandern und ein neues Gangsystem anlegen. Diese »Meister-Ingenieure« sind mit jedem Teil ihres Territoriums bestens vertraut und bemerken sofort jede Veränderung in einem Gang, so daß sie schwer zu fangen sind. Ist etwa der normale Weg zum Nest oder zum Freßplatz versperrt, gräbt sich der Maulwurf entweder um das Hindernis herum oder darunter hindurch, um dann mit einem minimalen Aufwand beim Graben wieder auf den ursprünglichen Tunnel zu stoßen.

Über die Sinneswelt der Maulwürfe wissen wir nur sehr wenig. Diese Tiere gehören zu denen, die ausschließlich unterirdisch leben. Ihre Augen sind klein und in dichtem Fell verborgen, oder, wie im Falle des Blindmulls, *Talpa caeca,* mit Haut bedeckt. Allerdings suchen die Spitzmausmaulwürfe ihre Nahrung nicht nur in unterirdischen Gängen, sondern auch auf der Erde zwischen abgefallenen Blättern. Auch wenn sie vielleicht einen schärferen Gesichtssinn besitzen als die anderen Arten, können sie vermutlich nur Schatten wahrnehmen. Ihr Gesichtssinn ist wohl nicht hinreichend stark entwickelt, so daß sie damit kaum Beute finden oder sich orientieren könnten. Das scheinbare Fehlen von Ohren bei nahezu sämtlichen Arten ist darauf zurückzuführen, daß es keine äußeren Ohrmuscheln gibt und daß die Ohröffnung mit dickem Fell bedeckt ist. Es wurde jedoch schon vermutet, daß sich unterirdisch und nächtlich lebende Arten im wesentlichen mit Ultraschall untereinander verständigen. Es scheint jedoch, daß unter allen Sin-

◀ »Echte« Maulwürfe der Familie Talpidae findet man in vielen Gebieten Eurasiens und Nordamerikas. Ihre winzigen Augen sind zum Sehen ungeeignet. Zwar fehlt ihnen ein äußeres Ohr, sie haben jedoch ein scharfes Gehör. Die lange Schnauze ist besonders empfindsam, und der Geruchssinn ist wohlentwickelt.

Dwight R. Kuhn

▲ Die Sinnestentakel auf der Schnauze des Sternmulls sind unter den Säugetieren einzigartig. Die Vertreter dieser Art legen ihre Gänge in Sumpfgebieten an. Sie verbringen jedoch auch viel Zeit über der Erdoberfläche und gehen zur Nahrungssuche sogar ins Wasser hinein; dabei paddeln sie mit ihren spatenförmigen Vorderbeinen.

nesorganen der Geruchssinn die größte Bedeutung hat. Dies läßt sich dadurch belegen, daß die Nasenregion vieler Arten besonders differenziert ist und sich in dieser Körperregion unzählige Sinnesorgane befinden.

Die kurze Paarungssaison ist für die Maulwürfe eine ganz wilde Zeit, denn die Weibchen sind nur 24 bis 48 Stunden empfängnisbereit. In diesem Zeitraum ändern die Männchen normalerweise ihre gewohnten Verhaltens- und Aktivitätsmuster und verbringen viel Zeit und Energie damit, geeignete Partner zu finden. Die Paarung erfolgt im Gangsystem des Weibchens; dies ist die einzige Zeit, in der die Geschlechter einander nicht aggressiv begegnen. Vier Wochen später kommen die Jungen zur Welt. Es sind durchschnittlich drei pro Wurf. Mit einem Gewicht von weniger als vier Gramm sind die rosafarbenen, nackten Kinder unfähig, ihre Körpertemperatur zu kontrollieren und sind daher darauf angewiesen, daß die Mutter sie wärmt. Im ersten Monat werden die Jungen ausschließlich mit Milch ernährt, dabei nehmen sie rasch an Gewicht zu. Sie bleiben im Nest, bis sie etwa fünf Wochen alt sind. Zu dieser Zeit unternehmen sie ihre ersten Erkundungsgänge in der unmittelbaren Umgebung der Nistkammer. Bald darauf beginnen sie, ihre Mutter auf etwas weiteren Ausflügen im Gangsystem zu begleiten, und von dort aus gehen sie freiwillig auseinander. Diejenigen, die nicht verschwinden wollen, werden bald von der Mutter verjagt.

Eine ganz andere Lebensweise führen die Desmane, von denen zwei Arten existieren. Der Pyrenäen-Desman, *Galemys pyrenaicus,* ist auf die permanenten, schnellfließenden Ströme beschränkt, die in den Gebirgsregionen der Pyrenäen und in Teilen Nordiberiens liegen. Den Russischen Desman, *Desmana moschata,* findet man lediglich in den langsameren Gewässern und Seen der westlichen und zentralen Sowjetunion an. Ebenso trefflich wie die Maulwürfe an die grabende Lebensweise angepaßt sind, sind dies die Desmane an das Wasser. Mit seinem stromlinienförmigen Körper kann der Pyrenäen-Desman rasch durch das Wasser gleiten; dabei wird er von kräftigen, mit Schwimmhäuten versehenen Hintergliedmaßen angetrieben. In einem gewissen Umfang steuert er mit seinem langen, breiten Schwanz. Für jedes Tier, das in den schneegespeisten Gebirgsströmen lebt, sind Nahrungsaufnahme und die Erhaltung der Körperwärme am wichtigsten. Im Gegensatz zu Igeln oder Tanreks haben die Desmane keine Überwinterungs- oder Starrephase. Sie benötigen daher optimale Lebensräume, um ihr Überleben während der Wintermonate, wenn das Futter extrem knapp ist, sicherzustellen.

Desmane ernähren sich von den Larven aquatischer Insekten, wie etwa der Stein- und der Köcherfliege. Auch spüren sie kleine Krebse auf, indem sie mit der rüsselähnlichen Schnauze unter kleinen Felsen stochern und mit ihren scharfen, verlängerten Krallen organische Reste beiseite scharren. Die Beute wird an der Oberfläche gefressen, wo das Tier nach einem jeden Tauchgang auch eine intensive Fellpflege vornimmt. Letzteres ist insofern von Bedeutung, als das Fell so nicht nur sauber und gesund erhalten wird, sondern, indem Fett aus Talgdrüsen über den ganzen Körper verteilt wird, auch seine wasserabweisende Eigenschaft behält. Die Desmane bauen ihre Nester an den Ufern von Flüssen. Der russische Desman höhlt einen komplexen Bau aus, den er gegebenenfalls mit anderen Desmanen teilt. Dagegen besetzt die kleinere Pyrenäen-Art ein Nest nur einzeln; normalerweise wird ein bereits existierender Tunnel oder Spalt nur vergrößert. Die Nester werden aus Blättern und getrocknetem Gras zusammengetragen und befinden sich stets oberhalb des Wasserspiegels.

Über das Fortpflanzungsverhalten der Desmane ist wenig bekannt. Beim Pyrenäen-Desman erfolgt die Paarung im Frühjahr (März bis April), und da diese Tiere in der Regel eine feste Paarbindung eingehen, streiten die einzelnen Männchen häufig recht wild um Paarungspartner. In dieser Jahreszeit geschieht bei jedem Paar etwas Interessantes: Die Männchen entwickeln ein richtiges Beschützerverhalten und verbringen den größten Teil ihrer aktiven Zeit an den oberen und unteren Bereichen ihres Flußterritoriums. So wird die Energie darauf verwendet, die Nahrungsressourcen dieses Territoriums und das Weibchen zu

David Thompson/Oxford Scientific Films

schützen. Die Weibchen verbringen dagegen ihre aktive Zeit meist mit Fressen, mit der Suche nach einem geeigneten Nistplatz und dem Sammeln von Nistmaterial.

Die Jungen werden nach einer Reifungszeit von etwa vier Wochen geboren und werden ausschließlich vom Weibchen betreut. Wenn die Jungtiere das Nest im Alter von etwa sieben Wochen erstmals verlassen, sind sie bereits ausgezeichnete Schwimmer. Sie bleiben im elterlichen Territorium, bis sie etwa zweieinhalb Monate alt sind. Dann wandern sie aus, um sich für das kommende Jahr einen Paarungspartner und ein Fortpflanzungsterritorium zu sichern.

NATURSCHUTZ

Aus Sicht des Naturschutzes sind viele Arten von Insektivoren heute ernsthaft bedroht. Anders als bei vielen anderen Säugetieren erwächst diese Bedrohung jedoch nicht aus der direkten Ausbeutung der Tiere durch den Menschen, sondern indirekt durch Vorgänge wie Abholzung, Einschleppung exotischer Arten in das Ökosystem, Umweltverschmutzung und andere Dinge, die mit der Zerstörung der Lebensräume zu tun haben. Diese Vorgänge sind nahezu unweigerlich die Folge der Ausbeutung von Ökosystemen durch den Menschen.

Eine der am stärksten bedrohten Gattungen ist möglicherweise *Solenodon*. Es gibt keine neueren Schätzungen darüber, wieviele überlebende Tiere noch existieren, man weiß jedoch, daß ihre Lebensräume - eine Mischung aus Wald und herausragenden Felsen - rasch dahinschwinden.

In der Tat scheint die weltweite Zerstörung der Lebensräume die größte Bedrohung für insektenfressende Organismen zu bilden. Sie erweist sich heute auch für den afrikanischen Goldmull als eine größere Gefahr, da die verbliebenen Wälder und offenen Graslandschaften, in denen diese auf wenige Standorte begrenzte Art noch vorkommt, immer häufiger in zweitklassige Weide- und Ackerflächen umgewandelt werden. Auch die aquatischen Insektivoren sind in ihrem Überleben ernsthaft bedroht. In Europa droht dem Pyrenäen-Desman in ihrem gebirgigen Lebensraum Gefahr durch den Bau von elektrizitätserzeugenden Staudämmen. Die endemischen Otterspitzmäuse Afrikas und der aquatische Tanrek Madagaskars sind durch Abholzung der Wälder und zunehmende Verschlammung der Flüsse in ihrer Existenz gefährdet.

▲ Der europäische Maulwurf ernährt sich in erster Linie von den Regenwürmern, die in seine Gänge eindringen. Wenn Regenwürmer im Übermaß vorhanden sind, beißt er einigen die Köpfe ab und bewahrt sie, noch lebend, in einer dicht am Nest gelegenen »Speisekammer« auf.

Ordnung Scandentia: 1 Familie, 6 Gattungen, 19 Arten

GRÖSSE
Kleinste Art Nördl. Bergtupaja, *Dendrogale murina;* Kopf- Rumpflänge 115 Millimeter, Schwanzlänge 105 bis 130 Millimeter, Gewicht 35 bis 55 Gramm.
Größte Art Gemeines Spitzhörnchen, *Tupaia glis;* Kopf- und Körperlänge 230 Millimeter, Schwanzlänge 148 bis 198 Millimeter, Gewicht 85 bis 185 Gramm.

ARTENSCHUTZ
Sämtliche Arten sind durch menschliche Eingriffe und Zerstörung der Lebensräume ernsthaft bedroht.

SPITZHÖRNCHEN

R. DAVID STONE

Die Spitzhörnchen der Ordnung Scandentia sind größtenteils auf Bäumen lebende Säugetiere; einige Arten leben allerdings auch auf ebenem Boden. Diese faszinierenden, aber vergleichsweise unbekannten Tiere sind in erster Linie Bewohner der tropischen Regenwälder. Man hält sie für eine der primitivsten Formen plazentaler Säuger und als solche für Vertreter des altertümlichen Stammes, aus dem sich die heutigen Säugetiere entwickelt haben.

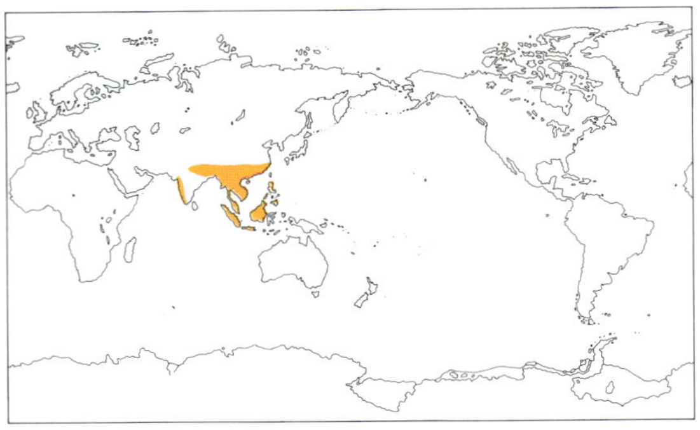

SPITZMÄUSE WIE EICHHÖRNCHEN

Die 19 heute lebenden Arten der Spitzhörnchen kommen allesamt in Ostindien und Südostasien vor. Die Ordnung enthält eine einzige Familie, die Tupaiidae, die sich weiter in zwei Unterfamilien aufteilt, die Ptilocercinae und die Tuapaiinae. Oberflächlich ähneln die Spitzhörnchen kleinen Eichhörnchen - der Gattungsname *Tupaia* geht auf das malaiische tupai zurück, das etwa »eichhörnchenähnliches Tier« bedeutet. Sie unterscheiden sich jedoch von diesen anatomisch und in ihrem Verhalten. Die Spitzhörnchen sind recht kleine Tiere mit einem durchschnittlichen Gewicht von 70 bis 100 Gramm. Sie sind grundsätzlich von rotbrauner Farbe, besitzen eine lange, spitze Schnauze mit 38 scharfen, spitzen Zähnen und an jedem Fuß fünf bekrallte Finger. In der Regel ist der Schwanz länger als der Körper, jedoch kann er nicht greifen.

FEDERSCHWÄNZE

In der Unterfamilie Ptilocerinae gibt es nur eine Art, den nachtaktiven Federschwanz, *Ptilocercus loweri.* Man findet ihn ausschließlich auf der malaysischen Halbinsel und auf Borneo. Dieses merkwürdige, graubraune Tier wiegt weniger als 80 Gramm und mißt vom Kopf bis zum Schwanz 30 bis 35 Zentimeter. Es besitzt große Ohren und im Gesicht verlängerte Haare. Sein Schwanz ist, einmalig unter den Spitzhörnchen, mit Schuppen bedeckt. Lediglich die Spitze ist schuppenfrei, an deren beiden Seiten lange, weiße Haare herauswachsen, so daß sie wie eine Vogelfeder wirkt. Der recht lange Schwanz wird einerseits benötigt, um die Balance zu halten, andererseits als Stütz- und Tastorgan: Wenn das Tier wach ist, zuckt der Schwanz unaufhörlich hin und her.

Die Federschwänze leben auf Bäumen und weisen eine Reihe besonderer Anpassungen an diese Lebensweise auf: Hände und Füße sind vergleichsweise größer als bei anderen Spitzhörnchen. Die Zehen lassen sich weiter abspreizen, so daß die Tiere beim Klettern einen besseren Griff haben und auch Insekten mit nur einer Hand greifen können. Die Finger sind gebogen,

▼ Das Gemeine Spitzhörnchen Malaysias und Sumatras lebt auf Bäumen, jagt jedoch auch häufig auf dem Boden nach Insekten und Echsen. Die Jungen werden in einem Nest aufgezogen, das von dem der Mutter getrennt ist, und werden jeden zweiten Tag gesäugt. Spitzhörnchen sind, für kleine Säuger ungewöhnlich, tagaktiv.

C.B. Frith/Bruce Coleman Ltd

so daß die Krallen stets Kontakt mit der Oberfläche der Zweige haben. Zudem sind die Fußballen größer und weicher als bei anderen Arten. Diese Art scheint gesellig zu sein, denn die Tiere leben in kleinen Gruppen zusammen und teilen häufig ein gemeinsames Schlafnest. Die Tiere ernähren sich in erster Linie von einer Mischung aus Früchten und Insekten, darunter besonders Kakerlaken, Käfer, Ameisen und Termiten.

DIE ANDEREN SPITZHÖRNCHEN

Die übrigen 18 Arten der Spitzhörnchen werden in der Unterfamilie Tupaiinae zusammengefaßt und kommen überall in Ostindien, Südostasien und verschiedenen Teilen des malaysischen Archipels vor. Die meisten Arten sind Allesfresser und leben, je nach Art und Lebensraum, auf Bäumen oder auf dem Boden. Sie kommen in den Wäldern des Flachlandes ebenso vor wie in sekundären und primären Regenwäldern. Aber auch im im Gebirge ist eine Art, das Bergtupaia, *Tupaia montana,* zu finden. Diese tagaktiven Spitzhörnchen unterscheiden sich von ihren Verwandten mit dem »Federschwanz« überwiegend durch einen besser entwickelten Gesichtssinn und ein größeres Gehirn. Durch diese Merkmale setzen sich die Spitzhörnchen von den anderen Insektivoren, wie Igeln, Spitzmäusen und Maulwürfen, ab.

Die Spitzhörnchen sind extrem agile, nervöse, neugierige und grundsätzlich aggressive Tiere. Sie schätzen das Wasser außerordentlich und nehmen häufig ein Bad in wassergefüllten Baumhöhlungen.

Das Gemeine Spitzhörnchen, *Tupaia glis,* lebt in einer permanenten Paarbeziehung. Wenn auch die beiden Partner eines Paares täglich ihrer eigenen Wege gehen, besetzen sie doch dasselbe Territorium und verteidigen es heftig gegen Artgenossen desselben Geschlechts. Grundsätzlich überlappen die Territorien verschiedener Paare einander nur wenig. Die Jungtiere leben offenbar mit ihren Eltern zusammen und bilden so Familiengruppen. Sind sie geschlechtsreif, werden die Jungen gezwungen, das Nest zu verlassen. Sie führen dann über einige Monate ein Nomadenleben, bis es ihnen gelingt, einen geeigneten Geschlechtspartner und ein eigenes Territorium zu finden. In der Wildnis erreichen die Spitzhörnchen ein Alter von zwei bis drei Jahren und zeigen gegenüber ihren Partnern eine ausgeprägte Treue.

DAS LEBEN IM TERRITORIUM

Es scheint, daß die Duftmarkierung bei allen Spitzhörnchen-Arten ein sehr wichtiger Teil des täglichen Lebens ist. Grundsätzlich vermitteln die Duftmarken Informationen über das Tier, das sie absetzte. Sie werden entweder passiv verteilt, etwa als allgemeiner Körpergeruch, der aus den Hautporen heraustritt, oder in einer ganz gezielten, aktiven Weise. Hierbei werden besondere Düfte willkürlich an einem entscheidenden Punkt im Territorium eines Tieres abgesetzt. Damit ist die Absicht verbunden, daß Artgenossen diese Düfte entdecken und analysieren. So erhält ein Tier aus der Analyse eines Duftes, der zahlreichen Bestandteile einer Duftmarkierung, Informationen über das Geschlecht und den sozialen Status des Tieres, das die Markierung abgesetzt hat. Auch kann es so das Alter der Markierung feststellen. Die Spitzhörnchen verbreiten regelmäßig ihre Sekrete aus besonderen Duftdrüsen auf neuen Objekten innerhalb ihres Territoriums. Sie zeigen damit den benachbarten Tieren an, daß dieser Platz bereits besetzt ist und verteidigt wird. Derartige Grenzmarkierungsplätze werden häufig von verschiedenen benachbarten Tieren gemeinsam benutzt und dienen so als Kommunikationsstellen, wodurch die ansässigen Tiere stets über die Vorgänge vor Ort informiert sind.

Abgesehen davon, daß sie ihr Territorium mit ihrem Duft durchsetzen, bedecken die paarweise lebenden Tiere sich auch gegenseitig mit ihrem jeweiligen Eigengeruch. Sobald die Jungen beginnen, das Nest zu verlassen, werden auch sie von den Eltern markiert. In Gefangenschaft wurden Weibchen beobachtet, die ihre Jungen an einem einzigen Tag mehr als 100 mal mir ihrem Duft markierten.

Das Fortpflanzungsverhalten freilebender Spitzhörnchen wurde bisher nicht genau untersucht. Allerdings enthüllte die Beobachtung in Gefangenschaft lebender Tiere einige interessante Tatsachen. Es gibt keinen Hinweis auf eine feste Fortpflanzungzeit; sie kann über das ganze Jahr stattfinden. Einige Tage, ehe das Weibchen niederkommt, baut das Männchen aus Blättern ein »Wochenbett« für die Mutter. Dann entfernt es sich und kehrt zum Nistplatz nicht eher zurück, bis die Jungen mindestens einen Monat alt sind. Im Wald werden die Nistplätze in der Regel in Löchern umgestürzter Bäume, in hohlem Bambus oder ähnlichen Stellen angelegt.

Nach einer Reifungszeit von 40 bis 50 Tagen kommen die nackten Jungen im Nest zur Welt und werden sofort gesäugt. Die Größe eines Wurfes variiert je nach Art; im Durchschnitt sind es drei Junge. Die Mutter übernimmt die ganze Verantwortung für die Ernährung und verteidigt die Jungen bis zur Entwöhnung. Bei Störungen am Nest geben die Jungen einen sehr lauten, plötzlichen Ton ab und stoßen dabei alle vier Beine von sich. Dabei rascheln sie in den Blättern im Nest und bieten einen recht bestürzenden Anblick, der möglicherweise geeignet ist, einem Räuber den Mut zu nehmen. Die wesentlichen natürlichen Feinde sind große Greifvögel, kleine Raubtiere und Schlangen.

Rod Williams/Bruce Coleman Ltd

▲ In der Vergangenheit wurden die Spitzhörnchen als Insektivoren und als Primaten systematisch eingeordnet. Die Wahrheit scheint eher darin zu liegen, daß sie sehr unspezialisierte Säugetiere sind, die mit diesen beiden Gruppen einige Merkmale gemeinsam haben. Das hier gezeigte Große Spitzhörnchen lebt auf dem Boden, besitzt eine lange Schnauze und kräftige Grabkrallen. Dagegen haben die stärker an das Baumleben angepaßten Baumspitzhörnchen kürzere Gesichter und schlankere Krallen.

RIESENGLEITFLIEGER

J. E. HILL

Ordnung Dermoptera: 1 Familie, 1 Gattung, 2 Arten

GRÖSSE
Kopf und Rumpf 34 bis 42 Zentimeter, Schwanz 22 bis 27 Zentimeter, Gewicht 1 bis 1,75 Kilogramm.

ARTENSCHUTZ
Sie sind nicht gefährdet, obwohl durch Abholzung und Zerstörung der Lebensräume bedroht. Der Malaien-Gleitflieger scheint vergleichsweise häufig und weit verbreitet zu sein.

Die Riesengleitflieger oder Colugos gehören zu der sehr kleinen Ordnung Dermoptera, die die beiden lebenden Arten der Gattung *Cynocephalus* aus der südostasiatischen Familie der Cynocephalidae und die ausgestorbene Familie Plagiomenidae einschließen. Die letztere kennt man von einigen fossilen Kiefern und Zähnen aus dem Pleistozän und Eozän Nordamerikas sowie dem Eozän Frankreichs. Der im Englischen gebräuchliche Name »Flying Lemurs« ist insofern mißverständlich, da diese Tiere nicht fliegen, sondern gleiten. Zudem sind sie keine Lemuren, sondern die überlebenden Vertreter einer Entwicklungslinie, die möglicherweise mit den urtümlichen Primaten verwandt ist.

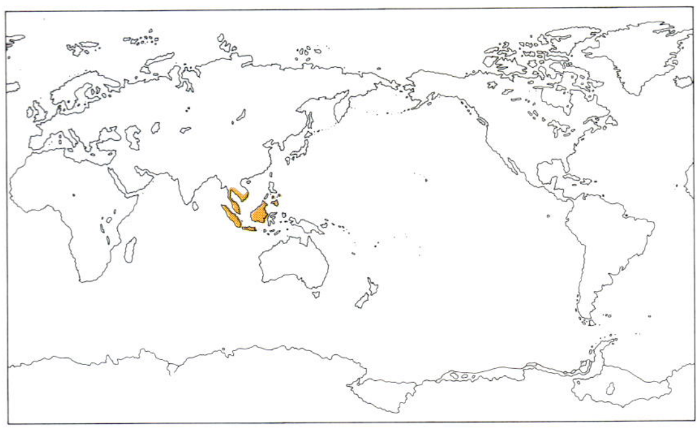

▶ Malaien-Gleitflieger ernähren sich von den Blättern, Trieben und Knospen der Bäume des Regenwaldes. Der hier abgebildete Malaien-Gleitflieger ist ein Plantagenschädling, denn er frißt gern die Blüten von Kokospalmen.

▼ Die Malaien-Gleitflieger sind die größten gleitenden Säugetiere. Bei ihnen erstreckt sich die Gleithaut zwischen der Schwanzspitze und den Knöcheln. Sie läßt sich zu einer weichen Tasche umfalten, in der die Jungen getragen werden. Die Jungen werden auch an den Bauch der Mutter geklammert transportiert.

GLEITENDE SÄUGETIERE

Die katzengroßen Riesengleitflieger besitzen einen grau- oder rotbraun gefärbten Rücken, der in der Regel mit schwarzen und grauweißen Flecken gesprenkelt ist. Die Schneidezähne sind in einer ähnlich merkwürdigen und unverwechselbaren Form angeordnet wie bei pflanzenfressenden Säugetieren, etwa bei Rindern oder Hirschen. Die oberen Schneidezähne stehen seitlich am Kiefer und lassen vorn eine Lücke. So stehen sie den nach vorn gerichteten, unteren Schneidezähnen nicht gegenüber. Letztere sind breit und wie ein Kamm geformt; aus einer Wurzel erwachsen bis zu 20 »Zinken«. Es ist denkbar, daß sie eine schabende Funktion zum Abrasieren und Durchseihen der Nahrung haben und außerdem der Fellpflege dienen. An den Füßen befinden sich starke Krallen.

Der Ordnungsname Dermoptera, er bedeutet soviel wie Hautflügel, beschreibt treffend das erstaunlichste Merkmal dieser Tiere - die Gleithaut, oder Patagium. Es erstreckt sich vom Genick bis zu den Fingerspitzen, seitlich am Körper entlang, bis zu den Zehen und verbindet auch Beine und Schwanz. Mit Hilfe ihrer Gleitmembran können die Riesengleitflieger, wie belegt ist, 136 Meter im Gleitflug zurücklegen. Der Philippinen-Riesengleitflieger, *Cynocephalus volans,* ist geringfügig kleiner als der malaysische Riesengleitflieger, *Cynocephalus variegatus;* auch ist das Fell auf seinem Rücken dunkler und weniger stark gefleckt.

Die Riesengleitflieger leben im primären und sekundären Regenwald sowie in Gummi- und Kokosplantagen. Hier ermöglicht ihnen ihre spektakuläre Fähigkeit zu gleiten, leicht von einem Baum zum nächsten zu gelangen, wenn sie in den Baumkronen nach Nahrung suchen. Sie sind nachtaktiv und verbringen den Tag in einer Baumhöhlung oder hängend unter einem Zweig. In der Nacht bewegen sie sich durch die Bäume, häufig auf festgelegten Routen, zu einem bevorzugten Nahrungsgebiet. Die Riesengleitflieger klettern unbeholfen auf eine ruckartige Weise, ergreifen den Baum oder den Zweig mit ausgestreckten Gliedmaßen und setzen dabei zuerst die Vorder- und dann die Hinterfüße. Sie gleiten von dem oberen Teil eines Baumes zum unteren eines anderen; dann klettern sie abermals empor, um wieder zum nächsten Baum zu gleiten. So bewegen sie sich durch den Wald, häufig auf festen Routen und mehrere Tiere hintereinander. Die Riesengleitflieger sind Pflanzenfresser, die sich an Blätter, Triebe, Knospen und vielleicht auch Blüten und Früchte halten. Sie ziehen Zweige zu sich heran, die sie mit den Vorderfüßen erreichen können, und streifen die Blätter mit den unteren Schneidezähnen und der langen, starken Zunge ab. Ihr Verdauungssystem ist auf diese Pflanzennahrung spezialisiert; die Tiere besitzen einen ausgedehnten Magen und einen langen, gewundenen Darm.

Die Reifungsdauer beträgt 60 Tage. Normalerweise kommt ein einziges Junges zur Welt; gelegentlich werden aber auch Zwillinge geboren. Neugeborene Riesengleitflieger sind vergleichsweise unreif (wie neugeborene Beuteltiere) und werden bis zur Entwöhnung am Bauch der Mutter angeklammert herumgetragen. Zu diesem Zweck kann die Mutter auch ihre Gleitmembran am Schwanz in eine weiche, warme Tasche verwandeln.

D. & W. Ward/Oxford Scientific Films

Ordnung Chiroptera: 18 Familien, ca. 187 Gattungen, ca. 977 Arten

GRÖSSE
Kleinste Art Schweinsnasen-Fledermaus, *Craseonycteris thonglongyai;* Unterarmlänge 22,5 bis 26 Millimeter. Flügelspanne 15 Zentimeter, Gewicht 1,5 bis 2 Gramm.
Größte Art Kalong, *Pteropus vampyrus;* Unterarmlänge 22 Zentimeter, Flügelspanne 2 Meter, Gewicht bis zu 1,2 Kilogramm.
ARTENSCHUTZ Folgende Arten werden in der Roten Liste für bedrohte Säugetiere der IUCN als gefährdet angesehen: Rodriguez-Flughund, *Pteropus rodricensis;* Guam-Flughund, *Pteropus tokudae;* Rundblattnase, *Hipposideros ridleyi;* Graue Mausohr-Fledermaus, *Myotis grisescens;* Virginia-Langohrfledermaus, *Pleotus townsendii.* Der Zustand vieler anderer Arten gilt als bedenklich, oder man weiß nichts Sicheres.

FLEDERMÄUSE

J. E. HILL

Die Fledermäuse sind beinahe weltweit verbreitet, mit Ausnahme der Antarktis, den kalten arktischen Bereichen und einigen wenigen, isolierten, ozeanischen Inseln. Allerdings konzentrieren sich mehr Arten in den Tropen und den Subtropen als in den gemäßigten Zonen. Zur Zeit sind 977 Arten registriert. Ihre Zahl wird nur noch von der der Nagetiere übertroffen. Die Fledermäuse sind die einzigen Säuger, die wirklich fliegen können, und ihre Flügel sind ihr auffälligstes Merkmal. Um sich zu orientieren, Hindernissen auszuweichen und nachts zu fressen (die meisten Arten sind nachtaktiv), haben die Fledermäuse ein ausgezeichnetes Gehör und den Gebrauch einer hochfrequenten Echoortung ausgebildet.

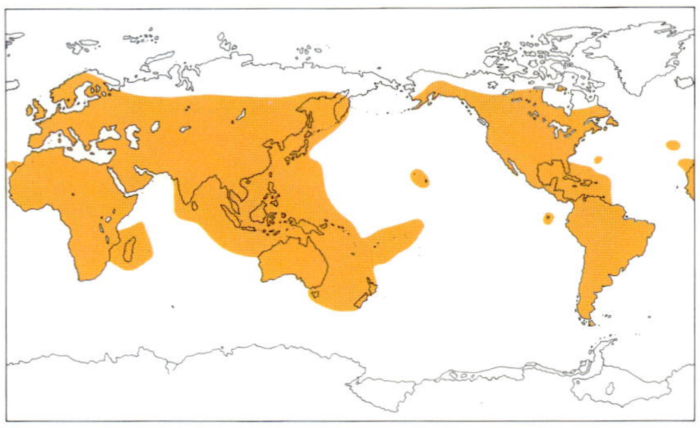

FLIEGENDE SÄUGETIERE

Die Ordnung Chiroptera gliedert sich in zwei Unterordnungen: Die Megachiroptera oder altweltlichen Flughunde, zu denen nur eine Familie mit etwa 41 Gattungen und 163 Arten gehört, und die Microchiroptera (Kleinfledermäuse). Letztere sind nicht klar umrissen - viele Arten der Unterordnung Microchiroptera sind größer als die kleineren Arten der Unterordnungen Megachiroptera. Die Zahl der Gattungen und Arten ist keineswegs unveränderlich, denn sie wechselt von Zeit zu Zeit, wenn sich die Systematik ändert oder neue Fledermäuse beschrieben werden.

Über den Ursprung der Fledermäuse ist nur wenig bekannt. Die frühesten bekannten Fossilien stammen aus dem Eozän (vor 55 Millionen Jahren) Westdeutschlands und Nordamerikas. Diese Fossilien sind modernen Fledermäusen schon recht ähnlich. Aber man vermutet den Ursprung der Fledermäuse wesentlich früher, vielleicht vor 70 oder 100 Millionen Jahren. Sie leiten sich möglicherweise von kleinen, auf vier Beinen laufenden, baumbewohnenden Insektenfressern ab, die Gleitmembrane entwickelten und die vielleicht mit urtümlichen Primaten oder Insektivoren in Zusammenhang stehen.

Das auffälligste Merkmal der Fledermäuse sind ihre Flügel. Der Fledermausflügel ist eigentlich eine umgewandelte Hand - daher auch der griechische Name Chiroptera, der soviel wie »Handflügel« bedeutet. Vom Daumen abgesehen, sind die Finger stark verlängert, um mit Hilfe eines verlängerten Unterarms die Flughaut zu stützen. Der Daumen ist normalerweise zum großen Teil nicht in die Flughaut eingebunden und trägt eine - wenn auch manchmal kleine - Kralle. Zwar trägt auch der zweite Finger bei den meisten Megachiroptera eine Kralle; davon abgesehen, kommen jedoch Krallen oder Nägel bei den Flügeln moderner Fledermäuse nicht vor. Die Füße sind in der Regel recht klein; die fünf Zehen enden jeweils mit einer starken Kralle.

Die Flughäute, die bei zahlreichen Fledermäusen auch die Beine und den Schwanz verbinden, sind Ausdehnungen der Körperdecke oder der Haut. Die Membrane sind muskulös und derb, jedoch sehr flexibel und stark durchblutet. Die auf den ersten Blick unbehaarten Flughäute besitzen in Wirklichkeit viele kurze, durchsichtige oder durchscheinende Haare, die manchmal in Streifen oder Fransen angeordnet sind; auch das Fell des Körpers kann bei einigen

▶ Es gibt beinahe 1000 Arten von Fledermäusen, aber nur drei davon ernähren sich von Blut: Die Vampire haben den übrigen Fledermäusen einen unverdient schlechten Ruf eingebracht. Man sieht den Gemeinen Vampir auf diesem Bild hüpfen. Die Vampire sind die einzigen Fledermäuse, die sich auf diese Weise auf dem Boden fortbewegen.

Merlin D. Tuttle/Bat Conservation International

Arten auf den inneren Teil der Flughaut übergehen.

Die Fledermäuse sind die einzigen wirklich flugfähigen Säugetiere. Diese Fähigkeit teilen sie unter den modernen Wirbeltieren nur noch mit den Vögeln. Andere, sogenannte »fliegende« Säuger, gleiten in Wirklichkeit nur mit Hilfe einer ausgestreckten, flexiblen Haut, die seitlich am Körper und manchmal auch zwischen den Hinterbeinen und dem Schwanz verläuft. Auf dem Boden hasten Fledermäuse unbeholfen, jedoch manchmal rasch umher. Hingegen kann der gemeine Vampir, *Desmodus rotundus,* mit Hilfe seiner Daumen, Handgelenke, Ellenbogen und Füße gehen, hüpfen und recht lebhaft rennen. Auch krabbeln und klettern einige Bulldoggen-Fledermäuse der Familie Molossidae und die neuseeländische Kurzschwanz-Fledermaus, *Mystacina tuberculata,* recht geschickt.

Die Flügel werden von Muskeln an der Brust und unterhalb des Oberarms abwärts gezogen und von anderen Muskeln bzw. Muskelgruppen, die sich auf dem Rücken befinden, nach oben bewegt; letztere wirken auf den oberen Oberarm und die Scapula (Schulterblatt). Dies ist ganz anders als bei den Vögeln, bei denen weitaus weniger, aber vergleichsweise größere Muskeln auf der Brust die Kraft für die Auf- und Abwärtsbewegungen der Flügel bereitstellen. Bei den Fledermäusen kontrollieren weitere Muskeln entlang den Armen die Streckung und das Zusammenziehen des Flügels sowie seine Orientierung beim Flug.

Die Form der Flügel variiert in weiten Grenzen. Grundsätzlich besitzen die Fledermäuse, die in einem sehr beweglichen Flug langsam durch die Vegetation oder andere Hindernisse hindurchfliegen, kurze, breite Flügel. Die Flügel der schnellfliegenden Arten hingegen, die im offenen Raum jagen, sind länger und schmaler.

Die Ohren der Fledermäuse sind in Größe und Form sehr unterschiedlich, und einige Arten besitzen außergewöhnlich große Ohren. Viele von ihnen haben auch einen Tragus - eine kleine, vorstehende Klappe in der Ohrmuschel, die die Ohröffnung verdeckt. Im Gegensatz zur allgemeinen Ansicht sind die Augen der Fledermäuse stets funktionstüchtig: Die Augen der fruchtfressenden Arten sind groß und an schwache Lichtverhältnisse angepaßt. Bei den meisten Arten sind sie jedoch vergleichsweise klein und bei einigen sogar beinahe im Fell verborgen. Verschiedene Fledermausfamilien besitzen ein Nasenblatt, das aus fleischigen Strukturen der Haut besteht und die Nasenlöcher vorstehend umgibt. Einige Fledermäuse sind schwanzlos oder haben nur den Rest eines Schwanzes; bei anderen wiederum erstreckt sich dieser innerhalb der Schwanzhaut und durch diese hindurch oder ragt aus ihrer oberen Oberfläche heraus. Bei einigen Arten ragt der Schwanz frei über den Rand der Flughaut hinaus. Viele Fledermäuse sind düster in Braun- oder Grautönen gefärbt, andere verfügen aber über erstaunliche Farbmuster.

▲ Die Fledermäuse zerfallen in zwei sehr verschiedenartige Gruppen: die pflanzenfressenden Megachiroptera und die in erster Linie insektenfressenden Microchiroptera, die etwa 80 Prozent aller Fledermausarten stellen. Das Braune Langohr ist eine typische Microchioptere.

▲ Die Megachiropteren besitzen große Augen, und sie sehen ausgezeichnet. Die lange Schnauze bietet Platz für ein wohlentwickeltes Geruchsorgan, mit dessen Hilfe die Tiere ihre Nahrung auswählen und andere Individuen erkennen können. Der australische Graukopf-Flughund (oben Mitte) ist eine typische Megachiroptere. Der Gambia-Epaulettenflughund (oben rechts) besitzt den Kopf eines Flughundes sowie vorstehende Haarbüschel auf den Schultern (»Epauletten«), die um eine Duftdrüse herum angeordnet sind. Die Schnauzen der männlichen Hammerköpfe (oben links) sind außerordentlich groß. Zudem haben diese Tiere Wangentaschen, deren Funktion mit ihren lauten Schreien in Zusammenhang steht. Der Kopf der Männchen sieht aus wie der eines normalen Flughundes.

DIE ALTWELTLICHEN FLUGHUNDE (MEGACHIROPTERA)

Die Flughunde der Alten Welt und die Kurznasen-Flughunde gehören zu der einen Familie Pteropodidae, in der es mehr als 160 Arten gibt. Man findet sie in den Tropen und Subtropen der Alten Welt (Europa, Asien, Australien, Afrika). Es handelt sich um mittel- bis sehr große Fledermäuse mit einer Kopf-Körperlänge von 50 bis 400 Millimeter und einem Unterarm von 40 bis 230 Millimeter. Sie besitzen kein Nasenblatt und nur ein einfaches Ohr, dessen Rand einen vollständigen Ring bildet (im Gegensatz dazu ist der Ohrenrand bei den Microchiroptera unterbrochen). Ein Tragus (eine kleine, vorstehende Ohrenklappe) fehlt ihnen, und der Schwanz ist sehr kurz, rudimentär oder nicht vorhanden. Eine Ausnahme bilden die langschwänzigen Flughunde der Gattung *Notopteris,* deren Schwanz 60 Millimeter weit aus der engen Schwanzflughaut hervorragt.

Alle Arten dieser Familie ernähren sich von Früchten, Blüten und deren Produkten. Lediglich bei der Gattung *Rousettus* weiß man sicher, daß sie eine einfache Form der Echopeilung praktiziert. Viele Arten haben ein bräunliches oder schwärzliches Fell, manchmal mit einem helleren Umhang oder einem Hauch von grau oder silber. Bei anderen sind die Ohren oder Flughäute gefleckt oder sie haben ein Gesichtsmuster mit weißen Flecken oder Streifen, möglicherweise zur Tarnung in den Blättern. Die meisten schlafen in Bäumen oder in den schwach beleuchteten Teilen von Höhlen. Die fruchtfressenden Arten besitzen in der Regel große Mahlzähne mit flachen Kronen und vergleichsweise kurze, starke Kiefer. Dagegen sind die Schnauzen der nektar- und pollenfressenden Arten mit leicht gebauten Kiefern und Zähnen verlängert. Sie haben zudem eine lange, vorstreckbare Zunge mit bürstenartigen Papillen.

DIE INSEKTENFRESSENDEN FLEDERMÄUSE (MICROCHIROPTERA)

Mausschwanz-Fledermäuse

Die Mausschwanz-Fledermäuse gehören zu der Familie Rhinopomatidae, in der drei Arten in einer Gattung existieren. Diese kleinen bis mittelgroßen Fledermäuse kommen von Nordafrika bis nach Südasien vor. Ihre Länge reicht von 53 bis 90 Millimeter, der Unterarm ist 45 bis 75 Millimeter lang. Ein Nasenblatt fehlt ihnen zwar, allerdings ist die Schnauze mit einem transversalen Grat über den schlitzförmigen Nasenlöchern angeschwollen. Die großen Ohren stoßen an ihrer Basis zusammen und besitzen einen kleinen Tragus. Die Mausschwanz-Fledermäuse haben einen langen, fadenförmigen Schwanz, der etwa ebenso lang ist wie der Unterarm und der über den Rand der engen Schwanzflughaut hinausragt. Diese gräulich- bis dunkelbraunen Fledermäuse ernähren sich von Insekten und sind an das Leben in trockenen und halbtrockenen Gebieten angepaßt. Sie sind gesellig und leben in Kolonien; häufig schlafen sie in Gebäuden.

Merlin D. Tuttle/Bat Conservation International

▲ Bei den meisten Microchiropteren hilft der Schwanz, eine Haut zu stützen, die sich zwischen den Hinterbeinen spannt. Den drei Arten der Mausschwanz-Fledermäuse fehlt diese Membran, und ihr langer, baumelnder Schwanz verleiht ihnen ein besonderes Erscheinungsbild.

Glattnasen-Freischwänze

Es gibt 49 Arten von Glattnasen- Freischwänzen, Grabflatterern und Gespenst-Fledermäusen in der Familie Emballonuridae. Sie sind in den Tropen und Subtropen weit verbreitet und von kleiner bis mittlerer Größe: Die Kopf-Rumpflänge beträgt 37 bis 135 Millimeter, der Unterarm ist 32 bis 95 Millimeter lang. Ein Nasenblatt fehlt ihnen. Wenn auch die Ohren in den verschiedenen Arten unterschiedlich aussehen, stoßen sie doch häufig an der Basis aneinander; der Tragus ist klein bis mittelgroß. Der Schwanz befindet sich teilweise innerhalb der Schwanzflughaut, dabei ragt seine Spitze aus der oberen Oberfläche der Haut hervor. Bei einigen Arten gibt es in der Flughaut vor dem Unterarm in der Nähe des Ellenbogens einen Drüsensack oder eine Drüsentasche an der Kehle. Die meisten Arten sind von brauner oder gräulicher Farbe. Einige sind beinahe schwarz, und die Gespenst-Fledermäuse der Gattung *Diclidurus* sind weiß bis grauweiß. Sämtliche Arten fressen Insekten, und die Schlafunterkünfte variieren von Höhlen bis zu hohlen Bäumen und Blättergestrüpp.

Schweinsnasen-Fledermäuse

Die einzige Art der Schweinsnasen- oder Hummel-Fledermäuse gehört zu der eigenen Familie der Craseonycteridae und ist in Südwest-Thailand zu Hause. Es handelt sich um eine sehr kleine Art, deren Kopf-Rumpflänge nur 29 bis 33 Millimeter beträgt und deren Unterarm lediglich 23 bis 26 Millimeter kurz ist. Die Schnauze der Schweinsnasen-Fledermaus weist einen niedrigen, transversalen Grat oberhalb der Nasenlöcher auf, ein Nasenblatt existiert jedoch nicht. Ihre Ohren sind außerordentlich groß und haben einen geschwollenen Tragus. Die Schwanzflughaut ist umfangreich, ein äußerer Schwanz jedoch fehlt. Das Tier ist braun bis rötlichgrau mit einer blasseren Unterseite. Es ernährt sich von Insekten und schläft in Höhlen. Die einzige Art, *Craseonycteris thonglongyai,* wurde erst 1973 entdeckt. Das Tier ist die kleinste bekannte Fledermaus und gehört zu den kleinsten Säugern.

Schlitznasen

Es existieren in der einen Gattung von Schlitznasen oder Rauhhaar-Schlitznasen (Familie Nycteridae) 14 Arten. Man findet sie in Afrika, in Südwest- und Südostasien. Die gesamte Kopf-Rumpflänge liegt zwischen 43 und 75 Millimetern, dabei ist der Unterarm jeweils 35 bis 66 Millimeter lang. Die Schlitznase besitzt ein komplexes Nasenblatt mit Falten und Auswüchsen, die eine tiefe Längsrinne flankieren. Die großen Ohren mit einem kleinen Tragus berühren einander an der Basis. Die umfangreiche Schwanzflughaut umschließt den Schwanz, der am Rand der Haut eine kleine, T-förmige, knorpelige Spitze aufweist. In der Färbung sind die Schlitznasen in der Regel braun bis rötlichbraun. Zu ihrer Nahrung gehören große Gliedertiere wie Spinnen und Skorpione, allerdings fängt die große Schlitznase, *Nycteris grandis,* auch kleine Wirbeltiere. Die Schlitznasen benutzen eine Vielfalt von Schlafunterständen, angefangen bei Höhlen bis zu hohlen Bäumen, ja sogar die verlassenen Bauten anderer Säuger.

Großblattnasen

Die Großblattnasen gehören zu der Familie Megadermatidae, die in Zentralafrika, Südostasien und Australien vorkommt. Es gibt fünf Arten in vier Gattungen. Die Tiere sind mittelgroß bis groß; ihre Kopf-Rumpflänge beträgt 65 bis 140 Millimeter, der Unter-

Stephen Dalton/NHPA

▲ Die sogenannten Falschen Vampire der Alten Welt und der Australasiatischen Region haben keine Ähnlichkeit mit den echten Vampiren Zentralamerikas. Sie sind Fleischfresser und vereinigen, was unter den Microchiropteren einmalig ist, Echoortung mit einem guten Gesichtssinn. Sie fangen kleine Säuger, wie Mäuse, auf dem Boden ...

arm ist 50 bis 115 Millimeter lang. Sie besitzen ein auffälliges, langes, aufrechtstehendes Nasenblatt. Die Ohren sind groß, an der Basis verbunden und weisen einen vorspringenden, gegabelten Tragus auf. Trotz einer umfangreichen Schwanzflughaut ist der Schwanz selbst kurz oder fehlt. Die Farbe variiert von blaugrau bis graubraun; die Flughäute sind bei der australischen Großblattnase, *Megaderma gigas,* pink-weiß und bei der afrikanischen Großblattnase, *Lavia frons,* gelblich. Zu ihrer Nahrung gehören große Insekten und kleine Wirbeltiere wie Frösche, Vögel, Nagetiere, sowie andere Fledermäuse. Die Tiere lauern hängend vorüberkommender Beute auf. Sie schlafen in Höhlen, Felsspalten, hohlen Bäumen oder zwischen den Blättern.

Hufeisennasen

In der Familie Rhinolophidae gibt es 63 Arten von Hufeisennasen. Sie leben in den Tropen, den Subtropen sowie in den gemäßigten Zonen der Alten Welt. Die Kopf-Rumpflänge dieser kleinen bis mittelgroßen Tiere reicht von 35 bis 110 Millimeter, die Länge des Unterarms von 30 bis 75 Millimeter. Sie besitzen ein unverwechselbares, hufeisenförmiges Nasenblatt mit einer riemenähnlichen Sella (eine flache Struktur) oberhalb der Nasenlöcher und des zentralen Teils des Nasenblatts. Normalerweise überragt ein aufrechter, dreieckiger, zellularer und stumpf hervorstehender hinterer Vorsprung oder Spitzbogen das Nasenblatt nach hinten. Die Ohren sind recht groß, jedoch ohne Tragus. Die Schwanzflughaut schließt den Schwanz ein. Die meisten Arten sind braun oder rötlichbraun. Die Rhinolophiden sind in der Regel tropische oder subtropische Tiere. Es gibt jedoch einige wenige Arten in gemäßigten Breiten, die in der kalten Jahreszeit auch überwintern. Sie suchen dicht am Boden oder zwischen den Blättern nach Insekten und schlafen in Höhlen, Minen, hohlen Bäumen oder in Gebäuden.

Stephen Dalton/NHPA

▲ ... und töten sie mit einem Biß in den Kopf oder das Genick. Sie fressen auch große Insekten und Frösche - einige fangen sogar andere Fledermäuse im Flug. Einige Arten der Falschen Vampire haben eine Flügelspanne von etwa 30 Zentimetern.

Rundblattnasen

Die Familie Hipposideridae enthält 66 Arten altweltlicher Rundblattnasen und ist in den Tropen und Subtropen verbreitet. Die Körpergröße variiert unter den Arten außerordentlich. Die Kopf-Rumpflänge reicht von 28 bis 110 Millimeter. Das Nasenblatt ist dem der Hufeisennasen ähnlich, es fehlen jedoch die Sella oberhalb und hinter den Nasenöffnungen und der aufrechte Spitzbogen. Es ist normalerweise rundlich und hinten nicht dreieckig geformt. Das Nasenblatt ist manchmal komplex gebaut. Die mittelgroßen Ohren besitzen keinen Tragus. Die meisten Arten sind in Brauntönen gefärbt, und stets schließt die Schwanzflughaut den Schwanz vollständig ein. Die altweltlichen Rundblattnasen ernähren sich von einer Vielfalt von Insekten, wie ihre sehr uneinheitliche Körpergröße nahelegt. Sie schlafen in der Regel in Höhlen, wo sie unter Umständen große Kolonien bilden.

Hasenmäuler

Die Hasenmäuler, die gelegentlich auch als Fischer-Fledermäuse bezeichnet werden, gehören zur Familie Noctilionidae, in der zwei Arten in einer Gattung existieren. Ihre Gesamtlänge variiert von 57 bis 132 Millimeter, dabei ist der Unterarm 54 bis 92 Millimeter lang. Die Hasenmäuler besitzen eine spitze Schnauze mit einem Polster an ihrem Ende, und ihre Lippen und Wangen können Taschen bilden. Ein Nasenblatt fehlt ihnen. Ihre großen Ohren sind schlank und weisen einen kleinen Tragus auf. Die mäßig große Schwanzflughaut schließt den Schwanz ein, dessen Spitze aus der oberen Oberfläche etwas herausragt. Das große Hasenmaul, *Noctilio leporinus,* fängt Fische, die bis zu 10 Zentimeter lang sind. Es entdeckt seine Beute direkt unter der Wasseroberfläche und ergreift sie mit ihren langen, scharfen Krallen und überdimensionierten Füßen. Die Hasenmäuler schlafen in

▲ Das Große Hasenmaul fängt mit seinen langen, rechenförmigen Füßen Fische und große Insekten von der Oberfläche von Seen oder ruhigen Flüssen. Ihr kurzes Fell ist wasserabstoßend.

den Höhlen, Felsspalten oder hohlen Bäumen der tropischen Regionen der Neuen Welt.

Kinnblatt-Fledermäuse

Die Kinnblatt-Fledermäuse gehören zu der Familie Mormoopidae, die man in den südlichen Vereinigten Staaten und den Antillen bis nach Brasilien findet. Es gibt acht Arten in zwei Gattungen. Die kleinen bis mittelgroßen Tiere sind insgesamt 40 bis 77 Millimeter lang, der Unterarm mißt 40 bis 77 Millimeter. Ein Nasenblatt fehlt ihnen zwar, allerdings befinden sich am Kinn und an den Lippen komplexe Hautplatten und -falten. Die großen Ohren, die einander manchmal an der Basis berühren, besitzen einen komplexen Tragus. Die Schwanzflughaut ist ausgedehnt; etwa ein Drittel des Schwanzes ragt aus deren oberen Fläche hervor. Einige der braunen bis rötlichbraunen Flughäute sind an der Mittellinie des Rückens angewachsen, daher der englische Name »Naked-backed bat«. Die insektenfressenden Kinnblatt-Fledermäuse sind häufig in Gruppen zusammen und bilden mittelgroße bis große Kolonien in heißen, feuchten Höhlen. Die meisten fliegen schnell und häufig dicht am Boden.

▶ Die kalifornische Rundblattnase ist ein Vertreter der neuweltlichen Familie Phyllostomidae, die sich durch ihren immens vielfältigen Speiseplan auszeichnet. Diese Art frißt Insekten und Früchte.

Eigentliche Blattnasen

Die neuweltlichen eigentlichen Blattnasen der Familie Phyllostomatidae umfassen 152 Arten in 51 Gattungen. Diese Fledermäuse der Tropen und Subtropen der Neuen Welt variieren in ihrer Größe von klein bis groß: Die Kopf-Rumpflänge beträgt 40 bis 135 Millimeter, die Länge des Unterarms 25 bis 110 Millimeter. In der Regel trägt die Schnauze ein einfaches, speerförmiges Nasenblatt. Obwohl die Ohren grundsätzlich einen Tragus aufweisen, sind sie in Form und Größe recht unterschiedlich. Einige Arten haben Schwänze. In solchen Fällen befindet sich der Schwanz meist in der Schwanzflughaut, und dessen Spitze ragt leicht über den Rand derselben hervor. Die meisten Arten sind rötlich oder rötlichbraun gefärbt. Einige tragen auf Gesicht oder Rücken weiße Streifen. Eine Art - die weiße Fledermaus *Ectophylla alba* - ist, wie ihr Name schon sagt, weiß. Nur wenige Arten ernähren sich ausschließlich von Insekten. Viele Arten sind mehr oder weniger Allesfresser, die Insekten und Früchte zu sich nehmen, ja in einigen Fällen sogar kleine Wirbeltiere jagen. Andere ernähren sich von Früchten. Einige Arten fressen Nektar und Pollen; bei ihnen ist die Schnauze verlängert, Zähne und Kiefer reduziert, und sie haben eine vorstreckbare Zunge mit bürstenähnlichen Papillen. Die drei Vampir-Arten - *Desmodus rotundus, Diaemus youngi* und *Diphylla ecaudata* - haben sich ausschließlich auf Blutnahrung spezialisiert. Diese Familie deckt nahezu das gesamte Spektrum der Ernährungsgewohnheiten ab, die bei Fledermäusen vorkommen, sieht man von dem Verzehr von Fischen ab. Ihre Vertreter nutzen eine große Vielfalt von Schlafplätzen von Höhlen bis zu Bäumen, und zu ihnen gehören auch die wenigen Gattungen *(Uroderma, Artibeus, Ectophylla),* die sich einen rudimentären Unterstand bauen.

Trichterohren

Die Familie Natalidae enthält fünf Arten (in einer Gattung) von Trichterohren- oder langbeinigen Fledermäusen. Sie sind von Mexiko bis nach Brasilien und zu den Antillen verbreitet. Die Tiere sind klein; ihre Kopf-Rumpflänge beträgt nur 35 bis 55 Millimeter, der Unterarm ist lediglich 27 bis 41 Millimeter groß. Ihre Nasenlöcher stehen in der Nähe der Oberlippe dicht beieinander; ein Nasenblatt fehlt ihnen. Die Ohren sind groß und trichterförmig, darin befindet sich jeweils ein verschiedentlich verdrehter und verdickter Tragus. Der Schwanz wird von der umfangreichen Schwanzflughaut eingeschlossen. Die Hintergliedmaßen sind lang und schmal. Die grauen oder gelblich-rotbraunen Männchen besitzen auf der Stirn ein merkwürdiges, knollenförmiges »Natalid«organ, dessen Funktion man nicht kennt. Sämtliche Arten ernähren sich von Insekten und verwenden als Schlafplätze Höhlen, Tunnel oder Felsüberhänge.

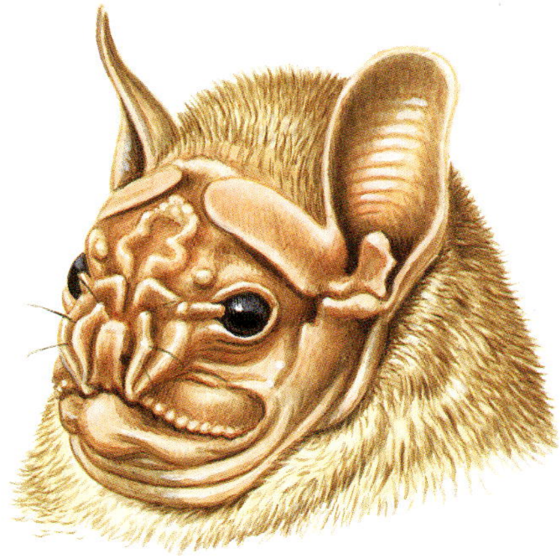

▲ ◀ Die neuweltlichen Rundblattnasen unterscheiden sich in ihrer Ernährungsweise, ihren Lebensgewohnheiten und im Erscheinungsbild. Die Schwertnase (oben links) frißt in erster Linie Insekten. Die Blattschneider-Blattnase (ganz oben) ernährt sich von Früchten und Nektar und schläft in einem Unterstand (»Zelt«), den sie sich baut, indem sie große Blätter neben der Mittelrippe zerschneidet, so daß sich die Ränder nach innen aufrollen. Das Greisengesicht (oben rechts) frißt Früchte. Dagegen ernährt sich der Gemeine Vampir (oben Mitte) ausschließlich von Blut. (Einige Fachleute stellen die Vampire in eine eigene Familie, die Desmodontidae.)

Merlin D. Tuttle/Bat Conservation International

▲ Ein Vampir leckt Blut von dem Fuß eines Huhns.

Stummeldaumen

Die Stummeldaumen gehören zu der Familie Furipteridae, die in Zentralamerika, sowie im Norden und Westen Südamerikas vorkommt. Die Vertreter der zwei Arten in den beiden Gattungen sind klein. Ihre Kopf-Rumpflänge beträgt 37 bis 58 Millimeter, der Unterarm ist 30 bis 40 Millimeter lang. Die Tiere haben große, trichterförmige Ohren mit einem kleinen Tragus, jedoch kein Nasenblatt. In die Flughaut ist ein rudimentärer (verkümmerter) Daumen eingelassen, der sich zu der Basis einer winzigen Kralle erweitert. Der Schwanz ist von einer mäßig großen Schwanzflughaut umgeben. Die grau bis braungrau gefärbten Tiere ernähren sich von Insekten und schlafen in Höhlen.

Amerikanische Haftscheiben-Fledermäuse

Es gibt in einer Gattung zwei Arten der neuweltlichen Haftscheiben-Fledermäuse in der Familie Thyropteridae, die von Südmexiko bis nach Peru und Brasilien verbreitet ist. Beide Arten sind nur klein: Kopf und Körper sind zusammen 34 bis 52 Millimeter, der Unterarm 27 bis 38 Millimeter lang. Der langen, schmalen Schnauze fehlt das Nasenblatt. Die großen Ohren haben die Form eines Trichters und besitzen einen

Merlin D. Tuttle/Bat Conservation International

▶ Die Amerikanischen Haftscheiben-Fledermäuse verfügen über einen Saugnapf an jedem Daumen und an jedem Fuß. Einer davon reicht schon aus, um sich festzuhalten. Sie pflanzen sich in Blättern fort, die sich natürlicherweise aufrollen, wie etwa die der Bananenpflanzen.

vorstehenden Tragus. Eine umfangreiche Schwanzflughaut umfaßt den Schwanz, der nur leicht den Rand überragt. An einem kurzen Stiel an der Basis des Daumens und seitlich am Fuß tragen die Tiere jeweils eine große, saugnapfförmige Haftscheibe. Ihre Farbe variiert am Rücken von rötlichbraun bis hellbraun, die Unterseite ist eher weiß oder braun. Die amerikanischen Haftscheiben-Fledermäuse ruhen in Familiengruppen in einem aufgerollten Blatt oder Palmwedel. Dabei liegen sie ungewöhnlicherweise mit dem Kopf nach oben. Mit den Haftscheiben an den Daumen und den Füßen halten sie sich fest, und wenn das Blatt sich entrollt, suchen sich die Fledermäuse einen neuen Schlafplatz.

Madagassische Haftscheiben-Fledermäuse

Die einzige Art der madagassischen Haftscheiben-Fledermäuse (Familie Myzopodidae) findet man ausschließlich auf Madagaskar. Es handelt sich um eine mittelgroße Fledermaus mit einer Kopf-Rumpflänge von 57 Millimeter; der Unterarm ist 46 Millimeter lang. Ein Nasenblatt existiert nicht. Die Ohren sind lang und schmal. Ein kleiner, quadratischer Tragus ist zum Teil mit dem vorderen Rand des Ohres verwachsen, und es existiert ein merkwürdiger, pilzförmiger Fortsatz, der aus einem kurzen Stiel besteht, der eine flache Ausdehnung an der Basis des hinteren Randes eines jeden Ohres trägt. Durch diesen Fortsatz wird die Ohröffnung zum Teil verdeckt. Der Schwanz befindet sich innerhalb einer ausgedehnten Schwanzflughaut und ragt etwas über deren Rand hinaus. An der Basis des Daumens und an der Seite eines jeden Fußes besitzen die Tiere jeweils eine saugnapfförmige Scheibe. Die Zehen sind durch Schwimmhäute miteinander verbunden, die beinahe bis an die Krallen herunterreichen. Die Lebensgewohnheiten der Tiere sind denen der amerikanischen Haftscheiben-Fledermäuse offenbar ähnlich.

▼ In dieser Aufnahme eines Braunen Langohrs sieht man, daß der Bau eines Fledermausflügels im Prinzip dem eines menschlichen Arms entspricht. Es existiert ein kurzer Oberarm, ein längerer Unterarm und ein winziges Handgelenk. Der Daumen ist nur noch eine Kralle, und die vier langen Finger stützen die Flughaut.

Press-Tige Pictures/Oxford Scientific Films

Glattnasen-Fledermäuse

Die Glattnasen-Fledermäuse (Familie Vespertilionidae), von denen es 350 Arten in 43 Gattungen gibt, sind (absehen von den Polargebieten und einigen ozeanischen Inseln) weltweit verbreitet. Ihre Größe variiert von sehr klein bis groß. Dabei erreicht die Kopf-Rumpflänge 32 bis 105 Millimeter, die Unterarmlänge 24 bis 80 Millimeter. Keine Art dieser Familie besitzt ein Nasenblatt, einige haben jedoch einen querstehenden Grat. Die Ohren variieren in Größe und Gestalt, auch der Tragus ist kurz bis lang. Die Schwanzflughaut ist in der Regel umfangreich und umschließt den Schwanz, der manchmal leicht den Rand überragt. Einige wenige Arten verfügen über Haftpolster an der Basis des Daumens oder Fußes. Die meisten Arten sind braun, gräulich oder schwärzlich, jedoch sind einige Arten heller gefärbt oder besitzen weiße Flecken oder Streifen. Eine dieser Arten - die gefleckte Fledermaus *Euderma maculatum* - ist schwarzweiß gemustert, dagegen sind die Flughäute einer anderen Art - der Bunten Fledermaus *Kerivoula picta* - in schwarz und orange gemustert. Die Vertreter dieser Familie haben eine weite Spanne von Lebensräumen besetzt; sie reichen von Halbwüsten bis zum

Tropenwald. Die Bewohner der gemäßigten Zonen wandern im Winter ab oder halten Winterruhe. Die meisten Arten ernähren sich von Insekten, wenige unter ihnen fangen allerdings auch Fische. Die Glattnasen-Fledermäuse nutzen beinahe jeden bekannten Ruheplatz, auch Gebäude. Sie bilden die am weitesten verbreitete Fledermausfamilie; die Mausohr-Fledermäuse der Gattung *Myotis* besitzen eine ausgedehnte Verbreitung, die im Norden und im Süden bis zur Baumgrenze oder leicht darüber hinaus reicht.

Neuseeland-Fledermäuse

Wie ihr Name schon vermuten läßt, findet man die beiden Arten der Neuseeland-Fledermäuse aus der Familie Mystacinidae ausschließlich in Neuseeland. (Man vermutet, daß eine Art erst kürzlich ausgestorben ist.) Die Tiere sind klein bis mittelgroß: Kopf und Rumpf sind 60 Millimeter lang, ein Unterarm 40 bis 48 Millimeter. Die Vorderseite der Schnauze ist schräg abgestumpft, ein Nasenblatt ist nicht vorhanden. Die Ohren sind groß und spitz mit einem langen, schmalen Tragus. Die Flügel sind dick und lederartig. Dagegen ist die Schwanzflughaut mäßig lang und dünn. Sie umschließt den kurzen Schwanz, dessen Spitze aus deren oberer Oberfläche herausragt. Die Beine sind kurz; die Klauen weisen eine kleine, zusätzliche Kralle auf. Zudem sind die Füße schrumpelig. Die Tiere sind gräulichbraun, braun oder schwärzlichbraun; das Fell ist von weicher, samtiger Beschaffenheit. Die Neuseeland-Fledermäuse sind gut an die Bewegung auf dem Boden oder in den Bäumen angepaßt und fressen überwiegend Insekten, zusätzlich allerdings wohl auch Früchte oder Blüten. Sie ruhen in Höhlen, Spalten und hohlen Bäumen. Es scheint aber, daß sie keine ausgedehnte Winterruhe praktizieren. Hielt man sie früher für Verwandte der Glattnasen-Fledermäuse, legen einige Befunde eine engere Verwandtschaft zu den neuweltlichen Hasenmäulern, den Kinnblatt-Fledermäusen und den Eigentlichen Blattnasen der Neuen Welt näher.

Bulldoggen-Fledermäuse

Die Familie Molossidae umfaßt ungefähr 89 Arten in 13 Gattungen und ist in den Tropen und Subtropen sowohl der Alten als auch der Neuen Welt vertreten. Dabei dringen einige Arten auch in die gemäßigten Zonen vor. Unter den Arten dieser Familie herrschen erhebliche Größenunterschiede. Die Kopf-Rumpf-

▲ Die meisten Fledermäuse besitzen ein schmutzig-braunes bis graues Fell. Allerdings sind einige Arten auffallend gefärbt. Dazu gehören etwa der Falsche Vampir (oben links), die Pinto- Fledermaus (Oben Mitte) sowie die Orange-Hufeisennase (oben rechts). Orange-farbene Individuen sind unter den sonst düster gefärbten Arten der Hufeisennasen-Fledermäuse keineswegs selten.

Stephen Krasemann/Bruce Coleman Ltd

▲ Viele Fledermäuse schlafen gemeinsam in Höhlen, häufig in großer Zahl. Man hat einmal geschätzt, daß Gemeinschaften der Mexikanischen Bulldog-Fledermaus, die man hier aus einer »Entbindungshöhle« herausfliegen sieht, mehr als 40 Millionen Individuen umfassen können. Bei den Flughunden fassen einige Unterschlüpfe mehr als eine Million Tiere.

länge variiert von 40 bis 130 Millimeter, die Länge des Unterarms von 27 bis 85 Millimeter. Die Schnauze ist breit und, wie bei den Neuseeland-Fledermäusen, schräg abgestumpft. Bei vielen Arten sind die Lippen schrumpelig. Ein Nasenblatt existiert nicht. Die Ohren sind normalerweise nicht übermäßig lang, aber dick, und sie berühren einander häufig an der Basis. Sie weisen einen kleinen Tragus auf. Die Flughäute einiger Arten sind recht derb und lederartig; dagegen ist die Schwanzflughaut vergleichsweise eng. Letztere umschließt den stämmigen Schwanz, der ihren Rand erheblich überragt. Die Beine sind kurz und stark. Das Körperfell ist meist von brauner oder schwärzlichbrauner Farbe; die Flughäute sind allerdings manchmal weißlich. Eine Art - die haarlose Fledermaus der Gattung *Cheiromeles* - ist, wie ihr Name verrät, tatsächlich unbehaart. Wenigstens die mexikanische Bulldoggen-Fledermaus, *Tadarida brasiliensis,* unternimmt Wanderungen, und einige wenige andere Arten unterliegen in den gemäßigteren Bereichen ihrer Verbreitungsgebiete kurzen Perioden von Winterstarre. Die Bulldoggen-Fledermäuse sind starke, schnelle Flieger, die Insekten im Fluge fangen. Sie ruhen in Höhlen, Tunnel, hohlen Bäumen, im Laub der Bäume, unter Felsen oder Rinde, manchmal auch in Gebäuden. Die meisten Arten leben außerordentlich gesellig, und einige bilden sehr große Kolonien.

EINE VIELFÄLTIGE ERNÄHRUNG

Etwa 70 Prozent aller Fledermausarten ernähren sich von Insekten und anderen kleinen Gliedertieren wie Spinnen oder Skorpionen; die Größe ihrer fliegenden Beute reicht von Gnitzen bis zu großen Nachtfaltern. Die Insekten werden im Flug mit dem Maul gefangen. Die Schwanzflughaut kann zu einer Schaufelform verdreht werden, aus der das Insekt aufgenommen wird, oder das Insekt wird mit einem Flügel zum Maul dirigiert. Einige Fledermäuse lesen die Insekten von den Blättern auf, greifen sie vom Boden oder streichen sie sogar von der Wasseroberfläche ab. Die kleinen Insekten lassen sich in der Luft fressen. Größere Beute muß jedoch zum Verzehr zu einem nahegelegenen Ast getragen werden. Fledermäuse vertilgen große Zahlen von Insekten und spielen daher eine bedeutende Rolle bei der Begrenzung von Insektenpopulationen. Eine große Fledermauskolonie vermag in jedem Jahr ein erhebliches Gewicht an Insekten zu vertilgen. Einige wenige Fledermausarten fangen und fressen Frösche, Echsen, kleine Nagetiere und Vögel oder sogar andere Fledermäuse. Sie tun dies jedoch nicht ausschließlich, sondern fressen auch Insekten. Eine kleine Zahl von ihnen fängt Fische; dabei kämmen die Tiere über das Wasser und packen ihre Beute mit ihren langen Krallen und kräftigen Füßen.

Die drei Vampir-Arten bilden insofern eine Ausnahme, als sie sich von dem Blut anderer Tiere ernähren. Ihre Zähne sind in hohem Maße spezialisiert: Die oberen Schneide- und Eckzähne sind vergrößert und rasiermesserscharf. Damit wird eine kleine Wunde beigebracht, aus der das Blut geleckt wird. Man findet die Vampir- Fledermäuse nur in Zentral- und Südamerika, wo sich, wie man vermutet, die örtlichen Populationen des Gemeinen Vampirs stark vermehrt haben, seit die europäischen Kolonialisten dort Rinder und Pferde eingeführt haben.

Die Grundnahrung der altweltlichen Flughunde oder Megachiroptera bilden Früchte, Nektar und Pollen. In der Neuen Welt, in der es keine Megachiropteren gibt, haben zahlreiche Arten der Microchiropteren unabhängig voneinander diese Ernährungsweise erlangt. Die Mahlzähne der fruchtfressenden Arten sind normalerweise niedrig und weisen nur eine flache Krone auf (dagegen tragen die Zähne insektenfressender Arten Grate und viele Höcker). Sie sind auch in ihrer Zahl und Größe manchmal reduziert, besonders bei den nektarfressenden Fledermäusen. Die Arten, die sich von Früchten und Nektar ernähren, sind auf die Tropen und die Subtropen beschränkt, wo ganzjährig Nahrung zur Verfügung steht. Sie halten sich an eine weite Spanne von Früchten und Blüten und spielen bei zahlreichen Pflanzenarten, die kommerziell oder als Nahrungsmittel von Bedeutung sind, eine wesentliche Rolle als Bestäuber und Verbreiter ihrer Samen. Viele derartige Pflanzen sind an die Bestäubung durch Fledermäuse angepaßt: Ihre Blüten öffnen sich in der Nacht, sie sind häufig weiß, creme oder grünlich mit einem moschusartigen oder sauren Duft. Sie sind so geformt, daß die Fledermäuse leicht landen und eintreten können. Und sie hängen frei, so daß sie leicht erreichbar sind; ein Beispiel für Koevolution zwischen Pflanzen und Fledermäusen. Man weiß von wenigen Arten altweltlicher Flughunde, daß sie bei Gelegenheit Blätter fressen. Allerdings ist das Verdauungssystem der Fledermäuse nicht an das Verzehren grüner Pflanzen angepaßt. Daher dürfte dieses Verhalten nur selten vorkommen.

Jane Burton/Bruce Coleman Ltd

▲ Evolution ist überwiegend eine Frage der Fähigkeit, Gelegenheiten beim Schopfe zu packen. Da es in der Neuen Welt keine Megachiropteren gibt, haben sich einige Microchiropteren zu Allesfressern oder frucht- und nektarfressenden Arten entwickelt, so auch der hier gezeigte Barbados-Flughund.

Merlin D. Tuttle/Bat Conservation International

◀ Der Spitzmaus-Langzüngler, ein Vertreter der Phyllostomidae, kann wie ein Kolobri in der Luft stehen, während er mit seiner langen Zunge Nektar schlürft. Weitgehend mit den Bienen vergleichbar, befruchtet er die Blüten einiger Bäume in den amerikanischen Tropen.

▼ Die australische Gould's Langohr-Fledermaus bringt stets Zwillinge zur Welt. Solange sie jung sind, werden sie unter Umständen von der Mutter umhergetragen. Diese beiden saugen an den beiden funktionsfähigen Zitzen ihrer Mutter. Beim Flug nehmen sie die umgekehrte Position ein und beißen sich an einem Paar falscher Zitzen in der Leistengegend fest.

Kathie Atkinson

FORTPFLANZUNG UND ENTWICKLUNG

Die Fortpflanzung erfolgt grundsätzlich saisonal. Dabei fallen Geburt und Entwicklung in die Zeit mit dem größten Nahrungsangebot. In den Tropen kommen die Jungen einiger Arten vor dem Einsetzen der Regenzeit zur Welt, obwohl es in jedem Jahr zu mehr als nur einem Fortpflanzungszyklus kommen kann. In den gemäßigten Zonen werden die Jungen zu Beginn der Sommermonate geboren. Diese Arten paaren sich im Herbst sowie während oder gegen Ende der Überwinterungszeit. Im Fortpflanzungssystem der Weibchen oder Männchen können lebensfähige Spermien durch den gesamten Winter hindurch gespeichert werden. Die Ovulation (Eisprung) und die Befruchtung erfolgen zeitig im folgenden Frühjahr. Diese Speicherung von Sperma kommt auch bei einigen tropischen Arten vor. Diese sind jedoch zusätzlich in der Lage, durch eine verzögerte Einnistung oder eine verlangsamte Entwicklung des befruchteten Eies dafür zu sorgen, daß Spermaproduktion und Geburt zu einer günstigen Zeit erfolgen.

Die Reifungsdauer variiert bei kleinen Fledermausarten von 40 bis zu 60 Tagen; bei größeren Arten kann sie sich bis zu acht Monaten ausdehnen. Es wird meist nur ein Junges geboren. Bei einigen Arten kommt es jedoch regelmäßig zu Zwillingen, und bei ganz wenigen hat man vier bis fünf Junge ermittelt. Nach ihrer Geburt sind die Jungtiere hilflos, sie verfügen aber über starke Krallen und hakenförmige Milchzähne, mit denen sie sich an der Mutter einhaken können. Die Babies der Megachiropteren sind bei der Geburt schon recht groß und behaart, und ihre Augen sind offen. Diejenigen der Microchiropteren sind dagegen relativ klein und nackt, ihre Augen sind geschlossen.

Bei vielen Arten der gemäßigten und der tropischen Breiten versammeln sich die Weibchen zu Kinderstuben-Kolonien, um ihre Jungen zur Welt zu bringen und aufzuziehen. Der Platz für eine derartige Kolonie wird unter Umständen traditionell in jedem Jahr wieder benutzt. Während die Mutter nach Nahrung sucht und frißt, wird das Junge in der Regel zurückgelassen; allerdings sind die Jungen kleiner Arten innerhalb von drei Wochen imstande, kleine Flüge zu unternehmen. Die mütterliche Fürsorge währt ein bis drei Monate. Derweil lernen die Jungen fliegen, jagen und fressen. Die Fledermaus-Kinder senden laute Rufe aus, deren Muster ihren Müttern erlaubt, sie wiederzufinden und nur ihre eigenen Jungen zu säugen. Bei näherer Distanz dürfte auch der Duft beim Wiederfinden der Jungen von Bedeutung sein. Bei einigen Arten rufen Mutter und Kind einander abwechselnd zu. Dabei nähert sich das Junge zunehmend den Frequenzen der Mutter an und lernt so vielleicht etwas von den Echoortungsrufen der Erwachsenen. Die Fledermaus-Weibchen besitzen nur ein Paar Zitzen an der Brust. Bei einer Reihe von Arten gibt es jedoch in der Leistengegend ein Paar falscher Zitzen, die vermutlich den Jungen zusätzlichen Halt verleihen. Die Jungtiere wachsen schnell und erreichen ihre Geschlechtsreife am Ende ihres ersten oder zu Beginn des zweiten Jahres.

ÜBERLEBEN DURCH ÜBERWINTERN

Viele Fledermausarten sind imstande, ihre Körpertemperatur zu regulieren (Heterothermie). Sie senken sie tagsüber beim Schlafen ab und verbrauchen so weniger Energie. Dagegen erhalten andere Arten, etwa die tropischen Flughunde, ihre Körpertemperatur relativ konstant (Homöothermie). In den gemäßigten Zonen verfallen die Tiere aus einer Starre in eine Winterruhe, wenn die Nahrung knapp oder unzugänglich wird. Dann sinken Körpertemperatur und Stoffwechsel auf ein sehr niedriges Niveau, und die Tiere ernähren sich von dem Fett, das sie sich im Herbst angefressen haben. Die Winterruhe kann durchaus unterbro-

chen werden; dann wachen die Fledermäuse auf und suchen einen anderen Bereich ihres Winterquartiers oder gar einen völlig anderen Standort auf.

Einige Arten der gemäßigten Zonen unternehmen jährliche Wanderungen, um den extremen winterlichen Bedingungen zu entgehen. Sie kehren dann im Frühjahr zurück. Der europäische Abendsegler, *Nyctalus noctula,* unternimmt Wanderungen, die 1000 bis 1600 oder ausnahmsweise sogar 2000 Kilometer weit reichen. Offenbar folgen auch einige Flughunde der jahreszeitlich bedingten Blüten- und Fruchtentwicklung ihrer Futterpflanzen. (Fledermäuse werden auch zufällig verbreitet. So findet man Tiere, die über lange Strecken vom Wind verweht wurden oder versehentlich in Flugzeugen oder auf Schiffen mitreisten, gelegentlich weitab von ihrem normalen Verbreitungsgebiet.)

Ökologie und Verhalten

Fledermäuse bewohnen die verschiedensten Schlafunterkünfte. Viele von ihnen leben in Höhlen. Man findet sie jedoch auch in Minen, Tunnel, Abwasserkanälen, Grabmalen, Ruinen, unter steilen Felsüberhängen, in Felsspalten, unter losen Trümmern oder in Gebäuden. Andere leben unter der Baumrinde oder in hohlen Bäumen oder hängen zwischen den Blättern von Bäumen oder Büschen. Einige neuweltliche Fledermäuse der Gattungen *Uroderma, Artibeus* und *Ectophylla* bauen sich eine einfache, zeltähnliche Unterkunft, indem sie die Stützrippen von Palmwedeln durchbeißen, so daß diese zusammenfallen. Viele Fledermäuse leben ausschließlich in Gruppen. Sie bilden dann manchmal in einer einzigen Höhle oder einem Höhlensystem große Kolonien aus mehreren tausend Individuen. Andere leben in kleinen Gruppen, und wenige schließlich sind offenbar Einzelgänger. Einige bilden Fortpflanzungsgemeinschaften oder Harems, die das ganze Jahr über bestehen bleiben. Die Männ-

▲ Die winzige Honduras-Zwergfledermaus gehört zu den wenigen weißen Arten. Wie andere Fledermäuse, die Zelte bauen, zerschneiden sie die Verbindung zwischen den Rändern eines Palmwedels und seiner Mittelrippe, wodurch das Blatt sich einrollt. In ein solches »Zelt« ziehen sich gleich mehrere Tiere zum Ruhen zurück.

◀ Eine Östliche Zwergfledermaus im Winterschlaf. Die Fledermaus ist so stark ausgekühlt, daß die Feuchtigkeit in ihrem aufgeplusterten Fell kondensiert ist.

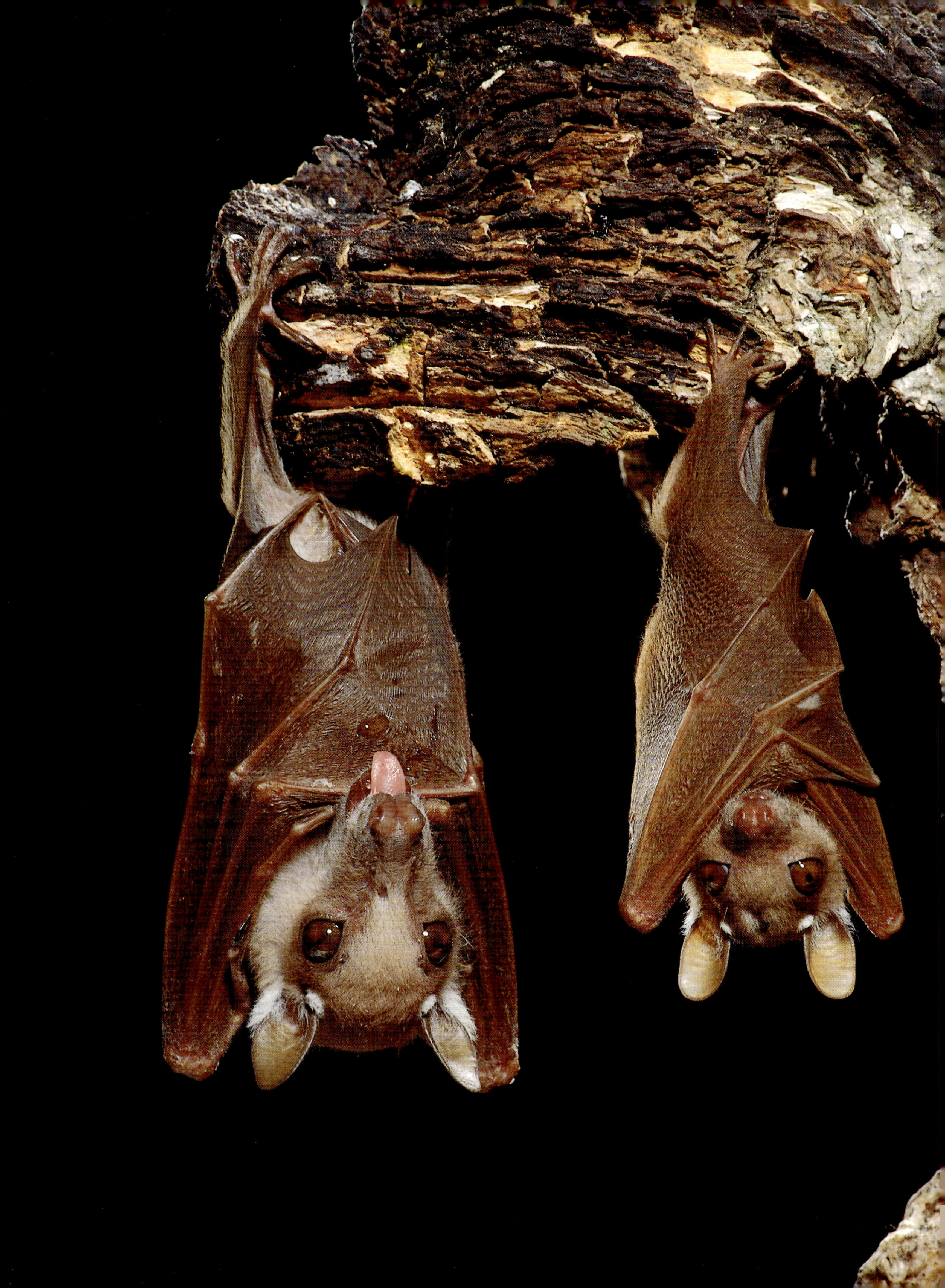

chen locken die Weibchen mit Hilfe optischer, olfaktorischer oder akustischer Signale an oder vertreiben damit andere Männchen.

Es hat den Anschein, daß Fledermäuse ein recht hohes Lebensalter erreichen. Den nachgewiesenen Rekord hält die Mausohr-Fledermaus, *Myotis lucifugus,* mit 32 Jahren. Die europäische Hufeisennase, *Rhinolophus ferrumequinum,* hat, soweit man weiß, eine Lebenserwartung von 26 Jahren. Und von anderen Arten weiß man, daß sie zehn bis zwanzig Jahre überlebt haben. Die durchschnittliche Lebenserwartung scheint allerdings erheblich geringer zu sein.

Zwar gibt es nur sehr wenige Räuber, die sich auf die Erbeutung von Fledermäusen spezialisiert haben, doch fallen diese Tiere einigen wenig wählerischen Jägern zum Opfer, etwa großen Spinnen oder Schlangen, Nachtvögeln und Säugetieren (sogar anderen Fledermäusen).

NATURSCHUTZ

Die Fledermäuse spielen in der Mythologie und im Volksglauben eine verbreitete Rolle. Hier werden sie meist, übrigens völlig zu Unrecht, mit dem Bösen in Verbindung gebracht oder bestenfalls als abscheulich empfunden. Häufig empfinden Menschen eine ungerechtfertigte Furcht vor Fledermäusen. Sie ist vielleicht auf deren nächtliche und heimliche Lebensweise oder einfach auf die Unkenntnis über diese attraktiven und normalerweise harmlosen Tiere zurückzuführen. Diese unbegründete Furcht und der Aberglaube haben den Menschen gegenüber den Fledermäusen und ihrer Erhaltung negativ beeinflußt.

Es kommt vor, daß Flughunde in einem begrenzten Umkreis die Ernte schädigen. Sie spielen jedoch zugleich eine wichtige Rolle bei der Bestäubung und der Verbreitung der Samen dieser Pflanzen. Daher werden sie zu Unrecht verfolgt. Der Gemeine Vampir bildet eine Plage für das Vieh Zentral- und Südamerikas, wo er unter Umständen auch die Gesundheit des Menschen bedroht. Die insektenfressenden Fledermäuse besiedeln gelegentlich Hohlräume in Dächern oder anderen Gebäudeteilen. Derartige Kolonien sind jedoch normalerweise harmlos und bilden schlimmstenfalls nur eine leichte Belästigung. Häufig handelt es sich nur um Aufzuchtkolonien, die sich am Ende der Fortpflanzungszeit wieder auflösen. Möchte man sie loswerden, besteht die einzige praktikable Lösung darin, daß man alle zugänglichen Stellen zubaut. Es hat keinen Sinn, die Tiere umzubringen, denn es würden nur noch mehr Fledermäuse in die freigewordenen Räume nachrücken. In einigen Länder, so etwa in Großbritannien, wird jede Störung von Fledermäusen gesetzlich verfolgt. Die Tiere lassen sich zum Bleiben bewegen, indem man Fledermauskästen an Bäumen und anderen geeigneten Stellen anbringt oder indem man andere künstliche Schlafplätze schafft. Zudem können die bereits existierenden Unterschlüpfe geschützt werden: Höhlen lassen sich beispielsweise mit einem Gitter gegen Störungen abschließen.

Andererseits zieht der Mensch auch seinen Nutzen aus den Fledermäusen. In Teilen Afrikas, Asiens und der pazifischen Region werden Flughunde häufig gekocht und gegessen. Dies geht soweit, daß der Fortbestand der Flughunde der Gattung *Pteropus* ernsthaft gefährdet ist. Einige Arten sind bereits ausgestorben. Früher waren die Fledermäuse eine Quelle ungewöhnlicher Heilmittel für verschiedene Krankheiten. Und in etwas jüngerer Zeit wurden sie in der medizinischen Forschung verwendet. Auch der Mist dieser Tiere wurde über Jahre als Dünger eingesetzt.

Fledermäuse reagieren empfindlich auf zahlreiche Faktoren, die sie in ihrem Überleben bedrohen. Die meisten davon sind auf den menschlichen Einfluß zurückzuführen, etwa die Zerstörung der Lebensräume, der Verlust der Schlafplätze, der unüberlegte Einsatz von Pestiziden oder einfach die Verfolgung dieser Tiere. Eine negative öffentliche Einstellung, gelegentlich durch ignorante und uninformierte Kommentare in den Medien noch geschürt, dient lediglich dazu, den Mythos zu verbreiten, die Fledermäuse seien schädlich und gefährlich. In zahlreichen Ländern sind die Fledermäuse gesetzlich geschützt. Allerdings reicht das Erlassen von Gesetzen nicht aus. Die Öffentlichkeit muß darüber informiert werden und begreifen, daß die Fledermäuse ein außerordentliches Beispiel entwicklungsgeschichtlicher Anpassung und einen nicht zu ersetzenden Teil des globalen Ökosystems bilden. In Großbritannien hatte ein derartiger Ansatz, mit einer entsprechenden Gesetzgebung kombiniert, einen bemerkenswerten Erfolg. Das Interesse der Öffentlichkeit an den Fledermäusen und die Einsicht in die Notwendigkeit ihrer Erhaltung nahm zu; auch in den USA verzeichnete man Erfolge.

J.L.G. Grande/Bruce Coleman Ltd

▲ Mausohr-Fledermäuse in einer Aufzuchthöhle. Auch wenn es schwer zu glauben ist, erkennt jede Mutter ihr eigenes Junges in einer derartigen Kinderstube offenbar durch einen unverwechselbaren Ruf oder vielleicht am Duft.

◀ Wenn eine Megachiroptere wie der Wahlberg-Epauletten-Flughund schläft, schlägt sie die Flügel um den Körper zusammen und hält den Kopf im rechten Winkel an die Brust. Im Gegensatz dazu falten die Microchiropteren die Flügel normalerweise an der Körperseite, und der Kopf hängt nach unten oder wird im rechten Winkel zum Rücken gehalten.

KÖNNEN FLEDERMÄUSE TOLLWUT ÜBERTRAGEN?

Tollwut-Viren oder mit Tollwuterregern verwandte Viren wurden bei zahlreichen Arten neuweltlicher Fledermäuse gefunden. Entsprechende Meldungen aus Europa, Asien oder Afrika sind wesentlich seltener. In erster Linie sind von der Krankheit die Vampire Zentral- und Südamerikas betroffen (besonders der Gemeine Vampir), wo ihre Neigung, sich von Blut zu ernähren, sie zu einem potentiellen Risiko machen. Eine geringe Zahl menschlicher Todesfälle hat man auf Bisse von Fledermäusen zurückgeführt. Da jedoch die weitaus größte Mehrheit der Fledermäuse normalerweise keine Menschen beißt, ist die Wahrscheinlichkeit einer Infektion nicht sehr groß. Allerdings sollten kranke oder sterbende Fledermäuse mit Vorsicht behandelt werden, besonders in Nord- und Südamerika.

WIE SIE IM DUNKELN FLIEGEN

Erst im Jahre 1793 entdeckte der Italiener Lazzaro Spallanzani, daß geblendete Fledermäuse in der Lage waren, im Flug Hindernissen auszuweichen. Ein Genueser Wissenschaftler, Louis Jurine, fand bald darauf heraus, daß Fledermäuse, denen man die Ohren verstopft hatte, dies nicht mehr vermochten. Beide Wissenschaftler schlossen daraus, daß das Gehör beim nächtlichen Flug der Fledermäuse eine wichtige Funktion habe. Sie konnten jedoch nicht erklären, warum. Ihre Arbeit wurde nicht weiter beachtet und geriet in Vergessenheit. Zu Beginn des zwanzigsten Jahrhunderts vermutet man dann, daß hochfrequente Töne beteiligt seien. Und die Entwicklung entsprechend empfindlicher Apparaturen ermöglichte dem amerikanischen Wissenschaftler Donald Griffin im Jahre 1938, die Richtigkeit dieser Vermutung zu belegen. Beinahe gleichzeitig kam der niederländische Zoologe Dijkgraaf zu einem ähnlichen Schluß, nachdem er die schwachen Töne untersucht hatte, die bei fliegenden Fledermäusen manchmal zu hören waren; seine Arbeit wurde jedoch erst zum Ende des Zweiten Weltkrieges bekannt. Die meisten dieser Töne liegen im Ultraschallbereich und daher außerhalb der von Menschen hörbaren Frequenzen von 20 Hertz bis 20 Kilohertz. Die meisten Fledermäuse verwenden bei der Echoortung Frequenzen von 20 bis 80 Kilohertz; bei einigen Arten reichen die Frequenzen jedoch bis zu 120 oder gar 210 Kilohertz.

Nur die Microchiropteren setzen die Hochfrequenz-Echoortung für die Navigation, die Jagd und das Fangen der Beute ein. Die Töne werden im Kehlkopf erzeugt und durch das Maul entlassen. Bei Arten, die Nasenblätter besitzen, werden die Töne dagegen durch die Nasenlöcher ausgestoßen; das Blatt dient vermutlich dazu, die Schallwelle zu verändern, zu bündeln und auszurichten. Die von den Ohren wieder aufgenommenen Echos bieten Informationen, die im Gehirn verarbeitet werden und die Fledermaus mit einem Bild ihrer Umgebung und fliegender oder ruhender Beutetiere versieht. Die Megachiropteren besitzen eine Echoortung dieser Art nicht, allerdings produzieren einige Höhlen- Flughunde der Gattung *Rousettus* teilweise hörbare Orientierungstöne (5 bis 100 Kilohertz), indem sie mit der Zunge klicken. Im Gegensatz zu anderen Megachiropteren ruhen diese Fledermäusen in den dunkleren Höhlenbereichen und setzen diese Form der Echoortung ein, um sich auf dem Weg in die Höhlen und aus diesen heraus zu orientieren. Bei besserem Licht orientieren sie sich dann wieder optisch.

▼ Die von einer Fledermaus ausgesandten Ultraschall-Impulse breiten sich vom Kopf wie Wellen in einem Teich aus (unten rechts). Die Stärke der reflektierten Schwingungen informiert das Tier über die Entfernung der Beute, während geringe Verzögerungen, mit denen die Reflexionen jedes Ohr erreichen, Informationen über seine Richtung enthalten. Die Ultraschall-Impulse sind häufig komplex. Dieses Sonogramm einer vergleichsweise einfachen Schallemission einer Hufeisennase (unten) zeigt, daß die Folge mit einer Reihe konstanter Töne beginnt, von denen jeder rasch auf eine niedrigere Frequenz (etwa über eine Vierteloktave) absinkt. Wenn die Fledermaus sich auf ihre Beute ausrichtet, werden die Impulse schneller ausgesandt, ihre Frequenz nimmt leicht zu, und der konstante Ton verschwindet beinahe ganz.

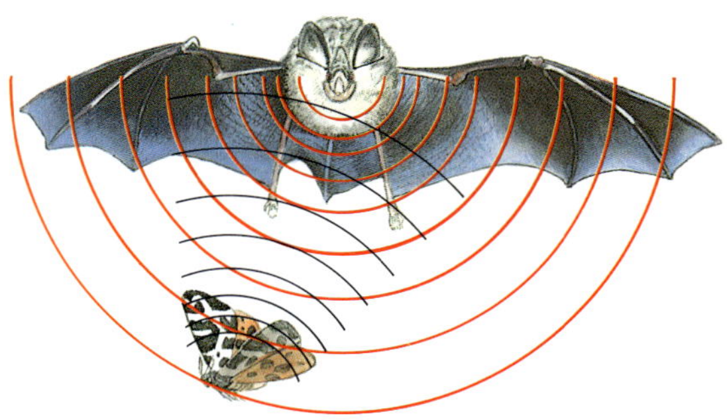

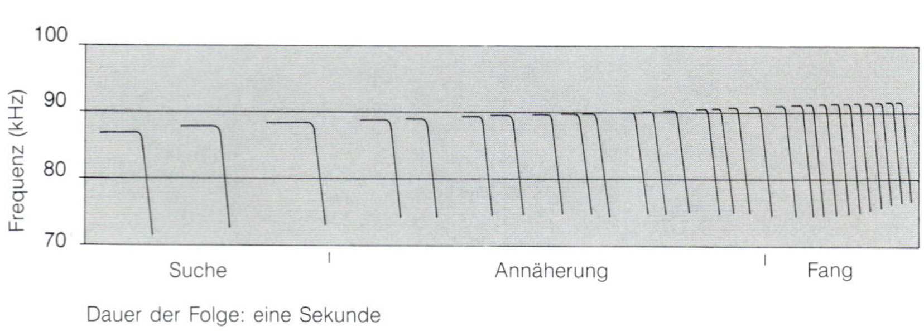

Stephen Dalton/NHPA

Die Dauer der Ultraschall-Impulse variiert von etwa 0,2 bis zu 100 Millisekunden, und diese können bis zu fünf Obertöne enthalten. Nach menschlichen Maßstäben für Lautstärke können diese Töne außerordentlich kraftvoll und intensiv sein. Frequenzmodulierte (FM) Signale verlaufen entweder in einer flachen oder steilen Kurve durch eine Spanne von Frequenzen, normalerweise abwärts. Andere Signale werden mit konstanter Frequenz (CF) abgegeben. Die meisten Fledermäuse variieren ihr akustisches Repertoire, indem sie in wechselndem Maße und in unterschiedlichen Kombinationen FM- und CF-Muster einsetzen. Einige Arten verwenden mäßig lange bis ausgedehnte CF-Signale, um Bewegung und Geschwindigkeit eines Ziels durch Frequenzveränderungen des Echos zu erfassen (Dopplereffekt). Normalerweise entsendet eine jagende Fledermaus fünf bis zehn Impulse pro Sekunde aus. Hat sie ein fliegendes Insekt entdeckt, steigert sie die Rate auf 15 bis 50 Impulse pro Sekunde. Diese Annäherungsphase beendet sie meist, wenn die Rate 200 Impulse pro Sekunde erreicht hat. Diese hohe Impulsrate versorgt die Fledermaus mit fortlaufender Information über ihr Zielobjekt. Einige Nachtfalter besitzen auf ihrem Thorax ein einfaches Ohr, mit dem sie die Echoortungstöne wahrnehmen können. Solchermaßen gewarnt, sind diese Nachtfalter in der Lage, auszuweichen. Andere Nachtfalter produzieren hochfrequente Klicklaute, die Fledermausrufe imitieren und so das Echopeilungssystem der Fledermäuse beeinträchtigen.

▲ Einen Nachtfalter im Dunkeln zu jagen und zu fangen, wie es diese Hufeisennase gerade vormacht, erscheint schon als eine erstaunliche Leistung. Noch bemerkenswerter ist die Tatsache, daß die Fledermaus zugleich alle anderen Objekte in der Umgebung wahrnimmt - den Boden, die Bäume, Büsche und Felsen, andere Fledermäuse und Eulen. Sie »sieht« mit Hilfe von Ultraschall.

Ordnung Primates: 11 Familien, 60 Gattungen, ca. 200 Arten

GRÖSSE
Kleinste Art Roter Zwergmaki, *Microcebus rufus;* Kopf- Rumpflänge 101 Millimeter, Schwanzlänge 128 Millimeter, Gewicht 55 Gramm.
Größte Art Gorilla, *Gorilla gorilla;* Männchen aufgerichtet durchschnittlich 156 Zentimeter hoch, Gewicht 175 Kilogramm.

ARTENSCHUTZ
Folgende Arten werden in der Roten Liste für bedrohte Säugetiere der IUCN als gefährdet angesehen: Großer Halbmaki, *Hapalemur simus;* Brauner Maki, *Lemur fulvus;* Mohrenmaki, *Lemur macaco;* Kleiner Wieselmaki, *Lepilemur ruficaudatus;* Indri, *Indri indri;* Verraux-Sifaka, *Propithecus verreauxi;* Fingertier, *Daubentonia madagascariensis;* Philippinen-Koboldmaki, *Tarsius syrichta;* Weißbüscheläffchen, *Callithrix jacchus aurata* und *C. j. flaviceps;* Löwenäffchen, *Leontopithecus rosalia;* Lisztaffe, *Sanguinus oedipus oedipus;* Muriki, *Brachyteles arachnoides;* Satansaffe, *Chiropotes satanas satanas;* Gelbschwanz-Wollaffe, *Lagothrix flavicaudata;* Rotrücken-Totenkopfaffe, *Saimiri oerstedii;* Haubenmangabe, *Cercocebus galeritus galeritus;* Preuss-Schlankaffe, *Colobus Preussi;* Tana River-Schlankaffe, *Colobus rufomitratus;* Bartaffe, *Macaca silenus;* Pageh-Stumpfnasenaffe, *Nasalis concolor;* Drill, *Papio leucophaeus;* Kleideraffe, *Pygathrix nemaeus,* Silbergibbon *Hylobates moloch,* Kappengibbon *H. pileatus;* Berggorilla, *Gorilla gorilla beringei;* Orang Utan, *Pongo pygmaeus.* Viele andere Arten werden in ihrem Bestand als bedenklich oder selten angesehen, oder man weiß nichts Sicheres über sie.

PRIMATEN

COLIN GROVES

Die Ordnung Primates umfaßt ungefähr 200 Arten baumbewohnender, scharfsichtiger und intelligenter Tiere: Lemuren, Affen, Menschenaffen und ihre Verwandten. Es handelt sich um eine recht verschiedenartige Gruppe. Wie verschiedenartig, konnte erst in den vergangenen dreißig Jahren erforscht werden, als Freilandstudien an Primaten ihren wisenschaftlichen Durchbruch hatten. Größte Überraschung: Auch heute noch werden fortgesetzt vollständig neue Arten von Primaten entdeckt.

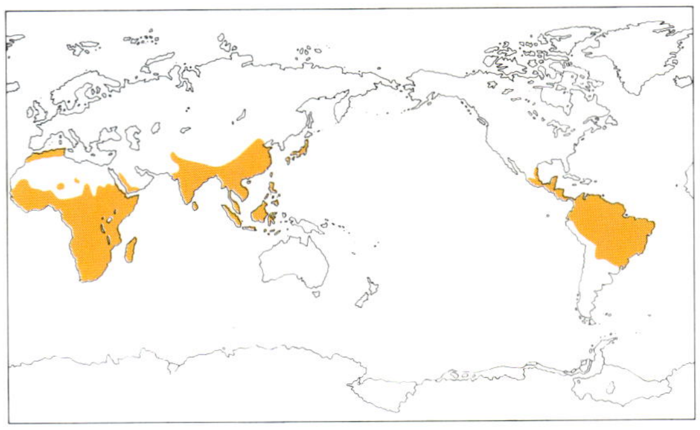

VERSCHIEDENARTIGE SÄUGETIERE

Es mag etwas überraschen, daß die Primaten, als eine der bestuntersuchten Säugetierordnungen, schwer zu definieren sind. Beinahe alle besitzen Hände und Füße, die zum Greifen angepaßt sind, flache Nägel anstelle von Krallen, wenigstens an einigen ihrer Finger. An der Unterseite ihrer Fingerspitzen befinden sich gefurchte Ballen, die die Reibung am Substrat erhöhen, in deren Enden hochempfindliche Nervenenden eingebettet sind. Bei den Männchen sind die Hoden dauerhaft in einen Hodensack hinuntergewandert, und ihr Penis hängt frei vom Hinterleib ab. Die Primaten weisen lange Reifungszeiten, ein langsames Wachstum, lange Zeiten kindlicher und jugendlicher Abhängigkeit (während derer sie Gelegenheit zum Lernen haben) und ein hohes Lebensalter auf. Sie haben ein großes Gehirn. Die meisten dieser Merkmale sind nicht auf die Primaten beschränkt (die baumbewohnenden Beuteltiere, besonders die amerikanischen Beutelratten, zeigen dieselben Anpassungen an Händen und Füßen; die Flughunde besitzen ein ähnlich komplexes visuelles System; auch die Raubtiere, Delphine und Elefanten haben ein großes Gehirn), allerdings sind die Primaten durch diese Merkmale zusammengenommen charakterisiert.

Die meisten Primaten sind tropische Tiere. Sie leben insbesondere in tropischen Regenwäldern. Es gibt jedoch einige Arten, die in anderen Waldtypen leben (Sclerophyllwäldern, Mangroven, ja sogar in Nadelwäldern); einige kommen überhaupt nicht in Wäldern vor (etwa Paviane und andere Affen aus den Savannen und Steppen Afrikas sowie die Languren aus den trockenen Dornengestrüppen Indiens). Schließlich gibt es einige in den gemäßigten Regionen, in denen zu gewissen Jahreszeiten Schnee fällt (etwa die Makaken Japans, Nordchinas und des Atlas-Gebirges sowie die Stumpfnasenaffen der Gebirge Südwest-Chinas).

Die Spezialisten unterteilen die Ordnung Primates heute in zwei Unterordnungen: Strepsirhini (Lemuren und Verwandte mit fünf oder sechs Familien) und Haplorhini (Tarsier, Affen, Menschenaffen und Menschen mit sechs bis zwölf Familien). Über die beste systematische Einordnung besteht keine Einigkeit, denn die Beziehungen einiger Gruppen zueinander, etwa der neuweltlichen Affen und der Lemuren, sind noch ungeklärt.

Die Vertreter der Strepsirhini, die Lemuren, lassen sich unter den Primaten leicht an ihrer feuchten, hundeähnlichen Schnauze (dem Rhinarium) erkennen. Die meisten von ihnen besitzen lange, spitze Schnauzen. Beinahe alle Strepsirhinen zeigen zwei auffällige Merkmale: Eine »Putzkralle«, also eine lange Kralle an der zweiten Zehe des Fußes, sowie einen »Zahnkamm«, eine Reihe aus sechs Schneide- und Eckzähnen, die sich dicht gedrängt und nach vorn weisend im Unterkiefer befinden. Beide Anpassungen dienen der Fellpflege. Es ist nicht geklärt, ob sie bei einigen Arten noch andere Funktionen erfüllen. Allerdings setzen einige Buschbabies ihren Zahnkamm dazu ein, von der Baumrinde Harz herunterzuschaben, das einen Teil ihrer Nahrung bildet.

Die Haplorhini, zu denen die Affen, Menschenaffen und Menschen gehören, besitzen anstelle eines Rhinariums eine trockene, nur spärlich behaarte Nase. Auch ihre Augen sind anders. Die meisten von ihnen (jedoch nicht alle) sind in ihrer Fortpflanzung nicht an eine bestimmte Zeit gebunden, denn die Weibchen weisen das ganze Jahr über Geschlechtszyklen auf. Ihre Plazenta gehört zu dem Typ, der eine sehr enge Gefäßverbindung zwischen dem mütterlichen und dem embryonalen Gewebe entwickelt und unterscheidet sich dadurch von derjenigen der Strepsirhinen. In jedem Monat entwickelt die Uteruswand ein besonderes Gewebe, das als Endometrium bezeichnet wird, um die Einnistung eines Embryos vorzubereiten. Wenn die Befruchtung ausbleibt, wird das Endometrium abgestoßen. Bei einigen Haplorhinen - Affen, Menschen und zahlreiche Altweltaffen - ist die Entwicklung des Endometriums sehr ausgedehnt, und ihre allmonatliche Abstoßung geht mit einem gewissen Blutverlust einher. Dieser Vorgang, der bei anderen Säugetieren nicht vorkommt, ist die Menstruation.

Menschen, Menschenaffen und Altweltaffen werden systematisch als Catarrhini eingeteilt, eine größere Untereinheit der Haplorhini. Die Vertreter dieser Unterordnung weisen in jeder Kieferhälfte nicht drei, sondern nur zwei Prämolaren auf. Zudem stehen die Nasenlöcher eng zusammen und sind nach unten gerichtet, und ihre Daumen sind opponierbar, lassen sich also den übrigen Fingern gegenüberstellen. Viele andere anatomische, physiologische und biochemische Einzelheiten vereinigen die Catarrhini und unterscheiden sie von der anderen Unterordnung der Haplorhini, den Platyrrhini oder Neuweltaffen.

Die heute lebenden Catarrhinen zerfallen problemlos in zwei Überfamilien: Die eine umfaßt die Altweltaffen (Cercopithecoidea), die andere die Menschenaffen und Menschen (Hominoidea). Die Hominoiden besitzen eine breite Brust, einen kurzen Lendenwirbelbereich und sind schwanzlos. Dagegen ist die Brust der Cercopithecoiden schmal, die Lendenwirbelsäule lang, und die Tiere haben wenigstens einen kurzen Schwanz.

LEMUREN UND VERWANDTE

Die Lemuren wurden als »niedere Primaten« über lange Zeit von den Gelehrten zugunsten der Affen und Menschenaffen vernachlässigt. Jahrelang erforschte der französische Primatologe Jean-Jaques Petter beinahe allein auf Madagaskar (heute die Republik Malagasy) das Verhalten und die Ökologie der dort lebenden Lemuren. Als jedoch deren faszinierende Vielfalt deutlich wurde, kamen die Lemuren wenigstens in Mode. Wissenschaftler aus Frankreich, Amerika, Großbritannien, Deutschland und Madagaskar begannen, die Lemuren intensiv zu erforschen. Viele Lemuren sind zunehmend durch die Zerstörung ihrer Lebensräume infolge von Landwirtschaft und Beweidung durch Vieh bedroht. Bei einigen ist die Verbreitung sehr eingegrenzt. Und zwei Arten sind so stark an einen bestimmten Ort gebunden, daß sie erst 1987 und 1988 entdeckt wurden, als sie sich bereits am Rande des Aussterbens befanden. Man findet vier Lemurenfamilien auf Madagaskar; die fünfte Familie der Strepsirhini bilden die Loridae, die Loris und die Bushbabies.

KATZEN- UND ZWERGMAKIS

Die als Cheirogaleiden bekannten Katzen- und Zwergmakis sind mehrheitlich Einzelgänger. Die Weibchen besetzen einander überlappende Reviere, und die Männchen verteidigen Territorien, die die Gebiete der Weibchen überschneiden. Die kleinsten Formen, wie etwa der nur 50 bis 60 Gramm leichte Zwergmaki, *Microcebus,* sind die kleinsten Primaten überhaupt und ernähren sich in erster Linie von Insekten. Die größeren, wie der Katzenmaki, *Cheirogaleus,* fressen dagegen sowohl Früchte als auch Insekten.

Echte Lemuren

Der Katta, *Lemur catta,* erreicht etwa eine Länge von einem Meter (die Hälfte davon entfällt auf den Schwanz) und ein Gewicht von 2,5 bis 3,5 Kilogramm. Die Kattas leben überwiegend auf dem Boden im offenen Wald der trockenen Landschaften Südwest-Madagaskars in Gruppen von etwa 12 bis 20 Exemplaren. Dabei werden die Männchen von den Weibchen beherrscht: Weibchen können die Männchen im Streit von ihrer bevorzugten Nahrung oder Sitzplätzen verjagen. Sie leben in Territorien. Eine Gruppe besetzt ein Gebiet, das nur fünf oder sechs Hektar groß sein kann und gegen andere Horden verteidigt wird. Die Männchen einer Horde besitzen Drüsen am Handgelenk, das mit hornigen Spornen ausgestattet ist. Diese reiben sie mit einem hörbaren »klick« an kleinen Bäumen und hinterlassen in der Rinde eine mit Duft getränkte Kerbe. Da diese Düfte bekanntlich für jedes Individuum typisch sind, sagen diese Duftmarken anderen Lemuren aus derselben oder der Nachbarhorde, welches Männchen hier gewesen ist und welche Horde dieses Landstück »besitzt«. Wie alle Lemuren pflanzen sich die Kattas zu einer bestimmten Jahreszeit fort. Die meisten Paarungen erfolgen während einer zweiwöchigen Zeitspanne im April. Allerdings können Weibchen, die nicht befruchtet wurden, einen Monat später abermals ovulieren. Nach einer Reifungszeit von 136 Tagen kommt ein einziges Junges zur Welt. Zunächst reiten die Jungtiere umher, indem sie sich an das Fell der Mutter klammern. Dann werden sie schrittweise unabhängig und erreichen die Geschlechtsreife mit 19 bis 20 Monaten.

Bis 1988 wurden die fünf anerkannten Arten der Gattung *Petterus* in die Gattung *Lemur* eingeschlossen. Sie unterscheiden sich jedoch stark in vielerlei Hinsicht, so fehlen ihnen etwa die Drüsen an den Armen. Sie sind zumeist von derselben Größe wie der Katta, neigen jedoch zu einer braunen oder schwarzen

Walt Anderson/Tom Stack & Associates

▲ Früh am Morgen erklimmen die Kattas die Baumwipfel und erwarten dort mit ausgebreiteten Armen die aufgehende Sonne; sie wirken dabei wie Sonnenanbeter. In Wirklichkeit wärmen sie sich nach der kalten Nacht nur auf. In der Tageshitze suchen sie, wie man hier sieht, einen Unterstand in den mittleren Baumkronen auf. Am Rest des Tages sieht man sie überwiegend auf dem Boden.

▲ Der Indri (oben) ist ein sehr seltener Lemur. Er ist heute im Perinet- Reservat im nordöstlichen Madagaskar in den Regenwäldern der Berge geschützt. Die Varis sind die größten Lemuridae und leben in den östlichen Regenwäldern Madagaskars. Die rötliche Unterart (unten) ist auf die Masoala-Halbinsel am nördlichen Rand ihres Verbreitungsgebiets beschränkt.

Färbung. Zudem besitzen sie häufig vorstehende Tasthaare an den Wangen, Haarbüschel an den Ohren und einer besonderen Gesichtszeichnung. Sie sind überall auf Madagaskar in Regenwäldern und Trockenwäldern gleichermaßen verbreitet. Sie scheinen stärker an das Leben in den Bäumen angepaßt zu sein als der *Lemur* und leben in kleineren Horden.

Die Wieselmakis der Gattung *Lepilemur* bewohnen sämtliche Lebensräume Madagaskars vom Regenwald bis zur Wüste, wo sie sich an die Stämme der stacheligen Sukkulenten (Euphorbien- Gewächse u.a. mit kaktus-ähnlicher Gestalt) klammern. Die größte Art weist eine Kopf-Rumpflänge von etwa 300 Millimetern und ein Gewicht von 900 Gramm auf, die kleinste Art wird 250 Millimeter lang und nur 550 Gramm schwer. Bei einigen Arten ist der Schwanz länger als Kopf und Rumpf, bei anderen ist es umgekehrt. Sie führen ein einzelgängerisches, nächtliches Leben und fressen die Blätter und Blüten in kleinen Territorien, die sie heftig gegen gleichgeschlechtliche Nachbarn verteidigen. Allerdings überlappen die Territorien sich fortpflanzender Männchen und Weibchen einander.

Indriden

Der Indri, *Indri indri,* ist mit mehr als sechs Kilogramm Gewicht der größte überlebende Lemur und zudem der einzige, der praktisch keinen Schwanz besitzt. Er hat lange Hinterbeine und bewegt sich voran, indem er von einem Baum zum anderen springt. Ein Indri-Paar lebt mit seiner Nachkommenschaft in einem großen Gebiet von etwa 18 Hektar. Einen Teil davon teilen sie mit den benachbarten Paaren, beanspruchen jedoch den größten Teil als eigenes Territorium für sich allein. Indris sind vollständig tagaktiv. Ihre lauten, klagenden Schreie hallen durch den Wald und ermöglichen den benachbarten Gruppen, einander auszuweichen. Sie reiben auch ihre Wangen, die mit großer Wahrscheinlichkeit Drüsen tragen, an Zweigen. Die anderen Indriden, der tagaktive *Propithecus* und der nachtaktive *Avahi* sind kleiner und besitzen lange Schwänze.

Das Fingertier

Das Fingertier, *Daubentonia madagascariensis,* ist der einzige Strepsirhine, dem der Zahnkamm und die Putzkralle fehlen. Die auf ein einziges Paar in jedem Kiefer reduzierten Schneidezähne sind groß und besitzen offene Wurzeln, so daß sie lebenslänglich wachsen. Die Fingertiere nagen mit ihnen die Baumrinde ab, um an die Larven heranzukommen, von denen sie sich ernähren. Lediglich der Hallux (die große Zehe) besitzt einen Plattnagel; alle anderen Finger und Zehen tragen lange, gebogene Krallen. Der Mittelfinger ist dünn wie ein Draht und wird in Baumspalten eingeführt, um Larven herauszuziehen oder zu zerdrücken. Fingertiere wiegen etwa 2,8 Kilogramm und werden etwa 800 Millimeter lang. Davon entfällt die Hälfte auf den buschigen Schwanz. Sie sind schwarz, haben ein grobes, zottiges Fell und große Ohren und Augen. Sie führen als Einzelgänger ein nächtliches, heimliches Leben.

Loris und Bushbabies

Diese lemur-ähnlichen Tiere, die Loridae, findet man in Afrika südlich der Sahara, auf Sri Lanka, in Südindien und Südostasien an. Sie unterscheiden sich allerdings (sieht man vom Fingertier ab) von den madagassischen Lemuren nur wenig.

Die Loridae zerfallen in zwei Unterfamilien, die Lorinae und die Galaginae. Sie setzen sich stark voneinander ab, und einige bedeutende Autoren ordnen sie als getrennte Familien ein. Bei den Lorinae sind die Gliedmaßen und der Schwanz kurz. Sie bewegen sich auf allen Vieren auf eine recht langsame, gleitende Weise, indem sie mit Hilfe ihrer starken Hände und Füße die Zweige umgreifen. Es handelt sich um die Loris Süd- und Südostasiens sowie um den Potto und den afrikanischen Bärenmaki. Die andere Unterfamilie bilden die Galaginae, die afrikanischen Bushbabies oder Galagos. Sie besitzen lange, buschige Schwänze und lange Hinterbeine und bewegen sich springend vorwärts. Während die Lorinae vollständig im Wald leben, bewohnen die Galaginae sowohl Wald- als

auch Buschlandschaften, von Somalia und Senegal bis zum Kap der Guten Hoffnung. Die meisten Loriden leben offenbar für sich allein, obwohl es vorkommt, daß Gruppen von Weibchen ein Gebiet gemeinsam bewohnen und ihre Jungen darin aufziehen. Die Männchen besetzen Territorien, die mit den Gebieten der Weibchen überlappen. Die größeren Arten, wie der Potto und die größeren Bushbabies, fressen überwiegend Früchte, die kleineren dagegen in erster Linie Insekten. Eine in Kamerun und Gabun vorkommende Art, der Westliche Kleinnagel-Galago *Euoticus elegantulus,* ernährt sich vom Harz der Waldbäume.

KOBOLDMAKIS

Die Koboldmakis (Gattung *Tarsius)* sind eine Gattung der Haplorhini, die nicht affenähnlich aussehen. Wenn ein Tarsier überhaupt einem Tier ähnlich sieht, dann eher einem Bushbaby mit einem Rattenschwanz. Er besitzt lange Hinterbeine und einen langen Fußwurzelknochenbereich, lange, häutige Finger und Zehen, riesige Augen und große Ohren (dies erklärt, warum die Tiere früher den Bushbabies und anderen Lemuren zugeordnet wurden und nicht den Affen und Menschenaffen, wohin sie gehören). Die Koboldmakis bewohnen die Inselwelt Südostasiens. Es existieren vier Arten: Eine auf Sumatra, Banka, Belitung, den Natuna-Inseln und auf Borneo; eine weitere lebt auf Leyte, Samar, Bohol, Dinagat und Mindanao auf den Philippinen. Und schließlich leben zwei Arten auf der zentralindonesischen Insel Sulawesi (von denen eine sich auch auf die Sangihe-Inseln und Peleng ausgebreitet hat). Die Koboldmakis sind nachtaktiv. Ihre Augen sind wirklich enorm groß, und bei den am höchsten spezialisierten Arten *(T. bancanus* von den westlichen indonesischen Inseln) sind die Augenhöhlen dermaßen erweitert, daß der Schädel tatsächlich breiter als lang ist.

Die Koboldmakis leben paarweise und ernähren sich von Insekten, Echsen und anderen kleinen Wirbeltieren. Sie sind unauffällige Tiere, obwohl sie, besonders in sekundären Wäldern, durchaus nicht selten sind. Ihr indonesischer Name spricht Bände über ihre Lebensweise und ihr Erscheinungsbild: *binatang hantu* — Geistertier.

Die Koboldmakis bilden für sich eine Untergruppe der Haplorhini. Zu der anderen Untergruppe, den Si-

▲ Der nächtlich lebende Graue Zwergmaki (oben links) ist in den Trockenwäldern des westlichen Madagaskar noch immer häufig. Das Fingertier (oben Mitte) ist ein rätselhafter Lemur des Regenwaldes. Selbst von seinem genauen Verbreitungsgebiet weiß man nur wenig; es ist jedoch mit Sicherheit ziemlich selten. Der Philippinische Koboldmaki (oben rechts) ist ein kleiner, nachtaktiver, fleischfressender Primat aus Südostasien. Er sieht einem Lemuren recht ähnlich, ist jedoch in Wirklichkeit ein primitiver Haplorhine. Der Angwantibo oder Goldpotto (unten) ist ein kleiner Loride West-Zentralafrikas, der in keinem Gebiet häufig ist. Er lebt von Insekten und deren Larven, darunter auch giftigen Raupen. Er erreicht ein Gewicht von bis zu 200 Gramm.

BETRIFFT: ARTENSCHUTZ

▶ Der Weiße Sifaka lebt in den Trockenwäldern West-Madagaskars in kleinen Familiengruppen, die sich grundsätzlich aus mehr Männchen als Weibchen zusammensetzen.

▼ Das seltene und mysteriöse Fingertier frißt Früchte, indem es sich durch die äußere Schale oder Rinde nagt und anschließend das Mark mit raschen Bewegungen seines dünnen, drahtförmigen, langen Mittelfingers herausholt.

Madagaskar ist ökologisch recht vielfältig. Im Zentrum befindet sich eine weite, grasbewachsene Ebene. An der Ostseite verläuft ein Regenwaldgürtel, die Westseite der Insel ist dagegen mit trockenem Sklerophyll-Wald bedeckt. Im Süden liegt ein Halbwüsten-Gebiet, in dem die Vegetation überwiegend aus stacheligen Sukkulenten besteht. Im Nordwesten befindet sich ein kleiner Regenwaldbereich, und weit im Norden liegt der bewaldete Amber Mountain. Jede dieser Zonen verfügt über ihre eigenen Lemuren-Arten. Die meisten der weit verbreiteten Gattungen haben jeweils wenigsten eine Art, die den Regenwald bewohnt, eine weitere, die im Trockenwald lebt, sowie manchmal auch Bewohner der Wüstengebiete des Nordwestens und des Amber Mountain ausgebildet. Allerdings sind nur sehr wenige Lemuren heute wirklich häufig. Zwergmakis und andere kleine Formen überleben recht gut in kleinen Restwäldern. Die Kattas und Weißen Sifakas sind in wenigen ausgewiesenen Naturreservaten gut geschützt. Die Mohrenmakis werden in einigen Orten ihres Verbreitungsgebietes in der nordwestlichen Regenwaldzone als heilig verehrt. Das Verbreitungsareal des Indri ist recht klein. Ein Teil davon ist allerdings ein Naturschutzgebiet, das von Touristen besucht wird. *Lepilemur, Phaner, Cheirogaleus* und einige *Petterus*- und *Hapalemur*-Arten sind nicht gefährdet.

Um den Erhaltungszustand einiger Arten sieht es allerdings wirklich hoffnungslos aus. Vor zwanzig Jahren fing man etwa ein halbes Dutzend Fingertiere und setzte sie auf einer kleinen Insel aus, um sicherzustellen, daß sie überleben. Denn sie werden von einigen Eingeborenengemeinschaften aus irrationalen Gründen gefürchtet und daher absichtlich umgebracht. Man weiß heute, daß die Art tatsächlich in der östlichen Regenwaldzone der Hauptinsel noch existiert, allerdings stark verstreut und in geringen Zahlen. Den Kleinen Katzenmaki, *Allocebus trichotis,* kannte man lange Zeit nur von drei Exemplaren, die in den siebziger Jahren des vergangenen Jahrhunderts gefangen worden waren. Man befürchtete schon, sie seien ausgestorben, bis 1965 ein viertes Exemplar auftauchte, das als Haustier gehalten wurde. Erst 1989 gelang es, Individuen in der Wildnis zu beobachten. Auch der Große Halbmaki, *Hapalemur simus,* wurde seit 1900 für ausgestorben gehalten. Im Jahre 1972 fand man jedoch überlebende Populationen von nicht viel mehr als 100 Tieren im Südosten. 1985 entdeckte man dann, daß etwa die Hälfte dieser Tiere keineswegs zu dieser, sondern zu einer neuen Art gehörte, die man heute als den Goldenen Halbmaki, *Hapalemur aureus,* kennt. Beinahe ebenso selten ist der neu entdeckte Tattersall-Sifaka, *Propithecus tattersalli,* der weit im Nordosten lebt.

Frans Lanting/Minden Pictures

Frans Lanting/Minden Pictures

▲ Der Rote Uakari (oben links) ist der einzige Neuweltaffe, dem ein langer Schwanz fehlt. Er vermag überraschend lebhaft zu springen. Der Rote Brüllaffe (oben rechts), der größte unter den Brüllaffen, lebt in kleinen, territorialen Gruppen hoch in den Bäumen. Bei dem Liszt-Affen (unten links) handelt es sich um eine heute seltene Art von marmosetten-ähnlichen Primaten aus Panama. Die Dourocoulis oder Nachtaffen (unten Mitte) gehören zu der einzigen Gattung nachtaktiver Affen. Der Muriki (unten rechts) ist der größte und seltenste Neuweltaffe. Nur noch 300 von ihnen leben in den Trockenwäldern Südost-Brasiliens.

miiformes, gehören all die anderen, die manchmal als »Anthropoiden« (Menschenähnliche) bezeichnet werden: Die Affen, Menschenaffen und Menschen. Sie unterscheiden sich von den übrigen Primaten durch ihr großes Gehirn und ihre große Intelligenz. Die erste Unterteilung erfolgt zwischen den Neuweltaffen (Platyrrhini) und dem Rest.

DIE NEUWELTAFFEN

Die Platyrrhinen oder Neuweltaffen bewohnen beinahe ausschließlich die Regenwälder Süd- und Zentralamerikas. Äußerlich lassen sie sich sofort an ihrer Nase unterscheiden: Die Nasenscheidewand ist breit, so daß die Nasenlöcher zur Seite weisen. Auch lassen sich ihre Daumen den übrigen Fingern nicht besonders gut gegenüberstellen, und die Vertreter einiger Arten ergreifen Objekte zwischen dem Zeigefinger und dem dritten Finger ebensogut wie zwischen Daumen und Zeigefinger. Die größeren Arten besitzen Greifschwänze, die bei anderen Primaten nicht vorkommen.

Über das Problem, wie diese Affen nach Amerika gelangt sein können, haben sich die Paläontologen den Kopf zerbrochen. Die ersten Überreste dieser Tiere tauchen nämlich in den Ablagerungen des Frühen Oligozäns vor etwa 35 Millionen Jahren auf. Zu dieser Zeit war Südamerika von Afrika, wo man ihre engsten, zeitgenössischen Verwandten fand, allerdings bereits getrennt.

Marmosetten und Tamarins

Die Größe der Marmosetten und Tamarins reicht vom winzigen Zwergseidenäffchen, *Callithrix pygmaea,* der mit nur 125 Gramm der kleinste lebende Affe ist, bis zum Löwenäffchen, das ein Gewicht von 600 Gramm erreicht. Sie alle tragen Krallen an sämtlichen Fingern mit Ausnahme der großen Zehe (die einen Nagel trägt); dies macht sie unter den Affen einmalig. Ein weiteres ungewöhnliches Merkmal besteht darin, daß, von *Callimico* abgesehen, alle Marmosetten zu Zwillingsgeburten neigen. Die Vertreter der größeren Arten ernähren sich in erster Linie von Früchten, die der kleineren von Insekten. Viele fressen auch Gummisaft und Nektar.

Ihre typische soziale Organisation stellt uns vor ein Rätsel: In Gefangenschaft lassen sich alle Tiere offensichtlich am leichtesten paarweise halten; allerdings kommen die Jungen nicht eher zur Fortpflanzung, als bis man sie aus dem Käfig ihrer Eltern entfernt. In der Wildnis dagegen wurden bei einigen Arten durchaus Paare beobachtet. Bei anderen Arten scheint das Leben in recht umfangreichen Gruppen von einem dutzend oder mehr Individuen dagegen den Vorrang zu haben. Darüberhinaus ist das Geschlechterverhältnis in den größeren Gruppen oft umgedreht: Es gibt mehr Männchen als Weibchen.

Es wurde kürzlich einmal herausgestellt, daß man die besten Entsprechungen zum Sozialsystem der Marmosetten nicht bei anderen Primaten, sondern bei einigen Vögeln findet, etwa bei den australischen Bergkrähen und Florida-Buschhähern, die ein Verhalten zeigen, das man als »Helfersysteme« bezeichnete: Die Jungen bleiben über den Zeitpunkt der Geschlechtsreife mit den Eltern zusammen und helfen, die nächste und übernächste Nachwuchsgeneration aufzuziehen. Was die Tiere schließlich zum Fortgehen bewegt, ist noch nicht geklärt. Allerdings neigen wenigstens bei einigen Vogelarten, die dieses System entwickelt haben, die Weibchen dazu, früher abzuwandern als die Männchen.

Da beinahe alle Marmosetten Zwillinge zur Welt bringen, ist die potentielle Last für die Mutter außerordentlich groß. Bei Paaren, die in Gefangenschaft zusammen gehalten werden, ist es das Männchen, das die Kinder in den meisten Fällen umherträgt, mit ihnen spielt und grundsätzlich »Babysitting« betreibt. In der Regel nimmt das Weibchen die Jungen nur zum Säugen zu sich. Wenn die Jungen des vergangenen Jahres in der Gruppe bleiben, sind sie es, und insbesondere die Männchen, die einen großen Teil der Kinderpflege übernehmen.

Sullivan & Rogers/Bruce Coleman Ltd

▲ Eine Gruppe Roten Brüllaffen brüllt, um ihr Verbreitungsgebiet in den bewaldeten Gegenden der Llanos Venzuelas zu verteidigen.

Nacht- und Springaffen

Es ist nicht bekannt, ob die Nachtaffen der Gattung *Aotes* und die Springaffen der Gattung *Callicebus,* die anderen paarweise lebenden Platyrrhinen ebenfalls »Helfersysteme« entwickelt haben. Sie bringen jedoch keine Zwillinge zur Welt. Ein Springaffen-Paar sitzt Seite an Seite mit ineinander verflochtenen Schwänzen. Die Nachtaffen sind, wie es scheint, weniger stark aneinander gebunden. Früher vermutete man, es existiere nur eine einzige Nachtaffen-Art, *Aotus trivirgatus.* Es gibt jedoch nicht nur auffällige Unterschiede in der Färbung von einem Fundort zum anderen, sondern es traten auch sehr eindeutige Unterschiede bei den Chromosomen zutage: Die Tiere Südkolumbiens besitzen 46 Chromosomen, die aus dem Norden desselben Landes dagegen 54, 55 oder 56. So sind heute neun oder zehn Aotes-Arten anerkannt. In ähnlicher Weise sammeln sich die Hinweise darauf, daß es auch wesentlich mehr *Callicebus-Arten* gibt, als man bisher vermutete.

Andere Neuweltaffen

Die Totenkopfäffchen der Gattung Saimiri sind kleine, grünliche Affen mit weißen Gesichtern und schwarzen Schnauzen. Die Weibchen wiegen 500 bis 750 Gramm, die Männchen erreichen ein Kilogramm oder mehr. Diese Affen sind insofern ungewöhnlich, als sie sich zu einer bestimmten Jahreszeit fortpflanzen. Sie leben in großen Horden von 20 bis 50 oder mehr Individuen; darunter befinden sich zahlreiche Weibchen, jedoch nur wenige Männchen. Zur Fortpflanzungszeit, die drei bis vier Monate andauert, setzen die Männchen Fett an und werden außerordentlich aggressiv, wenn sie untereinander um Paarungsgelegenheiten kämpfen.

Die mit einem Greifschwanz ausgestatteten Brüllaffen der Gattung *Alouatta* besitzen eine weite Verbreitung von Südmexiko bis nach Nord-Argentinien. Beim »Brüllen« handelt es sich um Laute, die helfen, die Horden auf Distanz zu halten. Man stellte fest, daß das Heulen in der stillen Abendluft bis zu fünf Kilometer weit trägt! Die Laute verschiedener Arten klingen unterschiedlich: Nachdem die Zoologen Thorington, Rudran und Mack zunächst die schwarze,

▼ Die Verbreitung der Diana-Meerkatze (oben) ist heute auf die dahinschwindenden hohen Wälder Westafrikas beschränkt. Die männlichen Mandrills (links) sind prächtig gefärbt. Bei weiblichen und jungen Tieren sind die Farben etwas verhaltener. Die Mandrills leben im Gabun und den benachbarten Ländern Zentralafrikas. Der Schopfmakak (Mitte rechts) ist eine von vier bis sieben Makakenarten, die man auf der zentralindonesischen Insel Sulawesi antrifft. Beim Dschelada (rechts) besitzen nur die erwachsenen Männchen die lange Mähne, jedoch tragen beide Geschlechter einen hellroten Fleck nackter Haut auf der Brust.

panamesische Art *Alouatta palliata* und dann die große, rötliche Art *A. seniculus* in Venezuela beobachtet hatten, berichteten sie: »Das Brüllen einer weit entfernten Horde von *A. palliata* klingen wie die Jubelschreie der Menge in einem Fußballstadion. Dagegen ist das Brüllen von *A. seniculus* dem Klang einer fernen Brandung oder einem weit entfernten, brüllenden Wind ähnlicher.« Die meisten Arten der Brüllaffen leben in Horden von 10 bis 30 Individuen beiderlei Geschlechts.

Wesentlich aktivere Tiere als die Brüllaffen sind die Spinnenaffen der Gattung *Ateles*. Ihre Horden sind viel größer und zerfallen täglich in kleine Gruppen umherstreifender Tiere, deren Zusammensetzung jeweils wechselt.

ALTWELTAFFEN

Die beiden größeren Gruppen der Altweltaffen werden in der Regel als Unterfamilien einer einzigen Familie, der Cercopithecidae, angesehen. Allerdings ziehen es viele Experten heute vor, von zwei gültigen Familien auszugehen: den Cercopithecidae und den Colobidae. Die Colobiden ernähren sich mehrheitlich von Blättern. Wie Wiederkäuer oder Känguruhs besitzen sie einen Magen mit einer Fermentierungskammer, in der sich Bakterien befinden, die Zellulose in kurzkettige Fettsäuren zerlegen und so dem Affen aus seiner Nahrung zusätzliche Nährstoffe zugänglich machen. Dagegen ist der Magen der Cercopitheciden einfach gebaut, und in den Wangen besitzen sie umfangreiche Taschen zum Speichern von Nahrung.

MEERKATZEN

Die häufig als Meerkatzen bezeichneten Affen der Gattung *Cercopithecus* bilden eine Vielzahl wunderbar variierender und prächtig gefärbter Formen, die in eine Reihe von Artengruppen zerfallen. In den Regenwaldgebieten kommen die Vertreter dreier Artengruppen zusammen vor; sie leben hoch in den Bäumen. Im Gabun sind die dort lebenden Vertreter der drei Gruppen der Großen Weißnasen-Meerkatze, *C. nictitans,* (die Männchen wiegen 6,6 Kilogramm, die Weibchen vier Kilogramm), der wesentlich kleinere Blaumaul-Meerkatze, *C. cephus,* (Männchen: vier Kilogramm, Weibchen: unter drei Kilogramm) und schließlich der mittelgroße Kronen-Meerkatze, *C. pogonias,* (Männchen: 4,5 Kilogramm, Weibchen: etwas mehr als drei Kilogramm).

Paviane und ihre Verwandten

Die anderen Arten afrikanischer Affen weisen recht abweichende Sozialstrukturen auf. Der Dschelada, *Theropithecus gelada,* ein großer, pavianähnlicher Affe aus dem Grasland des äthiopischen Plateaus, besitzt einen ausgeprägten Sexualdimorphismus (d.h. Männchen und Weibchen sehen verschieden aus): Die Männchen wiegen mehr als 20 Kilogramm, die Weibchen etwa 13 Kilogramm, und die Männchen tragen große Mähnen. Eine Horde besteht aus einem Männchen und nur wenigen Weibchen (»Ein-Männchen-Gruppen« oder »Harems«), wie bei den Meerkatzen. Allerdings vereinigen sich bei dieser Art die Horden und bilden riesige Herden von mitunter einigen hundert Tieren, die zusammen auf den Felsgipfeln nach Nahrung suchen.

Der Dschelada wird manchmal als eine Art Pavian betrachtet. Zu den anderen Pavianen gehört der Mantelpavian, *Papio hamadryas,* der wie der Dschelada in Harems lebt, sowie die Gelben Babuine, *Papio cynocephalus,* und ihre Verwandten, die in Horden von etwa zehn bis zu einigen hundert Individuen leben; darunter befinden sich zahlreiche erwachsene Tiere beiderlei Geschlechts. Im Norden Äthiopiens, wo die Verbreitungsgebiete der Mantelpaviane und der Gelben Babuine aneinandergrenzen, bastardisieren die beiden Arten. Daher wird diskutiert, ob man sie systematisch als getrennte Arten behandeln sollte oder nicht.

Bei den Gelben Babuinen sind sowohl die Männchen als auch die Weibchen in Hierarchien eingebunden. Die dominanten Tiere haben stets den Vortritt, wenn es um den Zugang zu seltenen Ressourcen, etwa um bevorzugte Nahrung geht. Sie leiten auch die Wanderungen der Horde und übernehmen gelegentlich eine wesentliche Rolle bei ihrer Verteidigung. Die dominanten Männchen verbuchen die meisten Paarungsvorgänge für sich, und auch die dominanten Weibchen scheinen bei der Fortpflanzung überdurchschnittlich erfolgreich zu sein, denn ihre Nachkommenschaft weist eine höhere Überlebensrate auf.

Unter den Pavianen und ihren Verwandten, wozu der Drill und der Mandrill, *Mandrillus, die Mangaben, Cercocebus* und *Lophocebus,* die Zwergmeerkatze, *Miopithecus,* und der Sumpfaffe, *Allenopithecus,* ebenso gehören wie einige *Macaca-Arten,* entwickeln die Weibchen periodisch (normalerweise monatlich) auftretende Sexualschwellungen. Es handelt sich um vorstehende, flüssigkeitsgefüllte Schwellungen der Vulva und des Perineums, die sich manchmal zum After und unter die Schwanzbasis fortsetzen und während der Ovulation am stärksten sind. Zu diesem Zeitpunkt üben sie auf die Männchen die größte Anziehungskraft aus und zeigen die Verhaltensmuster, die als Östrus bekannt sind: Sie fordern zur Kopulation auf und zeigen sich anschließend dabei kooperativ.

▼ Der Mantelpavian lebt in den felsigen, trockenen Gebieten Nord-Äthiopiens und Südwest-Arabiens. Diese Gruppe besteht aus einem - recht jungen - Männchen und drei Weibchen mit ihren Jungen. So sieht eine Gruppe normalerweise aus, die auf Nahrungssuche unterwegs ist.

Francisco Futil/Bruce Coleman Ltd

N. Tanaka, Orion Press/Bruce Coleman Ltd

▲ Die Berge im Norden Honschus sind über mehr als die Hälfte des Jahres von Schnee bedeckt. In diesem rauhen Klima leben die Rotgesichtsmakaken, die auch als japanische Schneeaffen bekannt sind. Während des Winters ernähren sie sich in erster Linie von Baumrinde.

Makaken

Die Makaken der Gattung *Macaca* besetzen in Asien dieselben ökologischen Nischen wie die Paviane und deren Verwandte in Afrika. Ähnlich den Steppenpavianen leben die meisten Makaken in Horden mit mehreren Männchen. Einige leben überwiegend auf ebener Erde, andere vorzugsweise in den Bäumen. Bei den Weibchen einiger Arten kommt es zur Entwicklung von schwellenden Geschlechtshäuten, bei anderen nicht. Der Langschwanz- oder Javaneraffe, *Macaca fascicularis,* gehört zu den kleineren Arten und wiegt etwa fünf bis acht Kilogramm. Er ist im tropischen Südostasien weit verbreitet, von Vietnam und Burma bis nach Java, Timor, Borneo und den Philippinen. In den Gebieten der Monsun- und Laubwälder wird er vom Rhesusaffen, *M. mulatta,* ersetzt. Diese Art erstreckt sich in ihrer Verbreitung vom Norden Indiens nördlich bis nach Beijing in China. Noch weniger tropisch ist der Rotgesichtsmakak, *M. fuscata,* der im nördlichen Honschu Gegenden bewohnt, die für länger als ein halbes Jahr mit Schnee bedeckt sind. Der sogenannte Magot, *M. sylvanus,* lebt in Nordafrika, und eine kleine Kolonie von ihnen auf dem Felsen von Gibraltar wird durch Bestandsauffrischungen aus Marokko, die alle paar Jahre durchgeführt werden, am Leben gehalten.

Colobiden

Die Colobiden oder Schlankaffen haben sich von den Cercopitheciden seit dem Mittleren Miozän, vor etwa 12 Millionen Jahren, getrennt. Der spezialisierte Verdauungsapparat der Colobiden ist unter den Primaten einmalig. Während die Cercopitheciden eine größere Vielfalt in Afrika und nur eine Gattung in Asien aufweisen, sind die Colobiden in Asien zu einer Blüte gelangt und werden in Afrika nur durch die Stummelaffen *Colobus* und *Procolobus* vertreten.

Der Mantelaffe, *Colobus guereza,* ist ein wunderschöner Affe mit einem langen, seidigen, schwarzen Fell. Zudem weist es einen weißen Ring um das Gesicht herum, einen weißen Schwanzbüschel sowie entlang der Körperseiten lange, schleierähnliche Fransen auf. Er lebt überwiegend in kleinen Harems in den Wäldern Kenias, Ugandas, Nord-Tansanias, Äthiopiens und des nördlichen Zaire. Die Horden leben in Territorien, die durch die tiefen, rasselnden Brüllaute der Männchen markiert werden. Eine Untersuchung im Wald des ugandischen Kibale hat ergeben, daß

diese Art während einiger Monate zum Überleben kaum mehr benötigt als die trockenen, reifen Blätter einer einzigen Baumart, des Eisenholzes *Celtis durandii.* In Äthiopien fressen die Tiere überwiegend die Blätter von *Podocarpus.* Der Bärenstummelaffe, *C. satanas,* eine verwandte Art aus den Küstenwäldern Kameruns, des Gabun und Äquatorial- Guineas, lebt in erster Linie von den Samen mehrerer Baumarten. Er verschmäht die Blätter, die in diesen Gegenden einen hohen Gehalt an Tanninen und anderen toxischen Chemikalien aufweisen.

Anstatt zu gehen, galoppieren die Stummelaffen eher an den Ästen entlang und katapultieren sich, wenn sie am Ende eines Zweiges angekommen sind, in die Luft, ohne die Schrittfolge zu unterbrechen, und landen im benachbarten Baum. Dabei halten sie sich mit ihren hakenähnlichen, daumenlosen Händen fest.

In Asien werden die Colobiden von den Languren vertreten. Diese unterscheiden sich von den afrikanischen Stummelaffen durch das Vorhandensein von (kurzen) Daumen; ihr Geschick beim Springen ist jedoch durchaus vergleichbar. Der Hulman, *Semnopithecus entellus,* aus Indien und Sri Lanka repräsentiert den Affengott Hanuman der Hindu-Mythologie. Daher wird er in der Umgebung der Hindu-Tempel und sogar in einigen Städten toleriert und von den Gläubigen im Zuge einer religiösen Pflichterfüllung häufig gefüttert.

Einige Langurenhorden enthalten viele Männchen,

▲ Der ausgewachsene, männliche Nasenaffe (oben links) bietet ein recht groteskes Erscheinungsbild. Diese Art ist in ihrer Verbreitung auf die Fluß- und Mangrovenwälder Borneos beschränkt. Die Goldstumpfnase (oben Mitte) ist ein seltener, farbenfroher Affe aus den kühlen Bergwäldern Südwest-Chinas. Der Östliche Bärenstummelaffe (oben rechts), der einst wegen seines wunderschönen Fells gejagt wurde, ist heute in den lichten Wäldern des östlichen Zentralafrika wieder häufig. Er wird sogar dicht bei Nairobi noch angetroffen.

HÄNDE UND FÜSSE VON PRIMATEN

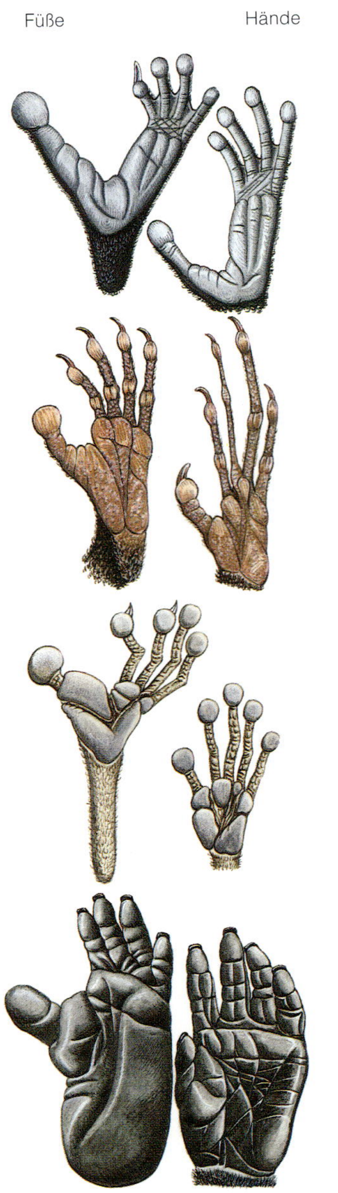

▲ Der Indri (oben) klammert sich an Baumstämme. Seine große Zehe und sein Daumen sind kräftig und gewährleisten ein starken, weiten Griff. Das Fingertier (zweiter von oben) besitzt an allen Fingergliedern Krallen, nur an der große Zehe nicht. Es klettert, indem es die Krallen in die Rinde schlägt und nicht durch Festklammern wie die meisten anderen Primaten. Der Tarsier (dritter von oben) trägt an den Zehen und Fingern scheibenförmige Kissen, um die Haftung zu erhöhen. Beim Gorilla (unten) stehen der Daumen und die große Zehe ab. Die Handfläche ist breit, damit sie das riesige Gewicht tragen kann. Die große Zehe ist kräftiger und divergiert weniger als bei den anderen Catarrhinen, mit Ausnahme des Menschen.

▶ Müller's Gibbon lebt auf Borneo. Er ist ein enger Verwandter des Weißhandgibbons, von dem er sich in der Färbung unterscheidet. Zudem ist sein Ruf länger. Die Gibbons besitzen verlängerte Arme und bewegen sich überwiegend hangelnd, schwingen sich also an den Armen von Ast zu Ast. Im Vergleich zu den übrigen Menschenaffen sind sie kleiner, ihre Brust ist schmaler und ihre Handgelenke sind weniger beweglich.

andere nur eines. In Gebieten, in denen Harems mit nur einem Männchen üblich sind, bilden die überzähligen Männchen einen Junggesellenverband. Dieser dringt durchschnittlich alle zweieinviertel Jahre in eine zweigeschlechtige Horde ein und setzt das die Horde führende Männchen ab. Dieses neue Hordenmännchen, einer der ehemaligen Junggesellen, versucht anschließend, alle nicht entwöhnten Jungtiere der Horde umzubringen. Diese unerfreuliche Verhaltensweise ist, wie es den Anschein hat, unter den Primaten recht verbreitet, besonders unter den Altweltaffen; am auffälligsten und am besten untersucht ist sie jedoch bei diesen Hulmanen. Sarah Blaffer Hrdy, die den Infantizid (Ermordung der Kinder) sehr genau untersuchte, betont, daß ein Weibchen, das sein Kind verliert, die Milchproduktion einstellt und so ihr Sexualzyklus wiederum beginnt. Die neue Horde kann sofort wieder die Fortpflanzung aufnehmen und so den Fortpflanzungserfolg des Haremmännchens steigern, ehe dieses wiederum 27 Monate später verdrängt wird.

Andere Languren leben in Ost- und Südostasien. Die Wälder Malaysias und West-Indonesiens sind die Heimat zweier Gattungen, *Presbytis* und *Trachypithecus.* Sie leben überwiegend in denselben Gebieten. Während allerdings die Kappenlanguren, *Trachypithecus auratus* (auf Java, Bali und Lombok) und *T. cristatus* (auf Sumatra, Borneo und der Malaysischen Halbinsel) von einem Ort zum anderen vergleichsweise wenig Variationen zeigen, ist das etwa halbe Dutzend von *Presbytis*-Arten außerordentlich vielgestaltig. Jeder Felsblock, jede Insel vor der Küste oder jedes zwischen zwei Flüssen gelegene Waldstück besitzt seine eigene Art oder eine deutlich abgesetzte Unterart. Weiter nördlich, wo *Presbytis* nicht vorkommt, zeigen allerdings auch die *Trachypithecus*-Arten eine deutliche geographische Variabilität. Sowohl der Kappenlangur, *T. pileatus,* der in der Grenzregion von Assam und Burma vorkommt, als auch der François-Kappenlangur, *T. francoisi,* der die Kalksteinhügel im Grenzgebiet zwischen Vietnam, Laos und Gwangxi bevölkert, variieren von einem Kleingebiet zum nächsten ganz enorm. Es gibt sogar eine ganz andere Art, den wunderschönen Goldlangur, *T. geei,* dessen Vorkommen auf ein kleines Areal in Bhutan begrenzt ist.

In den Bergen von Sichuan in China lebt der bizarr und auffällig bunt gefärbte Goldene Stumpfnasenaffe, *Pygathrix roxellana.* Die Männchen besitzen an der Unterseite, den Flanken und Gliedmaßen sowie um das Gesicht herum ein feuerrot-goldenes Fell (die nackte Gesichtshaut ist schwach bläulich). Das Fell auf dem Rücken ist lang und schwarz. Die Tiere erreichen ein Gewicht von 15 Kilogramm. Die Weibchen sind schmutzig-gelbgold gefärbt und am Rücken ebenfalls schwarz. Sie wiegen nur 10 Kilogramm. Beide Geschlechter besitzen merkwürdige, nach oben gebogene, blattförmige Nasen. Zwei verwandte Arten leben in China, eine weitere in Vietnam. Eine fünfte Art, der Kleideraffe *P. nemaeus,* aus dem südlichen Vietnam und Laos, besitzt eine flache Nase und ist sogar noch farbenprächtiger.

Der größte Colobide ist der Nasenaffe, *Nasalis larvatus,* aus Borneo. Die Männchen erreichen ein Gewicht von 24 Kilogramm, die Weibchen etwa die Hälfte davon. Die Nasen der Jungtiere sind lang und weisen nach vorn; bei den Weibchen stellen sie das Wachstum mit dem Erreichen der Geschlechtsreife ein. Diejenigen der Männchen vergrößern sich jedoch darüber hinaus zu gewaltigen, herunterhängenden Verzierungen wie bei einer Kasperlefigur. (Einer ihrer indonesischen Spitznamen lautet *belanda,* was wörtlich »Niederländer« bedeutet!) Die Nasenaffen bilden Horden und leben in Küstengebieten, besonders in den Mangroven und Umgebung sowie entlang großer Flüsse. Es scheint, daß sie im Wasser ebenso zu Hause sind wie auf den Bäumen. Es gehört zu den Höhepunkten der Naturbeobachtungen, wie ein großes Männchen bedächtig aufrecht in einen Strom hinein watet, dabei seine Arme hoch aus dem Wasser heraushebt und in ein energisches Hundepaddeln verfällt, sobald er keinen Grund mehr spürt.

Eng mit dem Nasenaffen verwandt ist der merkwürdige Simakobu *(Nasalis concolor)* von den Mentawai-Inseln. Er wurde oft in eine eigene Gattung, *Simias,* eingeordnet. Seine Nase wirkt wie eine Miniaturausgabe der eines jungen Nasenaffen, und er ist zudem der einzige Colobide mit einem kurzen Schwanz.

MENSCHENAFFEN: BEHAART UND NACKT

Die Menschenaffen oder Hominoiden (Gibbon, Orang Utan, Gorilla, Schimpanse und Mensch) unterscheiden sich von ihrer Schwestergruppe, den Altweltaffen, in vielen Punkten. Sie haben keinen Schwanz: Die wenigen verbliebenen Schwanzwirbel, die bei anderen Säugetieren den Schwanz bilden, sind in unterschiedlichem Ausmaß miteinander zu einem brettähnlichen, kleinen Knochen verschmolzen, dem os coccygium. Die Menschenaffen sitzen (oder stehen) in der Regel aufrecht. Es verwundert daher nicht, daß ihre Lendenwirbel, die das Gewicht des Oberkörpers tragen müssen, anstatt zur Biegsamkeit der Wirbelsäule beizutragen, in ihrer Zahl (von sieben oder acht auf vier oder fünf) reduziert und stark verkürzt und verbreitert sind. Der Brustkorb ist breit (seine Breite übertrifft die Tiefe von vorn nach hinten), und die Schulterblätter befinden sich an der Rückseite des Brustkorbs und nicht wie bei den Altweltaffen an den Seiten. Schultern und Handgelenke sind sehr beweglich. Von den Menschen abgesehen, besitzen die Menschenaffen lange Arme, die grundsätzlich länger sind als ihre Beine. Bei Schimpansen und Gorillas zeigt es sich jedoch, daß die Arme in Wirklichkeit im Vergleich zum Körperstamm nicht besonders lang sind - nur bei den Gibbons und Orangs sind die Arme wirklich verlängert.

Über die entwicklungsgeschichtliche Bedeutung dieser Merkmale wurde viel diskutiert. Die Gibbons bewegen sich überwiegend durch Brachiation fort, indem sie also mit ihren Armen unter den Zweigen hangeln. Auch bei Schimpansen kommt dies manchmal vor. Dagegen klettern Orang Utans unter Zusammenarbeit von Armen und Beinen umher, und Gorillas klettern überhaupt selten. Und wenn sie es tun, würden sie niemals dabei hangeln. Wahrscheinlich sorgten die im neunzehnten Jahrhundert kursierenden Mißverständnisse über die Naturgeschichte der Menschenaffen dafür, daß sich die Idee, die Skelettanatomie der Hominoiden sei »auf die Brachiation zugeschnitten«, in der Fachliteratur und in der allgemeinen Vorstellung einbürgerte. Und es ist beinahe unmöglich, diese Vorstellung loszuwerden. Nach alledem: Kamen unsere eigenen Vorfahren etwa nicht »von den Bäumen herunter«, wo sie mit ihren Armen

Rod Williams/Bruce Coleman Ltd

▲ Der Siamang ist der größte Gibbon. Man sieht ihn hier mit aufgeblasenem Kehlsack, wie er gerade die dröhnende Einleitung zu seinem herben, kreischenden Ruf von sich gibt.

herumgehangelt waren? Die Fakten legen eine andere Deutung nahe. Zunächst leben die Gorillas beinahe ausschließlich auf ebener Erde, für die Schimpansen trifft dies wenigstens teilweise zu - und diese sind unsere engsten lebenden Verwandten. Die Orang Utans, die anderen großen Menschenaffen, hangeln nicht. Die Gibbons hangeln in der Tat, sie sind jedoch nicht nur klein, sondern weisen in ihrer Anatomie auch die geringsten hominoiden Spezialisierungen auf: Sie haben die schmalste Brust, die längste Lendenregion und die unbeweglichsten Handgelenke.

Beobachtet man Menschenaffen in der Wildnis, so zeigt sich, was es mit den sogenannten »hangelnden Eigenschaften« wirklich auf sich hat. Große Affen sind faul: Sie sitzen gern inmitten ihrer bevorzugten Nahrungspflanzen und rupfen sie aus, ohne sich viel zu bewegen. Dabei sitzen sie aufrecht und greifen aus, indem sie Schultern und Handgelenke drehen, um schließlich an den Pflanzen oder Früchten zu ziehen. Für ein Tier mit einem großen Körper ist es außerordentlich wirtschaftlich, wenn es regungslos fressen kann. Die Gibbons praktizieren eine Variante: Sie hängen von den Enden der Äste herunter oder sitzen darauf und holen wiederum mit den Armen aus, um die Früchte an sich heranzuziehen. Sollte sich jemals unter unseren Vorfahren eine hangelnde Form gelebt haben, so kann dies nur zu einer Zeit gewesen sein, als wir mit allen anderen Hominoiden eine Stammform gemein hatten. Und dieser gemeinsame Vorfahr muß klein gewesen sein.

Selbst in diesem Fall gehen die Spezialisierungen zum Hangeln allerdings nicht sehr weit, denn die Gibbons haben sehr viele Merkmale, besonders im Skelett und in der Muskulatur der Vordergliedmaßen, die für ihre Lebensweise einen unbestreitbaren Wert besitzen. Diese existieren jedoch nicht bei großen Affen oder Menschen. Sobald sich der Vorfahr des Menschen und der Großaffen vom Vorfahren der Gibbons trennte, nahm er an Größe zu und hangelte nicht mehr. Als sich der Vorfahr von Mensch, Gorilla und Schimpanse von dem des Orang Utan trennte, kam er von den Bäumen herunter. Was uns von unseren engsten Verwandten trennt, ist das Leben in den offenen Landschaften und nicht das Leben auf dem Boden.

Es gibt darüberhinaus andere Eigenschaften der Hominoiden. Ein merkwürdiges und wenig bekanntes Merkmal der Hominoiden ist, daß wir alle einen Wurmfortsatz besitzen, das ist ein dünner Fortsatz am Ende des Blinddarms (dieser befindet sich an der Übergangsstelle zwischen Dünn- und Dickdarm), der mit Lymphgewebe gefüllt ist. Kein anderer haplorhiner Primat besitzt einen Wurmfortsatz. Daher muß es sich um ein Organ handeln, das der gemeinsame Vorfahr der Hominoiden entwickelte, vermutlich um das Immunsystem zu unterstützen. Es existiert die allgemeine Vorstellung, daß der menschliche Wurmfortsatz ein entwicklungsgeschichtliches Überbleibsel darstelle (er wird normalerweise als Überbleibsel des Blinddarms betrachtet, und in der Tat ist dieser bei den Hominoiden sehr klein). Diese Vermutung trifft jedoch nicht zu.

Die Gibbons: Arien und Akrobatik in den Wipfeln der Bäume

Die Gibbons sind die kleinsten Menschenaffen. Sie sind schlank gebaut und besitzen außerordentlich lange Arme und lange, schmale Hände, bei denen der Daumen tief bis zum Handgelenk von der Handfläche abgespalten ist. Auch die Beine sind lang; diese Tatsache geht häufig unter, weil die langen Arme alle anderen Merkmale an diesen Tieren in den Schatten stellen. Hangelnd bewegen sie sich leicht und schnell durch die Bäume. Sie setzen eine Hand über die andere und schwingen dabei auf und nieder, lassen sich gelegentlich auf einen niedrigeren Ast hinunterfallen oder springen zwischen den Bäumen umher.

Soviel man weiß, leben alle Gibbons paarweise: Ein Männchen und ein Weibchen, dazu bis zu vier Jungtiere. Das Paar reserviert sich in den Baumwipfeln ein Territorium, von dessen Zentrum aus sie am frühen Morgen ein Gesangsduett beginnen: Das Weibchen übernimmt den Hauptteil, das Männchen unterbricht es in einigen Abständen mit kürzeren, weniger koloraturähnlichen Phrasen. Das Duett dient in erster Linie dazu, Artgenossen zu warnen. Allerdings intensiviert es auch die Paarbindung, denn beide Partner müssen ihre Beiträge aufeinander abstimmen.

Die am besten bekannte Art ist der Weißhandgibbon, *Hylobates lar,* der im Norden Sumatras, der Malaysischen Halbinsel, Thailand und Teilen Burmas und Yunnans vorkommt. Diese kleinen, fünf bis sieben Kilogramm wiegenden Gibbons können in beiden Geschlechtern entweder gelbbraun oder dunkel schwarzbraun gefärbt sein (der genaue Farbton unterscheidet sich je nach Unterart). Beide Farbtypen findet man in derselben Population. Besonders bemerkenswert an ihnen ist auch ihr extrem dichtes Fell. Auf der Rückenhaut befinden sich mehr als 1700 Haare pro Quadratzentimeter; das ist zwei- oder dreimal soviel wie bei den meisten Affen. Verwandte Arten leben auf Java, Borneo, Süd- Sumatra und Kambodscha. Sie unterscheiden sich in der Färbung und in ihren Rufen. Der Kloss-Gibbon, *H. klossii,* von den Mentawai-Inseln ist vollkommen schwarz und hat ein wesentlich weniger dichtes Fell. Er gehört zu den wenigen Arten, bei denen die Geschlechter getrennt singen und nicht im Duett. Von Burma bis nach Assam hinein findet man den größeren Hulock, *H. hoolock,* der ein Gewicht von acht Kilogramm erreichen kann. Bei dieser Art sind die Jungtiere beider Geschlechter schwarz (mit einer weißen Brauenzeichnung). Sobald sie jedoch mit etwa sieben Jahren, wie bei allen Gibbons, geschlechtsreif werden, nehmen die Weibchen eine gelbbraune Färbung an. Der Hulock lebt in den Monsunwäldern, die teilweise ihr Laub abwerfen und nicht in den Regenwäldern wie die *lar*-Gruppe. Er besitzt einen kleinen, aufblasbaren Kehlsack, der seinem Rufen einen wesentlich rauheren Klang verleiht.

Der Schopfgibbon, *H. concolor,* lebt in der Grenzregion von Vietnam und Yunnan sowie auf der Insel Hainan. Mit zunehmendem Alter wechselt die Farbe beim Weibchen von schwarz nach gelbbraun, ebenso wie beim Hulock, obwohl die beiden nicht besonders eng verwandt sind. Das Männchen trägt zusätzlich ein aufrecht stehendes Haarbüschel auf dem Kopf. Nur das Männchen hat einen Kehlsack. Sein Ruf ist kaum mehr als ein rauhes Kreischen, während das Weibchen Melodien wie die Vertreter der lar-Gruppe von sich gibt.

Der größte Gibbon ist der Siamang, *H. syndactylus,* der ein Gewicht von neun bis 12,5 Kilogramm erreicht. Beide Geschlechter sind schwarz und verfügen über sehr große Kehlsäcke, so daß ihre (an dichten Stellen wirklich ohrenbetäubenden) Rufe aus einem rauhen Bellen und Kreischen bestehen. Diese werden nur von dem donnernden Geräusch unterbrochen, das die Kehlsäcke beim Aufblasen erzeugen. Die Tiere bewohnen auf Sumatra und in West-Malaysia dieselben Waldgebiete wie *H. lar* und *H. agilis.* Im Vergleich zu diesen kleineren Gibbons fressen die Siamangs mehr Blätter. Sie rufen seltener, haben kleinere Territorien, und ihre Paarbindung scheint enger zu sein. Es ist bezeichnend, daß das erwachsene Männchen das Kind umherträgt und mindestens über dessen erstes Lebensjahr hinaus bewacht.

▼ Die Weißhand-Gibbons sind die am besten untersuchte Gibbon-Art. Sie sind in den Wäldern der malaysischen Halbinsel noch recht häufig und werden wohl solange überleben wie ihre Heimatwälder. Wie lange wird das aber noch sein?

Jean-Paul Ferrero/Auscape International

Silvestris/Australasian Nature Transparencies

▲ Der Orang Utan, von den Einheimischen »Waldmensch« genannt, ist der am wenigsten menschenähnliche Großaffe. Er ist jedoch immer noch bemerkenswert intelligent und anpassungsfähig.

Alain Compost/Bruce Coleman Ltd

▶ Für jede Nacht baut sich der einzelgängerische Orang Utan ein neues Schlafnest hoch in den Bäumen. Dazu zieht er in einer Baumkrone Blätter und Zweige zu einer Plattform zusammen.

Der Orang Utan:
Der würdige Mandarin der Baumkronen

Der Orang Utan, *Pongo pygmaeus,* kommt heute nur noch auf Borneo und im Norden Sumatras vor. Auf Borneo ist er in den Flachlandwäldern stellenweise noch häufig. Auf Sumatra dagegen, wo man ihn nicht südlich vom Toba-See findet, steigt er zu beachtlichen Höhen hinauf. Der malayische oder indonesische Name »Orang Utan« bedeutet einfach »Wilder Mensch« oder »Mann aus dem Wald«. Die Einheimischen nennen ihn auch *maias* (in zahlreichen Dajak-Dialekten) oder *mawas* (auf Sumatra).

Die Orangs sind mit spärlichem, rotem Haar bedeckt, durch das die rauhe, blaugraue Haut sichtbar ist. Der Orang Borneos, *Pongo pygmaeus pygmaeus,* neigt zu dünnerem, mehr rötlichbraunem Haar, während das Haar beim Sumatra-Orang, *P.p. abelii,* heller, rötlicher, flauschiger und häufig sehr lang ist, besonders an den Armen. Die Arme eines Orangs sind außerordentlich lang, und die Beine erscheinen im Vergleich dazu kurz. Sowohl die Hände als auch die Füße sind kräftig und gebogen. Der Daumen und die große Zehe sind verkürzt, kürzer als der fünfte Finger.

Mit etwa sieben Jahren werden die Orangs geschlechtsreif; anschließend stellen die Weibchen ihr Wachstum mehr oder weniger ein. Erwachsene Weibchen wiegen 33 bis 42 Kilogramm und sind 107 bis 120 Zentimeter hoch, wenn sie auf beiden Füßen stehen. Die Männchen hingegen wachsen weiter, bis sie 13 bis 15 Jahre alt sind. Ein voll ausgewachsenes Männchen wiegt 80 bis 91 Kilogramm (in Zoos können sie allerdings unförmig werden und wesentlich mehr wiegen) und erreicht im Stehen ein Höhe von 136 bis 141 Zentimeter. Es wurde jedoch schon ein Riese mit 156 Zentimeter gemessen. In ihrem zweiten Lebensjahrzehnt entwickeln die Männchen zudem fleischige Wangenlappen. Diese sind bei den Männchen aus Sumatra in der Tendenz kleiner und stehen seitlich vom Gesicht ab, während die Männchen aus Borneo häufig sehr große Gesichtslappen aufweisen, die beim Gehen sogar vorwärtsschwingen.

Der rote Menschenaffe führt das Leben eines Einzelgängers. Die Weibchen besetzen einander überlappende Gebiete von etwa zwei Quadratkilometer Größe. Das Gebiet eines geschlechtsreifen Männchens ist mit acht Quadratkilometern oder mehr wesentlich größer. Es handelt sich auch nicht eigentlich um ein Revier, da das Gebiet zu groß ist, um andere Individuen daraus fernzuhalten; allerdings versuchen die anderen Männchen, dem Revierinhaber aus dem Wege zu gehen, der von Zeit zu Zeit eine Folge tiefer, weittragender Brüllaute von sich gibt. Andere Männchen entfernen sich von dem akustischen Signal, während Weibchen sich davon unter Umständen angezogen fühlen. Zur Nacht baut sich jedes Tier hoch in den Bäumen ein Nest. Das Tier stopft Pflanzenmaterial fest in die Krone eines Baumes, und um die Hauptplattform wird ein besonderer Rand angelegt. Wenn der Orang in seinem Nest liegt, zieht er meist weiteres Pflanzenmaterial auf sich herab, um sich zu bedecken. Es kommt vor, daß ein Nest nochmals verwendet wird. Normalerweise baut sich ein Tier jedoch für jede Nacht ein neues, selbst dann, wenn es an dem Tag nicht weit gewandert ist.

Mehr als die Hälfte seiner Nahrung besteht aus Früchten; den Rest bilden Blätter, Rinde und Gelegenheitshappen wie Insekten. Die Bäume des Regenwaldes entwickeln ihre Früchte recht unregelmäßig. Dabei ist nicht die Jahreszeit von Bedeutung, sondern eine Kombination von Faktoren wie zurückliegende und gegenwärtige Niederschlagsmengen, Bewölkung, Temperatur, Wind und so weiter. Es wurde herausgefunden, daß es für ein sehr großes Tier wesentlich ökonomischer ist, sich in einem großen Gebiet die Standorte mit seinen Lieblingsfrüchten merken und die Wahrscheinlichkeit abschätzen zu können, wann ein Baum jeweils Früchte trägt, als etwa wahllos auf die Suche zu gehen. Und so ist, wie die Theorie besagt, die hohe Intelligenz der Großaffen eine nahezu unausweichliche Folge ihrer Körpergröße und der Tatsache, daß sie Früchte fressen.

Es wurde viel darüber diskutiert, ob weibliche Orangs einen begrenzten Östrus haben oder ob sie über ihren gesamten Sexualzyklus von 28 Tagen hinweg kopulieren können. Es hat nun den Anschein, daß sie nur kurze Östrusperioden haben und zwar wenige Tage um den Zeitpunkt des Eisprungs herum. Das Weibchen sucht sich aktiv ein reifes Männchen mit einem Gesichtslappen aus und umwirbt es, worauf sich beide für wenige Tage zusammentun. Die halberwachsenen Männchen allerdings, die von den Weibchen nicht ausgesucht werden, jagen und vergewaltigen diese jederzeit. Man hat vermutet, daß angesichts eines so kurzen Penis eine Kopulation nur dann erfolgreich verläuft, wenn das Weibchen mitarbeitet, so daß die meisten Kinder aus der Verbindung mit reifen Männchen und nicht aus der Vergewaltigung durch subadulte Tiere hervorgehen. Die Reifung nimmt durchschnittlich 245 Tage in Anspruch.

Früher waren die Orangs in den Zoos sehr begehrt. Da man sie erhielt, indem man die Mütter abschoß und die Kinder einsammelte (von denen die meisten übrigens wegen ungeeigneter Pflege eingingen) starb etwa ein Dutzend Orangs für jedes lebende Tier, das einen Zoo erreichte. Heute ist dies durch ein internationales Abkommen unterbunden: Ist ein Zoo gut organsiert, pflanzen sich Orangs gut fort, und ein zunehmender Teil der heute in den Zoos lebenden Orangs wurde in Gefangenschaft geboren. Die neue Bedrohung für den Orang besteht in der Abholzung der Wälder. Sogar dort, wo sich, wie in Indonesien, die Regierung um Naturschutz kümmert. Hier wird die Abholzung nicht länger als das unausweichliche Schicksal eines jeden Waldes betrachtet.

John Cancalosi/Bruce Coleman Ltd

▲ Ein reifer, männlicher Orang Utan aus Sumatra. Die Männchen aus Sumatra unterscheiden sich von denen aus Borneo durch ihre flacheren Gesichtslappen, die spärlichen, flaumigen Haare im Gesicht und ihre langen Bärte und Schnurrbärte.

D. Parer & E. Parer-Cook/Auscape International

▲ Ein Silberrückenmännchen des Berggorillas lehnt sich in der dichten Bodenvegetation der Virunga-Vulkane zurück.

▼ Ein junger, spielender Berggorilla.

D. Parer & E. Parer-Cook/Auscape International

Der Gorilla: Afrikas sanfter Riese

Der Gorilla, *Gorilla gorilla,* ist der größte lebende Primat. Die meisten Menschen haben eine falsche Vorstellung davon, wie groß ein Gorilla wirklich ist. Die Monster mit einer halben Tonne Gewicht und drei Metern Höhe gibt es nicht. Der Rekord für ein Männchen aus der Wildnis liegt bei 219 Kilogramm und 195 Zentimeter, und sogar dies ist höchst ungewöhnlich. Ein normales erwachsenes Männchen wiegt durchschnittlich 175 Kilogramm und erreicht aufrecht eine Höhe von 156 Zentimeter. Ein Weibchen wiegt 85 Kilogramm und wird 137 Zentimeter groß. Wie die Orangs, erreichen auch die Gorillas ihre Geschlechtsreife mit etwa sieben Jahren. Anschließend wachsen die Weibchen nicht mehr; die Männchen jedoch wachsen weiter, bis sie 12 oder 13 Jahre alt sind. Sie entwickeln bei vollständiger physischer Reife einen silberweißen »Sattel« auf dem Rücken, der sich gegen das schwarze Haar abhebt. (Daher ist das voll ausgewachsene Männchen als »Silberrücken« bekannt.) Die vorstehenden Augenbrauenwülste, die weiche, schwarze Haut und die aufgeblähten Nasenlöcher stehen im Gegensatz zu der hohen Stirn, der rauhen, grauen Haut und der winzigen Nase des Orangs. Gorillas haben einen durchdringenden Körpergeruch, der den Achselhöhlen entströmt: Ebenso wie bei Menschen und Schimpansen befinden sich an diesen Stellen große Ansammlungen spezialisierter Schweißdrüsen.

Gorillas sind beinahe ausschließlich an den Boden gebunden. Sie klettern zwar, allerdings nicht sehr häufig (und schon gar nicht die großen Silberrücken), und sie legen stets große Entfernungen auf dem Boden zurück. Sie wandern auf allen Vieren. Dabei stützen sie sich nicht mit den Handflächen auf die Erde, sondern beugen die Hand, so daß das Gewicht auf dem Mittelgelenk der Finger ruht: Man nennt diese Fortbewegungsart Knöchelgang. Wie die Orangs bauen sich die Tiere für jede Nacht ein Nest, allerdings sind die Nester nicht in vergleichbarer Weise komplex und sorgfältig konstruiert. Sie werden auch normalerweise auf ebener Erde gebaut, obwohl in einigen Gebieten offenbar die »Tradition« existiert, die Nester auf Bäumen zu errichten.

Eine Gorillahorde besteht aus einem Silberrücken-Männchen (gelegentlich sind es auch zwei oder sogar mehr), einigen Schwarzrücken- (oder subadulten) Männchen sowie einigen Weibchen und Jungtieren. Die Horde wandert in einem großen Gebiet von 10 bis 20 Quadratkilometern umher, das sich mit denen anderer Horden überschneidet. Die nachbarlichen Beziehungen sind normalerweise friedlich. Wird ein Männchen geschlechtsreif, hat es die Wahl, in der Horde zu bleiben oder sie zu verlassen. Man vermutet, daß es in seiner Horde, aus der es stammt, nur dann bleibt, wenn darin Weibchen leben, die für dieses Männchen als Geschlechtspartner in Frage kommen. Anderenfalls zieht es ab und lebt eine zeitlang allein. Manchmal folgt es anderen Horden und versucht Weibchen daraus zu »entführen«. Normalerweise dringt er in eine Horde ein, wenn der Silberrücken gerade nicht aufpaßt und treibt dann ein oder mehrere Weibchen zusammen. In dem anschließenden Tumult kommt es häufig zu einem Kampf, bei dem unter Umständen Jungtiere getötet werden - vielleicht absichtlich durch das eindringende Männchen, denn ein Jungtier bildet offenbar eine Verbindung zwischen dem Weibchen und seiner Horde. Manchmal ergreifen auch Weibchen die Gelegenheit, ein schwaches Männchen während einer derartigen Begegnung zu verlassen. Erweist sich jedoch das neue Männchen seinerseits als schwach und unfähig, weitere Weibchen an sich zu binden, wird das Weibchen, das bereits bei ihm ist, bei nächster Gelegenheit anderswo hingehen.

Der Gorilla besitzt in Afrika eine unzusammenhängende Verbreitung. Es gibt drei Unterarten. Der Westliche Flachlandgorilla, *G.g. gorilla,* lebt im westlichen Zentralafrika. Der wesentlich dunklere Östliche Flachlandgorilla, *G.g. graueri,* lebt in Zaire östlich des Lualba-Flusses und breitet sich aus dem Tiefland am Fluß bis hinauf in die Berge aus. Der schwarze, langhaarige, großzähnige Berggorilla, *G.g. beringei,* lebt auf den Virunga-Vulkanen an der Grenze zwischen Zaire, Ruanda und Uganda sowie im Bwindi-Wald im Südwesten Ugandas.

Es scheint, daß die Gorillas im Regenwald des Flachlandes eine besondere Vorliebe für sekundären Bewuchs haben. In den gebirgigen Teilen ihres Verbreitungsgebiets bewohnen sie den offenen Wald und das Bambusdickicht bis zu einer Höhe von 3500 Metern. In den Gebirgsregionen ernähren sie sich von Bambussprossen und den Sprossen hochwachsender Kräuter, junger und kleiner Bäume. Im Tiefland werden dagegen mehr Früchte gefressen, besonders die derben, etwas holzigen Früchte. Diese Ernährungsweise bleibt nicht ohne Folgen: 17 Prozent aller Gorillaschädel in den Museen weisen Entzündungen der Zähne auf, und die meisten Berggorilla-Schädel zeigen eine ernsthafte Knochenauflösung zwischen den Zähnen. Dies ist, wie man vermutet, auf die Hülle der Bambusfasern zurückzuführen. Allerdings reicht diese Erklärung nicht ganz aus, was man daran sehen kann, daß andere Bambus fressende Gorillapopulationen diese Auflösung nicht zeigen. Schließlich mag es nicht überraschen, daß 17 Prozent der Museumsskelette dieser schweren Tiere Spuren von Arthritis in der Wirbelsäule aufweisen.

▼ Nachdem die Population der Berggorillas in den Virunga-Vulkanen beinahe ausgestorben war, ist sie nun dabei, sich langsam wieder zu erholen. Damit ist auch der Anteil der Jungtiere auf heute etwa 40 Prozent gestiegen.

Yann Arthus-Bertrand/Auscape International

Helmut Albrecht/Bruce Coleman Ltd

▲ Die Gemeinen Schimpansen verbringen viel Zeit auf dem Boden, sind jedoch auch aktive und fähige Kletterer.

Schimpansen: Schlauheit und Charisma

Wie der Gorilla ist auch der Schimpanse ein spezialisierter Knöchelgänger. Und wie der Gorilla ist er schwarz, besitzt große Augenbrauenwülste und eine weiche Haut, die wenigstens beim erwachsenen Tier schwarz ist. Die meisten morphologischen oder biochemischen Analysen zeigen in der Tendenz, daß der Schimpanse mit dem Menschen nicht weniger eng verwandt ist als der Gorilla. Vielleicht sogar noch enger. Möglicherweise weist dies darauf hin, daß die Eigenschaften, die er mit dem Gorilla teilt, auch die unseres eigenen entfernten Vorfahren waren.

Der Gemeine Schimpanse, *Pan troglodytes,* ist in West- und Zentralafrika noch immer weit verbreitet. Im Osten erreicht er West-Uganda und den äußersten Westen Tansanias. Er bewohnt nicht nur den Regenwald, sondern auch Gebirgswälder und offene Waldgebiete, ja sogar Savannenwälder, wo er noch nicht ausgerottet wurde. Die sehr große, zentralafrikanische Unterart *P.t. troglodytes,* häufig auch als kahlköpfiger Schimpanse bezeichnet, besitzt von früher Jugend an eine sehr dunkle Haut. Die erwachsenen Tiere entwickeln auf dem Kopf eine Glatze - die Männchen im Dreieck, das sich von der Stirn aus nach hinten verjüngt, die Weibchen werden vollständig kahl. Die Männchen erreichen im Durchschnitt ein Gewicht von 60 Kilogramm und im aufrechten Gang eine Höhe von 120 Zentimeter. Dagegen erreichen die Weibchen 47,5 Kilogramm, werden jedoch beinahe ebenso groß wie die Männchen, sind also leichter gebaut. Der ostafrikanische Schimpanse, *P.t. schweinfurthii,* ist wesentlich kleiner: Die Männchen aus der berühmten Gombe Fluß-Population in Tansania werden im Durchschnitt nur 43 Kilogramm schwer, die Weibchen wiegen 33 Kilogramm. Sie sind weniger intensiv schwarz gefärbt als die zentralafrikanischen Tiere; die Tasthaare an Bart und Wange sind deutlicher entwickelt, und sie werden nicht so vollständig oder so frühzeitig kahl. Der westafrikanische Schimpanse, *P.t. verus,* ist klein, wie die ostafrikanische Unterart. Um die Augen und die Nasenbrücke herum sind die Tiere sehr dunkel, im übrigen Gesicht jedoch weniger. Reife Tiere entwickeln einen langen, grauen Bart und werden nicht besonders kahl. Die Jungtiere haben auf dem Kopf einen zentralen Scheitel.

In viel deutlicherer Weise unterscheidet sich der Zwergschimpanse oder Bonobo, *Pan paniscus,* der die Gegend südlich der großen Biegung des Zaire-Flusses bewohnt. Er wird auch als eine ganz abweichende Art angesehen. Trotz seines Namens erreicht er etwa dasselbe Gewicht wie die beiden kleineren Formen des Gemeinen Schimpansen; er mißt aufgerichtet 119 Zentimeter. Vom Gemeinen Schimpansen unterscheidet er sich durch längere Beine, kürzere Arme und einen kleineren Kopf. Zudem besitzt er lange, seitliche Tasthaare, ziemlich kleine Augenbrauenwülste und ein Gesicht, das, von den farblich abgesetzten rosaweißen Lippen abgesehen, von Geburt an schwarz ist.

Die Schimpansen verbringen etwa die Hälfte ihres Lebens auf ebener Erde. In den Bäumen wandern sie auf den Knöcheln den Ästen entlang oder hangeln unter denselben. Sie ernähren sich von Früchten, in geringerem Umfang auch von Blättern, Rinde, Insekten und sogar von Wirbeltieren. Einige Populationen töten mit einer gewissen Regelmäßigkeit Affen und andere Säugetiere mittlerer Größe, die sie (in erster Linie die Männchen) gemeinsam erjagen. Zur Nacht bauen sie sich, wie die Orangs, Nester in den Bäumen. Allerdings sind ihre Nester nicht so komplex. Zudem richten sie sich, ähnlich den Gorillas, ihre Nester auch in der Tageshitze für eine »Siesta«.

Schimpansen leben in großen Gruppen, die von einigen Autoren als Gemeinschaften bezeichnet wurden, von anderen als Einheiten: Sie zählen 20 bis 100 Individuen oder mehr. Zumeist jedoch versammeln sich ihre Mitglieder in kleinen Gruppen mit wechselnder Zusammensetzung. Entweder handelt es sich um Gruppen, in denen beide Geschlechter vertreten sind, die weit in der Gegend umherstreifen und nach früchtetragenden Bäumen suchen, oder um weniger mobile Aufzuchtgruppen aus Müttern und Jungtieren. Die gesamte Gemeinschaft beansprucht für sich ein Territorium, an dessen Grenzen die erwachsenen Männchen patroullieren, um Übergriffen durch fremde Tiere vorzubeugen. Die wohlbekannte Freilandforscherin Jane Goodall verzeichnete im Gombe Nationalpark den Fall eines kurzen Krieges zwischen zwei benachbarten Gemeinschaften, der damit endete, daß die kleinere Gemeinschaft tatsächlich ausgelöscht wurde.

Es scheint, daß die erwachsenen Männchen beinahe immer in der Gemeinschaft verbleiben, in der sie geboren wurden. Hingegen neigen die Weibchen dazu, sie zu verlassen und sich einer benachbarten Gemeinschaft anzuschließen. Mitunter wechseln sie die Gemeinschaft mehr als einmal während ihres Lebens.

Ob dies auch auf den Zwergschimpansen oder die anderen Unterarten des Gemeinen Schimpansen zutrifft, ist noch unklar (bisher sind lediglich die *schweinfurthii*-Populationen Tansanias und Ugandas untersucht). Vermutlich gilt dies jedoch wenigstens im Prinzip. Es scheint aber, daß Zwergschimpansen in Gruppen mit einer stabileren Zusammensetzung wandern. Während bei den ostafrikanischen Schimpansen offenbar die Männchen enge Verbindungen aufbauen (vielleicht wegen ihrer Verwandtschaft?), fällt diese Aufgabe bei den Zwergschimpansen den Weibchen zu; dabei kommt es auch zu sexuellen Kontakten.

Es gibt im heterosexuellen Verhalten der beiden Arten einen deutlichen Unterschied: Die Weibchen beider Arten weisen sexuelle Schwellungen auf; es handelt sich um enorme, rosafarbene, krapfenförmige Auswüchse, die die Vulva, das Perineum und den After einschließen. Beim Gemeinen Schimpansen beginnt die Schwellung nach der Menstruation in Erscheinung zu treten und vergrößert sich schrittweise. Zum Zeitpunkt der Ovulation erreicht sie ihre maximale Größe, anschließend geht sie rasch wieder zurück. Der gesamte Zyklus verläuft über 35 Tage. Das Weibchen umwirbt die Männchen, wenn die Schwellung am größten ist, obwohl es auch zu anderen Zeiten kopuliert. Etwa 75 Prozent der Kopulationen erfolgen in den sieben oder zehn Tagen, während derer sie vollständig angeschwollen ist. Beim Zwergschimpansen beträgt die Länge eines Zyklus in der Wildnis dagegen 46 Tage (es wurden allerdings bei zwei Weibchen in Gefangenschaft nur 36 Tage gemessen). Das Weibchen weist über die Hälfte dieses Zeitraumes umfangreiche Sexualschwellungen auf und reduziert sie auch niemals vollständig, es sei denn, es produziert Milch. Die meisten Primatologen, die Zwergschimpansen untersuchten, fanden keine Beschränkung der Kopulation auf irgendeine Phase des Geschlechtszyklus. Nur einer von ihnen berichtete, daß die sexuelle Aktivität während der Zeit der geringsten Schwellung leicht abnahm. Darüberhinaus kopuliert der Gemeine Schimpanse, wie beinahe alle anderen nichtmenschlichen Primaten, dorso-ventral (Gibbons und Orangs, die bei der Paarung an Bäumen hängen, können Ausnahmen bilden). Die Zwergschimpansen paaren sich dagegen sehr häufig Bauch an Bauch und behalten während der ganzen Zeit den Augenkontakt.

Wenn die Geschlechtshaut eines Gemeinen Schimpansenweibchens maximal angeschwollen ist, scharen sich die Männchen um das Tier herum wie die Fliegen, und das Weibchen kopuliert bereitwillig mehrmals und offenbar wahllos. Andererseits bildet ein Weibchen manchmal eine Gemeinschaft mit einem besonderen Männchen; dann entfernen sich beide still für einige Tage. Es kommt vor, daß das Weibchen beim nächsten Mal, wenn es wieder in Östrus kommt, sich wiederum mit demselben Männchen zusammentut. Man behauptet, daß relativ mehr Kinder aus diesen Einzelgemeinschaften hervorgehen als aus dem promiskuösen Verhalten. Auch die Zwergschimpansen bilden Einzelpaare.

Die Reifungsdauer währt etwa 230 Tage; das ist kürzer als beim Orang (245 Tage) oder beim Gorilla (267 Tage). Wie bei allen Großaffen hält die Milchproduktion eine lange Zeit an (zwei bis drei Jahre oder sogar mehr), und zwischen den Geburten vergehen etwa vier Jahre. Die Tiere erreichen die Geschlechtsreife nicht, ehe sie acht Jahre alt sind, und, im Gegensatz zu anderen Menschenaffen, scheinen beide Geschlechter zu diesem Zeitpunkt das Wachstum einzustellen. Bei vielen Primaten, einschließlich des Menschen, gibt es einen Zeitraum, in dem die Sexualzyklen ohne Ovulation ablaufen (»Sterilität des

▼ Der Gebrauch, ja sogar die Herstellung von Werkzeugen ist von zahlreichen Populationen wilder Schimpansen bekannt. Hier stochert ein junges Tier, noch immer recht unvollkommen, mit einem Stock in faulendem Holz herum, um Larven herauszuholen.

Peter Davey/Bruce Coleman Ltd

Dr Ronald H. Cohn/The Gorilla Foundation

▲ Allen drei Großaffen kann man beibringen, in einer sehr vereinfachten Form mit ihren Betreuern durch Symbole zu kommunizieren. Manchmal tun sie dies auch untereinander. Hier untersucht Koko, ein Gorillaweibchen, eine Maschine.

Heranwachsenden«). Daher kann auch ein Schimpansen-Weibchen durchaus 12 Jahre oder älter sein, ehe es zum erstenmal ein Junges zur Welt bringt. Die Schimpansen können, wie die anderen Menschenaffen, ein Alter von 35 bis 40 Jahren erreichen (in Gefangenschaft sind es sogar mehr), und sehr alte Weibchen zeigen, wie es scheint, Anzeichen von Menopause.

Beinahe Menschen?

Es ist seit langem bekannt, daß die Großaffen intelligenter sind als alle anderen Tiere (ich hätte beinahe vergessen hinzuzufügen »außer dem Menschen«). Sie lernen schneller, sie sind imstande, eine größere Vielfalt besonderer Kunststücke zu erlernen und sie können komplexere Aufgaben bewältigen. Sie durchschauen sehr deutlich, wie die Aufgaben bei psychologischen Tests zu lösen sind, die man ihnen stellt. Manchmal durch offensichtliche Erleuchtung und manchmal, wie es scheint, durch sorgfältige Logik. Sie können auch lernen, mit Geräten umzugehen. Gorillas sind in dieser Hinsicht nicht ganz so gut, obwohl sie, wenn man sie mit einer komplizierten Apparatur konfrontiert, sehr viel Geduld aufbringen können. Dagegen lernen Schimpansen und Orangs leicht, Gegenstände in Werkzeuge zu verwandeln, um etwa an Futter heranzukommen. All dies ist seit der Arbeit von R.M. Yerkes in den zwanziger Jahren bekannt. Jedoch hatte man zu dem Zeitpunkt noch keine Ahnung davon, in welchem Ausmaß der Verstand eines Menschenaffen dem des Menschen ähnelt. Man weiß heute, daß einige Schimpansengruppen sich in der Wildnis Werkzeuge herstellen: Sie bearbeiten (jeweils in unterschiedlichen Populationen) Zweige und Grashalme, um an Termiten, Ameisen oder Honig heranzukommen. In einer Schimpansenpopulation an der Elfenbeinküste suchen sich die Tiere besondere Schlagsteine. Mit ihnen brechen sie Colanüsse auf und verstecken sie an bekannten Plätzen neben Baumstützen, die einen brauchbaren Amboß ergeben. Als

EVOLUTIONÄRES DURCHEINANDER

Der Gibbon *(Hylobates)*, Orang-Utan *(Pongo)*, Gorilla *(Gorilla)*, Schimpanse *(Pan)* und der Mensch *(Homo)* bilden die fünf lebenden Gattungen der Hominoidea. Vermutlich wurde mehr Aufwand getrieben, um die Verwandtschaftsverhältnisse dieser fünf Gattungen untereinander zu klären als bei allen übrigen Primaten zusammengenommen. Schließlich sind ja wir selber beteiligt, und der menschliche Stolz steht auf dem Spiel.

Menschliche Chauvinisten würden sicher gern hören, daß wir Männer und Frauen außen vor stehen (mit anderen Worten die Schwestergruppe zum Rest bilden). Noch vor 25 Jahren war es üblich, alle Großaffen zusammen in eine Familie, die Pongidae, einzuordnen und sie von den Menschen, den Homonidae, zu trennen.

In den fünfziger Jahren war in einer berühmten Veröffentlichung des amerikanischen Anatomen W.L. Straus, »Das Rätsel des menschlichen Ursprungs«, zu lesen, daß die Gemeinsamkeit der Merkmale, die wir mit den Großaffen teilen, letztlich nur Einbildung sei, und daß wir uns von diesen mindestens so stark unterscheiden wie es die Gibbons tun. Seine Argumentation überzeugte viele hervorragende Fachleute. Kein Mensch wunderte sich, als in den frühen sechziger Jahren der Paläontologe Elwyn Simons behauptete, *Ramapithecus,* (den man nur von Kieferbruchstücken her kannte!), sei ein Vorfahr des Menschen und ein Zeitgenosse des *Dryopithecus,* den man für den Vorfahren der heute lebenden Großaffen hält. Man muß sich also für die Trennung der beiden Linien einen Zeitraum von mindestens 20 Millionen Jahren vorstellen. In den frühen sechziger Jahren begannen Biochemiker wie Morris Goodman und Vincent Sarich an diesem Problem zu arbeiten. Wenn sie über Einzelheiten auch noch so verschiedener Meinung waren, so stimmten sie doch alle darin überein, daß die Blutproteine (Albumin, Transferrin, Hämoglobin und andere) des Gibbons sich von denen der übrigen Hominoiden am einzige Säugetiere (vom Menschen abgesehen) erkennen die Großaffen sofort (und spontan, nachdem man es ihnen einige Tage lang gezeigt hat) ihr eigenes Bild im Spiegel: Sie haben also eine Vorstellung von sich selbst. Andere Tiere - Affen, Gibbons, Elefanten - besitzen die Intelligenz, um mit Hilfe eines Spiegels versteckte Nahrung aufzuspüren und können andere Individuen erkennen, die sich darin spiegeln, jedoch niemals sich selber.

Am verblüffendsten waren vermutlich die Experimente mit Sprache. Mit Hilfe von Handzeichen (basierend auf der amerikanischen Zeichensprache für Taube) lernten Schimpansen, Gegenstände, Handlungen, Adjektive und manchmal recht abstrakte Sachverhalte in Symbolen darzustellen. In späteren Experimenten lernten Orangs und Gorillas das gleiche. In der ersten Begeisterung behaupteten viele Psychologen, daß ihre Affen imstande wären, Sätze mit einer vollständigen Syntax von sich zu geben. Dies scheint allerdings heute zweifelhaft. In einem noch andauernden Experiment am Yerkes Primatenzentrum in Atlanta, Georgia, werden Computer-Konsolen eingesetzt: Schimpansen lernen, verschiedene Knöpfe für verschiedene Wörter zu drücken und kommunizieren auf diese Weise mit ihren Betreuern, mit »unvoreingenommenen« Leuten (Um die Gefahr des »Kluger Hans«-Effektes auszuschalten, bei dem unbewußte Körpersignale des Betreuers das Verhalten des Tieres beeinflussen), sowie in einem gewissen Grade miteinander. So bekamen etwa zwei junge Schimpansen die Möglichkeit, einander um verschiedene Werkzeuge zu bitten, die sie gemeinsam besaßen, um an Futter heranzukommen. Es wurde behauptet, daß Zwergschimpansen bei all diesen Intelligenztests am besten abschneiden; allerdings wurde dies noch in keinem unabhängigen Test belegt. Man kennt jedoch ein Paar frisch gefangener Zwergschimpansen, das im Zusammenhang mit ihrer Lieblingsbeschäftigung, der Kopulation von Angesicht zu Angesicht, *unaufgefordert* bildhafte Handzeichen miteinander austauschte.

Die Schimpansen wurden bis in jüngste Zeit nicht als bedroht angesehen. Ohne zu überlegen, wurden sie deshalb für Experimente mit absolut tödlichem Ausgang, für verstümmelnde chirurgische Eingriffe oder Injektionen mit infektiösen Chemikalien eingesetzt. Das ist nun anders geworden. Leider müssen die Schimpansen heute ebenfalls unter die bedrohten Tierarten eingeordnet werden, da ihre wilden Population in den vergangenen 20 bis 30 Jahren in katastrophaler Weise zusammengeschrumpft ist. Es dürfen bei gefährdenden Experimenten legal nur noch in Gefangenschaft geborene Schimpansen verwendet werden, wenigstens in den USA. Es ist aber sehr bezeichnend, wie die Studien der letzten zwanzig Jahre das Denken über Unterbringung, Käfighaltung, und der Forschungsarbeit, die sich mit diesen Tieren durchführen läßt, gewandelt hat.

The Gorilla Foundation/National Geographic Society

▲ Koko mit ihrem Hauskätzchen All Ball. Koko liebte die Katze innig und war außerordentlich traurig, als sie von einem Auto überfahren worden und gestorben war.

meisten unterschieden. An nächster Stelle folgten die des Orang Utan, während diejenigen von Menschen, Schimpansen und Gorillas einander recht ähnlich waren (einige ihrer Proteine waren kaum zu unterscheiden). Dies führte zu einer Sackgasse, denn die Paläontologen waren der festen Ansicht, mit den realen Belegen der Evolution zu arbeiten. Die Biochemiker dagegen betonten, daß das fossile Material nicht vollständig sei.

Der Gordische Knoten wurde 1982 von Peter Andrews und Jahn Cronin zerschlagen, die in einer klassischen Publikation mehrere Dinge zeigten: Erstens unterscheidet sich *Sivapithecus,* ein fossiler Affe, auffallend von *Dryopithecus,* mit dem man ihn zuvor verwechselt hatte. Zweitens entsprechen die inzwischen recht gut vertreteten Schädelreste von *Sivapithecus* genau dem, was man von einem primitiven Vorfahren des Orang Utan erwarten würde, und drittens fallen die *Ramapithecus* zugesprochenen Kiefer in die Variationsbreite von *Sivapithecus.* Es stellte sich heraus, daß die unterstellten besonderen Ähnlichkeiten zwischen *Ramapithecus* und dem Menschen (wie etwa die Stärke der Schmelzschicht auf den Molaren) auch auf *Sivapithecus* zutreffen. Sie bilden in jedem Fall nur primitive Merkmale, die von dem gemeinsamen Vorfahren der Menschen und aller Großaffen erhalten blieben. In dieser Wiederbewertung der fossilen Daten wurde deutlich, daß keine Hinweise für eine frühe Abzweigung der menschlichen Entwicklungslinie mehr existieren. Im Gegenteil. Nun gab es gute Hinweise auf eine frühe Abspaltung der Orang Utan-Linie.

Etwas später bestätigte die Analyse der morphologischen Merkmale der lebenden Hominoiden das Bild, das bereits lange vorher von Goodman und Sarich entworfen worden war: Zuerst spalteten sich die Vorfahren der Gibbons ab, dann die des Orang. Gorilla, Schimpanse und Mensch sind wesentlich enger miteinander verwandt. Es mag sein, daß der Gorilla die Schwestergruppe von Schimpanse plus Mensch bildet oder daß Gorilla plus Schimpanse die Schwestergruppe zum Menschen bilden; sicher ist weder das eine noch das andere.

Rod Williams/Bruce Coleman Ltd

▶ Der einzige nachtaktive Affe ist der Douroucouli oder Nachtaffe, der in den Wäldern Süd- und Zentralamerikas häufig ist. Er besitzt enorm große Augen, jedoch kein Augenleuchten.

Rod Williams/Bruce Coleman Ltd

▲ Der kleinste lebende Affe, der Zwergseidenaffe, lebt in den Regenwäldern des Oberen Amazonas, wo er sich zum Teil von Baum- und Gummisaft ernährt. Nachdem er sich mit den Scheidezähnen in die Rinde gebohrt hat, zieht er die Säfte heraus.

BESONDERE AUGEN

Die Primaten besitzen alle große Augen, deren Gesichtsfelder einander überlagern, so daß sie stereoskopisch sehen können. Die meisten von ihnen können auch Farben sehen. Diese beiden Merkmale sind keineswegs auf Primaten beschränkt. Allerdings nimmt das Gehirn im visuellen System eine komplexe Sortierarbeit vor, die sowohl bei Primaten als auch bei zwei anderen Gruppen, den Malaien-Gleitfliegern oder Colugos und den Flughunden, vorkommt.

Die Innenseite des Augapfels wird zum Teil von der Retina (Netzhaut) ausgekleidet, wo das eintretende Licht aufgefangen wird. Die Retina besitzt zwei Typen von Rezeptoren: Stäbchen und Zäpfchen. Die Stäbchen können noch sehr niedrige Lichtintensitäten wahrnehmen, die Zäpfchen dagegen nehmen Farben wahr. Wie sich vorhersagen läßt, besitzen die tagaktiven Primaten einen hohen Anteil an Zäpfchen. In der menschlichen Netzhaut befinden sich sieben Millionen Zäpfchen und

125 Millionen Stäbchen. Die nachtaktiven Primaten haben für das Farbensehen wenig Verwendung und besitzen daher nahezu ausschließlich Stäbchen. So kommen etwa bei den Katzenmakis der Gattung *Cheirogaleus* 1000 Stäbchen auf jedes Zäpfchen.

Die meisten Strepsirhinen (Lemuren, Halbmakis) leben nachtaktiv, während beinahe alle Haplorhinen (Affen, Menschenaffen) am Tage aktiv sind. Allerdings verfügen sämtliche Strepsirhinen (auch die tagaktiven) über ein Tapetum. Dieses Augenleuchten weist darauf hin, daß die Strepsirhini offenbar grundsätzlich an eine nächtliche Lebensweise angepaßt sind, und kein Affe kann mit ihnen in dieser Hinsicht konkurrieren. So kommt es auf dem Festland Afrikas und Asiens, wo diese Tiere ihr Verbreitungsgebiet mit den Affen teilen, zu einer deutlichen Trennung: Alle Strepsirhinen sind nachtaktiv, alle Affen tagaktiv. Auf Madagaskar jedoch, wo die Lemuren unter sich sind, wurden einige tagaktiv und füllten damit eine »affenähnliche Nische«. Es ist interessant, daß in Lateinamerika, wo es keine Strepsirhinen gibt, eine Affengattung, *Aotus,* nachtaktiv geworden ist und damit eine »lemurenähnliche Nische« gefüllt hat (der andere nächtlich lebende Haplorhine ist der Tarsier Südostasiens). Da allerdings kein Haplorhine über ein Tapetum verfügt, haben *Aotus* und *Tarsius* dieses Problem dadurch kompensiert, daß sie von allen Primaten die größten Augen besitzen.

Die Haplorhinen besitzen ein besonderes Merkmal auf der Netzhaut, das den Strepsirhinen fehlt: Eine in der Mitte eingedellte Macula (Fleck) oder ein Areal, in dem nur Zäpfchen existieren. Dies ist ein Gebiet außerordentlich hoher Sehschärfe. Die beiden nachtaktiven Haplorhinen, *Aotus* und *Tarsius,* weisen noch histologische Merkmale der Macula auf, obwohl sie keine Zäpfchen besitzen.

So behalten die Primaten in ihren Augen den Stempel ihrer entwicklungsgeschichtlichen Vergangenheit: Sämtliche Strepsirhinen, ob nachtaktiv oder nicht, besitzen ein Tapetum, weil ihr gemeinsamer Vorfahr nachtaktiv war. Alle Haplorhinen haben eine Macula, ob sie tagaktiv sind oder nicht, denn ihr Vorfahr war tagaktiv.

▼ Der Diadem-Sifaka aus Ost-Madagaskar (unten links) wandert und frißt zwar am Tage, der Bau seiner Netzhaut enthüllt allerdings seine nachtaktive Herkunft.

▼ Bei Nacht aufgenommen, reflektieren die Augen des Senegal-Galago (wie die aller Strepsirhinen) das Licht des Fotoblitzes.

Frans Lanting/Minden Pictures

Jane Burton/Bruce Coleman Ltd

Ordnung Carnivora: 11 Familien, 106 Gattungen 270 Arten

GRÖSSE

Kleinste Art Mauswiesel, *Mustela nivalis;* Kopf-Rumpflänge 15 bis 20 Zentimeter, Schwanzlänge 3 bis 4 Zentimeter, Gewicht 100 Gramm.

Größte Art Auf dem Land: Eisbär, *Ursus maritimus;* Kopf- Rumpflänge 2,5 bis 3 Meter, Gewicht über 800 Kilogramm. Im Wasser: Südlicher See-Elefant, *Mirounga leonida;* Kopf bis Schwanz 490 Zentimeter, Gewicht 2,4 Tonnen.

ARTENSCHUTZ

Folgende Arten werden in der Roten Liste für bedrohte Säugetiere der IUCN als gefährdet angesehen:

Rotwolf, *Canis rufus;* Abessinischer Fuchs, *Canis simensis;* Kragenbär, *Selenarctos thibetanus;* Mexikanischer Grizzly, *Ursus arctos nelsoni;* Kleinkrallenotter, *Aonyx congica;* Schwarzfuß-Iltis, *Mustela nigripes;* Großfleck-Zibetkatze, *Viverra megaspila civetti-na;* Streifenhyäne, *Hyaena hyaena barbara;* Asiatischer Gepard, *Acionyx jubatus venaticus;* Puma, *Felis concolor coryi* und *F. C. cougar;* Irimote-Katze, *Felis iriomotensis;* Sandkatze, *Felis margarita scheffeli;* Pardelluchs, *Felis pardina;* Asiatischer Löwe, *Panthera leo persica;* Leopard *Panthera pardus jarvisi, P.p. nimr, P.p. orienatlis, P.p. panthera* und *P.p. tulliana;* Tiger, *Panthera tigris* und *P.t. altaica;* Schneeleopard, *Panthera uncia;* Japanischer Seelöwe, *Zalophus californianus japonicus;* Mönchsrobbe, *Monachus monachus, M. schauinslandi* und *M. tropicalis.* Viele andere Arten werden in ihrem Bestand als bedenklich oder selten geführt.

CARNIVOREN

W. CHRIS WOZENCRAFT UND JUDITH E. KING

Obwohl sie nur etwa 11 Prozent aller Säugetiere ausmachen, wurden Raubtiere vom Menschen schon immer als etwas Besonderes angesehen. Dies zeigt sich in der Faszination über menschenfressende Tiger oder in der engen Verbindung zu Hauskatzen und -hunden. Die Carnivoren wurden in historischer Zeit als bösartige Raubtiere betrachtet, die oben an der Nahrungskette stehen und häufig mit dem Menschen um die Nahrung konkurrieren. Es gibt in dieser Ordnung Tiere, die ausschließlich von Pflanzen, Wirbellosen, großen Säugern und sogar von Früchten leben. Dennoch befinden sich unter den Carnivora einige der stärksten und furchterregendsten Säuger.

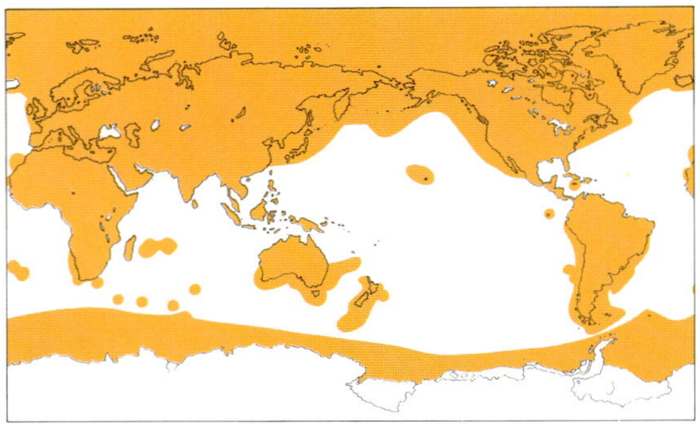

FASZINIERENDE SÄUGER

Angesichts unserer besonderen Faszination wissen wir über die meisten der Arten, aus denen sich die Fülle der Carnivora zusammensetzt, vergleichsweise wenig. Vom kleinsten Vertreter, dem Mauswiesel mit kaum 100 Gramm Gewicht, *Mustela nivalis,* bis zum größten, dem Südlichen See-Elefanten mit 2,4 Tonnen, ist unsere Kenntnis von der Biologie dieser Gruppe nur gering. Zu dieser Gruppe gehört das schnellste landbewohnende Säugetier, der Gepard, *Acionyx jubatus.* Aber auch einige der langsamsten: die Hundsrobben (Phocidae), die besser an das Leben im Meer angepaßt sind als an das auf dem Land. Einige Carnivoren kommen an ihren Fundorten außerordentlich häufig vor, etwa der nordamerikanische Kojote, *Canis latrans,* oder die kleine Goldstaubmanguste, *Herpestes auropunctatus.* Andere sind wiederum so selten, daß man sie nur von einer Handvoll von Museumsexemplaren her kennt, so etwa das Kolumbianische Bergwiesel, *Mustela felipei.*

Carnivoren gibt es auf jedem Kontinent (mit Ausnahme der Antarktis) und in beinahe jedem Lebensraumtyp. Man findet sie in den Meeren, in der Arktis, in tropischen Regenwäldern, Prärien, in Wäldern der gemäßigten Breiten, in Wüsten, im Hochgebirge und sogar in der Umgebung von Städten. Sie sind selten ein häufiger oder gar im Übermaß vertretener Teil eines Ökosystems, denn sie befinden sich an der Spitze der Nahrungskette. Sie bilden die einzige Säugerordnung, die gleichermaßen Arten im Meer, auf dem Land, in den Bäumen und halb unterirdisch lebende Formen entwickelte. Betrachtet man die Säugetiere einschließlich der bekannten fossilen Gruppen, so zeigt sich, daß mindestens zehn Säugetierordnungen primär Insektenfresser und zwanzig von ihnen Pflanzenfresser sind, jedoch nur eine lebende und eine ausgestorbene Ordnung fressen Fleisch: Dies sind die Carnivora und die Creodonta. Wenn so viele verschiedene Formen von Säugetieren dazugehören, stellt sich die Frage, warum diese Tiere zusammengefaßt werden und was ihnen gemeinsam ist.

WAS IST EIN CARNIVOR?

Einige Raubtiere sind systematisch nicht in der Ordnung Carnivora erfaßt; einige Vertreter der Ordnung Carnivora sind keine Fleischfresser, und einige fleischfressende Säugetiere sind weder Carnivoren noch in der Ordnung Carnivora! Was also ist ein Carnivor? Es handelt sich um ein Tier, das prinzipiell Fleisch frißt; allerdings wird dieser Begriff meist gebraucht, um sich auf die Vertreter der Carnivora zu beziehen. Ein Fleischfresser zu sein, bedeutet, daß ein Tier sich darauf spezialisiert hat, Fleisch zu seiner Hauptnahrung zu machen. Dies ist die Ernährungsgewohnheit einiger, wenn auch nicht aller Vertreter der Carnivora. Die Ordnung Carnivora besteht aus einer einzigartigen Gruppe von Säugetieren, die alle eine gemeinsame Entwicklungsgeschichte besitzen; die Vertreter der Carnivora teilen also miteinander eine besondere Gruppe von Vorfahren. Auch die Vertreter einer jeden Familie innerhalb dieser Ordnung sind durch eine besondere Gruppe gemeinsamer Vorfahren miteinander verbunden. Diese Vorfahren lassen sich durch gewisse einzigartige, morphologische Merkmale beschreiben. Die frühesten Vertreter der Carnivora verfügten über Anpassungen, die ihnen ermöglichten, Fleisch in effizienterer Weise zu fressen als die anderen konkurrierenden Säuger ihrer Zeit (die Creodonten). Diese Merkmale sind bei nahezu allen Vertretern dieser Ordnung erhalten geblieben, sieht man davon ab, daß zahlreiche Tiere diese modifizierten und sich nun von vielen anderen Dingen zusätzlich ernähren. Einige Arten haben sich darauf spezialisiert, Früchte, Insekten, Bambus, Würmer, Nüsse, Beeren, Fische, Krebse und Sämereien zu fressen. Obwohl sich diese Tiere auf eine besondere Nahrungssorte spezialisierten, so ernährt sich etwa der Große Panda, *Ailuropoda melanoleuca,* von Bambus. Trotzdem werden sie doch beinahe sämtlich als Gelegenheitsjäger angesehen, das heißt, sie verschmähen eine leicht erreichbare Beute nicht, wenn sie verfügbar ist. Daher werden viele Vertreter der Carnivora vermutlich treffender als Allesfresser bezeichnet (sie ernähren sich also von einer Vielfalt pflanzlicher und tierischer Nahrung). Und der Fleischanteil in ihrer Ernährung reicht von hundert Prozent, wie bei einer Katze, bis zu kaum vorhanden, wie beim Großen Panda.

DIE UNTERSCHEIDUNGSMERKMALE DER CARNIVOREN

Während ihrer gesamten gemeinsamen Entwicklungsgeschichte erwarben die Vertreter der Carnivora einige einzigartige Merkmale, die sie von anderen Säugetierordnungen unterscheiden. Diese Merkmale beziehen sich auf die grundsätzlichen Ernährungsgewohnheiten der frühen Vertreter dieser Ordnung und lassen sich unter diesen Modifikationen zusammenfassen. Wenn Carnivoren überleben wollen, indem sie sich von anderen Tieren ernähren, müssen sie nicht nur fähig sein, sie effizient zu fressen, sondern sie müssen sie zunächst fangen können. Besondere Anpassungen, um ihre Beute zu finden, wie etwa scharfe Augen, ein gutes Gehör und ein guter Geruchssinn, erlauben ihnen, ihre Beute zu orten, ehe sie selber bemerkt werden. Zweitens sind Geschwindigkeit und Geschicklichkeit unabdingbar, und mit Hilfe weiterer Anpassungen können die Carnivoren ihre Beute rasch und ohne übermäßigen Energieaufwand fangen. Drittens muß ein Carnivor die einmal gefangene Beute töten und wirkungsvoll verdauen können, um sämtliche Nahrungserfordernisse daraus abzudecken. Und viertens muß ein Raubtier schlauer sein als das Tier, das es zu fangen versucht.

Die am weitesten anerkannte Theorie über die Verwandtschaftsverhältnisse unter den Carnivoren basiert primär auf den Veränderungen der Gehörregion und der Empfindlichkeit, besondere Frequenzen wahrzunehmen. Die Carnivoren besitzen eine hochentwickelte Gehörregion mit häufig mehr als einer inneren Gehörkammer. Dadurch nimmt die Empfindlichkeit gegenüber bestimmten Frequenzen zu und erleichtert es, eine Beute zu finden, die derartig besondere Geräusche verursacht. Die Schädel einer jeden Carnivorenfamilie lassen sich allein aufgrund ihrer einzigartigen Gehörregion voneinander unterscheiden.

Die Carnivoren entwickelten viele Wege, um sich von allen Dingen, vom Großsäuger bis zur Frucht, ernähren zu können. Das wichtigste Einzelmerkmal, schließlich auch dasjenige, das am häufigsten als das die gesamte Ordnung vereinigende Merkmal zitiert wird, ist die unverwechselbare Anpassung des Gebisses an das Fleischfressen. Die Carnivoren modifizierten den vierten oberen Prämolaren und den ersten unteren Molaren derart, daß sie zwei senkrechte, scharf schneidende Oberflächen bilden, die gegeneinander etwa wie die Klingen einer Schere gleiten. An dieser Stelle des Schädels haben die Kiefer ihre größte Kraft, wodurch dieses Paar von Zähnen, die als Reißzähne bezeichnet werden, eine besonders wirksame Scherenwirkung ausüben. Allerdings entwickelten sich einige Carnivoren dahin, kein Fleisch mehr zu fressen, und diese veränderten die Schere der Reißzähne so, daß sie andere Nahrungsquellen optimal nutzen konnten. Die pflanzen- und fruchtfressenden Carnivoren verloren den größten Teil der vertikalen Scherenoberfläche und steigerten (ähnlich den Menschen) die waagerechte Mahlfläche. Die insektenfressenden Carnivoren haben kleine Zähne mit kleinen, scherenden Oberflächen, um das Außenskelett der Insekten zu öffnen und an die Nahrung darin heranzukommen.

DIE HUNDEÄHNLICHEN CARNIVOREN

Die hundeähnlichen Raubtiere der Unterordnung Caniformia entwickelten sich, wie man vermutet, aus einem Vorfahren, der der ausgestorbenen Familie der Miacidae ähnlich war, die während des Eozäns lebte. Die Caniformen leben überwiegend auf dem Land, obwohl zwei Familien, die Phocidae und die Otariidae (die am Ende dieses Kapitels besprochen werden) nur

GEBISS EINER KATZE MIT REISSZÄHNEN

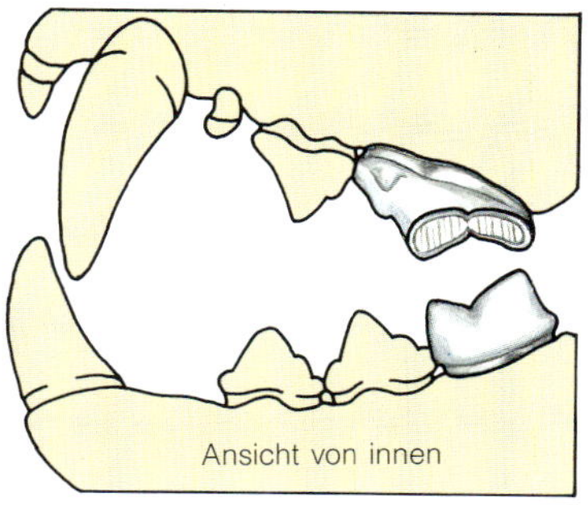

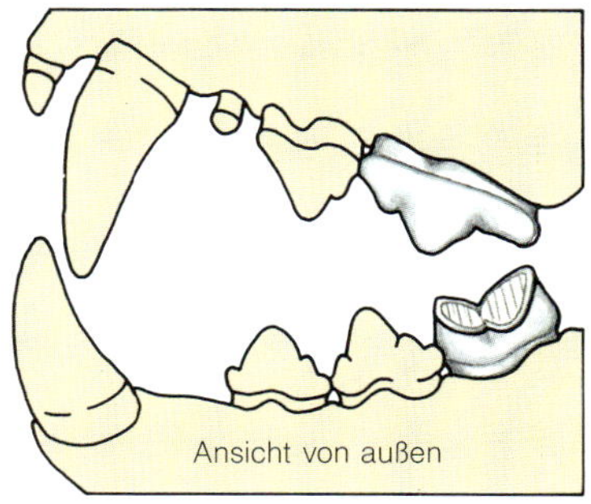

▲ Die scherenden Flächen eines oberen Prämolaren und unteren Molaren sind schattiert hervorgehoben. (Den Katzen fehlen der erste obere und die beiden ersten unteren Prämolaren.)

▼ Silberrücken-Schakale und eine Schabracken-Hyäne fressen an einem Wildebeest, das von den Hyänen gestötet wurde.

Jonathan Scott/Planet Earth Pictures

noch im Wasser leben. Die Caniformen sind, sowohl von der Biomasse als auch von der Artenzahl her, die größere der beiden Unterordnungen. Man findet sie auf allen Kontinenten und in sämtlichen Meeren. Den landlebenden Formen ist ein einzigartig geformtes inneres Ohr gemeinsam, das sich von dem der Feliformen unterscheidet. Zu dieser Gruppe gehören die größten (See-Elefanten) und die kleinsten Carnivoren (Mauswiesel).

Hunde, Füchse und Schakale

In der Familie Canidae dominiert die Gattung Canis. Sie wird normalerweise grob in vier Gruppen unterteilt: die Füchse der Gattungen *Alopex, Urocyon* und *Vulpes,* die Hunde oder Wölfe der Gattungen *Canis, Lycaon* und *Cuon, die interessanten südamerikanischen Caniden und die mehr insektenfressenden Caniden, der Marderhund, Nyctereutes procyonoides* und der Löffelhund, *Otocyon megalotis,* die sich von allen anderen Vertretern der Familie unterscheiden.

Die Caniden leben im offenen Grasland und zeigen Anpassungen an die schnelle Verfolgung ihrer Beute. Sie hatten ihren Ursprung in Nordamerika während des Eozäns (vor 57 bis 37 Millionen Jahren) und sind heute weltweit verbreitet. Der bekannte Haushund und alle seine Zuchtrassen entwickelten sich, wie man glaubt, aus einem wolfähnlichen Vorfahren.

▶ ▼ Vertreter der Caniden-Familie. Oben rechts der südamerikanische Waldhund. Unten sind abgebildet: Oben, der südamerikanische Mähnenwolf; Mitte, der nordamerikanische Rotwolf (diese Art ist bedroht); unten, der Afrikanische Wildhund.

Um ihre Beute zu orten, verlassen sich die Caniden auf ihr Gehör und ihren Geruchssinn. Sie sind nicht sehr wählerisch und sehr anpassungsfähig. Ihre Bezahnung und ihr Verdauungssystem sind recht unspezialisiert, so daß sie ihre Ernährungsweise zu unterschiedlichen Zeiten vollständig umstellen können. So leben sie zu bestimmten Jahreszeiten nur von Früchten, in anderen ausschließlich von Fleisch. Die Caniden fressen alle Typen von Wirbeltieren, Insekten, Früchten, Mollusken und Aas. Einige Arten, wie der Wolf, der Afrikanische Wildhund, und der Rothund, *Cuon alpinus,* jagen in Gruppen, wodurch sie Beute erlegen können, die mehrfach ihre eigene Körpergröße übertrifft. Andere, wie der Löffelhund, ernähren sich von Insekten.

Die Caniden haben einen langen Gesichtsschädel und in der Regel zwei Molaren in jedem Kiefer. Die Zähne, die die Reißwirkung ausüben, haben ihre Scheroberfläche am Vorderende des Zahns und hinten zudem eine Mahlfläche, normalerweise mit zwei Höckern.

Die Caniden sind landbewohnende Raubtiere mit einem langen, buschigen Schwanz, langen Beinen und einem schlanken Körper. Nur eine Art, der nordamerikanische Festland-Graufuchs, *Urocyon cinereoargenteus,* kann problemlos Bäume erklettern. In vielen Anpassungen spiegelt sich wider, wie die Caniden jagen; so rasten etwa die Knochen der Vorderbeine ineinander, damit sie sich beim Laufen nicht versehentlich verdrehen. Alle Caniden haben große, spitze Ohren. Die Haut ist beinahe vollständig frei von Schweißdrüsen, und an der Schwanzbasis befindet sich eine Rückenduftdrüse.

Einige Caniden sind seit langer Zeit mit dem Menschen verbunden. Viele Kulturen verfügen über eine reiche Vergangenheit mit Legenden und Volkssagen, in denen diese Tiere vorkommen. Wölfe werden als Viehräuber angesehen, und wenn sie bedroht werden, greifen sie Menschen an. Kojoten sieht man manchmal am Rande von Stadtgemeinden. Sie werden von den Landbesitzern verachtet, die in ihnen Kleinviehräuber sehen. Die Eigenschaften des Fuchses sind legendär, und der »Fuchs im Hühnerstall« wurde sogar zu einer Redensart. Aus diesen und anderen Gründen wurden in unterschiedlichen Gebieten umfangreiche Programme ins Leben gerufen, um der Räuber Herr zu werden. Sie führten, zusammen mit der Zerstörung der Lebensräume, zum Untergang zahlreicher Canidenarten in großen Teilen ihres ursprünglichen Verbreitungsgebiets. Die Caniden sind von wirtschaftlicher Bedeutung und besitzen einen hohen Wert in der pelzverarbeitenden Industrie. Heute werden Füchse auf Farmen großgezogen; dadurch entfällt in den meisten Fällen die Notwendigkeit, den Handel durch umfangreiche Jagdaktivitäten zu versorgen.

Füchse Die Füchse sind kleine Caniden mit spitz zulaufenden Schädeln und buschigen Schwänzen. Am hellsten gefärbt und am kleinsten sind die Wüstenfüchse; sie haben auch die relativ größten Ohren. Der Fennek, *Vulpes zerda,* (er wiegt etwa 500 bis 1500 Gramm) bildet eine beinahe komische Erscheinung mit seinen enormen Ohren, die ihm helfen, Hitze abzugeben und seine Beute zu orten. Alle Füchse haben im Prinzip dieselben Ernährungsgewohnheiten: Sie fressen alle kleinen Wirbeltiere, die in ihrem Gebiet vorkommen, sind jedoch zu einem großen Teil auch an andere Nahrungsobjekte, wie Insekten und Früchte, gebunden. Der Polarfuchs, *Alopex lagopus,* (Gewicht: drei bis fünf Kilogramm) kommt in zwei Farbversionen vor, einer braunen und einer stahlgrauen oder blauen Form. Beide Farbtypen verwandeln sich im Winter in reines Weiß. Die meisten Füchse hält man für Einzeljäger: Die gemeinsame Nahrungssuche würde einem Raubtier, das sich von kleinen Wirbeltieren wie Mäusen ernährt, nicht viele Vorteile gewähren.

Hunde und Wölfe Die echten Hunde und Wölfe weisen von allen Caniden den größten Fleischanteil in ihrer Nahrung auf, dabei ist der Afrikanische Wildhund der einzige reine Fleischfresser. In dieser Gruppe befinden sich auch die meisten sozialen Arten. So haben etwa die Wolfsrudel eine gut entwickelte Hierarchie, an deren Spitze sich das dominante Zuchtpaar befindet. Diese Tiere sind als Alpha-Männchen und -Weibchen bekannt. Durch die gemeinsame Jagd, an der sechs bis zwölf Individuen teilnehmen und die beim Wolf, dem Indischen und dem Afrikanischen Wildhund vorkommt, ist es den Raubtieren möglich, sich auf sehr große Beute, wie etwa Zebras, Antilopen, Wapitis und Hirsche zu spezialisieren. Trotz der Vorstellung, daß Wölfe im tiefen Schnee einen Elch zur Strecke bringen oder Indische Wildhunde einem großen Hirsch die Eingeweide herausreißen, ist ihre Erfolgsquote in Wirklichkeit recht niedrig. Sie liegt beinahe immer unter zehn Prozent, weshalb sie normalerweise lange Zeit ohne Nahrung auskommen müssen. Kojoten und die vier Schakal-Arten *(Canis aureus, C. mesomelas, C. simensis* und *C. adustus)* sind kleinere, nicht wählerische Streuner, die sich mehr auf kleine oder mittelgroße Wirbeltiere konzentrieren. Ein Kojote kann und wird auch nahezu alles fressen. Während die spezialisierten, in hohem Maße fleischfressenden Canis-Arten durch Verfolgung und Zerstörung der Lebensräume durch den Menschen bedroht werden, hat es den Anschein, daß die Kojoten an diesen menschlichen Übergriffen nicht in vergleichbarem Maße zu leiden haben. Sie sind dabei, ihre Verbreitung in Nordamerika auszuweiten.

Südamerikanische Caniden Die drei Formen südamerikanischer Caniden sind der langbeinige Mähnenwolf, *Chrysocyon brachyurus,* die »Füchse« der Gattung *Dusicyon,* die morphologisch und ökologisch irgendwo zwischen den Canis- und *Vulpes*-Arten der nördlichen Hemisphäre anzusiedeln sind, sowie schließlich der ungewöhnliche Waldhund *Speothos venaticus.* Der Waldhund besitzt in der gesamten Gruppe die am deutlichsten auf Fleischnahrung eingestellte Bezahnung. Mit seinen kurzen Beinen, einem runden Körper, kleinen Ohren und seinem kurzen Schwanz sieht er jedoch für einen Caniden höchst ungewöhnlich aus. Seine Kopf-Rumpflänge variiert von 55 bis 75 Zentimeter und sein Gewicht von fünf bis sieben Kilogramm. Er läuft in Rudeln von fünf bis zehn Individuen umher und ernährt sich von Wasserschweinen, die größer sind als er selber. Der Mähnenwolf hat seinen Namen von seinem aufstellbaren Kamm von Rückenhaaren und besitzt lange, stelzenähnliche Beine, die an die Prärie mit hohem Graswuchs angepaßt sind. Er erbeutet mittelgroße Säuger wie Kaninchen, Pakas und Gürteltiere.

Löffelhunde Dies sind ganz besondere Vertreter der Caniden und zudem die einzigen, die sich nur von Insekten ernähren. Ihr unverwechselbares Merkmal unter den Carnivora besteht in vier bis acht kleinen Extramolaren, wodurch ihre Kaufläche für die Insektennahrung zunimmt. Wie der Fennek verfügt der Löffelhund über vergleichsweise große Ohren, mit denen er seine Beute wahrnehmen und Hitze abgeben kann.

Marderhunde Der Marderhund trägt seinen Namen aufgrund seiner schwarzen Gesichtsmaske (ähnlich der des nordamerikanischen Waschbären). Er ist der einzige Canide, der überhaupt nicht bellt. Vom Rest der Familie unterscheidet er sich dadurch, daß er im dichten Unterholz der Wälder lebt. Die Marderhunde sind von einigem Wert für die pelzverarbeitende Industrie und wurden in zahlreichen Gegenden eingeführt.

▼ Weitere Vetreter der Caniden-Familie. Oben: nordamerikanischer Graufuchs. Unten links: afrikanischer Löffelhund. Unten rechts: asiatischer Marderhund.

John Shaw/NHPA

▲ Junge Eisbären beim Spiel. Diese Art ist der größte landbewohnende Carnivor und gut an das Leben in der Arktis angepaßt. Die Tiere fressen beinahe ausschließlich Robben.

▼ Der asiatische Schwarzbär ist ein ausgezeichneter Kletterer.

Jean-Paul Ferrero/Auscape International

Bären und Pandas

Der größte landbewohnende Carnivor und zudem der einzige Bär, der sich ausschließlich von Fleisch ernährt, ist der Eisbär. Die Männchen werden über 800 Kilogramm schwer. Im Gegensatz zu dem Bild, das Hollywood von den Bären vermittelt, fressen diese Tiere keineswegs regelmäßig große Beute. Sie sind in erster Linie Pflanzen- oder Insektenfresser, obwohl sie, wie alle Carnivoren, nicht sonderlich wählerisch sind und bei einer guten Mahlzeit zugreifen, wenn ihnen eine vor Augen kommt. Der Große Panda (er hat ein Gewicht von 75 bis 160 Kilogramm) frißt beinahe ausschließlich Bambus. Dagegen besitzt der Lippenbär, *Melursus ursinus,* lange Krallen und kräftige Vorderzähne, mit denen er Baumstämme aufbricht und Insekten und andere Wirbellose herausholt. Seine lange Schnauze und die lange Zunge sind typisch für insektenfressende Säuger. Zudem, und dies ist eine weitere Anpassung an die Insektennahrung, hat er seine beiden oberen, mittleren Schneidezähne verloren, so daß er für seine lange, vorstreckbare Zunge über einen geeigneten Kanal verfügt.

Der erste Vorfahr der modernen Bären tauchte im Oligozän auf. Das Tier hatte die Größe eines Katzenbären und gehörte zur Gattung *Cephalogale.* Zu dieser Zeit besaßen sämtliche Vorfahren der Bären lange Schwänze und waren von eben dieser Größe. Im Verlaufe ihrer Entwicklungsgeschichte nahmen die Bären an Größe zu und wurden zu den größten landbewohnenden Carnivoren mit massiven Köpfen, stämmigen Leibern und kurzen Schwänzen (eine Ausnahme bildet der Katzenbär). Man vermutet, daß sich das Entwicklungszentrum der Ursiden in Eurasien befand.

Alle modernen Bären sind einander in ihrer grundsätzlichen Gestalt sehr ähnlich: Nur nicht der Panda. Die anatomischen Merkmale, die diese Familie charakterisieren, betreffen in erster Linie Veränderungen im Gebiß, von der typischen, scherend- schneidenden Form der Carnivoren zu einer malmend-mahlenden Form mit breiten, höckerigen Molaren (Backenzähnen). Von allen Carnivoren besitzen die Bären die größten Molaren. Die gesamte scherende Funktion der Reißzähne ist verlorengegangen. Tatsächlich sind die ersten paar Prämolaren, sonst typische scherende Zähne, verkümmert und fallen häufig bereits in frühem Alter aus.

Sieht man vom Großen Panda und vom Katzenbären ab, sind die Bären im Prinzip einfarbig, wobei es in einigen Arten allerdings zu auffälligen innerartlichen Farbunterschieden kommt. Beinahe alle tragen Markierungen auf der Brust.

Es handelt sich bei den Vertretern dieser Familie um land- und halb baumbewohnende Allesfresser; lediglich der Eisbär ist semi-aquatisch. Drei Arten - der Katzenbär, der Lippenbär und der Malaienbär - sind nachtaktiv. Die übrigen sind tagaktiv. Die Einnistung des Eis findet bei diesen Tieren mit Verzögerung statt, daher ist die Reifungszeit vergleichsweise lang. Die Arten der nördlichen, gemäßigten Breiten sind in ihrem natürlichen Verbreitungsgebiet bis zu sechs oder sieben Monate lang nicht zu sehen. Im Winter versiegen ihre natürlichen Nahrungsquellen. Daher speichern sie Körperfett an, ehe sie sich in eine Höhle zurückziehen und dort eine Winterruhe beginnen, die sich von einem echten Winterschlaf dadurch unterscheidet, daß die Körpertemperatur nicht absinkt. Während dieser Zeit fressen sie nicht und leben ausschließlich von ihrem Körperfett. In dieser Zeit kommen auch ein bis fünf Jungtiere, die extrem klein sind - ihr Gewicht entspricht nur einem Prozent des Muttergewichts - in einer geschützten, warmen Umgebung zur Welt.

Braunbären und Eisbären Der auch als Grizzly, Kodiak- und Kamtschatkabär bekannte Braunbär, *Ursus arctos,* gehört mit einer Kopf-Rumpflänge von zwei bis drei Metern und einem Gewicht von 110 bis 450 Kilogramm zu den größten Ursiden. Ebenso wie der asiatische Schwarzbär, *Ursus thibetanus* und der amerikanische Schwarzbär, *Ursus americanus,* ernähren sie sich von Knollen, Beeren, Fischen und Aas. Eisbären leben in einer extrem rauhen Umgebung ohne derartige Nahrungsquellen. Sie sind daran angepaßt, nahezu ausschließlich Meeressäuger zu fressen, besonders Robben. Eisbären besitzen große, längliche Köpfe, und ihre Schädel erinnern stark an die ihrer engen Verwandten, der Ohrenrobben. Ihre Länge variiert von 2,5 bis drei Meter, ihr Gewicht von 175 bis 650 Kilogramm. Eisbären können auf Eisschollen auf der Suche nach Robben 65 bis 80 Kilometer pro Tag wandern. Die Weibchen pflanzen sich erst in einem Alter von fünf Jahren fort. Wenn sie schwanger sind, schließen sie sich in einer Schneehöhle ein, um ihre Jungen zur Welt zu bringen.

Pandas Der Große Panda und der Katzenbär (er wiegt drei bis fünf Kilogramm) sind die einzigen Carnivoren, die sich nahezu ausnahmslos von Bambus ernähren. Obwohl sie einander nicht sonderlich ähnlich sehen, weisen sie einige ähnliche Anpassungen an die Ernährung von Bambuspflanzen auf, die Zoologen dazu bewegten, sie als »Pandas« zu bezeichnen. Der Große Panda verfügt über einen besonderen Knochen im Handgelenk, der, vergrößert und verlängert, wie ein Daumen zum Ergreifen des Bambus dient. Diese Anpassung ist beim Katzenbären weniger ausgeprägt.

Philippa Scott/NHPA

▲ Der Große Panda ernährt sich ausschließlich von Bambus.

▼ Der Katzenbär lebt von Bambus, anderen Pflanzen und Insekten.

Joe van Wormer/Bruce Coleman Ltd

▲ Der Gemeine Waschbär aus Zentral- und Nordamerika hat sich an das Leben in Vorstädten und auf Anbauflächen eingestellt.

Waschbären und Nasenbären

Waschbären Der neugierige Waschbär, *Procyon lotor* (Gewicht: fünf bis fünfzehn Kilogramm), ist den meisten Menschen Nordamerikas vertraut. Er ist jedoch nur einer von mehreren, höchst erfolgreichen Vertretern der Familie Procyonidae. Diese Familie ist in den Tropen Zentral- und Südamerikas konzentriert, und nur der Waschbär, der häufig in der Nähe des Menschen auftritt, hat sein Verbreitungsgebiet ins nördliche Nordamerika ausgedehnt. Die Familie Procyonidae ist ausschließlich auf die Neue Welt beschränkt. Obwohl alle Vertreter dieser Familie Allesfresser sind, haben sich einige auf den Konsum von Früchten in einem Maße spezialisiert, das man nur bei wenigen anderen Carnivoren findet. Sie sind, bis auf die Nasenbären, nachtaktiv.

▼ Der südamerikanische Katzenfrett legt mit seiner biegsamen Schnauze die Insekten und Knollen frei, die einen wesentlichen Teil seiner Nahrung bilden.

Die Familie ist grundsätzlich durch morphologische Merkmale charakterisiert, darunter etwa Merkmale am Schädel. So besitzen sie eine tiefe, nach hinten weisende Grube in der äußeren Ohrregion und den Bögen des Innenohrs. Es handelt sich dabei um kleine Taschen, die mit der Innenohrregion verbunden sind, in der sich die Gehörknöchel befinden. Die Reißzahn-Schere, eines der basalen Carnivoren-Merkmale, wurde in dieser Familie stark abgewandelt. Nur beim Katzenfrett ist eine scharfe Schnittkante erhalten; dagegen besitzen die übrigen Arten dieser Familie ein verändertes Gebiß mit stumpfen oder gar überhaupt keinen Höckern, wie es etwa beim Wickelbären, *Potos flavus,* der Fall ist. Sieht man vom Kinkajou und dem Makibären, *Bassaricyon gabbii,* ab, weisen alle Procyoniden eine deutliche, schwarze Gesichtsmaske sowie Ringe über dem Schwanz auf.

Die Waschbären sind überwiegend Allesfresser. Sie bevorzugen allerdings aquatische Beute wie Frösche, Fische und Krebse, und sie fressen obendrein diverse Nüsse, Samen, Früchte und Eicheln. Sie haben die besondere Angewohnheit, ihre Nahrung mit ihren außerordentlich geschickten Vorderpfoten zu waschen. Sie sind nachtaktive Einzelgänger, die man in der Regel in bewaldeten Gebieten antrifft, wo sie ihren Unterschlupf in hohlen Bäumen oder Felsspalten haben. Aus diesem Grund gingen Waschbärpopulationen in ihrer Zahl drastisch zurück, als einige Landbesitzer die alten Bäume abholzten.

Nasenbären Die eng verwandten Nasenbären sind tagaktive Waldbewohner. Auffällige, individuelle Farbunterschiede sind bei diesen Tieren häufig. Im Jahre 1826 wurde ein Wurf beschrieben, in dem ein rotes, ein graues und ein braunes Individuum enthalten war; auch schwarze und rote Nasenbären sind nicht selten. Die Tiere sind Allesfresser, deren Nahrung sich überwiegend aus Insekten und Wurzeln zusammensetzt. Die Weibchen und Jungtiere leben in

Banden zusammen, die sich aus vier oder fünf bis zu fünfzig Exemplaren zusammensetzen. Sie gehen auf Nahrungssuche, indem sie sich über dem Waldboden verteilen und langsam vorangehen. Dabei graben sie alle denkbaren Nahrungsquellen aus und untersuchen sie genau. Ihre hochflexible Schnauze ermöglicht den Nasenbären, in Spalten und Löchern nach Nahrung zu suchen. Wenn sich die Tiere in den Bäumen aufhalten, dient der Schwanz zum Balancieren.

Die Männchen werden in der Gruppe nur zur Paarungszeit geduldet. Dann arbeitet sich ein dominantes Männchen zur Gruppe der nahrungssuchenden Tiere vor und kopuliert mit den Weibchen. Bald danach werden die Männchen aus der Gruppe vertrieben. Kurz vor der Niederkunft trennen sich auch die erwachsenen Weibchen von der Gruppe.

Über das Verhalten des Kleinen Nasenbären, *Nasuella olivacea,* ist nur wenig bekannt. Man vermutet jedoch, daß er sich von Larven und Würmern ernährt.

Maki- und Wickelbären Es handelt sich um überwiegend baumbewohnende Fruchtfresser. Sie nehmen unter Umständen jedoch auch Vögel und kleine Säuger zu sich. Mir ihrer länglichen Körperform und dem einfarbigen Fell haben sie das grundsätzliche Erscheinungsbild eines Primaten. Sie sind schnell, extrem agil und aktiv und unternehmen beständig nächtliche Wanderungen. Wickelbären erreichen eine Länge von 40 bis 60 Zentimeter und ein Gewicht von 1,5 bis 2,5 Kilogramm. Man hielt den Wickelbären ursprünglich für einen Lemur. Und die Art, in der er seine Füße und seinen Greifschwanz gebraucht, seine baumbezogene Lebensweise und seine Früchtenahrung können einen Beobachter noch immer dazu verleiten, ihn eher mit Affen als mit Carnivoren in Verbindung zu bringen. Die Wickelbären sind die einzigen neuweltlichen Carnivoren mit einem Greifschwanz.

Wiesel, Otter, Stinktiere und Dachse

Mit einer Artenzahl, die diejenige jeder anderen Carnivoren-Familie um beinahe das Doppelte übertrifft, bildet die Familie Mustelidae mit Abstand die entwicklungsgeschichtlich erfolgreichste Gruppe. Man findet sie in jedem Lebensraumtyp einschließlich des Salz- und des Süßwassers und auf jedem Kontinent, mit Ausnahme Australiens und der Antarktis. Trotz ihrer weiten Verbreitung und ihrer Häufigkeit, bekommt der Mensch sie selten zu Gesicht, denn sie sind nachtaktiv und leben auf Bäumen oder unterirdisch. Das Merkmal, für das diese Familie besonders bekannt (oder berüchtigt!) ist, ist die in der Analgegend gelegene Duftdrüse, die einen abstoßenden, fauligen Duft abgeben kann, manchmal über große Entfernungen.

Ihre Fortpflanzungsbiologie ist unter den Carnivoren einzigartig: Die Männchen sind in der Tendenz erheblich größer als die Weibchen (5 bis 25 Prozent), und die Geschlechter verbringen den größten Teil ihres Lebens allein. Die Paarung erfolgt keineswegs in gegenseitiger Übereinstimmung: Die Männchen pöbeln die Weibchen mit Gewalt an, halten sie, häufig mit einem Nackenbiß, nieder und kopulieren leidenschaftlich über einen längeren Zeitraum. Die durch die Kopulation ausgelöste Stimulation regt das Weibchen an, ein Ei zu entlassen; dadurch wird eine erfolgreiche Befruchtung garantiert.

Bei den anderen Säugetieren nistet sich das Ei nach seiner Befruchtung in der Uteruswand ein und beginnt sich zu entwickeln. Bei den Musteliden dagegen »treibt« das Ei innerhalb des Uterus umher, und die Einnistung verzögert sich um mehrere Monate.

Diese Familie von Pelztieren spielte ein wichtige historische Rolle bei der Ausbeutung zahlreicher Gebiete. Das Fell der Otter, Nerze *(Mustela vison),* Wiesel, Vielfraße *(Gulo gulo)* und Marder der Gattung *Martes* erzielt noch immer hohe Preise. Und der Fang dieser Arten wird in vielen Gegenden streng kontrolliert. Nerzfelle werden bei der Herstellung von Pelzmänteln so häufig gebraucht, daß diese Art mit Erfolg auf Farmen gezogen wird.

Die Musteliden unterscheiden sich von den übrigen Carnivoren durch ihre Moschusdrüse; es handelt sich um zwei modifizierte Hautdrüsen in der Nähe des Afters. Die Tiere besitzen an jedem Fuß fünf Zehen mit nicht einziehbaren Krallen. Der Schädel ist niedrig und flach, der Gesichtsschädel recht kurz. Auch die Zähne sind ungewöhnlich: Der zweite, obere Molar fehlt, ebenso die Kerbe im vierten, oberen Prämolaren - bei allen anderen Carnivoren sind sie vorhanden. Die meisten Musteliden besitzen einen oberen Molaren, der wie eine Sanduhr geformt ist.

Bei den Musteliden existieren vier Unterfamilien: die beinahe ausschließlich fleischfressenden Mustelinae (Wiesel, Vielfraße, Marder), die Melinae (Dachse), unter denen insekten- und fleischfressende Arten vorkommen, die Mephitinae (Stinktiere), die sich stark auf Insektennahrung spezialisiert haben, sowie die Lutrinae (Otter), die Fische und Weichtiere fressen.

▲ Der Wickelbär lebt in den Wäldern des tropischen Amerika und frißt in erster Linie Früchte und Nektar. Er gehört zu den ganz wenigen Carnivoren, die über einen Greifschwanz verfügen, der ihnen beim Klettern eine große Hilfe ist.

▼ Einer der kleinsten Vertreter der Waschbären-Familie, der Nordamerikanische Katzenfrett, ist zugleich einer der kompromißlosesten Fleischfresser. Er erbeutet Echsen und kleine Säuger, nimmt jedoch außerdem Früchte und Nüsse zu sich.

Erwin & Peggy Bauer/Bruce Coleman Ltd

▲ Der südamerikanische Tayra gehört zu der Wiesel-Familie und lebt überwiegend von Früchten. Sein langer Schwanz ist nicht greiffähig.

▼ Der Vielfraß ist ein Carnivor mit einem mächtigen Fell, der die kälteren Bereiche Eurasiens und Nordamerikas bewohnt.

Wiesel, Vielfraße und Marder Die Mustelinen bilden eine der erfolgreichsten Carnivorengruppen überhaupt. Die landbewohnenden und semi-aquatischen Vertreter dieser Familie, die als Wiesel bezeichnet werden, besitzen kurze, runde Ohren, extrem lange, zylindrische Leiber und kurze Beine. Sie fressen in der Regel unterirdisch und nachts und verfolgen ihre Beute, normalerweise Nagetiere, direkt in ihre Gangsysteme hinein. Eine Art, der Nerz, lebt semi-aquatisch und verbringt viel Zeit damit, im Wasser nach Mollusken, Krebsen und Fischen zu suchen. Der Schwarzfuß-Iltis, *Mustela nigripes,* hatte sich auf die Erbeutung der nordamerikanischen Präriehunde spezialisiert; als jedoch die Landbesitzer ihre Gebiete in Weideland für Vieh verwandelten und damit die Präriehunde ausrotteten, starb auch das Frettchen in der Wildnis aus. Marder sind baumbewohnende Wiesel, die allgemein etwas größer sind. Der größte Marder, der Fischermarder, *Martes pennanti,* erreicht eine Länge von 45 bis 75 Zentimeter und ein Gewicht von zwei bis fünf Kilogramm. Er ist der einzige Carnivor, der sich zum großen Teil von Stachelschweinen ernährt. Der Marder erreicht dies durch Geschwindigkeit und Geschicklichkeit. Die Verteidigungsstrategie des Stachelschweins besteht darin, seinen Rücken mit den aufgerichteten Stacheln, dem Raubtier entgegenzustrecken. Dann springt der Fischermarder rasch zum Kopf, wo sich keine Stacheln befinden, und greift an. Wenn das Stachelschwein tot ist, dreht es der Marder auf den Rücken und frißt es von der Unterseite her auf. Ein südamerikanischer, baumbewohnender Marder, der Tayra, *Eira barbarta,* weist in seinem Nahrungsspektrum einen hohen Gehalt an Früchten auf. Der größte Mustelide ist der Vielfraß; er übertrifft die kleinste Art, das Mauswiesel, an Gewicht um das Tausendfache. Vielfraße sind robust gebaut und haben kurze Beine. Sie ernähren sich von kleinen Huftieren und mittelgroßen Wirbeltieren. Sie sind daran angepaßt, relativ große Beutetiere im tiefen Schnee zu töten. Ihr Winterfell, das aus hohlen Haaren besteht, wird von den Eskimos wegen seiner isolierenden Eigenschaften geschätzt.

Dachse Dachse sind prinzipiell gedrungene, kurzbeinige, große Musteliden mit kräftigen, ineinandergreifenden Kiefern, die mit einem malmenden Gebiß zusammenwirken. Die meisten von ihnen sind Einzel-

Konrad Wothe/Bruce Coleman Ltd

Jeff Foott/Bruce Coleman Ltd

gänger, sieht man von dem eurasiatischen Dachs, *Meles meles,* ab, der in Gruppen lebt und sich primär von Würmern und Larven ernährt. Mit einer Kopf-Rumpflänge von 60 bis 85 Zentimeter ist der eurasiatische Dachs geringfügig größer als der nordamerikanische, *Taxidea taxus.* Letzterer frißt mittelgroße Wirbeltiere; er gräbt mit seinen kräftigen Vordergliedmaßen und Krallen Nagetiere aus. Die Naturgeschichte der südostasiatischen Dachse ist weitgehend unbekannt.

Otter Die erfolgreichsten aquatischen Carnivoren sind, wenn man von den Robben absieht, die Otter. Sie verbringen beinahe den ganzen Tag mit der Nahrungssuche im Wasser. Es gibt sie im Süß- und im Salzwasser. Ihre Zehen sind durch Schwimmhäute verbunden, und sie besitzen steife Haare an der Schnauze, die sie als Tastsensoren einsetzen. Die meisten Otter sind typische, einzelgängerische Musteliden. Nur der Seeotter lebt in Gesellschaft, und die Männchen und Weibchen dieser Art bilden verschiedene Gruppen in unterschiedlichen Küstengebieten. Der Riesenotter, *Pteronura brasiliensis,* dessen Kopf-Rumpflänge von 85 bis 140 Zentimeter reicht und der 20 bis 35 Kilogramm wiegt, jagt gelegentlich in Gruppen. Beim Schwimmen übernimmt der muskulöse Schwanz den größten Anteil am Vortrieb, und die Beute wird mit den Zähnen angegriffen. Dagegen ergreift der östliche Kurzkrallenotter, *Aonyx cinerea,* Wirbellose, von denen er sich ernährt, mit den Füßen. Die Seeotter benutzen häufig »Werkzeuge«, wie etwa flache Steine, um Muschelschalen aufzubrechen.

Stinktiere Die neuweltliche Unterfamilie der Stinktiere, der Mephitinae, ist vermutlich die verrufenste aller Musteliden. Bei ihnen ist die - übrigens bei allen Musteliden vorhandene - Analdrüse zu einem Organ umgewandelt, das über große Entfernungen eine faulig riechende Flüssigkeit abstoßen kann. Die aus einem lebhaften Schwarzweiß-Muster bestehende Färbung der Stinktiere warnt die meisten potentiellen Räuber vor dem, was diesen bevorsteht. Stinktiere sind Allesfresser, die Insekten und gelegentlich kleine Wirbeltiere zu sich nehmen. Sie besetzen damit eine Nische, die der einiger Mangusten nicht unähnlich ist.

▲ Ein Seeotter mit seinem Jungen. Diese Vertreter dieser nordpazifischen Art verbringen beinahe ihr gesamtes Leben im Wasser. Sie schlafen sogar an der Oberfläche.

▼ Ein schwimmendes Stinktier. Auch wenn es kein gewohnheitsmäßiger Schwimmer ist, kann das Stinktier - wie übrigens die meisten Säuger - schwimmen, wenn es muß.

Jen & Des Bartlett/Bruce Coleman Ltd

DIE KATZENÄHNLICHEN CARNIVOREN

Die katzenähnlichen Carnivoren der Unterordnung Feliformia entwickelten sich, wie man vermutet, aus einem Vorfahren, der Ähnlichkeiten mit der ausgestorbenen Familie Viverravidae hatte (die ebenfalls zu dieser Unterordnung gehört). Diese Tiere glichen eher Schleichkatzen und lebten während des Eozäns. Die Feliformen sind Landbewohner; lediglich der Mempalon und das Sumpfichneumon, *Atilax paludinosus*, leben semi-aquatisch.

▲ Der Bänder-Linsang aus der Umgebung Indonesiens, ist eine baumbewohnende Zivette, die kleine Wirbellose frißt.

▼ Die aus dem Mittelmeergebiet stammende Gemeine Ginsterkatze jagt geschickt nach kleinen Wirbeltieren.

Civetten und Genetten

Das Zibet-Öl ist ein Produkt, das mehrere Jahrhunderte lang eine wichtige ökonomische Bedeutung hatte. Es wird aus der Zibet-Drüse gewisser Vertreter der Viverridae gewonnen. Diese in der Genitalregion angesiedelte Drüse kommt nur bei dieser Carnivorenfamilie vor. Das Zibet-Öl oder »Zibeton« wird gereinigt und diente als Grundlage für Parfüm.

Zu den Viverridae gehören auch einige der verschiedenartigsten und interessantesten Carnivorenarten, die gleichzeitig auch zu den am wenigsten bekannten und untersuchten Arten gehören. Das liegt möglicherweise daran, daß die meisten in den Tropen leben, noch dazu einzeln und nächtlich, wodurch sie schwer zu beobachten sind. Die Viverriden kommen überall in Afrika und Südasien vor. Einige Arten sind recht häufig, so etwa der Fleckenmusang, der manchmal wegen seiner Vorliebe für gegorenen Palmensaft (Toddy) als »Toddy cat« bezeichnet wird. Der Fleckenmusang ist dafür berüchtigt, daß er Kaffeeplantagen plündert. Von wenigen Arten abgesehen, wissen wir wenig über die relative Häufigkeit oder Verbreitung dieser Familie; unsere Kenntnisse sind auf vereinzelte Berichte, die während des letzten Jahrhunderts aufgezeichnet wurden, beschränkt. Angesichts der alarmierenden Geschwindigkeit, in der die Tropen heute zerstört werden, besteht die ernste Gefahr, daß einer der häufigsten Bewohner des tropischen Regenwaldes, die Familie Viverridae, mehr als andere darunter leidet.

Da die Viverriden eine derart breitgefächerte Vielfalt ökologischer Typen hervorgebracht haben, ist es nicht leicht, die Morphologie der gesamten Familie zu beschreiben. Das am weitesten verbreitete Merkmal, die Zibet-Drüse, kommt bei allen Gattungen vor, von wenigen Ausnahmen abgesehen, obwohl ihre genaue

Clem Haagner/Ardea London

Form und Lage variieren. Die meisten Viverriden besitzen ein sehr unspezialisiertes Gebiß, einen relativ langen Gesichtsschädel und einen Schwanz, dessen Länge der der Kopf- Rumpflänge entspricht oder diese gar übertrifft. Die Ohrregion bildet für diese Carnivorenfamilie ein Erkennungsmerkmal: Das Innenohr der Viverriden ist in zwei Kammern unterteilt, die man von außen am Schädel sehen kann.

Wegen der großen Verschiedenartigkeit, die in dieser Familie herrscht, ist es zweckmäßig, ihre Vertreter in Unterfamilien zusammenzufassen. Hier sollen vier berücksichtigt werden: Die Palmenroller (Paradoxurinae), die madagassischen Frettkatzen (Cryptoproctinae), die Echten Zibetkatzen (Viverrinae) und die Bänder-Zivetten (Hemigalinae).

Echte Zibetkatzen Die ursprünglichste und artenreichste Unterfamilie ist die der Viverrinae. Die Viverrinen liefern die Grundlage für die Parfüm-Industrie und werden in Europa von der Ginsterkatze, *Genetta genetta,* repräsentiert. Die Vertreter der verschiedenartigen Gattung *Genetta* leben auf Bäumen und sind langschnäuzige, katzenähnliche Tiere, die überall in Afrika und bis nach Südeuropa vorkommen. Sie ernähren sich von kleinen Wirbeltieren und Wirbellosen. Die größte Schleichkatze, die Afrika- Zibetkatze, und die entsprechenden indischen Zibetkatzen der Gattungen *Viverra* und *Viverricula* leben auf ebener Erde (sie gehören zu den wenigen nicht baumbewohnenden Gruppen) und erbeuten kleine bis mittelgroße Wirbeltiere.

Fanalokas Diese Schleichkatzen haben in ihrer Gesamterscheinung wenig gemein. Der Fossa, dominierender Carnivor Madagaskars, wirkt extrem katzenartig und besetzt auf der Insel auch die Nische einer Katze. Mit einer Länge von 70 bis 80 Zentimeter und einem Gewicht von sieben bis zwanzig Kilogramm hat er etwa die gleichen Ausmaße wie die Afrika- Zibetkatze. Diese Arten sind auch die größten Schleichkatzen. Der Fossa besetzt eine Nische, die der des südostasiatischen Nebelparders vergleichbar ist. Dagegen sind die Fanalokas in ihrer Ökologie und ihrem Erscheinungsbild eher fuchsähnlich. Vielleicht einer der interessantesten madagassischen Schleichkatzen ist der Falanouk, ein kleines (zwei bis fünf Kilogramm), langschnäuziges Tier mit einem buschigen Schwanz, der dem eines Eichhörnchens ähnelt und in dem das Tier Fettreserven speichert. Der Falanouk und der Fanaloka sind die einzigen Carnivoren, die Junge zur Welt bringen, die gleich nach der Geburt aktiv sind.

Palmenroller Die Palmenroller sind ein Beispiel dafür, daß sich eine Gruppe fleischfressender Carnivoren zu Fruchtfressern entwickelte. Die Palmenroller Südostasiens verbringen beinahe ihr gesamtes Leben in den Baumwipfeln. Bei einer Art wurde festgestellt, daß sie sich von mehr als 30 verschiedenen Fruchtsorten ernährt. In jüngerer Zeit wurde der Larvenroller, *Paguma larvata,* zu einem beliebten Nahrungsmittel in chinesischen Restaurants.

Bänderroller Ähnlich den madagassichen Frettkatzen bilden auch die Bänderroller eine recht unzusammenhängende Gruppe morphologischer Typen. Von allen Schleichkatzen ist diese Gruppe, deren Vertreter nur in Südostasien leben, am wenigsten untersucht. Wahrscheinlich ernährt sich der Bänderroller von kleinen Wirbeltieren und Insekten. Sowohl der Fleckenroller, *Chrotogale owstoni,* als auch der Falanouk besitzen lange, schmale Schnauzen und fressen Regenwürmer und andere Wirbellose. Beide Schleichkatzen sind auf dem Rücken mit erstaunlich schönen, breiten Querbändern verziert. Der Mampalon sieht einem Otter ähnlich und bewohnt auch einen vergleichbaren Lebensraum. Es ist jedoch nichts über seine Naturgeschichte bekannt.

Frans Lanting/Minden Pictures

▲ Der Fossa ist auf Madagaskar der beherrschende Carnivor. Hier leben keine einheimischen Vetreter der Hunde- oder Katzenfamilien.

▲ Die Afrikanische Zibetkatze ist die größte Zivette.

Frans Lanting/Minden Pictures

▲ Die Ringelschwanz-Manguste jagt auf Bäumen nach kleinen Reptilien, Säugetieren und Vögeln. Sie gehört zu den fünf auf Madagaskar beschränkten Arten, die sich von allen anderen Mangusten unterscheiden.

▼ Obwohl er mit den fleischfressenden Hyänen verwandt ist, frißt der Erdwolf beinahe nur Termiten. Zwar ist sein Gebiß degeneriert, das Tier ist jedoch weit weniger an seine Nahrung angepaßt als andere »Ameisenfresser« unter den Säugern.

Mangusten

Bei den Mangusten handelt es sich um kleine Carnivoren der Familie Herpestidae. Sie zeichnen sich durch lange, schlanke Körper aus, die gut daran angepaßt sind, Tiere in deren Bauten hinein zu verfolgen; allerdings ernähren sie sich in erster Linie von Insekten. Die meisten Mangusten sind tagaktiv. Keiner von ihnen verfügt über einziehbare Krallen, die für das meisterhafte Klettern im Bäumen nötig sind, und nur wenige weisen eine äußere Zeichnung auf. Mangusten sind grundsätzlich einfarbig; allerdings besitzen einige wenige Streifen am Hals oder eine abweichende Schwanzfärbung. Die Zebramanguste, *Mungos mungo,* trägt quer über dem Körper schwarze Streifen, und bei einigen madagassischen Mangusten (Galidiinae) verlaufen dunkle Längsstreifen entlang des Körpers. Die Mangusten sind in einem Gebiet oft die häufigsten Carnivoren. Man findet sie von der Wüste bis zum tropischen Regenwald, von Südafrika über den Mittleren Osten, Indien und Südostasien nördlich bis nach Zentralchina. Die Tiere sind als »Rattenfänger« berühmt und wurden daher auf zahlreichen Inseln der Alten und der Neuen Welt ausgesetzt. Man siedelte die tagaktive Manguste auch auf zahlreichen karibischen Inseln an, um die nachtaktiven Nagetiere in Schach zu halten, die sich am Zuckerrohr gütlich taten. Das Unternehmen war jedoch kein großer Erfolg, und heute betrachtet man diese Tiere in den meisten Gebieten, wo sie ausgesetzt worden waren, als eine Plage.

Mangusten sind kleine Tiere. Ihre Kopf-Rumpflänge reicht von etwa 25 bis 60 Zentimeter. Ihre Gesichter sind kurz, und in jedem Kiefer befinden sich zwei Molaren. Ihr Innenohr ist in zwei Kammern unterteilt. Diese sind allerdings, im Gegensatz zu den Verhältnissen der anderen Feliformen (Katzenartigen), voreinander und nicht in der typischen Weise nebeneinander angeordnet. Alle Mangusten besitzen einen Analsack, an dem sich mindestens zwei Drüsenöffnungen befinden. Am besten ist er bei den afrikanischen Mangusten entwickelt, am geringsten bei den madagassischen Mangusten. Die Drüsen entlassen ihren Duft zusammen mit den Exkrementen und informieren dadurch andere Mangusten über den Sexualstatus und andere Eigenschaften ihres Trägers.

Die Mangusten werden in einem Alter von 18 bis 24 Monaten geschlechtsreif. Die Größe des Wurfes variiert von einer Art zur anderen, es kommen jedoch im Prinzip nach einer Entwicklungszeit von sechs bis neun Monaten zwei bis acht Junge zur Welt. Bei den einzeln lebenden Arten werden die Jungen allein von der Mutter aufgezogen. Bei den mehr gesellschaftsorientierten Arten werden die Jungen unter Umständen von mehreren erwachsenen Weibchen versorgt.

Mangusten leben eigentlich auf ebener Erde und besitzen nur unzureichende Kletterkünste. Lediglich das Rotichneumon, *Herpestes sanguineus,* und der Ringelmungo, *Galidia elegans,* suchen die Bäume auf. Eine Art, das Sumpfichneumon, lebt semi- aquatisch, und eine andere, die Krabbenmanguste, *Herpestes urva,* hat sich weitgehend auf eine Nahrung aus aquatischen Krebsen spezialisiert. Die meisten leben einzeln oder paarweise. Die Vertreter der Unterfamilie Mungotinae zeichnen sich durch ihre Kolonien und ihre Sozialsysteme aus. Das Zwergichneumon, *Helogale parvula,* und die Zebramangusten streifen in Gruppen von 5 bis 20 Tieren umher. Von der Fuchsmanguste, *Cynictis penicillata,* wurden sogar Kolonien mit 50 Individuen angetroffen. Sowohl die Fuchsmanguste als auch das Erdmännchen, *Suricata suricata,* leben zuweilen in Gangsystemen in enger Nachbarschaft zu den Afrikanischen Borstenhörnchen der Gattung *Xerus.*

Wardene Weisser/Ardea London

Hyänen und Erdwölfe

Nur wenige, die einmal den Ruf der gefleckten Hyäne, *Crocuta crocuta,* in einer windstillen afrikanischen Nacht gehört haben, werden die Nähe eines der furchterregendsten Raubtiere Afrikas vergessen können. Es gab eine Zeit, in der die Hyänen die Nische der Carnivoren beherrschten, und fossile Hyänen fand man in Nordamerika, Europa, Asien und Afrika. Heute besteht die gesamte Familie aus vier Arten, die drei Gattungen repräsentieren. Die Hyänen sind eigentlich Bewohner der offenen Lebensräume und werden in bewaldeten Gebieten niemals angetroffen.

Diese Tiere werden recht gut durch ihre Trivialnamen beschrieben: Die gefleckte, gestreifte *(Hyaena hyaena)* und die Schabracken-Hyäne *(Hyaena brunnea)* sind leicht auseinanderzuhalten. Ihre Kopf-Rumpflänge variiert von einem bis 1,4 Meter, ihr Gewicht von 30 bis 80 Kilogramm. Ganz anders stellt sich das wolf- oder hundeähnliche Erscheinungsbild des Erdwolfs, *Proteles cristatus,* dar, der keine Streifen besitzt. Alle Vertreter haben eine auffällige Rückenmähne und eine Analtasche, die in ihrer Struktur unter den Feliformen einzigartig ist und benutzt wird, um Duftmarken zu setzen. Der Schädel unterscheidet sich vom dem aller übrigen Carnivorenfamilien durch seine Innenohrregion. Das Innenohr besteht aus zwei getrennten Kammern, wie man sie auch bei den Katzen, Schleichkatzen und Mangusten findet; jedoch sind diese Kammern bei den Hyänen nicht, wie bei den anderen Carnivorenfamilien, neben-, sondern übereinander angeordnet.

Die Vertreter der beiden Gattungen echter Hyänen, *Crocuta* und *Hyaena,* gehören zu den größten bekannten Raubtieren. Sie besitzen massive, lange Vorderbeine, die hinteren dagegen sind kurz. Das letzte Glied dieser Familie, der Erdwolf, ernährt sich beinahe vollständig von Termiten. Obwohl er viel Ähnlichkeit mit Hyänen hat, ist er wesentlich schlanker gebaut und besitzt zapfenförmige Zähne.

Echte Hyänen Die echten Hyänen besitzen einen großen Kopf mit eindrucksvollen, hohen Knochenkämmen auf dem Schädel. Hier setzt die massive Kiefermuskulatur an, die diesen Tieren eine Beißkraft verleiht, die von kaum einem anderen Carnivoren übertroffen wird. Mit ihrem robusten, knochenzermalmenden Gebiß sind diese Raubtiere hervorragend an den Verzehr von Aas angepaßt.

Wie die anderen Carnivoren sind auch die Hyänen wenig wählerisch. Allerdings stammt ein großer Teil ihrer Nahrung aus dem Aas großer, gerissener Huftiere. Ihr Verdauungssystem ist in der Lage, beinahe das gesamte Aas zu zermalmen und aufzulösen; allerdings werden Hufe, Gehörne und andere Substanzen, die sich nicht in Pellets auflösen lassen, wieder ausgewürgt. Die gefleckte Hyäne jagt in Gruppen von 10 bis 30 Individuen, und für verschiedene Typen von Beutetieren werden unterschiedliche Jagdstrategien angewendet. Bei dieser Art sind die Weibchen größer als die Männchen. Sie bringen ein bis vier Jungtiere zur Welt.

Der Erdwolf Der Erdwolf ist ein einzelgängerischer Streuner und ernährt sich während der größten Zeit des Jahres von wenigen Termitenarten. Er ist nachtaktiv, bewohnt gerne Höhlen und ortet seine Beute in erster Linie mit dem Gehör. Da Zähne für ein Tier, das beinahe nur Termiten frißt, vergleichsweise nutzlos sind, ist das Gebiß soweit reduziert, daß die Zähne nicht viel mehr als kurze Stummel sind. Die Länge des Erdwolfs beträgt 63 bis 75 Zentimeter, sein Gewicht 7 bis 12 Kilogramm.

Löwen, Tiger und Katzen

Von allen Carnivoren fressen die Katzen der Familie Felidae mit Sicherheit das meiste Fleisch. Katzen können ihre Nahrung nicht zermalmen, denn ihre Zähne bestehen beinahe vollständig aus scharfen, scherenähnlichen Klingen, die keine ebenen Oberflächen zum Zermalmen aufweisen. Um ihre Nahrung zu kauen, müssen sie ihren Kopf zur Seite drehen und sie mit ihrer scharfen, raspelähnlichen Zunge um ihre Reißzähne manövrieren, um sie in Stücke zu zerschneiden, die sie schlucken können. Das entscheidende Merkmal der Feliden sind die hornigen Papillen auf ihrer Zunge. Zudem besitzen sie in jedem Kiefer nur einen Backenzahn. Die Gesichter der Feliden sind kurz, ihre Augen weisen nach vorn, und ihre Köpfe sind hoch gewölbt. Sie zeigen nicht die Vielfalt der Körperformen, die in den anderen Carnivorenfamilien vorherrscht. Ihr beidäugiges Sehvermögen, ihr einzigartiges Gebiß und andere Veränderungen haben es den Katzen ermöglicht, sich an eine breite Vielfalt von Umweltbedingungen anzupassen, von den Wüstengebieten der Sahara bis zur Arktis. Obwohl sie im Prinzip Fleisch fressen, nehmen wenigstens zwei Arten auch andere Nahrung zu sich: die Fischkatze, *Felis viverrina,* die sich auf Krebse spezialisiert hat, sowie die Flachkopfkatze, *Felis planiceps,* die sogar Früchte frißt.

Alle Katzen sind in einem gewissen Rahmen fähig, auf Bäume zu klettern. Sie sind häufig Pirschjäger oder töten aus dem Hinterhalt, und die Beute wird schließlich mit einem plötzlichen Satz erlegt.

Der Tradition entsprechend, teilt man die Katzen in drei Gruppen ein: die Großkatzen, die man Pantherinen nennt, die Kleinkatzen (Felinen) sowie den Gepard. Abgesehen von der Körpergröße, besteht der wesentliche Unterschied zwischen den Pantherinen und den Felinen darin, daß die Kleinkatzen schnurren, aber nicht brüllen können. Bei den Großkatzen ist es umgekehrt.

Der Gepard Der Gepard, dessen Gewicht von 35 bis 65 Kilogramm reicht, ist der einzige echte Verfolgungsjäger in der Katzenfamilie. Seine Geschwindigkeit ist erstaunlich: Er wurde mit 95 Stundenkilometern gestoppt. Unglücklicherweise muß die Katze bei dieser Beschleunigung enorme Energiemengen auf-

▼ Der Gepard ist als das schnellste Landtier bekannt. Er ist jedoch eher ein Sprinter als ein Langstreckenläufer: Eine Jagd geht selten über 20 Sekunden hinaus.

Anup & Manoj Shah/Planet Earth Pictures

A. Visage/Auscape International

▲ Die Tiger besitzen eine überwiegend tropische Verbreitung. Allerdings ist der Lebensraum der sibirischen Rasse im Winter tief mit Schnee bedeckt.

wenden und baut so sehr viel Wärme auf. Grundsätzlich dauert eine Jagd nur 20 Sekunden. Bereits nach kurzer Zeit wird die Wärmelast so groß, daß sich die Katze, wie ein Wettläufer, der sich übernommen hat, überhitzt und außer Atem kommt. Hat ein Gepard seine Beute gefangen, muß er häufig innehalten, abkühlen und wieder zu Atem kommen. In diesem Zeitraum kommt es vor, daß sich andere Raubtiere dessen Unpäßlichkeit zunutze machen und ihm seine Beute stehlen.

Jonathan Scott/Planet Earth Pictures

▲ Die afrikanischen Löwen sind die geselligsten Großkatzen.

Der Tiger Zu den Pantherinen gehören einige der eindrucksvollsten Carnivoren, wie der Tiger, *Panthera tigris,* der Löwe und der Leopard, *Panthera pardus.* Der Tiger ist mit einem Gewicht von 130 bis 300 Kilogramm die größte Katze und der einzige Carnivor, der gelegentlich seinen Speiseplan dadurch ergänzt, daß er Menschen angreift. Er lebt von sehr großer Beute - 50 bis 200 Kilogramm - jagt allein und wartet im Hinterhalt, um seine Beute zu schlagen. Er ist ein Einzelgänger. Eine nennenswerte soziale Einheit bilden nur das erwachsene Weibchen mit seiner unmittelbaren Nachkommenschaft. Weibchen und Männchen besetzen Reviere, die sich mit denen anderer Geschlechtsgenossen jeweils nicht überschneiden.

Der Löwe Im Gegensatz dazu ist der Löwe der geselligste Vertreter der gesamten Katzenfamilie. Zudem weist er den auffälligsten Geschlechtsdimorphismus auf: Die Männchen besitzen eindrucksvolle Mähnen und sind 20 bis 35 Prozent größer als die Weibchen. Bei den Löwen wird die wichtigste soziale Einheit vom Rudel gebildet, das sich normalerweise aus fünf bis fünfzehn erwachsenen Weibchen und deren Nachkommen sowie einem bis sechs erwachsenen Männchen zusammensetzt. Die Löwen, deren Gewicht von

▲ Kleinkatzen. Oben links: Der Karakal aus Afrika und Asien. Oben rechts: Der asiatische Nebelparder. Unten links: Der Ozelot der beiden amerikanischen Kontinente. Unten rechts: Auch der Jaguarundi kommt in Nord- und Südamerika vor.

120 bis zu 240 Kilogramm variiert, jagen gemeinsam und töten regelmäßig Beute, die schwerer ist als 250 Kilogramm. Die großen Männchen mit ihren weithin sichtbaren Mähnen beteiligen sich daran nur wenig. Die übliche Jagdstrategie der erwachsenen Weibchen besteht darin, auszuschwärmen, die Beute zu umzingeln und sich langsam an das erwählte Opfer heranzuschleichen. Mit einer letzten, kurzen Beschleunigung aus dem Hinterhalt wird die Beute überwältigt.

Der Leopard Der außerordentlich weitverbreitete Leopard und seine ökologische Entsprechung, der Jaguar *(Panthera onca),* weisen einen erstaunlich hohen Prozentsatz an melanistischen (vollständig schwarzen) Individuen auf. Das Gewicht des Leoparden beträgt 30 bis 70 Kilogramm, das des Jaguars 55 bis 110 Kilogramm. Es handelt sich um einzeln und nächtlich jagende Tiere, die sich eine kleinere Beute suchen als es Löwen oder Tiger tun, und sie können recht gut klettern. Der Nebelparder, *Neofelis nebulosa* (Gewicht: 15 bis 35 Kilogramm), jagt beinahe ausschließlich in den Bäumen und erbeutet dort Affen, kleine, baumbewohnende Säuger und Vögel. Schneeleoparden, *Panthera unica,* sind in einzigartiger Weise an große Höhen und schneebedeckte Gebiete angepaßt: Ihre Füße sind mit einem dichten Fell bedeckt. Sie jagen einzeln nach großen Huftieren.

W. CHRIS WOZENCRAFT

Stefan Meyers/Ardea London

▲ Leoparden ruhen häufig in Bäumen und verkeilen ihre tote Beute auch in Astgabeln, um sie aus der Reichweite von Konkurrenten und Aasfressern zu entfernen.

Frans Lanting/Bruce Coleman Ltd

▲ Eine Kolonie kalifornischer Seelöwen. Seelöwen schwimmen mit ihren flossenähnlichen Armen und jagen unabhängig voneinander. Sie bilden jedoch dichte Verbände, wenn sie zur Fortpflanzung an Land kommen.

PINNIPEDIER: DAS LEBEN AN LAND UND IM MEER

Seehunde, Seelöwen und Walrosse haben sich mit ihren stromlinienförmigen Leibern und den Gliedmaßen, die zu Flossen umgewandelt wurden, an das Leben im Wasser anpaßt. Sie verbringen darin einen großen Teil ihres Lebens, kommen jedoch zur Fortpflanzung an Land. Unterschiedliche Veränderungen der Hinterflossen führen dazu, daß einige sich an Land besser fortbewegen können als andere. So sind die Vertreter der Familie Phocidae unfähig, ihre Hinterflossen an den Knöcheln nach vorn zu beugen, daher bewegen sie sich an Land humpelnd vorwärts. Den Phociden fehlt zudem eine äußere Ohrmuschel, und die Nägel der Hinterflossen sind allesamt gleich groß. Die Phociden können im Meer, im Brack- oder im Süßwasser leben.

Die Vertreter der beiden Familien Otariidae (Seelöwen und Seebären) und Odobenidae (Walrosse) sind allesamt marin. Sie können ihre Flossen am Knöchel nach vorn biegen, so daß ihre Fortbewegung an Land der eines »Vierfüßlers« weit ähnlicher ist. Die Nägel an den hinteren Flossen sind an den beiden äußeren Fingern sehr klein, an den mittleren drei dagegen länger.

Die Seelöwen und Seebären verfügen über eine kleine, äußere Ohrmuschel sowie über schmale, knorpelige Auswüchse an jedem Finger der Hinterflossen, die zurückgelegt werden können, so daß sich die mittleren drei Nägel für die Fellpflege einsetzen lassen. Den Walrossen fehlt die äußere Ohrmuschel, und die Auswüchse an den hinteren Fingergliedern sind viel kleiner. Diese drei Familien aquatischer Carnivoren unterscheiden sich auch durch zahlreiche Merkmale am Schädel.

Anmerkung: *Zu den in diesem Absatz folgenden englischen Fachbegriffen gibt es keine deutschen Entsprechungen; man könnte nur von »Herden«, »Jungtiergemeinschaften« etc. sprechen, was von der Fachterminologie her allerdings sinnlos wäre.*
Die englischen Begriffe, die mit den Pinnipediern in Zusammenhang gebracht werden, sind recht interessant. So ist eine große Gruppe eine »Herd«, eine Gemeinschaft sich fortpflanzender Tiere jedoch ein »Rookery«. Die erwachsenen Männchen nennt man Bullen, die Weibchen Kühe, und die neugeborenen Jungen heißen »Pups« (bei Walrossen Kälber). In einem Alter von etwa vier Monaten bis zu einem Jahr wird das Junge als Jährling bezeichnet, eine Gruppe von »Pups« ist ein »Pod«, und die noch nicht geschlechtsreifen Männchen sind Junggesellen.

Die meisten Seehunde fressen Fische, zehn- und achtarmige Tintenfische, Krebse aller Größen einschließlich des Krills, Mollusken und Neunaugen. Seeleoparden, *Hydrurga leptonyx,* und einige Seelöwen verschmähen auch Pinguine und Aas nicht, und sie greifen, wie man weiß, auch die Jungen anderer Seehunde an. Die Nahrung variiert allerdings mit der geographischen Lage.

Ihre natürlichen Feinde ändern sich je nach Örtlichkeit. Das Spektrum reicht von Haien, Schwertwalen und Eisbären bis zum Menschen und seiner Umweltverschmutzung.

Seelöwen und Seebären

Sowohl die Seelöwen als auch die Seebären (Otariiden) und das Walroß stammen von Vorfahren ab, die vor etwa 23 Millionen Jahren im Nordpazifik lebten. Diese stammen ihrerseits von frühen, bärenähnlichen Vorfahren.

Seelöwen Die fünf Arten der Seelöwen sind noch immer Bewohner der Pazifikküsten. Es sind große Tiere: Die erwachsenen Männchen werden zwei bis drei Meter lang, die Weibchen bleiben kleiner. Die Jungen sind bei der Geburt 70 bis 100 Zentimeter lang. Das Fell besitzt nur ein spärliches Unterfell und ist daher recht grob, und bei den erwachsenen Männchen trägt der muskulöse Hals eine Mähne. Die Männchen sind dunkelbraun, die Weibchen sind häufig heller bis ins Graue hinein gefärbt. Der männliche australische Seelöwe, *Neophoca cinerea,* ist oben am Kopf sogar weiß. Die größte Art ist Steller's Seelöwe, *Eumetopias jubatus,* die geräuschvollste der kalifornische Seelöwe, *Zalophus californianus.* Er bellt beinahe ununterbrochen und ist die in Zoo und Zirkus am häufigsten gezeigte Robbe. Der australische Seelöwe ist auf die Küstengewässer Australiens beschränkt, und der Auckland-Seelöwe, *Phocarctos hookeri,* ist die am weitesten südlich vorkommende Art; sie lebt auf den Auckland-Inseln.

Seebären Es existieren zwei Gattungen: *Arctocephalus* mit acht Arten und *Callorhinus* mit nur einer.

Callorhinus, der Nördlichen Seebär, hat seine Hauptfortpflanzungsgebiete auf den Pribilof-Inseln und den Commander-Inseln in der Behring-See. Außerhalb der Fortpflanzungszeit verbringen die männlichen Tiere den Winter im Norden, die Weibchen und Jungtiere verbreiten sich dagegen weithin an den Küsten des nördlichen Pazifik nach Süden bis nach Japan und Kalifornien. Als die Pribilof-Inseln im Jahre 1786 entdeckt wurden, lebten dort mehr als zwei Millionen Seebären. Die Beliebtheit ihres weichen Unterfells führte jedoch zu einer unkontrollierten Bejagung und einem drastischen Schwund der Herde. Erst ein internationales Übereinkommen der nordpazifischen Länder führte zu Untersuchungen und einer überwachten Robbenjagd. Auf diese Weise sind die Herden heute wieder auf einen Bestand von annähernd zwei Millionen Tiere angewachsen.

Im Juni wird die kommerzielle Robbenjagd für einen Monat freigegeben, und es wird eine regulierte Zahl junger Männchen einer bestimmten Länge erlegt. Auch die Gesamtzahl der Herde steht unter genauer Beobachtung. Der Blubber (Fettgewebe) wird von den Häuten entfernt, anschließend werden sie in Salz eingepackt. Viele der Häute werden in den Vereinigten Staaten. Drei Monate und 125 Arbeitsgänge trennen die rohe Haut vom fertigen Pelzmantel. Das lange, rauhe Schutzfell wird entfernt, das weiche, dicke Unterfell gefärbt. Dann wird das Fell behandelt, um es geschmeidig zu machen. Die Robbenkadaver werden zu Hühnerfutter verarbeitet, und das Blubber-Öl dient der Seifenfabrikation.

Wirtschaftlich begehrt ist lediglich das weiche Unterfell. Das Robbenfell besteht aus längeren, steiferen Schutzhaaren, die eine Schicht feiner, weicher, kastanienfarbener Haare des Unterfells bedecken. Bei den meisten Robben sind die Haare des Unterfells recht

▼ Kap-Seebären. Diese Art frequentiert die Küsten Afrikas und Südaustraliens. Ähnlich den Seelöwen, besitzen auch die Seebären sichtbare Ohren und können, wenn sie sich an Land bewegen, ihre Hinterflossen einsetzen.

Dr Eckart Pott/Bruce Coleman Ltd

spärlich, nicht jedoch bei den Seebären. Da die Schutzhaare tiefer reichende Wurzeln besitzen, werden sie entfernt, indem man die innere Oberfläche der Haut rasiert.

Die Nördlichen Seebären sind dunkelbraun und besitzen eine typische, kurze und spitze Schnauze. Die erwachsenen Männchen werden etwa 2,1 Meter lang, die Weibchen sind geringfügig kleiner. Die neugeborenen Jungen sind 66 Zentimeter lang und schwarz.

Die Seebären der Gattung *Arctocepahlus* sind überwiegend an den Küsten der subantarktischen Inseln verbreitet. Man findet sie an den Küsten sowie an den Inseln vor der Küste Australiens, Neuseelands, Südamerikas und Südafrikas und an etwas stärker isolierten Inseln wie Macquarie, South Georgia, Bouvet und Marion. Diejenigen auf Guadalupe, Galapagos und den Juan Fernandez- Inseln sind weniger gut bekannt, über die anderen weiß man jedoch etwas mehr. Alle diese Seebären hatten unter der wahllos durchgeführten Robbenjagd des neunzehnten Jahrhunderts zu leiden, und die Populationen sind sogar heute noch dabei, ihre Bestände aufzubauen. Gegenwärtig werden nur die uruguayanischen Populationen der südamerikanischen Seebären, *A. australis* und der südafrikanischen Seebären, *A. pusillus pusillus,* auf einer sorgfältig kontrollierten kommerziellen Basis ausgebeutet.

Die Länge der *Arctocephalus-Robben* reicht vom Kopf bis zum Schwanz von 1,5 bis 2,2 Meter. Dabei sind die Tiere auf Galapagos die kleinsten, die südafrikanischen und australischen die größten. Die ausgewachsenen Weibchen sind etwas kleiner, und die Länge der neugeborenen Jungen beträgt 60 bis 80 Zentimeter.

Alle diese Seebären sind sehr ähnlich gefärbt: Die erwachsenen Männchen haben eine dunkle, schwärzlich-braune Farbe, dabei bilden etwas längere Haare am Hals eine grobe Mähne. Die Weibchen sind bräunlich-grau gefärbt, und ihr Bauch ist geringfügig heller. Lediglich bei den subantarktischen Seebären, *A. tropicalis,* sind Brust und Gesicht deutlich cremefarben. Auf dem Kopf befindet sich ein Büschel längerer Haare, die sich zu einem Kamm aufrichten, wenn das Tier erregt ist. Die neugeborenen Jungtiere besitzen weiche, dunkle Felle, die nach drei bis vier Monaten nach einem Fellwechsel die Farbe der Erwachsenen annehmen.

Walroß

Als das ursprünglich pazifische Walroß des Oligozäns ausstarb, wanderte eine Gruppe vor sieben bis acht Millionen Jahren in den Atlantik ein und entwickelte sich zu den modernen Tieren. Der drei Meter lange und 1,2 Tonnen schwere, stämmige Körper, die braune, schrumpelige und spärlich behaarte Haut sowie die langen Stoßzähne machen die Walrosse unverwechselbar. Sie leben in den seichteren Gewässern der arktischen Meere. Sie leben gesellig in großen Gruppen auf treibendem Packeis.

Die in beiden Geschlechtern vorhandenen langen Stoßzähne sind modifizierte, obere Eckzähne, die bis zu 35 Zentimeter lang werden. Es sind jedoch auch Rekord-Hauer von einem Meter bekannt. Das Elfen-

▼ Eine Junggesellenherde von Walrossen. Mit den Stoßzähnen, die übrigen bei beiden Geschlechtern vorhanden sind, lösen die Tiere Muscheln aus dem Sediment am Meeresboden. Bei den Männchen hängt die Länge der Zähne auch mit der Rangordnung zusammen.

Leonard Lee Rue/Bruce Coleman Ltd

bein besitzt ein typisches, körniges Erscheinungsbild, das sich in Schnitzereien leicht erkennen läßt. Mit Hilfe der Stoßzähne und der kräftigen Tasthaare wühlen die Tiere den Meeresboden auf, um Mollusken aufzuspüren, deren Weichteile dann aus den Schalen herausgesogen und gefressen werden.

Da sich die Embryonalentwicklung über fünfzehn Monate erstreckt, kann ein Walroß nur alle zwei Jahre ein Kalb zur Welt bringen. Die älteren Weibchen pflanzen sich sogar noch seltener fort. Die etwa 1,2 Meter langen Kälber bleiben zwei Jahre lang bei der Mutter. Derweil werden sie gesäugt und finden unter ihrer Brust vor dem ärgsten Wetter Schutz.

Beim erwachsenen, männlichen Walroß sind die Wandungen seines Schlundes sehr elastisch und zu einem Paar von Taschen zwischen den Halsmuskeln erweitert. Diese Taschen werden aufgeblasen und als Bojen eingesetzt. Außerdem dienen sie als Resonanzkörper, um die glockenähnlichen Töne zu verstärken, die die Tiere während der Paarungszeit ausstoßen.

Phociden

Die Phociden entwickelten sich in den Randgebieten des Nordatlantiks aus einem Bestand primitiver Musteliden (Wiesel und Verwandte). Es scheint jedoch, daß sie in der Mitte des Miozäns (vor 14 Millionen Jahren) schon richtige Phociden waren. Die Phociden oder echten Seehunde unterteilen sich in die »nördlichen Phociden« und die »südlichen Phociden«; allerdings ist diese Einteilung nicht präzise.

Die nördlichen Phociden Die nördlichen Phociden, insgesamt vier Gattungen und zehn Arten von Seehunden, bewohnen die gemäßigten und arktischen Gewässer der nördlichen Halbkugel. Die Bartrobben, *Erignathus barbatus,* und die Eismeer- Ringelrobben, *Phoca hispida,* leben hoch in der Arktis. Die Ringelrobbe ist die häufigste Robbe der Arktis. Man findet sie bis zum Nordpol hinauf überall da, wo es im festen Eis offenes Wasser gibt. Die Bartrobbe trägt ihren Namen aufgrund ihres stattlichen Schnurrbarts, der sich merkwürdigerweise beim Trocknen an den Spitzen spiralig aufwinden kann.

Die Sattelrobben, *P. groenlandica,* und die Klappmützen, *Cystophora cristata,* leben im Meer um Labrador und Grönland herum. Dabei dringt die Sattelrobbe noch zur arktischen Küste Rußlands vor. Die kommerzielle Ausbeutung der ganz jungen Sattelrobben in ihrem ansprechenden, weißen Fell führte zu einer allgemeinen Empörung. Auch die als Blaurücken bekannten Jungen der Klappmützen wirken in ihrem ersten Fell recht attraktiv. Es ist am Rücken stahlblau und am Bauch weiß. Auch diese Tiere werden gejagt.

Die Klappmütze verdankt ihren Namen der vergrößerten Nasenhöhle der Männchen. Diese bildet oben auf dem Kopf ein »Kissen«, das mit zunehmendem Alter größer wird und sich bei geschlossenen Nasenlöchern mit Luft füllt. Die Klappmützen sind zudem in der Lage, den außerordentlich dehnbaren membranösen Teil ihres Zwischennasen-Septums aus einem Nasenloch herauszublasen, wodurch ein seltsamer »roter Ballon« entsteht. Zum Aufblasen der Klappe und des Ballons kommt es sowohl, wenn die Robbe erregt ist, als auch in Ruhezeiten.

Der Nordpazifik, etwa zwischen dem Ochotskischen Meer und der Behringsee, liegt die Heimat der Bandrobben, *P. fasciata,* und der Larga-Robben, *P. largha.* Die Kegelrobben, *Halichoerus grypus,* findet man an beiden Küsten des Nordpazifik und des Atlantik. Die Kaspi-Ringelrobbe, *P. caspica,* ist auf das Kaspische Meer beschränkt und die Baikalrobbe, *P. sibirica,* auf den Baikal- See, jenen tiefen See im Osten der Sowjetunion.

Die meisten Phociden sind, je nach Art, am Rücken grau und am Bauch heller gefärbt, schlicht oder gefleckt, mit breiten Flecken oder Ringen. Lediglich die Sattel- und Bandrobben sind auffällig gezeichnet. Die Sattelrobbe trägt auf ihrem Rücken einen deutlichen, schwarzen, hufeisenförmigen Fleck. Dagegen besitzt die Bandrobbe ein dunkles, schokoladenbraunes Fell mit breiten, weißen Streifen um den Hals, das Hinterende und um jede Vorderflosse herum.

Sieht man von den Kegelrobben, den Klappmützen und den Bartrobben ab, kommen die nördlichen Phociden mit einem ersten Fell aus weißem, wolligem Haar zur Welt, das nach zwei bis drei Wochen zugunsten eines anderen, das dem der Erwachsenen ähnlich ist, gewechselt wird. Bei den Bartrobben ist das erste, wollige Fell grau gefärbt. Und die Übrigen wechseln ihr erstes Fell, ehe sie geboren werden.

Bruce Coleman Ltd

▲ Eine weibliche Sattelrobbe mit Jungtier. Die Sattelrobben sind typische Phociden, denen äußere Ohren fehlen und die ihre Hintergliedmaßen nach hinten gedreht haben, um eine Schwanzflosse zu bilden. An Land bewegen sich die Tiere recht ungeschickt im »Raupengang«.

▼ Die Nasenhöhle einer männlichen Klappmütze erweitert sich zu einer aufblasbaren Hauttasche (der »Mütze«) an der Spitze des Kopfes. Wenn das Männchen ein Nasenloch schließt und ausatmet, kann es die Zwischenscheidewand durch das andere Nasenloch hinausdrängen und dabei einen roten »Ballon« erzeugen. Die Funktion dieser bizarren Demonstration ist noch nicht geklärt.

Norman R. Lightfoot/Bruce Coleman Ltd

Frans Lanting/Bruce Coleman Ltd

▲ Die Phociden, wie die hier gezeigte Mönchsrobbe, sind so stromlinienförmig gebaut, daß sie keine äußeren Ohren besitzen. Dennoch können sie ausgezeichnet hören. Viele Arten bedienen sich der Ultraschall-Echoortung, um sich in dunklen Gewässern zu orientieren und Nahrung zu finden.

▼ Der Krabbenfresser ernährt sich keineswegs von Krebsen. Bei geschlossenem Maul bilden seine Zähne ein Sieb, mit dem er kleine, garnelenartige Tiere (Krill) aus dem Wasser filtern kann, das er zuvor in sein Maul gebracht hat - wie ein Bartenwal.

Die Länge der meisten nördlichen Phociden variiert von 1,3 bis zu 1,8 Meter, und ihre Jungen sind 65 bis 90 Zentimeter lang. Die Kegelrobben, Klappmützen und Bartrobben erreichen dagegen eine Länge von 2,2 bis 2,7 Meter. Dabei sind die Jungen der Klappmützen und der Bartrobben 1 bis 1,3 Meter groß; diejenigen der Kegelrobben bleiben mit 76 Zentimetern kleiner.

Die südlichen Phociden Die südlichen Phociden sind größer als die nördlichen; sie erreichen Längen von 2,2 bis drei Meter, ihre Jungen werden 80 bis 160 Zentimeter groß. Außerdem unterscheiden sich die nördlichen und südlichen Phociden durch zahlreiche Merkmale des Schädels und des Skeletts. Allerdings sind die sechs südlichen Gattungen nicht ausschließlich auf die südliche Hemisphäre beschränkt.

Die karibische Mönchsrobbe, *Monachus tropicalis,* ist bedauerlicherweise vielleicht schon ausgestorben. Sie lebte in der Karibik, und obwohl Columbus sie im fünfzehnten Jahrhundert beobachten konnte, wurde sie in den vergangenen dreißig Jahren nicht mehr zweifelsfrei gesichtet. Das Hauptverbreitungsgebiet der Mittelmeer-Mönchsrobbe, *Monachus monachus,* ist die Ägäis, und kleinere Individuenzahlen kommen an geeigneten Stellen von Zypern bis nach Cap Blanc an der Atlantikküste Mauretaniens vor. Die frühen griechischen Autoren wie Homer kannten und beschrieben diese Mönchsrobbe. Jedoch verursachte der Mensch durch den zunehmenden Verkehr und der Verschmutzung des Mittelmeers eine so intensive Schädigung dieser Tiere, daß ihre Zahlen immer weiter zurückgingen. Heute sind vielleicht nur noch 1000 Exemplare übrig. Offiziell ist diese Robbe geschützt, und öffentliche Aufklärung macht die Anwohner dieser Gebiete auf ihr Elend aufmerksam.

Auf den westlichen Atollen der Inseln von Hawaii lebt die Laysan-Mönchsrobbe, *M. schauinslandi.* Auch sie reagiert empfindlich auf Störungen, und ihr Bestand ging durch den Einfluß von Luftwaffenstützpunkten und Tourismus zurück. Die Population dieser Mönchsrobben schwindet rasch dahin. Vermutlich sind nicht mehr als 700 Tiere übrig.

Mönchsrobben werden etwa 2,5 Meter lang. Sie sind braun bis grau gefärbt, und die Mittelmeer-Robbe besitzt häufig einen weißen Fleck am Bauch.

Zu den Phociden der Antarktis gehören die Weddell- und Ross-Robben sowie die Krabbenfresser und die Seeleoparden. Die Weddell-Robbe, *Leptonychotes weddelli,* wird von allen am weitesten südlich angetroffen; sie lebt auf dem festen Eis dicht an Land. Obwohl diese Robben ziemlich häufig sind, leben sie nicht in Gruppen. Es hat den Anschein, daß sie einzeln Brutlöcher im Eis aufsuchen. Trotz ihrer unwirtlichen Umgebung wurden diese Tiere ausführlich untersucht, und man weiß, daß sie besonders tief tauchen können.

Der Krabbenfresser, *Lobodon carcinophagus,* ist vermutlich die am weitesten verbreitete Robbe der Welt. Sie lebt zirkumpolar im offenen Meer und wird auf treibendem Packeis angetroffen. Seine mehrhöckerigen Backenzähne fassen ineinander und sieben aus dem Wasser die garnelenähnlichen Krill-Organismen heraus, von denen er sich ernährt.

Die Ross-Robben, *Ommatophoca rossi,* bewohnen das dichte Packeis. Die meisten Tiere leben in der King Haakon VII-See. Über ihre Lebensweise ist wenig bekannt; die Tiere sind jedoch offenbar schnell und an rasche Schwimmanöver angepaßt, um Kalmare und Oktopoden fangen zu können.

Der einzeln lebende Seeleopard, *Hydruga leptonyx,* bewohnt die Ränder der Packeises. Jedoch unternehmen die noch nicht geschlechtsreifen Tiere umfangreiche Wanderungen, und sie sind durchaus keine seltenen Gäste an den Küsten Neuseelands und Australiens. Der finstere Ruf dieser Robbe besteht zu Unrecht. Wie alle Carnivoren greift er, solange er nicht belästig wird, wirklich nur seine potentielle Beute an. Dazu gehört so ziemlich alles vom Krill bis zu Fischen, Pinguinen und sogar Aas. Allerdings bieten sein aufgerissenes Maul mit den großen, dreizackigen Backenzähnen einen eindrucksvollen Anblick.

Die See-Elefanten sind mit einer Länge von vier bis fünf Metern (die Jungen werden 1,2 Meter lang) die größten aller Pinnipedier. Ihr Name rührt von dem Rüssel, der über das Maul herunterhängt, so daß sich die Nasenlöcher nach unten öffnen. Dieser Rüssel existiert nur bei den Männchen, und er erreicht seine volle Größe, wenn das Tier etwa acht Jahre alt ist. Am auffälligsten ist dieses Merkmal in der Paarungszeit. Wenn er aufgeblasen ist, dient er als Resonanzkörper für das Gebrüll, das die Männchen bei der Verteidigung ihrer Reviere erzeugen.

Francisco Erize/Bruce Coleman Ltd

Der südliche See-Elefant, *Mirounga leonina,* lebt zirkumpolar auf den meisten der subantarktischen Inseln. Die größten Paarungskolonien findet man auf den Inseln von Süd-Georgien, Kerguelen und Macquarie. Der nördliche See-Elefant, *M. anguirostris,* bewohnt in erster Linie die Inseln vor der Küste Kaliforniens.

Tauchen

Alle Robben können lange Zeit unter Wasser bleiben, und einige können große Tiefen erreichen. Die Weddell-Robben können 73 Minuten unter Wasser aushalten und bis zu 600 Meter tief tauchen. Neueren Ergebnissen zufolge können südliche See-Elefanten sogar 1200 Meter tief tauchen und beinahe zwei Stunden lang unter Wasser bleiben. Obwohl derart lange Tauchgänge möglich sind, beträgt die durchschnittliche Dauer »nur« 20 bis 30 Minuten.

Die Robben verfügen über ungewöhnlich viel Blut (es bildet 12 Prozent ihres Körpergewichts, beim Menschen sind es nur sieben Prozent), das viel Sauerstoff binden kann. Beim Tauchen werden die peripheren Arterien abgeschnürt, so daß das meiste Blut ins Gehirn geht. Der Herzschlag wird verlangsamt, so daß der Blutdruck normal bleibt. Die Phociden können lange und tief tauchen; dagegen unternehmen die Otariiden, deren Blut eine geringere Sauerstoffkapazität aufweist, kürzere und weniger tiefe Tauchgänge. Da Robben mit sehr wenig Luft in den Lungen tauchen und dabei über keine ständige Luftversorgung verfügen, können sie nicht an der Taucherkrankheit leiden.

Fortpflanzung

Die meisten Robben bringen ihr einziges Junges im Frühjahr oder Sommer zur Welt. Es herrscht jedoch eine beachtliche Vielfalt, so daß sich dies nicht verallgemeinern läßt.

Die Otariiden verbringen einen großen Teil des Jahres im Meer. Zu Beginn der Fortpflanzungszeit landen die dominanten Bullen an der Küste, wählen ihr Territorium aus und verteidigen es. Sie versuchen auch, Kühe am Fortgehen zu hindern. Kurz nach der Ankunft der Weibchen werden die Jungen - mit dem Kopf oder den Hinterflossen voran - geboren, und etwa ein bis zwei Wochen später, das hängt von der Art ab, paaren sich die Weibchen erneut. Ehe sich die Blastozyste einnistet und die aktive Reifungsperiode beginnt, erfolgt eine zwei- bis fünfmonatige Verzögerung. Daher dauert die gesamte Embryonalentwicklung etwa 11,5 Monate, davon beträgt die aktive Reifungszeit, je nach Art, sieben bis acht Monate. Sehr bald nach der Geburt beginnt das Junge zu saugen. Bei den meisten Otariiden werden die Jungen etwa ein Jahr lang gesäugt; während dieser Zeit werden diese zunehmend abenteuerlustiger und machen sich auf die Suche nach einer festen Nahrung. Etwa zwei Wochen lang bleibt die Mutter bei ihrem Jungen an Land; dann geht sie ins Meer, um zu fressen, und kehrt in gewissen Abständen zurück, um ihr Junges zu säugen. Die Jungen scharen sich häufig zu Gruppen zusammen, während ihre Mütter sich im Meer aufhalten. Mütter und Kinder erkennen einander akustisch. Die Bullen nehmen von den Jungtieren keine Notiz. Sie bleiben jedoch bis zum Ende der Fortpflanzungszeit an Land und nehmen etwa zwei Monate lang keine Nahrung zu sich; die Einzelheiten variieren allerdings je nach Art. Der Antarktische und der Nördliche Seebär säugt nur drei bis vier Monate lang, das Walroß dagegen sogar zwei Jahre. Nach einigen Monaten löst sich das Haremsystem auf, und die Tiere gehen auseinander.

Unter den Phociden findet man dieses gesellschaftliche System bei den Kegelrobben und den See-Elefanten. Bei den anderen Arten konzentrieren sich die Tiere unter Umständen zur Fortpflanzungszeit, oder es treffen einfach Paare aufeinander. Die erneute Paarung erfolgt zwölf Tage bis sieben Wochen nach der Geburt, und auch der Zeitraum der Milchproduktion variiert entsprechend (zwölf Tage bis zwei Monate, je nach Art). Ehe die Blastozyste sich einnistet, vergehen zwei bis fünf Monate. Sobald die Milchproduktion versiegt, trennen sich die Robben wieder.

Die Robbenmilch ist besonders reich an Fett und Proteinen: Etwa 50 Prozent besteht aus Fett (bei der Kuhmilch sind es dagegen nur 3,5 Prozent), und damit hängt die hohe Wachstumsrate der Jungen zusammen. Die jungen Phociden weisen eine hohe, tägliche Gewichtszunahme auf. Bei Kegelrobben sind es 1,3 Kilogramm, bei Sattelrobben 2,5 Kilogramm und bei südlichen See-Elefanten sechs Kilogramm pro Tag. Da die Otariiden länger gesäugt werden, liegt ihre tägliche Gewichtszunahme niedriger (etwa 40 bis 60 Gramm), obwohl zwei (die Antarktischen und die Nördlichen) Seebären mit kürzeren Säugeperioden Junge besitzen, die schneller zunehmen (etwa 100 Gramm täglich). Zudem ist es für alle Robbenbabies lebensnotwenig, sich so bald wie möglich eine isolierende Fettschicht zuzulegen. Die Milch ist praktisch frei von Milchzucker, den die jungen Robben auch nicht vertragen. Daher können verwaiste Robbenbabies nur mit einer besonderen Milchzusammensetzung aufgezogen werden und nicht mit Kuhmilch.

JUDITH E. KING

Dr Eckart Pott/Bruce Coleman Ltd

▲ Eine Herde Nördlicher See-Elefanten, die aus einem Männchen mit seinem Harem und der Nachkommenschaft besteht. Mit einem Gewicht von 2,4 Tonnen sind männliche See-Elefanten die größten Pinnipedier und in der Tat die größten Carnivoren. Der Südliche See-Elefant besitzt die bewundernswerte Fähigkeit, beinahe zwei Stunden lang und 1200 Meter tief zu tauchen.

Ordnung Cetacea: 9 Familien, 39 Gattungen 78 Arten

GRÖSSE
Kleinste Art Kapdelphin, *Cephalorhynchus heavisidii;* Kopf- bis Schwanzlänge 1,2 Meter, Gewicht 40 Kilogramm.
Größte Art Blauwal, *Balaenoptera musculus;* Kopf- bis Schwanzlänge bis 30 Meter, Gewicht bis 130 Tonnen.

ARTENSCHUTZ
Folgende Arten werden in der Roten Liste für bedrohte Säugetiere der IUCN als gefährdet angesehen: Chinesischer Flußdelphin, *Lipotes vexillifer;* Indus-Delphin, *Platanista minor;* Blauwal, *Balaenoptera musculus;* Buckelwal, *Megaptera novaeangliae;* Nordkaper, *Balaena glacialis;* Grönlandwal, *B. mysticetus.* Viele andere Arten werden in ihrem Bestand als bedenklich angesehen, oder man weiß nichts Sicheres über sie.

WALE UND DELPHINE

M. M. BRYDEN

Wale und Delphine findet man in allen Meeren der Welt, außerdem in einigen Flüssen und Seen. Sie haben vielfältige Anpassungen an das Leben unter Wasser entwickelt. So besitzen sie etwa stromlinienförmige Körper und die Fähigkeit, lange Zeit zu tauchen, um nur zwei davon zu nennen. Die Ordnung Cetacea umfaßt zwei noch existierende Unterordnungen, die Fischbein- oder Bartenwale (Mysticeti) und die Zahnwale (Odontoceti). Zu einer dritten Unterordnung, den Archaeoceti, gehören lediglich ausgestorbene Formen.

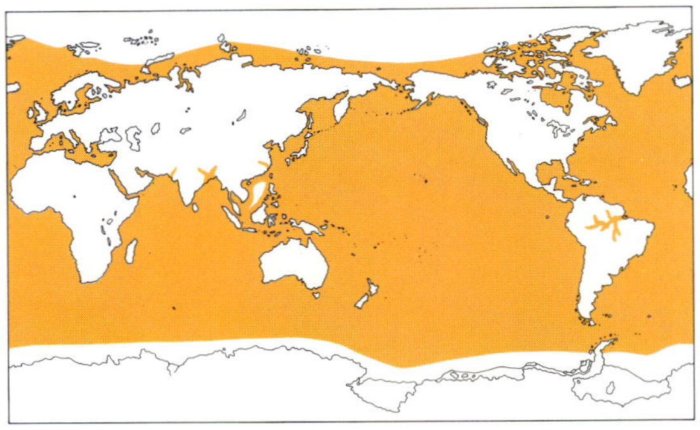

ZAHNWALE

Es gibt sechs Familien von Zahnwalen. Viele Arten sind in ihrer Verbreitung auf relativ kleine Meeresbereiche beschränkt. Allerdings findet man die verschiedenen Arten in den vielfältigsten Lebensräumen. Unter den Delphinen leben einige nur in Flüssen, andere nur in Küstengewässern und wieder andere nur im offenen Meer. Andererseits kann man einige Arten, wie den Schwertwal und den Großen Tümmler, sowohl in Küstengewässern als auch auf hoher See beobachten.

Pottwale

Zu der Familie der Pottwale, Physeteridae, gehören die größten und in gewisser Weise die am höchsten spezialisierten Zahnwale. Die Pottwale haben einen außerordentlich großen Kopf, in dem sich eine Substanz befindet, die man als Walrat bezeichnet. Funktionsfähige Zähne befinden sich nur im unterständigen Unterkiefer.

Gründelwale

Die Gründelwale, Monodontidae, haben keinen Schnabel. Auch fehlt ihnen die Rückenflosse, oder sie ist rückgebildet oder klein. An der Kehle befinden sich keine Furchen, und die Halswirbel sind allesamt nicht verwachsen, wodurch der Hals eine gewisse Biegsamkeit erlangt. In der Familie der Narwale haben die Männchen im Oberkiefer einen hochentwickelten Zahn, der einen langen, spiralig gewundenen Stoßzahn bildet.

Schnabelwale

Die Schnabelwale, Ziphiidae, erhielten ihren Namen von ihrer typischen, langen und vorstehenden Schnauze. Ein Paar Kehlfurchen ist vorhanden, und in der Mitte der Hinterkante der Fluke fehlt die Kerbe. Von einer Art abgesehen, besitzen alle Vertreter zwei Zähne im Unterkiefer; das Zahnfleisch durchdringen sie allerdings nur bei den erwachsenen Männchen.

Delphine

Obwohl die Familie Delphinidae häufig als die der »echten Delphine« verstanden wird, gehören dazu durchaus Arten, die nicht das typische, delphinähnliche Bild zeigen, etwa die Schwert- und die Grindwale. Man findet die Delphiniden, die häufigsten und am verschiedenartigsten gestalteten Wale, von den tropischen Meeren bis zu denen der Polargebiete. Viele der kleineren Arten besitzen einen Schnabel, die Verlängerung der Ober- und Unterkiefer.

Schweinswale

Schweinswale, Phocoenidae, sind kleine Zahnwale mit folgenden Merkmalen: Die Körperlänge liegt unter 2,45 Meter, es sind mehr als fünf Halswirbel miteinander verwachsen, und in der hinteren Reihe des Oberkiefers befinden sich mehr als fünfzehn Zähne. Keiner der Schweinswale besitzt einen Schnabel.

Ganges-Delphine

Ganges-Delphine, die Platanistidae, zeichnen sich durch einen extrem langen Schnabel und eine lange, niedrige Rückenflosse aus. Zu dieser Familie gehören vier Arten, die die Süßwasserflüsse Asiens und Südamerikas bewohnen. Eine Art bewohnt die südamerikanischen Küstengewässer.

▼ Die Flußdelphine haben kleine, degenerierte Augen. Da sie normalerweise in trübem Wasser leben, orientieren sie sich mit Hilfe der Echopeilung und finden so auch ihre Beute. Die große »Melone« auf ihrer Stirn fungiert als eine Linse für die Ultraschallwellen, die aus der Nasenhöhle abgegeben werden.

Norbert Wu/Planet Earth Pictures

BARTENWALE

Die drei Familien der Bartenwale trifft man in sämtlichen Ozeanen an, und die meisten von ihnen unternehmen ausgedehnte Wanderungen, die sie durch die Meere und von einem Ozean zum anderen führen.

Glattwale

Die Glattwale oder Balaenidae zeichnen sich durch lange, schmale Bartenplatten aus, die als Fischbein bekannt sind, sowie durch einen hoch gewölbten Oberkiefer. Dies unterscheidet sie von den Grau- und Furchenwalen. Zu den übrigen Merkmalen gehören ein übermäßig großer Kopf (er bildet mehr als ein Viertel der gesamten Körperlänge), eine lange, dünne Schnauze, riesige Unterlippen und miteinander verwachsene Halswirbel. Die Kehle wird von einer weichen Haut bedeckt. Außerdem fehlt eine Rückenflosse.

Grauwale

Die Grauwale, Eschrichtiidae, besitzen keine Kehlfurchen, sieht man von zwei bis vier Runzeln ab. Eine Rückenflosse fehlt ihnen, dafür befinden sich einige Buckel auf der rückenseitigen Oberfläche ihrer Schwanzwurzel. Die Halswirbel sind nicht miteinander verwachsen.

Furchenwale

Die Furchenwale oder Balaenopteridae sind Bartenwale mit vergleichsweise kurzen, dreieckigen Bartenplatten. Die Länge ihres Kopfes liegt unterhalb eines Viertels der Körperlänge. Zahlreiche Kehlfurchen ziehen sich vom Kinn bis zur Mitte des Hinterleibs hin. Sie besitzen eine - häufig nur kleine - Rückenflosse. Der Oberkiefer ist relativ lang, der Unterkiefer nach außen gebogen, und die Halswirbel sind in der Regel nicht verwachsen.

▼ Schwertwale treiben ihre Beute in seichtes Wasser und kooperieren dabei mit anderen Schwertwalen. Sie fressen große Fische, aber auch warmblütige Tiere. Dafür patrouillieren sie gegebenenfalls auf der Suche nach arglosen Robben oder Pinguinen an der Küste.

Francois Gohier/Ardea London

▲ Mit einem Gewicht von bis zu 50 Tonnen ist der Buckelwal einer der größten Filtrierer. Er ernährt sich von kleinen Schwarmfischen und von Krill, etwa sieben Zentimeter langen Krebstieren, die in dichten Populationen in den Polarmeeren, besonders im Antarktischen Meer, vorkommen.

DIE TORPEDO-FORM FÜR DAS LEBEN IM MEER

Mit ihren torpedoförmigen Leibern können sich die Cetacea außerordentlich effizient im Wasser fortbewegen. Die Vordergliedmaßen sind zu steifen Rudern geworden, die bei der Balance und der Steuerung helfen. Die meisten Arten, wenn auch nicht alle, besitzen eine Rückenfinne. Ein äußeres Ohr ist nicht vorhanden.

Die weiche Haut ist praktisch unbehaart; allerdings weisen Feten an der Schnauze einige Haarfollikel auf, die bei gewissen Arten lebenslänglich erhalten bleiben. Schweiß- und Talgdrüsen gibt es nicht.

Unmittelbar unter der Haut befindet sich eine wärmeisolierende Schicht aus Blubber. Sie enthält ein umfangreiches, faseriges Gewebe, das mit Fett und Öl durchsetzt ist. Die Farbe der Wale variiert von ganz weiß bis ganz schwarz; dazwischen existieren verschiedene Grautöne. Viele Arten sind am Rücken sowie oben am Kopf und an den Fluken dunkelgrau und darunter hellgrau oder weiß gefärbt. Einige tragen Streifen, kleinere oder größere Flecken in schwarzen, grauen, weißen oder braunen Farbtönen. Die auffälligsten Färbungen findet man beim Schwertwal mit seiner deutlichen, schwarzweißen Zeichnung, bei den Flecken- und Streifendelphinen und dem Gewöhnlichen Delphin. Letzterer weist oben ein exquisite dunkelgraue oder schwarze Zeichnung auf. Sie ist unten hell und an jeder Flanke graue und ockerfarbene Flecken, die im Muster einer Acht angeordnet sind. Die Zahnwale haben zahlreiche einfache, konische Zähne und verlängerte, asymmetrische Schädel. Die Bartenwale besitzen keine sichtbaren Zähne, dafür jedoch Bartenplatten, die vom harten Gaumen herunterhängen; ihre Schädel sind symmetrisch. Die Barten (das Fischbein) bestehen aus einer hornigen Substanz, die man früher zu Korsettstangen verarbeitete. Die echten Knochen sind von schwammähnlicher Konsistenz und mit Öl gefüllt. Ein Hals ist kaum oder gar nicht sichtbar, und die sieben Halswirbel sind verkürzt. Bei einigen Arten sind einige davon miteinander verwachsen. Weder die Fluke noch die Rückenfinne (wenn überhaupt vorhanden) besitzen Stützstrukturen im Skelett.

Der Beckengürtel besteht nur noch aus zwei kleinen Knochenstäben, die in die Muskulatur der Hinterleibswand eingebettet sind. Sie sind mit dem Rückgrat nicht verbunden. Bei einigen Arten repräsentiert ein Fortsatz des Beckens den rückgebildeten Oberschenkelknochen.

Da sie vollständig im Wasser leben und ihr eigenes Körpergewicht nicht tragen müssen, können Wale außerordentlich groß werden. Der Blauwal ist mit etwa 30 Metern Länge das größte Tier, das je auf Erden lebte.

Howard Hall/Planet Earth Pictures

◀ Delphine können sehr schnell schwimmen, indem sie ihre waagerechte Schwanzflosse nur vergleichsweise geringfügig bewegen. Ihr stromlinienförmiger Körper erleichtert ihnen, die hohe Geschwindigkeit zu erreichen. Eine weitere Hilfe bildet eine Schicht von Unterhautfettgewebe (Blubber), die der Haut ermöglicht, sich in einer solchen Weise zu bewegen, daß die an der Oberfläche entstehenden Wirbel (die den Widerstand erhöhen würden) möglichst klein bleiben.

WIE WALE ATMEN

Wale atmen weniger häufig als Landsäuger, und sie können beim Tauchen ihren Atem außerordentlich lange anhalten. Obwohl ihr Lungenvolumen keineswegs größer ist als das landbewohnender Säugetiere vergleichbarer Größe, atmen die Wale tiefer und entziehen der Atemluft auch mehr Sauerstoff; zudem tauschen sie bei jedem Atemzug mehr Luft in den Lungen aus. Die Lungen eines Wals sind im Gegensatz zu den Robben beim Tauchen wenigstens teilweise aufgeblasen.

Die Nasenlöcher sind modifiziert und bilden oben auf dem Kopf ein Blasloch. Dieses ist bei den Zahnwalen einfach, bei den Bartenwalen doppelt vorhanden. Die Haut in der unmittelbaren Umgebung des Blasloches weist zahlreiche, spezialisierte Nervenenden auf, die sehr empfindlich auf Veränderungen reagieren, wenn das Blasloch die Wasseroberfläche durchstößt. Das Aus- und anschließende Einatmen erfolgen sekundenschnell, wenn sich das Blasloch über Wasser befindet. Ist das Tier untergetaucht, so sorgen Muskeln dafür, daß das das Atemloch geschlossen ist.

Wenn ein Wal auftaucht und ausatmet, ist eine Fontäne oder »Blas« zu sehen. Diese besteht aus feuchter Luft, die unter Druck ausgeatmet wird sowie aus kondensierendem Wasserdampf, der entsteht, wenn der Druck beim Übergang vom geöffneten Blasloch zur Atmosphäre abfällt. Vermutlich enthält sie außerdem eine Emulsion feiner Öltropfen aus der Zelldecke der Nasenbögen sowie Schleim aus den Atemgängen.

▶ Ein Blauwal »bläst«. Bartenwale besitzen zwei Nasenlöcher, die Zahnwale haben ein einziges Blasloch.

Francois Gohier/Ardea London

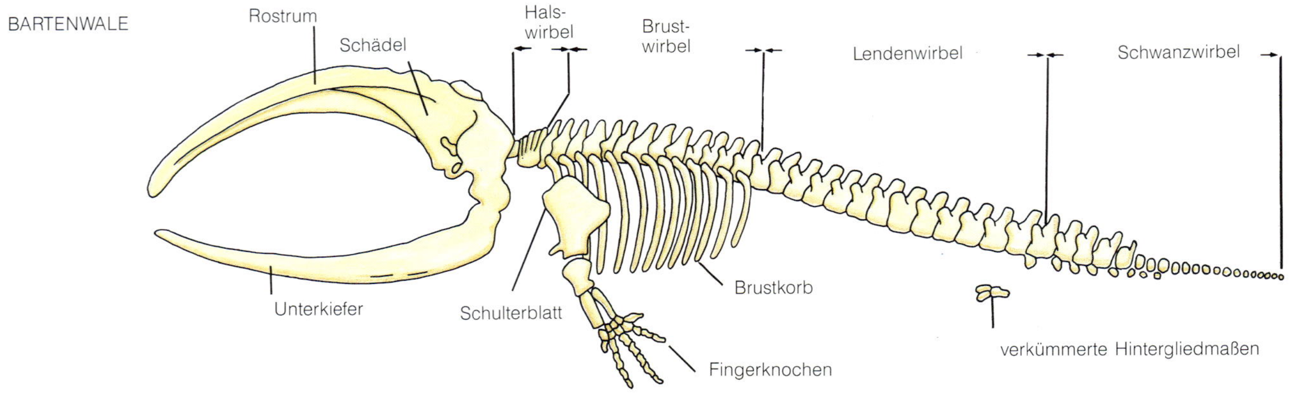

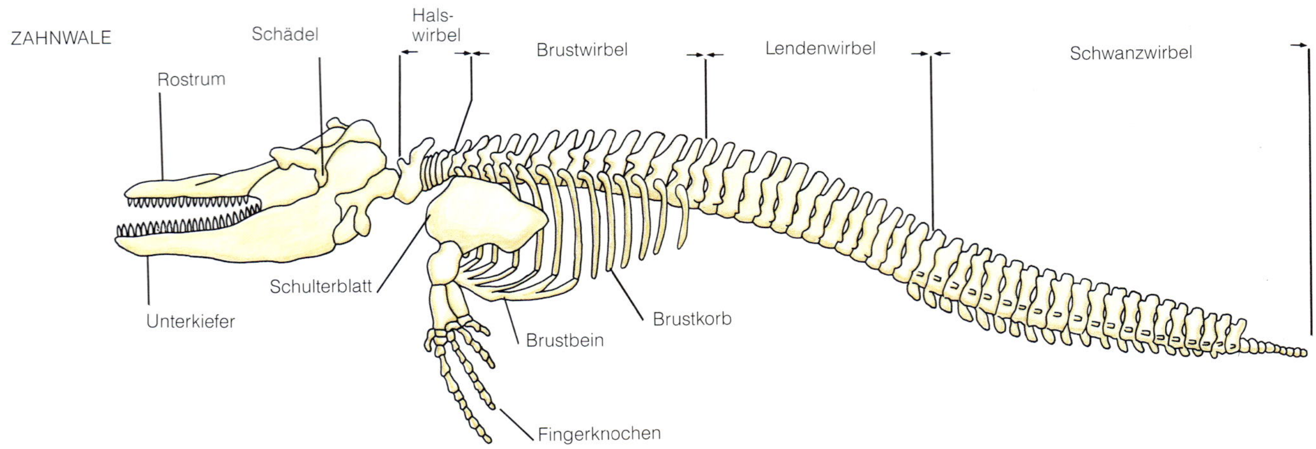

▲ Abgesehen vom Vorhandensein oder Fehlen von Zähnen, gibt es weitere Unterschiede zwischen Barten- und Zahnwalen, wie diese Zeichnungen ihrer Skelette demonstrieren. Der Schädel eines Bartenwals ist symmetrisch, der eines Zahnwals asymmetrisch. Das hängt vielleicht mit der Tatsache zusammen, daß die Zahnwale nur ein einziges Blasloch besitzen. Bartenwale haben keine Brustbeinrippen mehr; bei den Zahnwalen sind sie vorhanden. Der auffälligste äußere Unterschied besteht allerdings in der Größe, denn nur wenige Zahnwal-Arten erreichen das Format der kleinsten Bartenwale.
Seite 161:

WIE SIE IN KALTEN MEEREN WARM BLEIBEN

Ihre Körpergröße verleiht allen Walen, besonders den Pottwalen und den meisten Bartenwalen, besondere Vorteile bei ihrem Stoffwechsel. Dies trifft vor allem in den kalten Meeren zu, in denen die meisten von ihnen einen Teil ihres Lebens verbringen. Der Blubber ist ein sehr wirkungsvoller Wärmeisolator und ermöglicht dem Tier, seine Körperwärme weitgehend zu erhalten, wenn die Blutversorgung der Haut eingeschränkt wird. Die Mächtigkeit des Blubbers variiert je nach Jahreszeit sowie grundsätzlich innerhalb der Arten. Beim Grönlandwal wurden bis zu 50 Zentimeter gemessen; dagegen bewegt sich die Stärke beim Großen Tümmler eher um zwei Zentimeter herum.

Wenn ein Wal aktiv ist, etwa beim Tauchen und der Verfolgung seiner Beute, wird eine erhebliche Stoffwechselwärme produziert. Die überschüssige Wärme kann an die Umgebung abgegeben werden, indem das Tier große Arterien öffnet, die durch den Blubber verlaufen. Dabei wird der Anteil des warmen Blutes erhöht, der durch die Haut fließt. Innerhalb der Seitenflossen, der Fluke und der Rückenfinne befindet sich jeweils ein ausgefeiltes System von Arterien und Venen, mit Hilfe dessen der Wal, je nach Überangebot oder Unterversorgung, seine Wärme abgeben oder erhalten kann.

ÖKOLOGIE UND VERHALTEN

Das Sozial- und Sexualverhalten der Wale ist unter den Arten durchaus uneinheitlich. Die meisten Bartenwale (allerdings nicht alle) paaren sich im Winter in den tropischen Meeren und gebären dort auch ihre Jungen. Im Sommer wandern sie dann wieder zu ihren Nahrungsgründen in den hohen Breiten. Die Pottwale bilden Aufzuchtgemeinschaften, die sich aus erwachsenen Weibchen, ihren Kälbern und halbwüchsigen Tieren zusammensetzen. Sobald die Männchen geschlechtsreif sind, wandern sie in jedem Jahr in die höheren Breiten hinauf, und die größten von ihnen kehren zurück und konkurrieren in der Paarungszeit um den Zutritt zu den Aufzuchtgemeinschaften.

Spinnerdelphine ruhen tagsüber in Gruppen von etwa 20 Individuen in geschützten Buchten und schwimmen in der Nacht ins offene Meer hinaus, wo sie sich zu Gruppen aus bis zu einigen hundert Tieren zusammenfinden und dann in großer Tiefe auf Nahrungssuche gehen. Schwertwale leben in sämtlichen Meeren und zeigen eine beachtliche Vielfalt in ihrem Verhalten. Sie können einzeln oder zusammen in Gruppen jagen. Sie neigen dazu, sich in kleinen Gruppen zusammenzuschließen, die sich ihrerseits, entweder zeitweise oder auf Dauer, zu größeren Herden vereinigen können.

SCHWIMMEN UND TAUCHEN

Die stromlinienförmige Gestalt und die weiche Haut der Wale ermöglicht dem Wasser, leicht über den Körper zu gleiten. Im Zusammenhang mit der Fortbewegungsweise der Wale und feinen Veränderungen ihrer äußeren Hautbeschaffenheit ermöglicht dies den Tieren, sich außerordentlich wirkungsvoll durch das Wasser zu bewegen. Ein stromlinienförmiger Fluß des Wassers über die Körperoberfläche beim Schwimmen bedeutet, daß diese nur sehr wenig Reibung und Widerstand bietet. Dadurch können einige Arten mit relativ wenig Energie eine große Geschwindigkeit erreichen.

Die Wale treiben sich mit Auf- und Abwärtsbewe-

▲ Der Große Tümmler ist Millionen von Menschen durch die Fernsehserie »Flipper« oder durch Meerestiershows vertraut. Unter natürlichen Umständen schnellt er aus dem Wasser. Ein trainiertes Tier wird dies auch auf Kommando tun. Obwohl Delphine über große Gehirne verfügen, sind sie nicht intelligenter als viele andere Säuger.

gungen ihres Schwanzes voran, und zwar dergestalt, daß die Fluke jederzeit eine zum Wasser geneigte Oberfläche bildet. Die Kraft, die im rechten Winkel zur Oberfläche der Fluke erzeugt wird, läßt sich in zwei Komponenten zerlegen: eine, die den Körper anhebt und senkt und eine andere, die das Tier vorantreibt. Die Brustflossen übernehmen die Balance und die Steuerung.

Alle Arten können tauchend größere Tiefen erreichen und zudem länger unter Wasser bleiben als Landsäuger. Einige Arten haben ganz außerordentliche Tauchfähigkeiten: Man weiß zum Beispiel, daß Pottwale und gewisse Schnabelwale mehr als 1000 Meter tief und länger als zwei Stunden tauchen können. Dagegen unternehmen die Bartenwale sowie zahlreiche Arten von Delphinen und Schweinswalen in der Regel seichtere Tauchgänge, die weniger als 100 Meter hinabgehen. Auch tauchen sie nach spätestens zehn Minuten wieder auf.

Die Wale verdanken ihre Fähigkeit, in dieser extremen Weise unter Wasser zu bleiben, einigen anatomischen und physiologischen Veränderungen ihres Kreislaufsystems, sowie einigen chemischen Anpassungen im Blut, in der Muskulatur und in anderen Geweben. Die Wale besitzen einen - auf die Körpermasse betrachtet - größeren Blutanteil als die Landsäuger; zudem kann ihr Blut auch erheblich mehr Sauerstoff aufnehmen. In den Muskeln befinden sich große Mengen von Myoglobin, das die Möglichkeit bietet, mehr Sauerstoff zu speichern und das der Muskulatur ihre charakteristische, dunkle Farbe verleiht. Wenn ein Wal taucht, geht seine Herzschlagfrequenz zurück. Das Blut wird im Körper ungleichmäßig verteilt, so daß die Gewebe und Organe mit dem höchsten Sauerstoffbedarf die größten Blutmengen erhalten. Der Wal ist besser imstande, größere Konzentrationen von Kohlendioxid und andere Stoffwechsel-Nebenprodukte zu tolerieren als es nicht tauchende Säugetierarten könnten. Sie können also, ehe sie das nächste Mal Luft holen, erheblich länger aushalten und bleiben dennoch aktiv.

Die Wale verfügen über ungewöhnliche Blutgefäße, die als Retia mirabilia (Wundernetze) bekannt sind. Diese befinden sich im oberen Bereich der Brustdecke und ziehen sich an den Halswirbeln entlang auf die Flossen zu. Obwohl es sich um sehr ausgedehnte Netzwerke kleiner Arterien handelt und diese an toten Tieren auch sehr deutlich in Erscheinung treten, weiß man über ihre Funktion nichts. Es gibt sie auch, besonders in der Umgebung der Hirnbasis, bei einigen Landsäugern; sie sind allerdings bei Walen ungleich umfangreicher. Man vermutet, daß sie bei den Walen eine gewisse Rolle beim Tauchen spielen, in welcher Weise, ist jedoch unbekannt.

KILLER UND FILTRIERER

Der einzige Zahnwal, der sich regelmäßig von anderen Tieren als Fischen und Tintenfischen ernährt, ist der Schwertwal. Er frißt auch das Fleisch warmblütiger Tiere wie Seehunde, Seelöwen, Delphine und Pinguine. Auch der Kleine Schwertwal, *Pseudorca crassidens,* nimmt gelegentlich warmblütige Tiere zu sich.

Mit ihren konischen Zähnen können die Zahnwale ihre Beute packen und festhalten, jedoch nicht kauen. Die Größe und die Zahl der Zähne variieren, und bei einigen Arten, wie beim Pottwal und dem Rundkopfdelphin (Grampus griseus), fehlen sie im Oberkiefer. Besitzt der Rundkopfdelphin in seinem Unterkiefer durchschnittlich nur sechs bis acht Zähne, so sind es beim Gewöhnlichen Delphin mehr als hundert in je-

Francois Gohier/Ardea London

▲ Buckelwale fressen an der Wasseroberfläche. Sie schwimmen unter einen Schwarm von Fischen und verwirren die Tiere, indem sie zahlreiche kleine Luftblasen aussenden. Dann schwimmen sie mit geöffnetem Maul nach oben und schließen es erst an der Wasseroberfläche. Die Tiere heben die Zunge an und drücken dadurch das Wasser aus dem Maul hinaus durch das Sieb von Bartenplatten hindurch. Zuletzt wird die konzentrierte Fischmasse verschluckt.

dem Kiefer. Bei der Geburt haben die Zähne das Zahnfleisch noch nicht durchstoßen, sondern sie tauchen erst auf, wenn das Tier einige Wochen oder Monate alt ist; sie bleiben allerdings lebenslänglich erhalten. Wird der Zahn eines Wals längs aufgeschnitten, so werden Schichten sichtbar, aufgrund derer sich eine genaue Altersbestimmung vornehmen läßt.

Das Fischbein der Bartenwale erscheint als eine Phalanx horniger Platten, die entlang einer jeden Seite des Oberkiefers angeordnet ist. Die Anordnung ähnelt mehr oder weniger den Seiten eines Buches, wobei die Innenseite jeweils zu borstenförmigen Fasern ausgefranst ist. Sie bilden ein Netz, das die kleinen Tiere aussiebt, die zusammen als Plankton bezeichnet werden und von denen sich die Bartenwale ernähren. Die Zusammensetzung dieses Planktons hängt von dem Gebiet ab, in dem die Wale ihre Nahrung suchen, und in einem gewissen Umfang ernähren sich verschiedene Arten von verschiedenen Planktontypen.

GESICHTS-, HÖR- UND TASTSINN

Man vermutet, daß die Wale recht scharf sehen können, allerdings ist man sich über die relative Bedeutung dieser Tatsache nicht sicher. Das Auge ist daran angepaßt, sowohl unter Wasser als auch in der Luft ein gutes Bild zu liefern, ja sogar in Tiefen, in denen nur eine geringe Helligkeit existiert.

Die Wale bringen eine große Vielfalt von Unterwasser-Geräuschen hervor, von denen einige mit großer Sicherheit für die Kommunikation zwischen den Individuen eingesetzt werden. Der lange und vergleichsweise komplexe Gesang der Buckelwale fand ein beachtliches Interesse, obwohl seine Bedeutung noch nicht vollständig erfaßt ist. Er unterscheidet sich nach der geographischen Lage und ändert sich auch im Laufe der Zeit.

Die Zahnwale erzeugen hörbare Klick-Geräusche, die zur Echopeilung eingesetzt werden. Vermutlich sind die Tiere in hohem Maße auf die Echopeilung angewiesen, um sich zu orientieren und Nahrung zu finden. Es wurde sogar die Vermutung geäußert, daß einige Zahnwale ihre Beute mit exakt ausgerichteten Ausstößen hochenergetischer Töne betäuben.

Die Wale besitzen zwar kein äußeres Ohr, allerdings empfängt das Mittelohr die Töne durch das Gewebe des Kopfes hindurch und leitet sie an das Innenohr weiter. Die beiden Ohren sind durch eine sie umhüllende Schicht eines eiweißartigen Schaumes voneinander isoliert. Dadurch können die Wale die Richtung und die Entfernung, aus der ein Ton kommt, dreidimensional aufnehmen. Im Gehörgang der Bartenwale befindet sich ein wächserner Pfropf, der, wenn man ihn aufschneidet, eine Schichtung aufweist, nach der sich das Alter einzelner Tier bestimmen läßt, etwa wie man die Zahnschnitte bei den Zahnwalen auswertet. Die Wale besitzen kein Geruchsorgan und können daher auch nicht riechen. In ihrem Maul befinden sich einige modifizierte Geschmacksknospen, über deren Funktion allerdings nichts bekannt ist.

Die Wale verfügen über einen hochentwickelten Tastsinn, der sich über die gesamte Körperoberfläche erstreckt. Besondere Hautgebiete haben besondere Funktionen: So dient etwa bei den Zahnwalen die Haut der Kieferregion dazu, Quellen niederfrequenter Schwingungen zu »fühlen« und zu orten.

FORTPFLANZUNG UND ENTWICKLUNG

Das Fortpflanzungsverhalten ist, wie man weiß, von Art zu Art recht unterschiedlich. Allerdings weiß man insgesamt nur wenig darüber. Bei den wandernden Arten erfolgt die Fortpflanzung zu bestimmten Jahreszeiten, bei den anderen kann sie vermutlich während des größten Teils im Jahr oder ganzjährig stattfinden. Bei allen Arten hinterläßt jedes Ei, das entlassen wird, eine bleibende Narbe auf dem Eierstock. Daher sind bei einem Tier alle Ovulationen der Vergangenheit festgehalten, und man hat mit dieser Kenntnis das Alter einiger großer Wale geschätzt. Bei einigen Arten ist die geschlechtliche Aktivität der Männchen an eine bestimmte Zeit gebunden, bei anderen wird ganzjährig Sperma produziert.

Die Embryonalentwicklung dauert bei den meisten Walen 11 bis 16 Monate. Es wird ein einziges Junges geboren, Zwillinge sind außerordentlich selten. Das neugeborene Junge hat etwa ein Drittel der Körperlänge seiner Mutter. (Die Körperlänge wird bei Walen in gerader Linie von den Spitze des Oberkiefers bis zur Tiefe der Kerbe zwischen den Schwanzfluken gemessen.) Die Zitzen der Brustdrüsen befinden sich in kleinen, paarigen Schlitzen jederseits der Genitalöffnung. Die Brustdrüsen liegen unterhalb des Blubbers über einem umfangreichen Gebiet der Hinterleibswand. Die Milch wird beim Säugen durch Zusammenziehen der Muskulatur, die sich über den Brustdrüsen befindet, in das Maul des Kalbes gespritzt. Die Säuglinge wachsen sehr rasch; das hängt mit dem hohen Fett- und Proteinanteil in der Milch zusammen.

Kenneth W. Fink/Ardea London

▲ Ein Minkwal wird auf Island zerlegt. Der organisierte Hochsee-Walfang mit Harpunengewehren setzte in den sechziger Jahren des vergangenen Jahrhunderts ein. Hundert Jahre später gab es von den großen Walen nur noch so wenige, daß einige Arten vom Aussterben bedroht waren. Die meisten Länder haben heute den Walfang verboten.

ARTENSCHUTZ

Solange Menschen auf der Erde leben, haben sie die Wale bereits als eine Quelle angesehen, die auszubeuten sich lohnt. Wir haben viele Walarten, besonders die großen unter ihnen, wegen solcher Produkte wie Öl, Fleisch, Fischbein und Hormone getötet.

Erst in den sechziger Jahren wurde uns grundsätzlich bewußt, daß wir die Ressourcen der Erde erhalten müssen. Die These, daß der menschliche Gebrauch der Natur auf eine vernünftige Basis gestellt werden müsse, wurde weithin akzeptiert. Und wir erkannten die Notwendigkeit, die Walarten zu schützen. Seitdem wurden schrittweise Maßnahmen eingeleitet, um dieses Ziel zu erreichen.

Die entsprechenden Maßnahmen unterschieden sich jeweils nach der Spezies, die es zu schützen galt und nach der Ursache für den Rückgang ihrer Populationen. Von wenigen Ausnahmen abgesehen, ist es außerordentlich schwierig, die Größe von Walpopulationen zu bestimmen. Bei einigen Arten lag der Rückgang der Individuenzahlen jedoch eindeutig an ihrer Überjagung, und dieses Problem mußte als erstes angegangen werden. In einigen Fällen wurde drastisch durchgegriffen; so führte man etwa 1963 ein absolutes Jagdverbot auf die südlichen Buckelwale ein. Man setzte Fangquoten für die Wale fest. Sie waren allerdings häufig recht komplex und bei den am stärksten bedrohten Arten nur von begrenzter Wirkung. Erst in jüngster Zeit gelang es, den Walfang auf ein niedriges Niveau zu senken. Heute betreiben nur noch einige wenige Nationen den Walfang aus angeblich wissenschaftlichen Gründen.

Heute sind neue Artenschutzprobleme aufgetaucht, die im besonderen einige ozeanische Arten kleiner Zahnwale und Delphine betreffen. Viele Tausende von Delphinen sind schon in den riesigen Wand- oder Treibnetzen, die man für den Fischfang in den Meeren aussetzt, ertrunken. Die für den Thunfischfang eingesetzten Beutelnetze sind für den Tod von Millionen kleiner Zahnwale verantwortlich, besonders von Flecken- und Spinnerdelphinen, sowie in geringerem Umfang auch von Gewöhnlichen Delphinen. Die durch diese Industriezweige jährlich hervorgerufene Sterblichkeit der Delphine wird festgehalten, und es wurden schon Versuche unternommen, die Fangtechnik zu verändern, so daß heute wesentlich weniger Todesfälle vorkommen. Zu den am stärksten bedrohten Walen gehören jedoch einige Flußdelphine, besonders der Chinesische Flußdelphin, der den Yangtse-Fluß bewohnt.

WARUM STRANDEN WALE?

Wie zahlreiche andere Lebewesen, von den Bakterien bis zu den Säugetieren, besitzen die Wale offenbar die Möglichkeit, Richtungsinformationen vom Magnetfeld der Erde zu empfangen. Bei einigen Zahnwal-Arten fand man in den Geweben, die das Gehirn umgeben, Magnetit-Kristalle.

Das Magnetfeld der Erde ist insgesamt nicht einheitlich, sondern wird örtlich durch die magnetischen Eigenschaften der darunterliegenden Gesteine verzerrt. Auf den Böden der Ozeane haben die Bewegungen der Kontinente Reihen von beinahe parallel verlaufenden magnetischen »Linien« erzeugt, die von den Walen bei der Navigation verwendet werden könnten. Die Hinweise mehren sich, daß Wale in der Tat diesen Sinn bei ihrer Orientierung einsetzen. Das Phänomen der Massenstrandungen lebender Wale ist vermutlich auf Irrtümer bei der Navigation zurückzuführen.

John R. Brownlie/Bruce Coleman Limited

Diese Pottwale hatten sich im seichten Wasser verirrt und strandeten bei Ebbe vor der Küste Südost-Australiens.

SEEKÜHE

HELENE MARSH

Ordnung Sirenia: 2 Familien, 2 Gattungen 4 Arten

GRÖSSE
Dugong, *Dugong dugon,* besitzt eine Kopf- Schwanzlänge von bis zu 3 Metern und ein Gewicht von 400 bis 500 Kilogramm. **Manatis** haben eine Kopf-Schwanzlänge von 2,5 bis 4,5 Meter und ein Gewicht von 350 bis 1500 Kilogramm. Die Stellersche Seekuh (heute ausgestorben) war etwa 8 Meter lang und wog bis zu 6 Tonnen.

ARTENSCHUTZ
Alle Arten gelten in ihrem Bestand als bedenklich, und aus ihnen hergestelle Waren sind Handelsbeschränkungen unterworfen.

Die Vorläufer der modernen Sirenier oder Seekühe leiten sich, wie man vermutet, von einem Vorfahren ab, von dem auch die Elefanten abstammen. Obwohl es diese Tiere bereits seit dem Eozän (vor 57 bis 37 Millionen Jahren) gibt, haben niemals viele verschiedene Typen von Seekühen existiert. Es gibt bei weitem weniger Arten von Seegräsern, von denen sich die Seekühe ernähren, als Gräser auf dem Land. Dies wird als ein Hauptgrund dafür angesehen, daß es unter den Sireniern nicht zu einer größeren Verschiedenartigkeit kam. Bis heute haben nur vier Arten von Seekühen überlebt: Ein Dugong (Familie Dugongidae) und drei Mamatis (Familie Trichechidae). Sie alle werden in der undurchsichtigen Ordnung Sirenia zusammengefaßt. Eine fünfte Art, die Stellersche Seekuh, wurde im achtzehnten Jahrhundert vom Menschen ausgerottet. Man kann die Skelettreste dieses riesigen, Seetang fressenden Dugongiden, der zudem der einzige Kaltwasser-Sirenier war, in vielen größeren Museen betrachten.

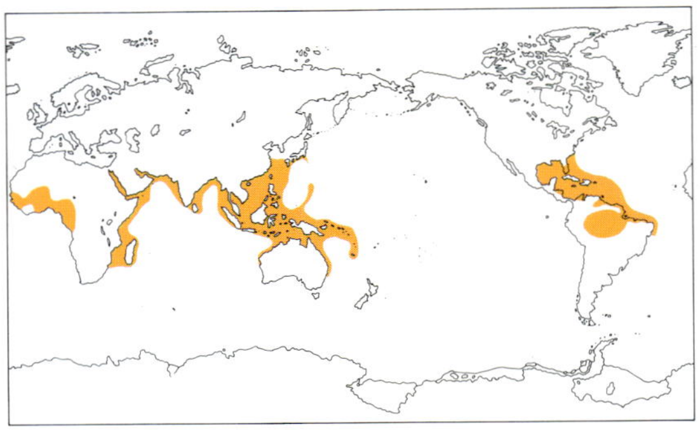

SIE WEIDEN UNTER WASSER

Die Manatis traten im Miozän (vor 24 Millionen Jahren) auf, als die Umweltbedingungen das Wachstum von Süßwasserpflanzen in den Flüssen entlang der südamerikanischen Küste begünstigten. Im Gegensatz zu den Seegräsern enthielten diese Pflanzen hohe Konzentrationen an Silikaten, die einen hohen Zahnverschleiß verursachen. Die Manatis begegneten diesem Problem, indem sie ein System entwickelten, bei dem ihre Backenzähne ständig durch neue ersetzt werden. Das ganze Leben hindurch werden die abgenutzten Zähne vorn am Kiefer abgestoßen und hinten ersetzt. Die Dugongs haben eine andere Methode, mit dem Zahnverschleiß fertigzuwerden: Ihre beiden hinteren Backenzähne besitzen offene Wurzeln und wachsen ununterbrochen. Allerdings werden die Kronen dieser Zähne permanent abgeschliffen, so daß sie nur einfach und pflockähnlich sind. Zusätzlich ist beim Dugong der Winkel der Schnauze stärker betont als beim Manati, so daß der Dugong praktisch daran gebunden ist, am Boden lebende Organismen zu fressen, während der Manati auch Pflanzen zu sich nehmen kann, die auf der Wasseroberfläche oder in der Nähe wachsen. Diese Unterschiede haben, wie es scheint, den Manatis gegenüber den Dugongs einen Konkurrenzvorteil verschafft, und sie haben die Dugongs auch aus der atlantischen Region verdrängt.

Die vier noch lebenden Arten von Seekühen bewohnen unterschiedliche geographische Bereiche. Sie sind allesamt auf die Tropen und Subtropen begrenzt. Das Verbreitungsgebiet des Dugongs umfaßt die Küsten- und Inselgewässer von 43 Ländern der indo- pazifischen Region zwischen Ostafrika und Vanuatu. Im Gegensatz zu den Dugongs, die nur im Meer vorkommen, leben die Manatis in Flüssen und Ästuarien. Die westindischen und die westafrikanischen Manatis besetzen jeweils ähnliche Süßwasser- und marine Lebensräume jederseits des Atlantik. Man vermutet, daß ihr hypothetischer gemeinsamer Vorfahr über den Atlantik nach Afrika gewandert ist. Die Manatis Amazoniens bewohnen ausschließlich die Süßwasser-Lebensräume des Amazonasbeckens.

Als aquatische Pflanzenfresser besitzen die Sirenier sowohl Merkmale der Meeressäuger als auch landlebender Pflanzenfresser. Der Körper des Dugongs ist wie der eines Delphins geformt, nur weniger stromlinienförmig, und auch die Schwanzfluken sehen aus wie die eines Wals oder eines Delphins. Auch die äußeren Ohren ähneln denen dieser Meeressäuger, denn sie sind lediglich kleine Löcher, eines an jeder Körperseite. Die Dugongs können sehr scharf hören. Die Nasenlöcher werden mit klappenähnlichen Hautfalten verschlossen und befinden sich oben auf dem Kopf, so daß der Dugong auftauchen kann, ohne mit seinem Körper die Wasseroberfläche zu durchstoßen. Mit der riesigen Oberlippe, die von derben Sinnesborsten bedeckt ist, sieht der Kopf eines Dugongs allerdings eher aus wie der eines Schweins. In seinem nach unten gerichteten Maul befinden sich hornige Kissen wie die einer Kuh, die damit das Gras erfaßt.

Die Manatis sehen beinahe ebenso aus. Der auffälligste Unterschied besteht in der Form des Schwanzes: Die Manatis besitzen einen waagerechten, ruderförmigen Schwanz, der etwa so wirkt wie der eines Bibers oder eines Schnabeltiers.

Die Sirenier sind große Tiere. Westindische Manatis werden ohne weiteres vier Meter lang und wiegen über 1500 Kilogramm. Die westafrikanischen Manatis sind von ähnlicher Größe; die Manatis Amazoniens und die Dugongs erreichen dagegen nur eine

▼ Ein weiblicher Dugong ist mindestens zehn Jahre alt, ehe er sein erstes Kalb austrägt, das anschließend bis zu 18 Monaten gesäugt wird. Die folgenden Geburten liegen drei bis fünf Jahre auseinander.

Ben Cropp/Auscape International

Jeff Foott/Bruce Coleman Limited

▲ Die Verbreitung der Manatis erstreckt sich vom Meer bis zu den Flüssen. Zu ihrer Nahrung gehören Seegräser und Vegetation, die auf der Wasseroberfläche treibt oder über die Wasserkante hinunterhängt. Die Molaren bewegen sich in den Kiefern ständig nach vorn, und sobald neue Zähne hinten an den Zahnreihen durchbrechen, werden die ältesten abgestoßen.

Größe von drei Metern und ein Gewicht von bis zu 500 Kilogramm. Abgesehen von ihrer Größe haben die Seekühe wenig Möglichkeiten, sich zu verteidigen. Geschlechtsreife, männliche Dugongs entwickeln Stoßzähne, die sie offensichtlich bei den Kämpfen einsetzen, die der Paarung vorangehen. Glücklicherweise haben die Dugongs und Manatis nur wenige natürliche Feinde.

AUFMERKSAME MÜTTER

Die Sirenier erreichen ein hohes Alter, und ihre Fortpflanzungsrate ist entsprechend niedrig. Bei den Dugongs läßt sich das Alter errechnen, indem man wie bei den Jahresringen der Bäume die Schichten zählt, von denen jeweils einer pro Jahr in den Stoßzähnen abgelegt wird. Einzelne Tiere können ein Alter von siebzig Jahren oder mehr erreichen. Allerdings bringt ein Weibchen ihr erstes Kalb nicht eher zur Welt, als bis es mindestens zehn Jahre alt ist. Zudem trägt es nur alle drei bis fünf Jahre ein einziges Kalb nach einer Entwicklungsdauer von etwa einem Jahr. Bei den Manatis scheint die Reproduktionsrate, wie man von einigen Tieren bekannten Alters weiß, geringfügig höher zu sein. Sie bringen ihre ersten Kälber mit einem Mindestalter von fünf Jahren und in Abständen von zwei Jahren zur Welt.

Weiblichen Dugongs und Manatis sind sehr aufmerksame Mütter, die mit ihren Kälbern mit einem vogelähnlichen Zwitschern und sehr hohen Quiek- und Quietschlauten kommunizieren. Ein junges Kalb entfernt sich niemals weit von seiner Mutter und reitet häufig auf ihrem Rücken. Obwohl es schon bald nach der Geburt damit beginnt, Pflanzen zu sich zu nehmen, bedient sich das Kalb bis es 18 Monate alt ist auch weiterhin an den Brustdrüsen, die sich an der Basis einer jeden Brustflosse der Mutter befinden. Die Euter sehen etwa aus wie die Brüste einer Frau. Vermutlich liegt darin eine Ursache für die Annahme, daß die Dugongs oder Manatis die Grundlage der Legende von der Meerjungfrau bilden.

ARTENSCHUTZ

Das Fleisch der Dugongs und Manatis ist außerordentlich wohlschmeckend. Die Tiere besitzen ein sanftes Gemüt, nur wenige Möglichkeiten, sich zu verteidigen, niedrige Fortpflanzungsraten, und sie sind in vielen Entwicklungsländern verbreitet, deren menschliche Bevölkerung mit Proteinen unterversorgt ist. Es verwundert daher kaum, daß sie von der Internationalen Vereinigung zur Erhaltung der Natur als gefährdet eingeordnet werden.

Fragt man die Aborigines der Küstenregionen Australiens nach ihrer Lieblingsspeise, so werden sie vermutlich den Dugong nennen. Diese Vorliebe teilen sie mit den Küstenvölkern in großen Teilen der tropischen und subtropischen Gebiete auf der Welt. Das Fleisch schmeckt nicht nach Fisch, sondern wird häufig mit dem Fleisch von Kälbern, Rindern oder Schweinen verglichen. Denn ebenso wie die Haustiere, aus denen wir unser Fleisch gewinnen, fressen die Seekühe in erster Linie Pflanzen.

Nach einer erfolgreichen Nutzung durch die Eingeborenen, die sich über Jahrtausende hinzog, waren die Dugongs und Manatis allerdings nicht mehr imstande, die anwachsende Ausbeutung zu ertragen, die häufig nach der Kolonialisierung durch die Europäer einsetzte. Im achtzehnten Jahrhundert wurde die Stellersche Seekuh nur dreißig Jahre, nachdem sie von einer russischen Expedition auf den Commander-Inseln vor Alaska entdeckt worden war, ausgerottet. Heute sind die Dugongs und Manatis in großen Teilen ihres Verbreitunggebietes geschützt. Eine Ausnahme bilden einige Gebiete, in denen die traditionelle Jagd noch erlaubt ist. Allerdings läßt sich dieser Schutz nur schwer durchsetzen, besonders in Entwicklungsländern, die sich keine Wildhüter leisten können. Selbst wenn es möglich wäre, jedes mutwillige Abschlachten von Sireniern zu unterbinden, wäre ihre Erhaltung nicht gewährleistet, denn Dugongs und Manatis ertrinken häufig in Treibnetzen, die von professionellen Fischern ausgelegt werden. In Florida weisen die meisten Manatis deutliche Narben auf, die von den Schrauben von Motorbooten stammen. Der größte nachvollziehbare Anteil an Todesfällen dieser Tiere wird durch Kollisionen mit Booten ausgelöst.

Allerdings stammt die größte Bedrohung für die Sirenier aus dem Verlust und der Zerstörung ihrer Lebensräume durch rasch zunehmende menschliche Bevölkerung. Am deutlichsten wird dies in Florida, der Heimat der einzigen eindeutigen Populationen des Westindischen Manatis. Trotz einiger Versuche, die Sterblichkeit der dort lebenden Manatis zu senken, sieht die Zukunft düster aus.

Für die Dugongs sieht die Prognose etwas besser aus. Dies gilt besonders für Australien, wo der Druck der menschlichen Bevölkerung allgemein niedriger liegt, sieht man von Südost-Queensland einmal ab. Aus der Luft wurde in Australien eine Dugong-Population von insgesamt 70000 Tieren gezählt, und dabei wurden noch nicht einmal alle in Frage kommenden Lebensräume erfaßt. In einigen wichtigen Lebensräumen der Dugongs wurden Schutzgebiete eingerichtet, besonders im Gebiet des Großen Barriere-Riffs. Da jedoch die Dugongs eine derart geringe Fortpflanzungsrate haben und zudem schwer zu zählen sind, wird vermutlich ein Jahrzehnt vergehen, ehe man sagen kann, ob die Schutzmaßnahmen gegriffen haben.

In den vergangenen zehn Jahren haben wir eine Menge über die Biologie der Dugongs und Manatis gelernt. Es bleibt zu prüfen, ob diese Kenntnisse dazu dienen können, ihr fortgesetztes Überleben zu garantieren.

ELEFANTEN

JEHESKEL SHOSHANI

Die Ordnung, zu der die Elefanten gehören, heißt nach ihrem Hauptmerkmal, dem Proboscis oder Rüssel, Proboscidea. Wie man vermutet, lebten die Vorfahren der modernen Elefanten bereits vor 50 bis 60 Millionen Jahren. Sie lebten unter extremen Umweltbedingungen, von der Wüste bis zum tropischen Regenwald und von ebener Meereshöhe bis in große Höhenbereiche hinein. Mit Ausnahme der Antarktis, Australiens und einiger ozeanischer Inseln, haben die Proboscidier zu irgendeiner Zeit jeden Kontinent dieses Planeten bewohnt.

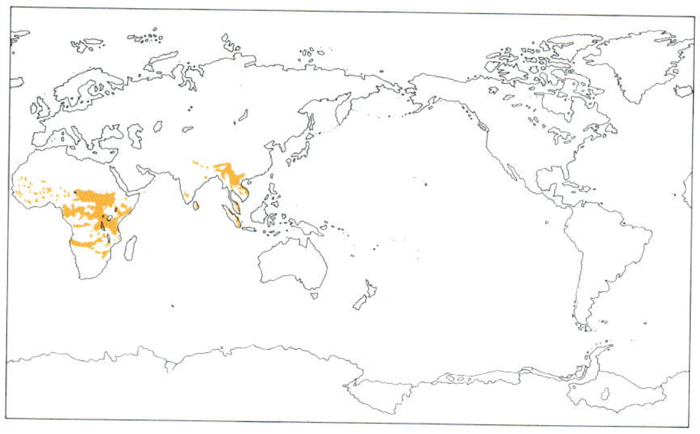

EINE BEDEUTENDE ÖKOLOGISCHE ROLLE

Nach Ansicht einiger Autoren kennt man bisher 352 Proboscidier-Arten. Davon sind 350 ausgestorben. Man fand Teile kompletter Kadaver des ausgestorbenen Mammuts, *Mammuthus primigenius,* im Dauerfrostboden der Arktis. Eines der am besten bekannten Exemplare ist 'Dima'. Es handelt sich um ein 44000 Jahre altes Mammut-Kalb, das im Juni 1977 in der sibirischen Magadan-Region entdeckt wurde und an dessen unversehrtem, gefrorenen Körper die Wissenschaftler die einzigartige Gelegenheit hatten, sowohl dessen Anatomie als auch dessen weiche Gewebe zu untersuchen.

Die heute lebenden beiden Arten gehören je einer Gattung an: Der Afrikanische Elefant, *Loxodonta africana,* und der Indische Elefant, *Elephas maximus.* Die Elefanten spielen in ihrem Ökosystem eine zentrale Rolle. Verschiedene Merkmale machen den Elefanten zu einem untrennbaren Teil ihrer Umwelt: Sie verbreiten Pflanzensamen (etwa die von Akazienbäumen) mit ihrem Dung, der zudem eine rasche Keimung fördert. Zweitens verbreiten sie in den Exkrementen Nährstoffe, die von Termiten und Mistkäfern untergegraben werden (Belüftung des Bodens). Sie

Ordnung Proboscidea:
1 Familie, 2 Gattungen,
2 Arten

GRÖSSE
Kopf- und Rumpflänge (ohne Rüssel) 300 bis 500 Zentimeter, Rüssellänge 200 Zentimeter, Schwanzlänge 100 bis 150 Zentimeter, Schulterhöhe 200 bis 350 Zentimeter beim Asiatischen Elefanten, *Elephas maximus,* und 300 bis 400 Zentimeter beim Afrikanischen Elefanten, *Loxodonta africana.* Gewicht 3 bis 7 Tonnen.

ARTENSCHUTZ
Beide Arten sind gefährdet.

▼ Afrikanische Elefanten beim Schlammbad. Die auf der Haut verbleibende Schlammschicht schützt die Tiere vor Insekten und der Sonneneinstrahlung. Wenn sich Elefanten in sauberem Wasser suhlen, werfen sie Staub auf ihren Rücken, um einen vergleichbaren Schutz zu erzielen.

Anthony Bannister/NHPA

D. Parer & E. Parer-Cook/Auscape International

▲ Ein junger Afrikanischer Elefant. Abgesehen von ihrer Funktion beim Hören, drücken die Ohren eines Elefanten seinen emotionalen Zustand aus oder können überschüssige Körperwärme ausstrahlen. Die Afrikanischen Elefanten besitzen weit größere Ohren als ihre asiatischen Verwandten.

sorgen für Wasser, indem sie Wasserlöcher ausheben, die auch von anderen Arten benutzt werden. In den Dellen, die ihre Füße und Leiber hinterlassen, fängt sich das Regenwasser. Wenn sie baden und sich suhlen, vergrößern sie die bereits existierenden Wasserlöcher, indem sie ihre Körper mit Schlamm bedecken. Sie legen Trampelpfade an, die in der Regel zu Wasserlöchern führen und als Feuerschneisen wirken. Wenn sie durch das hohe Gras wandern, scheuchen sie Insekten, kleine Reptilien und Amphibien auf und versorgen so Vögel mit Nahrung. Schließlich schützen sie andere Arten, indem sie sie vor näherkommenden Raubtieren warnen, denn sie sind hoch und können weite Strecken überblicken.

DAS SKELETT

Wie bei allen anderen Säugetierarten läßt sich das Skelett in vier größere Abschnitte unterteilen: den Schädel, die Wirbelsäule, die Extremitäten sowie Rippen und Brustbein. In der Seitenansicht zeigt sich, daß die Beine sich nahezu senkrecht unter dem Körper befinden, wie etwa Beine eines Tisches. Durch diese Anordnung ist eine stabile Abstützung der Wirbelsäule sowie der Eingeweide des Brust- und Hinterleibsraumes gewährleistet, und so läßt sich das große Gewicht des Tieres tragen. Bei anderen Säugern - etwa bei einem Hund oder einer Katze - stehen die Beine in einem bestimmten Winkel zum Körper.

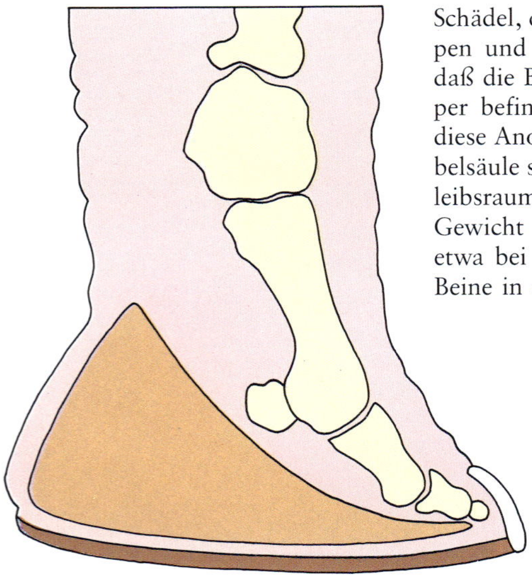

◀ Trotz ihres großen Gewichts gehen Elefanten beinahe auf Zehenspitzen. Die Zehen werden von hinten durch ein faserig- fettiges Kissen gestützt und sind in eine hufähnliche Struktur der Haut eingeschlossen, und nur die Zehen sind sichtbar. Fünf Zehen befinden sich am Vorderfuß, am Hinterfuß des Indischen Elefanten sind es vier und bei der afrikanischen Art drei.

Die Zahl der lebenslänglich verfügbaren Zähne ist bei beiden Arten identisch. Es sind insgesamt zwei obere Schneidezähne (Stoßzähne), (die Eckzähne fehlen) zwölf Prämolaren des Milchgebisses sowie zwölf Molaren. Im Gegensatz zu den meisten anderen Säugetieren ersetzen die Elefanten ihre Backenzähne, die Molaren und Prämolaren, nicht senkrecht - etwa so, daß sich ein neuer Zahn entwickelt und den alten von oben oder unten her ersetzt - sondern eher in waagerechten Schritten. Bei einem neugeborenen Elefanten befinden sich in einem Kieferquadranten zwei oder drei Backenzähne. Und mit zunehmendem Alter entwickeln sich von hinten neue Zähne und drängen langsam nach vorn. Zugleich werden die vorigen Zähne verschlissen, wandern nach vorn und zerbrechen. Auf diese Weise werden die alten Zähne, wie bei einem Förderband-System, durch neue und größere ersetzt. Dies geschieht sechsmal im Leben eines Elefanten.

HAUT, OHREN UND GEHIRN

Der alte Name der Ordnung Proboscidea, »Pachydermata«, bezieht sich auf ihre dicke Haut. Die Stärke der Haut variiert von papierdünn an der Innenseite der Ohren, um das Maul und den After herum bis zu 25 Millimeter am Rücken und einigen Bereichen des Kopfes. Ungeachtet ihrer Mächtigkeit, ist die Haut ein empfindliches Organ, was auf die spärliche Behaarung zurückzuführen ist. Die Leiber beider Elefantenarten sind normalerweise grau gefärbt; diejenigen der Afrikanischen Elefanten erscheinen häufig braun oder sogar rötlich, da sich die Tiere mit der Haut in Schlammlöchern oder gipsfarbener Erde suhlen. Das Suhlen scheint eine wesentliche Verhaltensweise in den Elefantengesellschaften zu bilden. Offenbar schützt der Schlamm gegen ultraviolette Strahlung, Insektenstiche und Flüssigkeitsverlust. Zudem pflegen die Tiere ihre Haut, indem sie sich an Bäumen reiben oder baden gehen.

Übermäßige Körperwärme läßt sich über die Ohren abführen: Betrachtet man eine Gruppe eng miteinander verwandter Säugetiere, steht die Größe der Ohren häufig in Zusammenhang mit dem jeweiligen Klima (größere Ohren in wärmerer Umgebung) und der jeweiligen Körpergröße (die Ohren größerer Tiere sind vergleichsweise umfangreicher). Die Ohren des Afrikanischen Elefanten sind mehr als doppelt so großflächig wie die des Indischen, und er übertrifft diesen an Gewicht um etwa 30 Prozent. Daß die großen Ohren der Elefanten als Abkühlungshilfen funktionieren, läßt sich anhand der zahlreichen Blutgefäße in ihrer Mittelregion nachweisen, wo die Haut etwa ein bis zwei Millimeter dick ist, sowie durch die hohe Fächelaktivität an heißen Tagen, an denen wenig oder gar kein Wind herrscht. Zudem können große Ohren mehr Schallwellen erfassen als kleine.

Das Gehirn eines ausgewachsenen Elefanten wiegt 4,5 bis 5,5 Kilogramm. Es weist ein in hohem Maße gefaltetes Cerebrum und Cerebellum auf (bei Säugern kontrollieren diese Hirnteile die motorische bzw. die Muskelkoordination). Die Schläfenlappen, die bei Menschen als Gedächtniszentren wirken, sind bei den Elefanten vergleichsweise groß. Dagegen ist ihr Verdauungssystem für Säugerverhältnisse recht einfach gebaut. Die Gesamtlänge von Dünn- und Dickdarm kann 35 Meter erreichen, und es vergehen über 24 Stunden, bis eine Mahlzeit verdaut ist. Elefanten verdauen nur etwa 44 Prozent ihrer aufgenommenen Nahrung.

FORTPFLANZUNG

Das männliche Fortpflanzungssystem besteht aus den typischen Bestandteilen, die man auch bei anderen Säugern findet. Allerdings befinden sich bei den Elefanten die Hoden - im Gegensatz zu vielen anderen Säugetieren - permanent innerhalb des Leibes, in der Nähe der Nieren. Ein voll augewachsenes Männchen besitzt einen langen, muskulösen Penis, der von einer Muskulatur gesteuert wird, die der Willenskontrolle unterliegt. Er kann 100 Zentimeter lang und an der Basis 16 Zentimeter breit sein. Bei voller Erektion hat der Penis eine s-förmige Gestalt mit einer aufwärtsweisenden Spitze.

Auch das weibliche Fortpflanzungssystem ist überwiegende säugetiertypisch, nur bildet die Cervix keine abgesetzte Struktur. Die Klitoris ist ein gut entwickeltes Organ, das 40 Zentimeter lang sein kann, und die Öffnung der Vulva befindet sich zwischen den Hinterbeinen der Weibchen, nicht unter dem Schwanz, wie es etwa bei Rindern und Pferden der Fall ist. Die Milchdrüsen liegen zwischen den Vorderbeinen. Dadurch ist es der Mutter möglich, mit ihrem Kind während des Säugens den Körperkontakt aufrechtzuhalten.

Ein Elefant erreicht seine Geschlechsreife in einem Alter zwischen 8 und 13 Jahren. Die Länge des Östrus-Zyklus kann zwischen 12 und 16 Wochen variieren, und der Östrus selbst (Ovulation und Empfängnisbereitschaft) dauert wenige Tage. Das Ei ist nur etwa 12 Stunden lebensfähig. Die Paarung ist an keine Jahreszeit gebunden, und die Embryonalentwicklung nimmt 18 bis 22 Monate in Anspruch - dies ist die längste bei irgendeinem lebenden Säuger nachgewiesene Schwangerschaft. Die Kopulation kann zu jeder Zeit in einem 24-Stunden-Zyklus stattfinden. In der Regel erfolgt sie an Land; es wurden jedoch schon Elefanten im Wasser bei der Paarung beobachtet. Der Bulle verfolgt die Kuh, bis sie paarungsbereit ist; zu diesem Zeitpunkt kommt es zu einem kurzen Kontakt der Rüssel und der Körper. Anschließend besteigt der männliche Elefant das Weibchen in der typischen Vierbeiner-Position. Der lange Penis eines erwachsenen Bullen spielt beim Befruchtungsprozeß eine entscheidende Rolle. Ein junger Bulle mit einem kurzen Penis mag zwar fähig sein, mit einer Kuh, die sich im Östrus befindet, zu kopulieren, allerdings wird er sie wahrscheinlich nicht schwängern können. Der gesamte Kopulationsvorgang währt etwa 60 Sekunden. Danach lösen sich beide Tiere wieder voneinander und bleiben noch für eine kurze Zeit beisammen.

Elefanten bringen normalerweise ein einziges Junges zur Welt. Neugeborene Kälber wiegen 77 bis 136 Kilogramm und sind an der Schulter 91 Zentimeter hoch. Im Vergleich zu den erwachsenen Tieren sind die Jungen stark behaart, allerdings geht die Zahl der Haare mit den Jahren zurück. Die Kälber können 11,4 Liter Milch am Tag zu sich nehmen. Die Entwöhnung erfolgt sehr langsam. Sie beginnt noch im ersten Le-

DER ELEFANTENRÜSSEL

Der Rüssel eines Elefanten ist sein einziges, wichtigstes Merkmal und bildet ein unverzichtbares Werkzeug im täglichen Leben. Anatomisch besteht er aus einer Vereinigung der Nase und der Oberlippe. Die frühen Naturforscher beschrieben den Rüssel als »die Hand des Elefanten« oder als »die Schlangenhand«. Seine Biegsamkeit und Lenkbarkeit sind mit Sicherheit erstaunlich. Man sagt, ein Elefant könne eine Nadel vom Boden aufheben und seinem Pfleger bringen. Dies ist vermutlich übertrieben, allerdings können Elefanten Objekte aufnehmen, die so klein sind wie eine Münze. So knackte ein 25-jähriges, indisches Elefantenweibchen mit großer Geschicklichkeit Erdnüsse.

Der französische Anatom G. Cuvier und seine Kollegen des frühen neunzehnten Jahrhunderts untersuchten den Rüssel eines Elefanten und schätzten die Zahl der darin enthaltenen Muskeln auf etwa 40 000. Eine neuere Untersuchung ergab, daß die Zahl der Muskeleinheiten, die dieses hochempfindliche Organ bewegen, insgesamt über 100 000 liegen dürfte und daß der Rüssel offenbar ein komplizierteres Innenleben besitzt, als man zuvor angenommen hatte. Er enthält weder Knochen noch Knorpel, sondern besteht aus Muskeln, Blut- und Lymphgefäßen, Nerven, etwas Fett, Bindegewebe, Haut, Haaren und Borsten. Die beiden Nasenlöcher setzen sich als getrennte Öffnungen von der Rüsselbasis bis zur Spitze fort. Ein jedes ist mit einer Membran ausgekleidet.

Anthony Bannister/Oxford Scientific Films

▲ Afrikanische Elefanten in gegenseitiger Umarmung. Dieses Verhalten stärkt die sozialen Bindungen unter den Mitgliedern einer Herde.

Messungen zeigen, daß der Rüssel eines erwachsenen Indischen Elefanten 8,5 Liter Wasser fassen kann. Und ein durstiger, ausgewachsener Elefantenbulle kann 212 Liter Wasser in 4,6 Minuten trinken. Die Tiere benutzen ihre Rüssel zum Fressen, um sich naßzuspritzen oder einzustauben, zum Riechen, Tasten, Anheben, um Töne zu erzeugen und miteinander zu kommunizieren sowie als Waffe zur Verteidigung und für den Angriff.

Konrad Wothe/Bruce Coleman Ltd

▲ So wird ein Asiatisches Elefantenkalb gesäugt: Das Junge muß seinen Rüssel zurücklegen, um mit dem Maul eine der Zitzen der Mutter zu erreichen. Die Embryonalentwicklung nimmt etwa 20 Monate in Anspruch, und das Junge wird acht bis zehn Monate lang gesäugt, wonach der Abnabelungsprozeß beginnt. Die Weibchen erreichen die Geschlechtsreife mit etwa zehn Jahren. Sie bringen Junge allerdings erst in einem wesentlich höheren Alter zur Welt.

bensjahr und kann sich bis zum siebten oder manchmal sogar zum zehnten Lebensjahr hinziehen. Während ihrer gesamten Lebensdauer von etwa 50 bis 80 Jahren kann eine Elefantenkuh theoretisch sieben oder acht Jungtieren das Leben schenken. Dieses Potential wird allerdings nur unter optimalen Lebensbedingungen ausgeschöpft.

MUSTH

Die Musth ist ein periodisch auftretendes Phänomen, das man sowohl von Afrikanischen als auch von Indischen Elefanten her kennt und steht im Zusammenhang mit Veränderungen der Physiologie und des Verhaltens. Die Elefanten in Musth - meist sind es Männchen - können unkontrollierbar werden, und von in Gefangenschaft lebenden Exemplaren weiß man, daß sie ihre Pfleger angegriffen und getötet haben. Auf deutsch bedeutet das Hindu-Wort »Musth« soviel wie »vergiftet«. Während der Musth sickert ein Sekret aus der Musthdrüse, die wegen ihrer Lage auch Schläfendrüse heißt, an jeder Seite des Elefantenkopfes auf halber Strecke zwischen Auge und Ohr herab. Man findet das Sekret bei keinem anderen lebenden Säugetier. Seine genaue Funktion ist noch nicht bekannt, sie mag jedoch mit sexueller Aktivität oder Kommunikation in Verbindung stehen. Allerdings ist Musth etwas anderes als Brunft. Bei der Brunft gibt es nämlich einen Zeitraum, während dessen bei den Männchen der Paarungstrieb und die Aggressionsbereitschaft gesteigert und die Weibchen empfängnisbereit sind. Die Musth ist nicht zwangsläufig mit einem erhöhten Paarungstrieb verbunden; auch sind die Weibchen, während sich die Bullen in der Musth befinden, nicht empfängnisbereit.

ÖKOLOGIE UND VERHALTEN

Achtzehn bis zwanzig Stunden des Tagesablaufes eines Elefanten sind der Nahrungsaufnahme oder der Wanderung zu einer Futter- oder Wasserquelle gewidmet: Die Tiere nehmen täglich 75 bis 150 Kilogramm Nahrung und 83 bis 140 Liter Wasser zu sich. Sie sind ausschließlich Pflanzenfresser. Etwa 80 Prozent ihrer gesamten Verhaltensweisen hängen mit dem Fressen zusammen. Und zum Ausgleich baden, spielen und schlafen sie oder widmen sich der Fortpflanzung.

Elefanten sind in hohem Maße soziale Tiere. Die kleinste Einheit besteht aus einer von einem Weibchen geführten Gruppe aus fünf bis zehn Tieren. Wenn sich Familien zusammentun, werden sie zu einer Herde. Die Matriarchin ist das älteste und in der Regel das erfahrenste Weibchen einer Herde. Im Falle einer Dürrekatastrophe kann etwa die Matriarchin ihre Familie und Verwandten zu den besten noch existierenden Nahrungsgründen führen. Der Rest der Herde eignet sich die Kenntnisse durch enge Kontakte an und sammelt sie. Diese enge Bindung und die Erfahrung der Herde insgesamt, die von einer Generation auf die folgende weitergegeben werden, leistete einen entscheidenden Beitrag zum Überleben des Elefanten.

Die Kälber werden nicht nur von ihren Müttern geführt, sondern auch von den anderen Weibchen der Herde. Die Männchen verlassen die Herde, sobald sie

WIE UNTERSCHEIDEN SICH AFRIKANISCHE UND INDISCHE ELEFANTEN?

Der auffälligste Unterschied zwischen Afrikanischen und Indischen Elefanten liegt in der Größe ihrer Ohren - die des Afrikanischen sind wesentlich größer. Es existieren allerdings noch zahlreiche andere Unterschiede, von denen nur einige hier erwähnt werden können. Afrikanische Elefanten sind grundsätzlich schwerer und höher. Ein afrikanischer Bulle kann sieben Tonnen wiegen und mehr als vier Meter Höhe erreichen. Bei Indische Elefanten liegen dagegen die Maximalwerte für Gewicht und Höhe bei 5,4 Tonnen und 3,35 Metern.

Der Afrikanische Elefant besitzt einen konkaven Rücken, der des Indischen Elefanten ist dagegen konvex (gewölbt) oder eben. Beim Afrikaner tragen in der Regel beide Geschlechter Stoßzähne, bei den Asiaten sind es überwiegend die Männchen.

Der Rüssel des Afrikanischen Elefanten weist mehr Hautfalten in Gestalt von »Ringen« auf. An der Spitze befinden sich anstelle eines einzigen, zwei fingerartige Fortsätze. Der Rüssel des Afrikaners scheint etwas »weicher« zu sein, während der des Asiaten etwas derber wirkt.

Bemerkungen wie »Indische Elefanten lassen sich leichter abrichten als Afrikanische« oder »der Rüssel des Asiaten ist vielseitiger als der des Afrikaners« treffen teilweise oder vollständig zu und lassen sich im Zusammenhang mit der Entwicklungsgeschichte erklären. Die Unterschiede haben eine anatomische Grundlage: Die fortschrittlichere und stärker spezialisierte der beiden Arten, der Indische Elefant, verfügt über einen höheren Grad an Muskelkoordination und kann daher kompliziertere Kunststücke vollbringen als sein afrikanischer Verwandter.

Stephen J. Krasemann/NHPA

▲ Afrikanische Elefanten. Man beachte die großen Ohren. Afrikanische Elefanten sind größer als Asiatische, und bei ihnen entwickeln beide Geschlechter große Stoßzähne.

Adrian Warren/Ardea London

Joanna Van Gruisen/Ardea London

▲ Es gibt drei Unterarten des Indischen Elefanten, und zwar aus Indo-China, Sri Lanka beziehungsweise Sumatra. Dieses Weibchen aus Sri Lanka besitzt keine Stoßzähne und hat, wie alle Indischen Elefanten, einen gewölbten (manchmal geraden) Rücken. Der Rücken des Afrikanischen Elefanten hängt dagegen etwas durch.

◀ Ein Indischer Elefantenbulle aus Malaysia. Die Stoßzähne dieses Individuums haben etwa die Durchschnittsgröße für ein erwachsenes Männchen: Die größten bekannten Stoßzähne dieser Art maßen beinahe drei Meter.

Gerald Thompson/Oxford Scientific Films

▲ Afrikanische Elefanten (oben) ernähren sich in erster Linie von Blättern und Zweigen von Bäumen, besonders von Akazien. Indische Elefanten fressen mehr Gräser und Wurzeln. Wenn die Nahrung knapp wird, legen die Afrikanischen Elefanten Bäume um, damit sie an die obersten Zweige herankommen.

geschlechtsreif sind; dies ist mit etwa 13 Jahren der Fall. Manchmal vereinigen sie sich mit anderen Männchen und bilden Junggesellenherden. Die ausgewachsenen Bullen schließen sich den aus Kühen bestehenden Herden an, wenn ein Weibchen sich im Östrus befindet. Es gibt keinerlei Hinweise auf territoriales Verhalten. Das Wohngebiet ist 10 bis 70 Quadratkilometer groß oder noch umfangreicher; dies hängt von der Größe der Herde und der Jahreszeit ab.

Es scheint, daß sich die Schärfe der Sinnesorgane bei den Elefanten im Laufe des Alters ändert. Allgemein gesagt, sehen die Tiere normalerweise nur schlecht, im Dämmerlicht dagegen ausgezeichnet. Sie hören und riechen sehr gut; auch der Tast- und Geschmackssinn sind sehr differenziert. Insgesamt frißt der Afrikanische Elefant mehr Äste, Zweige und Blätter als der Indische, der in erster Linie Gräser zu sich nimmt.

Einen interessanten Aspekt im Verhalten der Elefanten brachten die Studien von K.B. Payne und ihrer Kollegen zutage: Sie zeigten die »Geheimsprache« der Elefanten auf. Diese mit Infraschall geführte Kommunikation ist unhörbar für das menschliche Ohr, vermag jedoch offensichtlich lange Strecken zu überbrücken. Wahrscheinlich erkennen Elefanten, die sich bis zu 2,4 Kilometer von der Schallquelle entfernt aufhalten, die von ihren Artgenossen ausgesandten Signale und antworten entsprechend. Die Männchen laufen gezielt auf ein Geräusch zu, der von einem Weibchen im Östrus ausgesandt wird. Andere Elefanten können offenbar von verschiedenen Standorten aus ihr Verhalten auf Stressignale ausrichten und synchronisieren.

ELFENBEIN UND ARTENSCHUTZ

Bei Elefanten werden die Milch-Schneidezähne oder Stoßzähne, sobald die Tier sechs bis zwölf Monate alt sind, durch ein Paar dauerhafter, zweiter Schneidzähne ersetzt. Die bleibenden Stoßzähne wachsen ständig mit einer Rate von etwa 17 Zentimetern pro Jahr und bestehen überwiegend aus Dentin. Wie alle Säugetierzähne besitzen auch die Schneidezähne der Elefanten Pulpahöhlen, die Blutgefäße und Nerven enthalten; die Stoßzähne reagieren daher auf äußeren Druck. Im Durchschnitt sind nur etwa zwei Drittel eines Stoßzahns äußerlich sichtbar, der Rest ist im Sockel innerhalb des Schädels eingebettet.

Die längsten Stoßzähne eines Afrikanischen Elefanten waren etwa 3,3 Meter lang, und die schwersten hatten ein Gewicht von 102,7 Kilogramm. Vergleichbare veröffentlichte Werte liegen beim Indischen Elefanten bei drei Metern beziehungsweise 39 Kilogramm. Ein noch lebender, 45-jähriger Indischer Elefant mit Namen Tommy trägt ein Paar Stoßzähne, die je über 1,5 Meter messen und auf mindestens 45 Kilogramm Gewicht geschätzt werden.

Die Elefanten benutzen ihre Stoßzähne, um nach Wasser, Salz und Wurzeln zu graben, um Bäume zu entrinden, als Hebel, um gefällte Bäume und Zweige zu bewegen, zur Arbeit (bei gezähmten Tieren), zum Imponieren, um Bäume zu markieren, als Verteidungs- oder Angriffswaffen, als Ruhestützen für den Rüssel oder als Rüsselschutz (wie die Stoßstange eines Autos). Die Stoßzähne können auch eine Rolle als »Statussymbol« spielen. Ebenso wie es rechts- oder linkshändige Menschen gibt, sind auch die Elefanten »links-» oder »rechtsstoßzähnig«. Der von beiden häufiger gebrauchte Stoßzahn wird als »Master Tusk« bezeichnet. Ein solcher läßt sich leicht daran erkennen, daß er durch die Abnutzung kürzer und an der Spitze rundlicher ist als der andere.

Im Querschnitt zeigt ein Stoßzahn ein Muster von einander überkreuzenden Linien, die kleine, für das bloße Auge sichtbare, diamantenförmige Felder bilden. Dieses Muster gibt es nur bei Elefanten. Der Begriff »Elfenbein« sollte daher auch nur auf Elefantenstoßzähne angewandt werden.

Solange die Nachfrage nach Elfenbein besteht, werden weiterhin Elefanten in Afrika abgeschlachtet. Man schätzt, daß in jedem Jahr etwa 70 000 Elefanten getötet werden, um die unstillbare Gier nach dem Weißen Gold zu befriedigen. Es stimmt schon, daß ein Teil des Elfenbeins aus legalen Quellen stammt, wie etwa von Abschüssen überzähliger Tiere. Allerdings stammen 80 Prozent von gewilderten, brutal getöteten Elefanten. Die Wilderer knallen ohne Unterschied auf Männchen und Weibchen, jung und alt, und viele Tiere werden noch in ihrer ersten Reproduktionsphase umgebracht. Mit fortlaufender Wilderei nimmt auch die durchschnittliche Größe der Stoßzähne bei den Nachkommen der überlebenden Individuen schrittweise ab. 1982 wog der Stoßzahn eines Afrikanischen Elefanten durchschnittlich 9,7 Kilo-

Silvestris/Australasian Nature Transparencies

◀ Afrikanische Elefanten in einer ritualisierten Auseinandersetzung. Bei derartigen Kämpfen kommt es selten zu ernsthaften Verletzungen. Normalerweise reicht das aggressive Imponierverhalten des dominanten Bullen aus, um einen Rivalen mit kleineren Stoßzähnen zu entmutigen. Die Stoßzähne sehr alter, Afrikanischer Elefantenbullen werden gelegentlich so lang und schwer, daß sie zur Last werden.

gramm, im Jahre 1988 waren es nur 5,9 Kilogramm. In Asien, wo die Männchen wesentlich kleinere und die Weibchen meist gar keine Stoßzähne besitzen, werden Elefanten so gut wie überhaupt nicht gewildert.

Die Wilderei ist jedoch nicht das einzige Problem der Elefanten. Das rapide Wachstum der menschlichen Bevölkerung führt zu Übergriffen auf die Lebensräume der wilden Tierwelt, so daß die Elefanten an einem bestimmten Ort »zusammengepfercht« werden. Bald ist die Vegetation in diesem begrenzten Gebiet überbeansprucht, und es folgen Schäden im Lebensraum. 1989 wurde die Population aller wilden afrikanischen Elefanten zusammengenommen auf weniger als 750 000 Tiere geschätzt. Dies ist die Hälfte des Bestandes von vor zehn Jahren.

Es wurden verschiedene Schritte unternommen, um die Tierwelt Afrikas zu schützen, darunter gehört zu den wichtigsten die Öffentlichkeitsarbeit in Form von Vorträgen, Seminaren und reisenden Museen. Auch finanzielle Anreize wurden geschaffen. So werden etwa Bauern entschädigt, deren Ernten von Elefanten beschädigt wurden. Vielleicht erweist sich der Schutz der Elefanten als ein sehr kostenintensives Unterfangen, er ist jedoch auch für den Schutz der übrigen Tierwelt unbedingt geboten. Wenn man Elefanten ein großes Gebiet zur Verfügung stellt, in dem sie sich frei bewegen können, sorgt man gleichzeitig für den Schutz vieler anderer Tier- und Pflanzenarten.

Wegen ihrer langen Generationenfolge und des ständigen Schwindens der Individuenzahlen und der Lebensräume können die Elefanten - weder in Afrika noch in Asien - gesunde, fortpflanzungsfähige Populationen erhalten. Die gegenwärtige Elefantensterblichkeit ist alarmierend. Der Indische Elefant, *Elephas maximus,* wurde 1973 in seinem gesamten Verbreitungsgebiet zu einer bedrohten Art erklärt und auf den Anhang I der CITES (Übereinkommen zum internationalen Handel mit bedrohten Arten der Flora und Fauna) gesetzt. Der Afrikanische Elefant, *Loxodonta africana,* wurde dagegen erst 1978 zu einer gefährdeten Art erklärt und auf den Anhang II gesetzt. Wegen der jüngsten Bestandsrückgänge erhielt er jedoch im Januar 1990 den Status einer bedrohten Art und steht nun auf Anhang I.

Was muß nun unternommen werden, um das Überleben der wilden Elefanten Afrikas sicherzustellen? Es sollen hier vier Vorgehensweisen vorgeschlagen werden, die für den Artenschutz von essentieller Bedeutung sind: 1. Die öffentliche Aufklärung über den Schutz der Tierwelt muß fortgesetzt werden.
2. Den bestehenden Gesetzen muß Nachdruck verliehen werden. 3. Es müssen natürliche Korridore geschaffen werden, um voneinander isolierte Populationen zu verbinden, so daß sie Gene austauschen können. 4. Es muß eine internationale Zusammenarbeit mit den benachbarten Staaten aufgebaut werden, um zusammenhängende Lebensräume für die Elefanten zu garantieren.

▼ In der zweiten Hälfte der achtziger Jahre nahm die Wilderei so stark zu, daß die Art in weiten Teilen ihres ostafrikanischen Verbreitungsgebiets wirklich Gefahr lief, auszusterben. Da es nicht möglich war, die Wilderei zu kontrollieren, wächst der internationale Druck auf die Elfenbein verarbeitende Industrie, um die Schnitzereien einzustellen und dabei den Markt für Stoßzähne zu verkleinern.

Gerald Cubitt/Bruce Coleman Ltd

Ordnung Perissodactyla: 3 Familien, 5 Gattungen 18 Arten

GRÖSSE
Kleinste Art Bergtapir, *Tapirus pinchaque;* Kopf-Rumpflänge 180 Zentimeter.
Größte Art Weißes Nashorn, *Ceratotherium simum;* 370 bis 400 Zentimeter, Schwanzlänge 70 Zentimeter, Gewicht bis 2,3 Tonnen.

ARTENSCHUTZ
Folgende Arten werden in der Roten Liste für bedrohte Säugetiere der IUCN als gefährdet angesehen: Afrikanischer Wildesel, *Equus africanus;* Grevi-Zebra, *Equus grevyi;* Syrischer Wildesel, *Equus hemionus hemippus;* Khur, *E.h. khur;* Przewalski-Pferd, *Equus przewalskii;* Schabraken-Tapir, *Tapirus indicus;* Nördliches Breitmaulnashorn, *Ceratotherium simum cottoni;* Sumatra-Nashorn, *Dicerorhinus sumatrensis;* Java-Nashorn, *Rhinoceros sondaicus;* Indisches Panzernashorn, *Rhinoceros unicornis.* Der Bestand vieler weiterer Arten gilt als bedenklich.

UNPAARHUFER

NORMAN OWEN-SMITH

Die Perissodactyla repräsentieren die ältere der beiden Ordnungen von huftragenden Säugetieren oder Ungulaten. Sie haben an jeder Extremität entweder drei Zehen oder eine einzige funktionsfähig erhalten und werden daher als Unpaarhufer bezeichnet. Bei den drei Familien der Ordnung handelt es sich um die Equidae (eine Gattung), die Tapiridae (eine Gattung) und die Rhinocerotidae (drei Gattungen). Während unter den Equiden die Pferde, Esel und Zebras eine deutliche Verwandtschaft zeigen, ist ihre Verbindung zu dem seltenen, merkwürdigen Tapir und dem unförmigen Nashorn eher überraschend.

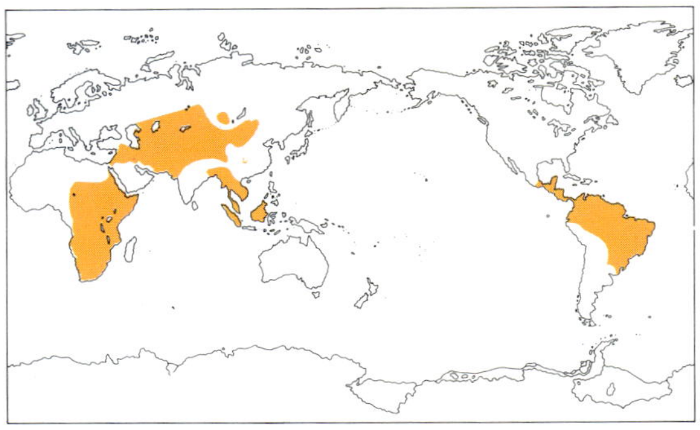

SPEZIALISIERTE WEIDEGÄNGER

Die Pferde bilden diejenige Huftiergruppe, der es als erster gelang, sich mit einem Zehenspitzengang an eine rasche Fortbewegung über die Grasebenen anzupassen, die sich vor etwa 20 Millionen Jahren entwickelten. Dagegen sind die Tapire Waldtiere geblieben, die sich von Früchten und Blättern ernähren. Die Nashörner bildeten vor 25 bis 40 Millionen Jahren die dominanten Formen großer Pflanzenfresser. Anschließend ging ihre Vielfalt, wenn auch nicht ihre Individuendichte, zurück. Alle diese Tiere unterscheiden sich von den übrigen Ungulaten (Huftieren) nicht nur durch die Anzahl ihrer Zehen, sondern auch durch ihre Verfahren, die sie entwickelten, um den Zellulosegehalt der Zellwände von Pflanzen im Verdauungssystem zu zersetzen. Sie alle sind spezialisierte Weidegänger, die man in den Grasländern in Teilen Afrikas, Asiens und Südamerikas findet.

DIE FAMILIE DER EQUIDEN

Die Pferde und Esel haben ihren Ursprung in Nordamerika. Allerdings starben die letzten amerikanischen Equiden gegen Ende der pleistozänen Eiszeiten, vor etwa 12000 Jahren, aus. Das Pferd, *Equus caballus,* existiert in seiner ursprünglichen Wildform in Eurasien nicht mehr; es wurde um 2000 v. Chr. domestiziert. Dagegen hielt sich das Przewalski Pferd, *E. przewalski,* das vermutlich mit den ursprünglichen Pferden eng verwandt ist, bis in jüngste Zeit auf den Ebenen der Mongolei. Heute kann es vermutlich nur noch in zoologischen Gärten überleben. Domestizierte Pferde haben jedoch in allen sechs Kontinenten wilde Populationen gegründet. Es gibt zwei Arten wilder Esel: Den asiatischen Esel, *E. hemionus,* in Teilen des Mittleren Ostens und des südlichen Zentralasiens, sowie den afrikanischen Esel, *E. africanus,* der die Halbwüsten-Gebiete Nordostafrikas bewohnt.

Alle Equiden sind Grasfresser, obwohl sie in mageren Zeiten zusätzlich auch kleine Mengen von Blättern, Zweigen und Sukkulenten zu sich nehmen. Bei allen Equiden dauert die Embryonalentwicklung ungefähr 12 Monate, so daß sie nicht in jedem Jahr ein Fohlen zur Welt bringen können und dennoch mit dem jahreszeitlichen Zyklus synchron bleiben. Daher liegen die Fortpflanzungsraten niedriger als bei Antilopen und Hirschen.

Pferde

Die ursprünglichen Wildpferde waren stämmiger gebaut als die schlankgliedrigen Zuchtrassen, die man heute überwiegend findet. Die Pferde sind mit einem Gewicht bis zu 700 Kilogramm die größten Equiden. Im Gegensatz zu den Verhältnissen bei horntragenden Wiederkäuern sind die Männchen hier nicht wesentlich größer als die Weibchen. Dies hängt möglicherweise mit ihrer Kampftechnik zusammen. Dabei versuchen die Männchen, in die Beine der Gegner zu beißen, so daß die Kampfkraft vermutlich mehr in der Beweglichkeit als in der Stärke liegt.

Die Domestikation des Pferdes war ein wichtiger Schritt in der Kulturgeschichte des Menschen, denn er schuf sich damit nicht nur ein Lasttier, sondern auch ein Fortbewegungsmittel für den Krieg. Eine sich zu Fuß hinschleppende Armee hatte der Beweglichkeit einer hoch zu Roß angreifenden Horde wenig entgegenzusetzen. Dies führte zu den frühen Eroberungszügen europäischer Stämme durch die Hunnen. Auch die um ein Haar erfolgreiche Ausrottung der Bisons in

▼ Verwilderte Pferde im australischen Neu-Südwales. Diese Tiere stammen aus verschiedenen domestizierten Zuchtbeständen, die sich einmal verirrten oder freigelassen wurden, und sie weisen eine große Variabilität in Farbe, Größe und Gestalt auf.

Jean-Paul Ferrero/Auscape International

Liz & Tony Bomford/Ardea London

▲ Vermutlich existiert das Przewalski-Pferd aus der Mongolei nicht mehr in der Wildnis. Allerdings läßt sich diese kräftige Art, die dem Urahn aller domestizierten Pferde nahesteht, im Rahmen eines internationalen Programms gut züchten, an dem viele der besten zoologischen Gärten der Welt beteiligt sind.

Nordamerika und gewisser Antilopenarten in Südafrika war in erster Linie dadurch möglich, daß die Jäger auf dem Rücken der Pferde in die Herden hineinritten und von dort aus große Zahlen von Tieren innerhalb kurzer Zeit abschießen konnten. Vielleicht blieb den meisten afrikanischen Antilopen das Schicksal des amerikanischen Bisons nur wegen der Pferdekrankheiten erspart, die in großen Teilen des tropischen und subtropischen Afrikas verbreitet sind. Die Pferde in den Prärien Nordamerikas und im Carmargue-Delta Frankreichs überleben ohne menschliche Pflege recht gut. Wilde Populationen existieren auch in den südlichen Plateauländern Australiens, in Nord- und Zentral-Australien sowie in Südwest-Afrika.

Esel

Der Esel oder Burro leitet sich vom afrikanischen Wildesel ab. Diese Tiere, die früher von Goldsuchern als Lasttiere verwendet wurden, haben heute im kalifornischen Death Valley sowie in der Gegend des Grand Canyon in Arizona wilde Populationen ausgebildet. Der afrikanische Wildesel ist heute in der Wildnis selten geworden. Es gibt ihn nur noch in Äthiopien und den benachbarten Länder. Sie sind scheu, und man kommt schwer an sie heran. Die asiatischen Wildesel sehen mehr wie Pferde aus und sind ebenfalls recht selten. Auch sie sind Wüstenbewohner, und ihre einzige Stärke liegt in ihrer Fähigkeit, schneller zu laufen als ihre natürlichen Feinde.

Jean-Paul Ferrero/Auscape International

Joanna Van Gruisen/Ardea London

▲ Der Afrikanische oder Somali-Wildesel ist der Vorfahr des Hausesels; er ist heute selten. Wildesel und Esel sind an trockene Umgebungen besser angepaßt als Pferde.

◀ Eine andere Art bildet der Asiatische Wildesel, der in vier Unterarten existiert, die in der Wildnis alle selten sind. Die hier gezeigte Unterart ist der Onager.

Silvestris/Australasian Nature Transparencies

▲ Das Grant-Zebra ist eine Unterart des Burchell-Zebras. Diese Form, die die offene Ebene bewohnt, ist die einzige noch häufige Zebra-Art.

Zebras

Zebras sind in Afrika noch immer häufig und weit verbreitet. Es gibt drei Arten: Das Steppen- oder Burchell-Zebra, *E. burchelli,* das mit einigen Rassen überall in Afrika vorkommt, das Grevy-Zebra, *E. grevyi,* ein Bewohner Nordost-Afrikas, und das Bergzebra, *E. zebra,* das mit einer Rasse in Namibia und einer anderen im südlichen Kapgebirge verbreitet ist. Die beiden letztgenannten Arten besitzen recht eselähnliche Körper.

Die Zebras unterscheiden sich durch ihre Färbung aus schwarzen Streifen auf weißem Grund. Die Grevy- und Bergzebras weisen fein aufgeteilte Schwarzweißmuster auf; dagegen kommt es bei den verschiedenen Rassen der Steppenzebras zu verschiedenen Abstufungen von Brauntönen zwischen den Streifen. Früher lebte in der Kapregion ein Zebra mit schwarzen Streifen gegen einen dunkelbraunen Hintergrund, das Quagga; es wurde jedoch von weißen Siedlern ausgerottet. Genetische Untersuchungen an den Fellen der beiden noch erhaltenen Museumsexemplare lassen vermuten, daß es sich bei diesen Tieren nur um eine extreme Farbvariante des Steppenzebras handelt. Das Gewicht der Tiere variiert von 235 Kilogramm bei einigen Rassen des Steppenzebras bis zu 400 Kilogramm beim Grevy-Zebra. Das Durchhaltevermögen der Zebras ist nicht besonders groß, und die frühen Jäger konnten sie leicht zu Pferde einholen. Aus diesem Grund wurden auch Versuche, die Tiere zu domestizieren, unterlassen.

Die Grevy- und Bergzebras leben in Halbwüsten-Gebieten. Dagegen durchwandern die Steppenzebras Grasflächen und Savannenregionen. Die Hufe der Bergzebras besitzen einen gummiähnlichen Überzug, um nicht von den nackten Felsen der Trockengebiete beschädigt zu werden.

Steppenzebras bilden häufig gemischte Herden mit verschiedenen Antilopen. Auch wenn diese Tiere zahlenmäßig im Prinzip an jedem beliebigen Ort in der Masse der einen oder anderen Antilopenart untergehen, sind diese Zebras doch in weit mehr Lebensraumtypen und -regionen verbreitet als irgendeine einzelne Antilopenart. Sie treten in engverbundenen Gruppen einiger Stuten auf, die von einem Hengst begleitet werden, wie es übrigens auch Wildpferde und Bergzebras tun. Die jungen Weibchen werden aus ihrer Herde entführt sobald sie geschlechtsreif sind. Dies ist vermutlich als ein Mechanismus zu sehen, der die Inzucht verhindert, denn die Hengste bleiben häufig viele Jahre lang bei derselben Fortpflanzungsgemeinschaft. Dagegen bilden die Weibchen bei Grevy-Zebras und wilden Eseln lockere Verbände, während die Männchen große Territorien für sich in Anspruch nehmen.

Die gemischten Herden verleihen den Zebras unter Umständen einen gewissen Schutz gegen Räuber. Erwachsene Tiere fallen häufig Löwen zum Opfer, während Hyänen und afrikanische Wildhunde ihren Tribut von den Fohlen fordern. Es kommt vor, daß die Hengste versuchen, ihre Jungen gegen die Angriffe von Hyänen und Wildhunden zu schützen, während die Stuten sogar versuchen, Löwen am Töten ihrer Fohlen zu hindern. Als Nicht-Wiederkäuer können die Zebras von den derberen, stieligen Grasteilen leben, darunter auch von den samentragenden Halmen, so daß sie mit weidenden Antilopen nicht besonders stark konkurrieren, obwohl sie gern viele derselben Grasarten fressen.

Jen & Des Bartlett/Bruce Coleman Limited

▶ Das Bergzebra ist heute wenig verbreitet und wird als empfindlich eingestuft. Das hier gezeigte Tier ist leicht an seinen breiten schwarz/weißen Streifen auf dem Hinterteil zu erkennen. Es wurde in der extrem trockenen Nabib-Wüste fotografiert.

TERRITORIALE SOZIALGEFÜGE

Auch einzeln lebende Tiere können eine hoch entwickelte soziale Organisation aufweisen. So haben etwa die Weißen Nashörner ein System von Territorien, das von einem Teil der erwachsenen Männchen besetzt wird. Jedes territoriale Männchen beschränkt seine Wanderungen beinahe ausschließlich auf ein Gebiet von etwa zwei Quadratkilometern. Innerhalb dieses Gebietes ist sein Rang wesentlich höher als der aller anderen Männchen. Die in der Nachbarschaft lebenden Revierbesitzer bringen das Kräftegleichgewicht in ritualisierten Zusammenstößen Horn an Horn an den Reviergrenzen zum Ausdruck. Die Männchen markieren ihre Territorien olfaktorisch, indem sie ihren Urin an den Grenzen und an den Nashornpfaden versprühen, die das Revier durchkreuzen. Zudem verstreuen sie ihren Dung über die Haufen, auf denen auch andere Nashörner ihren Kot konzentriert absetzen. Dies bedeutet, daß jedes Nashorn, das in ein Territorium eindringt, bald feststellen kann, daß es besetzt ist und vielleicht sogar in der Lage ist, den Revierbesitzer an seinem Duft zu erkennen, sollte es einmal zu einer Begegnung kommen. Allerdings hält dies nicht unbedingt andere Nashörner davon ab, in das Gebiet einzudringen. Die Weibchen und Jungtiere gehen in den Territorien ein und aus. Erwachsene Männchen, die nicht so glücklich waren, ein eigenes Territorium zu besetzen, lassen sich innerhalb des Reviers eines anderen Männchens nieder und akzeptieren ihren untergeordneten Rang, indem sie es vermeiden, ihren Urin zu versprühen oder ihren Dung zu verteilen.

Die Bedeutung der Territorien wird dann evident, wenn ein Nashornweibchen empfängnisbereit ist. Die revierbesitzenden Männchen schließen sich dann derartigen Weibchen an und hindern sie am Verlassen des Territoriums, indem sie ihnen an den Grenzen den Weg versperren. Das hat zur Folge, daß, wenn ein Weibchen die Annäherung des Männchens zuläßt, diese dann ohne Störung durch andere Männchen ablaufen kann.

Auch die männlichen Grevy-Zebras und beide Wildesel-Arten besetzen Territorien; diese können jedoch 10 bis 15 Quadratkilometer groß sein. Möglicherweise können die Tiere in Halbwüsten-Gebieten große Areale optisch überwachen; allerdings markieren auch hier die Hengste ihre Reviergrenzen mit Dunghaufen. Männliche Revierbesitzer findet man auch häufig unter den afrikanischen Antilopenarten. In Fällen, wo die Weibchen sehr beweglich sind, wie etwa beim Steppenzebra und bei Pferden, ist es effektiver für die Männchen, sich bestimmten Herden weiblicher Tiere anzuschließen und sie bei ihren Wanderungen zu begleiten. Es bestimmen also die Gruppenbildungsmuster und die Beweglichkeit des weiblichen Populationsanteils, welchem Typ von sozialem System sich die Männchen anschließen.

▼ Alle Equiden leben sozial, und die Hengste liefern einander Zweikämpfe, die alles andere als ritualisiert sind. Das hier gezeigte Grevy-Zebra ist mit den übrigen Zebras nicht näher verwandt als mit Pferden oder Wildeseln. Man kann Zebras als Pferde betrachten, die zufällig gestreift sind und Pferde als Zebras ohne Streifen: Die Streifen drücken keinerlei Verwandtschaft aus.

K.W. Fink/Ardea London

Kevin Shafer/Tom Stack & Associates

▲ Der zentralamerikanische Tapir ist ein Bewohner der Sümpfe. Wie die anderen Tapire sucht es mit seiner beweglichen, rüsselähnlichen Schnauze nach Blättern und Trieben.

TAPIRE

Die Tapire sind gedrungene Tiere von etwa 300 Kilogramm Gewicht. Sie zeichnen sich durch einen kurzen, beweglichen Rüssel an der Spitze ihrer Schnauze aus. Es existieren drei südamerikanische Arten: Der Flachland-Tapir, *Tapirus terrestris,* der Bergtapir, *T. pinchaque,* und der Mittelamerikanische Tapir, *T. bairdii.* In Asien lebt zudem eine einzige Art, der Schabracken-Tapir, *T. indicus.* Während die amerikanischen Arten schmutzigbraun gefärbt sind, besitzt der Schabracken-Tapir ein kontrastreiches Schwarzweiß-Muster. Ganz junge Tapire weisen cremefarbene, gesprenkelte Flecken oder Streifen auf; wahrscheinlich eine Tarntracht, die sie in ihrem Versteck schützt, während die Mutter unterwegs ist.

Die Lebensweise der Tapire unterscheidet sich vermutlich nicht besonders von der ihrer Ursprungsformen vor 20 Millionen Jahren. Sie knabbern an den Büschen und Kräutern des Waldes, nehmen aber auch viele Früchte und Samen zu sich, wenn sie herankommen können. Da sie dann auch große Früchte verzehren, spielen sie vielleicht eine bedeutende Rolle bei der Verbreitung der Samen zahlreicher Waldbäume. Tapire verbringen offenbar viel Zeit im Wasser, und da sie überwiegend nachts aktiv werden, sind sie schwer zu beobachten. Sie sind vermutlich überwiegend Einzelgänger. Die Männchen markieren ihre Reviere olfaktorisch, indem sie Urin versprühen. Die Orientierung des Penis im schlaffen Zustand führt dazu, daß der Harn nach hinten zwischen die Beine abgegeben wird (dieses Merkmal haben sie mit Nashörnern und Katzen gemein). Sowohl in Asien als auch in Südamerika sind die Tapire infolge der weitreichenden Abholzung und Rodung ihrer Tropenwälder bedroht.

Jany Sauvanet/NHPA

◀ Alle jungen Tapire tragen ein Muster aus blassen Streifen und Flecken auf dunklem Hintergrund. Dieser junge Flachland-Tapir verschmilzt hervorragend mit dem Hintergrund gesprenkelten Lichtes in seinem bewaldeten Lebensraum.

▼ Der Schabracken-Tapir ist mit seinem gegensätzlichen Schwarz/weiß-Muster sehr auffällig gefärbt. Es bietet ihm jedoch im dichten Regenwald, wo die letzten Tiere überleben, eine wirkungsvolle Tarnung.

Alain Compost/Bruce Coleman Limited

Martyn Chillmaid/Oxford Scientific Films

NASHÖRNER

Die wesentlichen Merkmale der Nashörner sind die Hörner auf ihren Schnauzen. Im Gegensatz zu den Hörnern der Antilopen fehlt denen der Nashörner ein knöcherner Zapfen. Sie bestehen aus einer Masse hohler, fest miteinander verbundener Filamente, die recht lose an einer rauhen Stelle des Schädels befestigt ist. In ihrer frühen Entwicklungsgeschichte zeigten die Nashörner eine Neigung zum Riesenwuchs. Eine ausgestorbene, hornlose Form, *Indricotherium,* war mit einer Schulterhöhe von 5,5 Metern und einem Gewicht von vermutlich 20 Tonnen das größte Landsäugetier aller Zeiten. Wie die Elefanten, so besitzen auch die Nashörner keinen Hodensack; die Hoden verbleiben im Leibesinnern. Bis heute haben fünf Arten von Nashörnern überlebt. Sie zerfallen in drei verschiedene Unterfamilien, von denen eine auf Afrika beschränkt ist und die anderen beiden auf Asien; allerdings kamen sie früher auch in Europa vor.

Afrikanische Nashörner

Die zweihörnigen afrikanischen Nashörner werden von zwei Arten vertreten, dem Schwarzen oder Spitzmaul-Nashorn, *Diceros bicornis,* und dem Weißen oder Breitmaul-Nashorn, *Ceratotherium simum.* Obwohl sie unterschiedlichen Gattungen zugeordnet werden, besitzen beide Arten einen gemeinsamen Vorfahren, der vor etwa 10 Millionen Jahren lebte. Einer ihrer wichtigsten Unterscheidungsmerkmale liegt in der Ernährungsweise: Das Weiße Nashorn ist ein Weidegänger; sein langer Kopf und seine breiten Lippen sind für das Abrupfen kurzer Gräser geschaffen. Das Schwarze Nashorn ist dagegen ein Laubfresser, der mit seiner vorstreckbaren Oberlippe die Spitzen der Zweige in sein Maul ziehen kann. Trotz ihrer Trivialnamen unterscheiden sich beide Arten in ihrer Hautfarbe praktisch kaum. Beide sind grundsätzlich grau, allerdings mit einem besonderen Farbton, der durch die örtliche Bodenfärbung hinzukommt. Man schreibt den Namen des »Weißen Nashorns« der fälschlichen Übersetzung eines niederländischen Namens, *wijd mond* (Breitmaul-)Nashorn, zu, dies ist jedoch nur eine Geschichte. Vielleicht hatten sich die ersten Weißen Nashörner, die europäischen Forschern in der nördlichen Kap-Region über den Weg liefen, gerade in einem bleichen, kalziumreichen Sediment gesuhlt.

Das Weiße Nashorn ist das bei weitem größere der beiden Arten; die Männchen erreichen Gewichte von etwa 2,3 Tonnen. Es wird nach den beiden Elefantenarten als das drittgrößte heute lebende Landsäugetier angesehen. Zu den weiteren Unterscheidungsmerkmalen gehören die Form des Halses, des Rückens und der Ohren, sowie die Falten auf der Haut. Das Weiße Nashorn kommt in zwei verschiedenen Rassen vor. Die südliche Form, *C. s. simum,* war einst im ganzen südlichen Afrika südlich des Zambezi-Flusses verbreitet. Die nördliche Rasse, *C. s. cottoni,* wurde westlich des Oberen Nils in Teilen des Sudan, Zaires und der Nachbarländer angetroffen. Das Erscheinungsbild

◀ Das Weiße Nashorn ist nur wenig heller als sein afrikanischer »schwarzer« (eigentlich ist er grau) Verwandter. Man bezeichnet es besser mit Bezug auf seine breite, gerade Oberlippe, die im Gegensatz zum Schwarzen Nashorn keinen Haken bildet, als das Breitmaulnashorn. Dies ist das einzige weidende Nashorn.

▼ Das Schwarze Nashorn sollte man angesichts des kurzen, greiffähigen Fortsatzes der Oberlippe lieber als das afrikanische Spitzmaulnashorn bezeichnen. Mit diesem Fortsatz zieht es sich Blätter ins Maul, denn es ist, wie die asiatischen Nashörner, ein Laubfresser.

P. Jeans/Australasian Nature Transparencies

Rod Williams/Bruce Coleman Limited

▲ Das Sumatra-Nashorn besitzt eine spärliche Bedeckung aus langen Haaren. In dieser Hinsicht und dadurch, daß es noch Schneide- und Eckzähne besitzt, ist es primitiver als die afrikanischen Arten.

der beiden Rassen unterscheidet sich nur wenig, allerdings bewohnen sie unterschiedliche Savannentypen und scheinen genetisch recht weit auseinanderzuliegen. Von der Existenz der nördlichen Rasse erfuhr man erst in diesem Jahrhundert; dermaßen abgelegen ist dieses Gebiet. Fossile Überreste zeigen, daß das Weiße Nashorn einst weiter über Ost- und Nordafrika verbreitet war.

Das Weiße Nashorn besitzt ein sanftes und harmloses Gemüt und war in Südafrika bald bis zum Rande des Aussterbens bejagt, als Gewehre zur Verfügung standen, deren Geschosse seine dicke Haut durchdringen konnten. Diese Art ist geselliger als die anderen Nashörner. Die jungen Tiere und die nicht Kälber führenden Weibchen schließen sich in drei bis zehn Exemplaren zu Gruppen zusammen. Obwohl diese Gruppen, jeweils ebenso wie die Weibchen mit ihren Kälbern, unabhängig voneinander wandern, suchen sie einander auf, um bei jeder Begegnung spielerisch mit den Hörnern zu ringen. Erwachsene Männchen leben allein und in Territorien.

Das Schwarze Nashorn erreicht ein Gewicht von bis zu 1,3 Tonnen. Es ist für seine Angriffe auf menschliche Eindringlinge und deren Fahrzeuge berüchtigt, wobei es puffende Geräusche erzeugt, die wie die einer Dampfmaschine klingen. In Verbindung mit dem dichten Gebüsch, das diese Tiere normalerweise bewohnen, wirkte dieses Verhalten auf menschliche Jäger bis heute recht abschreckend. Einst war diese Art in weiten Teilen der afrikanischen Savanne, vom Kap bis nach Somalia und sogar in die Wüstenregionen Namibias und Nord-Kenias hinein verbreitet. Man hat verschiedene Rassen unterschieden. Die große Kap-Form, *D. b. bicornis,* ist am Kap ausgestorben, wird aber vielleicht noch immer von den Tieren Namibias vertreten. Eine kleinere, südliche Form, *D. b. minor,* hat ein Verbreitungsgebiet, das sich von den östlichen Teilen Südafrikas durch Zimbabwe und Zambia bis nach Süd-Tansania erstreckt. In Kenia

Francisco Erize/Bruce Coleman Limited

Alain Compost/Bruce Coleman Limited

wird es von einer anderen Form ersetzt, *D. b. michaeli.* Es mag sein, daß noch andere Rassen in Somalia und Westafrika existieren, allerdings sind zu wenige Exemplare übriggeblieben, um ihre Verschiedenheit zu belegen. In einigen Gegenden zeichnen sich die Schwarzen Nashörner durch eigenartige Eiterbeulen aus, die sich hinter ihren Schultern befinden. Diese werden von der Filarie eines Rundwurms hervorgerufen, der in diesen Wunden lebt. Bei Weißen Nashörnern kommen derartige Beulen niemals vor. Die beiden afrikanischen Nashornarten ignorieren einander in der Regel, wenn sie aufeinandertreffen; manchmal jedoch siegt die Neugier, und die Tiere gehen sogar aufeinander zu, um die Hörner zu reiben.

Asiatische Nashörner

Die zweihörnigen Nashörner Asiens werden durch eine einzige Art vertreten, das Sumatra-Nashorn, *Dicerorhinus sumatrensis.* Es handelt sich um ein (für ein Nashorn jedenfalls) ziemlich kleines und recht haariges Tier, das bis zu 800 Kilogramm wiegt. Es ist ein Laubfresser, das nicht nur die Bergwälder Sumatras, sondern auch die anderer Teile Südostasiens bewohnt. Andere Nashörner dieser Unterfamilie lebten während der Eiszeiten in Europa und Asien. Dazu gehörte etwa das bekannte Wollnashorn, *Coelodonta antiquitatis.* Exemplare, die im sibirischen Eis erhalten waren, bestätigen, daß es wie das Weiße Nashorn Gräser fraß.
Die einhörnigen asiatischen Nashörner sind durch das Indische Panzernashorn, *Rhinoceros unicornis,* vertreten, das dem Weißen Nashorn an Größe kaum nachsteht, sowie durch das kleinere Java-Nashorn, *R. sondaicus.* Beide tragen auf der Spitze ihrer Schnauze ein einzelnes Horn. Ein auffälliges Merkmal des Panzernashorns bilden die panzerähnlichen Falten auf der Haut, die in einer berühmten Geschichte von Rudyard Kipling eine Rolle spielen. Bei Kämpfen setzt das Panzernashorn nicht etwa sein Horn ein, wie es die afrikanischen Arten tun, sondern es bedrängt seine Widersacher mit seinen stoßzahnförmigen Schneidezähnen. Das Indische Panzernashorn ernährt sich überwiegend von Gras, wenn auch nicht in dem Maße wie das Weiße Nashorn. Es bevorzugt die großen, sumpfigen Grasländer im Norden Indiens und im angrenzenden Nepal und verbringt viel Zeit damit, sich in Teichen zu suhlen. Wenn es auch vorkommt, daß die Tiere sich um Wasserstellen herum sammeln, sind sie doch überwiegend Einzelgänger. Die Panzernashörner führen bei der Paarung recht geräuschvolle Verfolgungsjagden auf; dabei erzeugen die Weibchen hupende Töne, während die Männchen quiekende, keuchende Geräusche von sich geben. Die Tiere sind für ihre ausgedehnten Paarungen bekannt; eine Kopulation dauert häufig bis zu 60 Minuten. Das Java-Nashorn ist ein Laubfresser, der in den Tieflandwäldern lebt. Früher war es in weiten Bereichen Südostasiens verbreitet. Über sein Verhalten weiß man wenig, und es leben keine Exemplare in zoologischen Gärten.

▲ Das Java-Nashorn ist wesentlich kleiner als sein indischer Verwandter, jedoch ebenfalls mit einer sehr dicken Haut und einem einzigen Horn ausgestattet. Es verfügt über eine obere Greiflippe, mit der es Blätter und Zweige festhalten kann. Man trifft es häufig im Wasser an.

◀ Die Haut des Indischen Panzernashorns ist so dick, daß sie wie eine gelenkige Rüstung in Platten angeordnet ist.

DER HANDEL MIT NASHORN-HÖRNERN

Die außerordentlich hohen Preise, die ihre Hörner erzielen, haben sämtliche Nashornarten an den Rand des Aussterbens gebracht. Diese Hörner werden in erster Linie in China und seinen fernöstlichen Nachbarländern als Heilmittel verwendet. Die Hörner werden zu Pulver zermahlen und dann als Trunk geschluckt. In einem Gebiet West-Indiens wurden sie auch als Aphrodisiakum eingesetzt. Diese Praxis hat inzwischen jedoch an Bedeutung verloren. Eine andere Verwendung liegt in der Herstellung von Dolchgriffen, die besonders in Nord-Jemen als Symbol der Männlichkeit geschätzt sind. In Wirklichkeit unterscheidet sich das Keratin (ein Protein, aus dem das Horn besteht) kaum von dem, das die Hörner und Hufe von Rindern und Antilopen sowie die menschlichen Fingernägel bedeckt.

Mag auch die Wirkung des Horns als Droge ein Mythos sein, bleibt doch die Tatsache, daß die Hörner extrem hohe Preise erzielen (höhere, als man für das gleiche Gewicht in Gold zahlt). Und der Wert steigt noch in dem Maße, in dem die Tiere seltener werden. Dies führt bei skrupellosen Unternehmern zu wachsenden Bemühungen, an solche Hörner heranzukommen. Sie zahlen Kleinbauern für die Jagd auf diese Tiere Preise, die mit den geringen Löhnen, die diese Menschen normalerweise verdienen können, überhaupt nicht zu vergleichen sind. Das Ergebnis war, daß die Naturschutzbehörden in Afrika und Asien ihren Kampf um den Schutz der schwindenden Herden dieser großen Tiere auf verlorenem Posten führten.

Dieses Problem läßt sich nicht leicht lösen. Da abgesägte Hörner immer nachwachsen, stimmen einige Naturschützer dafür, Nashörner in Gefangenschaft zu halten und wiederholt ihrer Hörner zu berauben und damit verarmte Gemeinden auf seriöse Weise mit einem ständigen Nachschub zu versehen. Allerdings sieht das Verhältnis zwischen den Restbeständen der Nashörner und und den potentiellen Märkten im Osten gegenwärtig so aus, daß die Versuchung zur Jagd weiterbesteht, wodurch die Nashornpopulationen noch weiter zurückgehen würden. Ein anderer Vorschlag, der bereits in Kenia realisiert wurde, sieht vor, Nashörner an Privatbesitzer zu übergeben, die reich genug sind, für die Zäune und Wächter aufzukommen, um die Tiere zu schützen. Eine dritte Anregung geht dahin, möglichst viele der übriggebliebenen Nashörner in zoologische Gärten zu überführen und sie dort zu züchten, bis sie unter günstigeren Bedingungen einmal wieder in die Wildnis zurückgebracht werden. Anschließend würde der illegale Handel mit den Hörnern etwas in Vergessenheit geraten. Dann jedoch wären vermutlich die ehemaligen Lebensräume der Nashörner von Kleinbauern besetzt, die verzweifelt versuchen, auf diesem Boden eine Existenz zu erhalten. Einige Naturschützer glauben daher, daß jeder Versuch unternommen werden sollte, die Nashörner in der Wildnis zu belassen, und sei die Situation noch so hoffnungslos.

Nashörner lassen sich als wirkungsvolle Symbole einsetzen, um internationale Hilfe für Parks und andere Naturschutzbelange in den verarmten Ländern der Dritten Welt zu organisieren.

Anthony Bannister/NHPA

▲ Hörner des Schwarzen Rhinozeros, die von afrikanischen Naturschutzbehörden beschlagnahmt wurden. Man hat allen Ernstes vorgeschlagen, die letzten auf der Welt verbliebenen Schwarzen Nashörner seien dadurch zu retten, daß man im Rahmen eines Regierungsprogramms ihre Hörner entfernt und sie dadurch für Wilderer wertlos macht.

▶ Symbole des Todes. Diese Dolche mit Griffen aus Rhinozeros-Horn stehen in Nord-Jemen zum Verkauf.

ARTENSCHUTZ

Nashörner standen sehr häufig im Mittelpunkt des Interesses von Naturschützern. Das Java-Nashorn gehört zu den seltensten heute lebenden Tieren überhaupt; es hat nur eine einzige Population von etwa 60 Tieren in einem einzigen Schutzgebiet an der Westspitze Javas überlebt. Das Sumatra-Nashorn ist nur geringfügig besser dran, denn die etwa 800 verbliebenen Tiere sind mit einer geringen Dichte über Malaysia und die angrenzenden Gebiete verteilt. Sie sind nicht nur durch Wilderei gefährdet, sondern auch durch Abholzen der Wälder. Restbestände des Indischen Panzernashorns stehen in Reservaten Nordost-Indiens und Nepals unter Schutz, allerdings liegt ihre Zahl unter 2000 Exemplaren. Zur Jahrhundertwende war das südliche Weiße Nashorn auf vielleicht 50 Individuen im südafrikanischen Umfolozi-Reservat zusammengeschmolzen. Unter sorgfältigem Schutz haben die Zahlen allerdings ständig zugenommen. Heute leben dort wieder etwa 4000 Tiere. Dadurch wurde es möglich, diese Art in zahlreichen Gebieten wieder einzuführen, in denen es seinerzeit von den frühen weißen Jägern ausgerottet worden war, etwa in Zimbabwe, Botswana und Mozambique. Das nördliche Weiße Nashorn erhielt seine Individuenzahlen bis in die späten sechziger Jahre hinein, ist heute jedoch beinahe ausgestorben. Nur noch etwa 20 Tiere sind übrig; sie alle leben im Garamba-Nationalpark im Norden Zaires. Durch regelmäßige Überwachung dieser wenigen Individuen konnten weitere Verluste ver-

R.F. Porter/Ardea London

hindert werden. Das Schwarze Nashorn war einst die häufigste und am weitesten verbreitete der fünf Arten; 1970 existierte eine Gesamtpopulation von mehr als 60000 Tieren. Dies hat sich in den vergangenen Jahren drastisch geändert, denn aufgrund umfangreicher Wilderei sanken seine Zahlen auf ungefähr 3500 heute lebende Exemplare.

Das rapide Zurückgehen der Nashörner geht vollständig auf das Konto des Menschen, der sie bejagt und ihre Lebensräume zerstört. Ausgewachsene Tiere sind groß und wehrhaft und werden daher selten das Opfer von Raubtieren, obwohl die Jungen relativ hilflos sind. Aus diesem Grund ist die Sterblichkeit der Erwachsenen gering und wird durch niedrige Fortpflanzungsraten ausgeglichen. Die Embryonalentwicklung beträgt bei Weißen Nashörnern und bei Panzernashörnern 16 sowie bei den Schwarzen Nashörnern 15 Monate. Zwischen den Geburten vergehen jeweils zweieinhalb bis drei Jahre, so daß die maximale Zunahme einer Population unter zehn Prozent liegt. Sobald die Ausbeute der menschlichen Jäger diese Schwelle überschreitet, geht es mit den Populationen unausweichlich bergab. Dies geschah mit dem Weißen Nashorn zwischen 1860 und 1890, als eine häufige und weitverbreitete Art auf Restbestände einiger zwanzig Tiere zusammengeschossen wurde. Heute werden skrupellose Jäger durch die hohen Preise verführt, die sich auf den Märkten Asiens und des Mittleren Ostens für die Hörner dieser Tiere erzielen lassen.

Ordnung Hyracoidea: 1 Familie, 3 Gattungen, 4 Arten

GRÖSSE
Kopf-Rumpflänge 30 bis 60 Zentimeter, Schwanzlänge bis 3 Millimeter, Schulterhöhe 30 Zentimeter, Gewicht 2 bis 5 Kilogramm.

ARTENSCHUTZ
Baumschliefer der Gattung Dendrohyrax sind durch Zerstörung der Lebensräume und Bejagung am stärksten gefährdet.

SCHLIEFER

JEHESKEL SHOSHANI

Die Schliefer oder Dassies werden manchmal irrtümlich für Nagetiere oder Kaninchen gehalten. Sie sind kleine, aber wiederstandsfähige Säuger, die wie große Meerschweinchen aussehen. Allerdings unterscheiden sich die Klippschliefer von allen anderen Säugetieren so stark, daß die Zoologen sie in eine eigene Ordnung stellen - die Hyracoidea. Diese Ordnung weist heute nur noch eine einzige Familie auf, die Procaviidae, zu der drei lebende Gattungen gehören: *Dendrohyrax,* der Buschschliefer, *Heterohyrax,* der Gelbflecken- Klippschliefer, und *Procavia,* der Klippschliefer. Die Einordnung von Procavia ist noch immer provisorisch, denn es gibt mindestens vier Arten; nach Ansicht einiger Zoologen sind es mehr.

WIDERSTANDSFÄHIGE FELSBEWOHNER

Die frühesten fossilen Schliefer werden dem Eozän, vor etwa 50 Millionen Jahren, zugeordnet. Die lebenden Schliefer haben alle ungefähr die Größe eines Kaninchens; ausgestorbene Arten erreichten allerdings die Größe eines Tapirs. Es hat den Anschein, daß sowohl die ausgestorbenen als auch die heute lebenden Schliefer an eine Vielzahl von Pflanzenfresser-Nischen angepaßt waren. Heute sind sie auf tropische und subtropische Lebensräume in Höhen von 400 Metern unter dem Meeresspiegel (an der Küste des Toten Meeres) bis zu einigen ostafrikanischen Bergen, die sich 3500 Meter über den Meeresspiegel erheben, beschränkt.

Gemessen an ihrer Größe sind die Schliefer robuste, stämmige Tiere. Sie besitzen einen muskulösen, massiven, kurzen Hals, einen langen, nach oben gewölbten Leib und kurze Beine. Ein Schwanz ist nicht sichtbar. Ihre Augen sind groß, die Ohren von mittlerer Größe. Sie besitzen eine stumpfe Schnauze mit einer gespaltenen Oberlippe. Sie zeigen einen deutlichen Geschlechtsdimorphismus: Die Männchen sind schwerer, muskulöser, besitzen längere, obere Schneidezähne und benehmen sich aggressiver als die Weibchen. Das dichte Fell besteht aus einem kurzhaarigen Unterfell und langen, berührungsempfindlichen Schutzhaaren. Die allgemeine Körperfarbe variiert außerordentlich unter den Gattungen und Arten, nämlich von hellgrau oder gelblich-braun bis dunkelbraun. Die Flanken sind heller und die Unterseite gelbbraun. Bei den meisten Arten verläuft am Rande des Rückens ein helles, dünnes Band aus Haaren, und mitten auf dem Rücken erhebt sich ein Büschel langer Haare, deren Farbe sich aus den Farbtönen der umgebenden Fellpartien zusammensetzt. Dieses Büschel verdeckt eine Duftdrüse, die eine klebrige, duftende Substanz absondert und deren Funktion, wie man vermutet, in der Kommunikation liegt. Die Haut ist vergleichsweise dick.

Die Schliefer gehen auf den Sohlen ihrer Füße, die in einzigartiger Weise mit großen, wulstig weichen, elastischen Kissen bedeckt sind und die von Drüsensekreten feucht gehalten werden. Mit Hilfe dieser Anpassungen finden sie sicheren Halt auf Felsen und Bäumen. An den Vorderfüßen befinden sich fünf Zehen, von denen jedoch nur vier funktionsfähig sind. An den Hinterfüßen sind es insgesamt vier Zehen, und drei davon sind funktionsfähig. Mit Ausnahme der inneren Zehe des Hinterfußes enden alle Finger mit kurzen, flachen, hufähnlichen Nägeln. An der inneren Zehe des Hinterfußes, befindet sich dagegen ein langer, gebogener, krallenähnlicher Nagel, der zur Fellpflege benutzt wird. Diesem Zweck dienen ergänzungsweise auch die spatelförmigen, unteren Schneidezähne in Verbindung mit den oberen Zähnen. Ein Schliefer kann sein eigenes Fell bearbeiten und dabei normalerweise die meisten Körperteile erreichen; gelegentlich betreiben diese Tiere die Fellpflege allerdings gemeinsam.

FORTPFLANZUNG UND TERRITORIUM

Ein Tier von der Größe eines Schliefers (beispielsweise ein Kaninchen) besitzt normalerweise eine Reifungszeit von etwa einem Monat. Bei den Schliefern dauert die Schwangerschaft jedoch, wie berichtet wird, sechs bis acht Monate. Eine mögliche Erklärung für eine derart lange Reifungszeit besteht in der Annahme, daß diese Tiere die Reste wesentlich größerer Vorfahren bilden.

In der Paarungszeit kommt es vor, daß die *Procavia*

▼ Der Südliche Baumschliefer. Die Schliefer repräsentieren ein Experiment der Evolution, das auf ganzer Linie funktionierte. Vor vierzig bis fünfzig Millionen Jahren bildete ein weite Spanne von Schliefern verschiedener Größe die dominierenden Weidetiere Nordafrikas. Später wurden sie allerdings von Antilopen, Rindern, Schafen und Ziegen verdrängt. Die überlebenden Schliefer sind kleine Pflanzenfresser, die sich in trockenen, felsigen Landschaften durchschlagen.

John Shaw/NHPA

ein revierbezogenes Verhalten zeigen, indem sie die Felsen mit den Duftdrüsen ihrer Rücken markieren. Der Duft kann auch einer Art sozialer Kommunikation unter den Mitgliedern einer Kolonie dienen und den Jungtieren helfen, ihre Mütter zu identifizieren oder zu finden. Unter freilebenden Tieren variiert die Paarungszeit unter den Gattungen. Die meisten bringen jedoch ihre Jungen im Frühjahr zur Welt. *Dendrohyrax* produziert in der Regel ein Junges oder zwei, *Procavia* und *Heterohyrax* zwei bis vier. Wie die Neugeborenen aller Ungulaten besitzen die ganz jungen Schliefer einen hohen Reifegrad. Die Jungtiere von *Procavia* klettern häufig auf den Rücken ihrer Mutter und zeigen dort »Spielverhalten«. Sie sind auch lebhafter als die erwachsenen Tiere. Die Geschlechtsreife wird nach einem Jahr erreicht.

GESELLIGE VEGETARIER

Schliefer können bis zu zehn Jahre alt werden. Die Kolonien der geselligen Klippschliefer, die bis zu 80 Tieren zählen, bestehen aus einigen Familien, die jeweils von einem Männchen geführt wird. Alle Arten sind Vegetarier, manchmal fressen sie aber auch wirbellose Tiere. Die Klippschliefer fressen überwiegend auf dem Boden, ebenso übrigens die Buschschliefer. Normalerweise halten ein oder mehrere Individuen Wache und warnen andere Mitglieder ihrer Gruppe vor möglichen oder tatsächlich herankommenden Raubtieren mit einem lauten Warnruf. Sofort verschwinden alle Tiere zwischen den Felsen. Sobald die Gefahr vorüber ist, kommen sie nach und nach zum Vorschein und nehmen ihre alte Tätigkeit wieder auf. Zu den natürlichen Feinden der Klippschliefer gehören Leoparden, Wildhunde, Adler und Pythonschlangen. In einigen afrikanischen Ländern werden sie auch von den Eingeborenen wegen ihres Fleisches und ihrer Felle gejagt. An Orten, deren Bestand an Raubtieren reduziert ist, werden die Schliefer rasch zur Plage.

Die meisten Schliefer sind morgens und abends aktiv; dann sonnen sie sich - häufig dicht beieinander in der Gruppe - und fressen. Mit Hilfe des Sonnenbades steigern die Tiere vermutlich ihre Stoffwechselrate und bereiten sich auf die Nahrungssuche vor. Die heißen Tagesstunden verbringen sie im Schatten. Die Schliefer haben die Angewohnheit, an einer Stelle zu stehen und längere Zeit in eine Richtung zu starren.

Obwohl man diese Tiere schon beim Graben beobachtet hat, legen sie doch keine Gänge an. Die Felsnasen um sie herum bieten ihnen hinreichend Unterschlupf. Man weiß, daß sie bei Gelegenheit die Bauten von Erdferkeln und Erdmännchen beziehen.

Kein anderes Tier klingt wie ein Schliefer. Ihr Wortschatz wechselt im Laufe ihres Lebens und nimmt auch zu. Die Jungen geben ein langes Geschnatter von sich, dessen Intensität vom Anfang bis zum Ende eines jeden Ansatzes zunimmt. Es wird berichtet, daß die Jungen von *Procavia* nur fünf der einundzwanzig Laute beherrschen, die bei den Erwachsenen vorkommen. Am besten kennt man die Rufe von *Dendrohyrax*. Schon bald nach Einbruch der Dunkelheit beginnen sie mit einer Folge von krächzenden Lauten zu rufen und enden mit einem lauten Schrei.

Peter Davey/Bruce Coleman Ltd

▲ Buschschliefer auf einem alten Termitenhügel. Obwohl sie wie Meerschweinchen aussehen, sind die Schliefer am engsten mit den Elefanten, den Seekühen und dem Erdferkel verwandt. Sie leben in Gruppen mit einer komplexen Sozialstruktur, immer auf der Hut vor Räubern. Sie sind, was für Kleinsäuger ungewöhnlich ist, tagaktiv.

S. Krasemann/NHPA

◀ Buschschliefer beim Sonnenbad. Da sie einen Lebensraum mit kargem Nahrungsangebot bewohnen, haben sich die Schliefer an eine wenig energiehaltige Nahrung angepaßt. Sie sind unfähig, ihre Körpertemperatur nachhaltig zu regulieren. Stattdessen erhalten sie ihre Wärme, indem sie sich aneinanderschmiegen oder wärmen sich durch Sonnenbaden.

Ordnung Tubulidentata: 1 Familie, 1 Gattung, 1 Art

GRÖSSE
Erdferkel, *Orycteropus afer,* Kopf-Rumpflänge 100 bis 160 Zentimeter, Schwanzlänge 50 bis 80 Zentimeter, Schulterhöhe 40 bis 65 Zentimeter, Gewicht 40 bis 70 Kilogramm.

ARTENSCHUTZ
Die Tiere sind nicht gefährdet, aber die aus ihnen gefertigten Produkte unterliegen Handelsbeschränkungen.

ERDFERKEL

JEHESKEL SHOSHANI

Das Erdferkel - sein Name (»Aardvark«) stammt aus dem Niederländischen und wurde ins Afrikaans übernommen - ist eines der merkwürdigsten aller lebenden Säuger. Es wird in eine eigene Ordnung gestellt, die Tubulidentata. Diese Ordnung besteht aus zwei Familien, von denen eine, die Orycteropodidae, noch einen lebenden Vertreter hat. Die einzige überlebende Art ist das Erdferkel, *Orycteropus afer.* Die Tubulidentata hatten ihren Ursprung vermutlich in Afrika während des Paläozäns oder früher, vor etwa 65 bis 57 Millionen Jahren, und man nimmt an, daß sie sich aus einem frühen Säuger vom Huftier-Typ entwickelten. Da sie in anatomischer und molekularer Hinsicht primitive Säugetiermerkmale aufweisen, kann man die Erdferkel als »lebende Fossilien« betrachten.

GRIMMIG UND SCHWEINEÄHNLICH

Obwohl sich Erdferkel von Ameisen ernähren, sind sie doch keine »Ameisenbären« im engen zoologischen Sinne. Die frühen Naturforscher faßten die Erdferkel mit den Pangolinen und den Gürteltieren zusammen. Es hat sich jedoch erwiesen, daß die Ähnlichkeiten zwischen ihnen eher auf Konvergenz als auf Verwandtschaft beruhen. Daher wurde diese Sichtweise wieder fallengelassen, und heute wird jeder dieser Gruppen eine eigene Ordnung zugesprochen.

Das Erdferkel ist ein mittelgroßes Tier mit einem schweineähnlichen Habitus, einem gedrungenen Körper, einem kurzen Hals und einem nach oben gewölbten Rücken. Es besitzt eine lange Schnauze, seine Ohren erinnern an die eines Esels, und sein langer, muskulöser Schwanz ist an der Basis recht dick. Die Haut ist mächtig und spärlich mit borstigem Haar bedeckt. Auf dem Körper sind die Haare hell (allerdings in der Regel von der Erde gefärbt), an den Gliedmaßen dunkler. Kopf und Schwanz sind weißlich. Die Weibchen sind geringfügig kleiner als die Männchen; ihre Köpfe sind heller, und die Schwanzspitze ist leuchtend weiß.

In der Schnauze befindet sich ein Labyrinth aus neun bis zehn dünnen Knochen - dies ist die höchste Zahl von allen Säugetieren. Die Nasenlöcher lassen sich durch Muskelkontraktion der Haare verschließen; dies hindert Ameisen und Termiten daran, in die Schnauze einzudringen. Die Augen sind reduziert, das Tier ist farbenblind; es hört und riecht allerdings ausgezeichnet. Das kleine Maul beherbergt eine lange, schmale Zunge. Die Nahrung wird mit der Zunge aufgenommen und an Graten am Gaumen abgeschabt, wenn die Zunge wieder ausfährt. Die Kaumuskulatur ist nur schwach entwickelt, der Unterkiefer schlank.

Die Vordergliedmaßen eines Erdferkels bilden kurze, kraftvolle Grabwerkzeuge mit vier schaufelförmigen Klauen an jedem Fuß. Die Hintergliedmaßen mit ihren jeweils fünf klauentragenden Zehen dienen als Stütze sowie als Sprungbrett für den Körper. Mit seinem massiven Skelett, der dicken Haut und den scharfen Klauen ist ein Erdferkel wohlbewaffnet. Nur wenige Räuber, wie etwa Hyänen und Menschen, versuchen, ein gesundes, erwachsenes Tier zu jagen. Junge, alte und kranke Tiere werden dagegen Opfer von Löwen, Leoparden, Geparden, Wildhunden und Pythonschlangen. Ein angegriffenes Erdferkel reagiert wild, schlägt und stößt mit seinen Beinen und Klauen um sich. Mit großer Geschwindigkeit können sie sich überschlagen, stehen dann auf den Hinterbeinen und dem Schwanz und verteidigen sich mit ihren Vorderfüßen.

FRESSEN UND WOHNEN

Im Gegensatz zu den Zähnen anderer Säugetiere sind diejenigen des Erdferkels oval oder wie eine Acht geformt, zudem oben flach und säulenförmig. Sie setzen sich aus hexagonalen Prismen mit zahlreichen verschmolzenen, winzigen Dentinsäulen und Pulpahöhlen zusammen, die an der Kaufläche eines Zahns wie Röhren aussehen. Die Zähne wachsen permanent, ohne Schmelz und mit Zahnzement bedeckt. Zudem haben sie keine Wurzeln. Die ausgewachsenen Erdferkel besitzen keinerlei Schneide- oder Eckzähne, sondern nur acht Prämolaren und zwölf Molaren. Mit diesen Zähnen lassen sich leicht die harten Außenskelette der Ameisen und Termiten, von denen diese Tiere überwiegend leben, zermalmen. Erdferkel fressen aber auch Heuschrecken, Grashüpfer und Insek-

▼ Das Erdferkel ernährt sich von Ameisen und Termiten, indem es mit den Klauen seiner kräftigen Vorderbeine ihre Nester aufgräbt. Die Insekten werden mit der langen, klebrigen Zunge aufgenommen und unzerkaut verschluckt. Die Nasenlöcher an der Spitze der Schnauze lassen sich verschließen, um zu verhindern, daß Insekten eindringen.

Gary Milburn/Tom Stack & Associates

ten aus der Familie Scarabidae. Ihr Magen ist einkammerig und der Blinddarm für die Verhältnisse eines insektenfressendes Tieres recht groß. Man hat Erdferkel auch dabei beobachtet, wie sie pflanzliche Stoffe fraßen, besonders die Früchte einer wilden Pflanze, die in Südafrika als »Erdferkel-Gurke« bekannt ist.

Grundsätzlich kann man erwarten, Erdferkel überall dort anzutreffen, wo es Termiten gibt: Zu ihren bevorzugten Lebensräumen zählen offene Wälder, Busch-Veldts und Savannen. Als ein wohlausgerüsteter Gräber vermag ein Erdferkel einen Termitenhügel in wenigen Minuten aufzugraben. Ein Mensch würde dafür eine Axt oder anderes schweres Werkzeug benötigen. Die Termiten und Ameisen werden mit Hilfe der klebrigen, 25 Zentimeter langen, ausfahrbaren Zunge einverleibt. Die meisten Termiten und Ameisen sind nicht in der Lage, den Erdferkeln Schaden zuzufügen, denn die Haut der Erdferkel ist zu dick für sie. Bei einer Gelegenheit konnte ich allerdings ein weibliches Erdferkel beobachten, das von großen Ameisen gebissen worden war. Es wälzte sich wie von Sinnen drei Minuten lang umher und rieb dabei den Leib gegen den harten Boden, die Felsen und Bäume.

Bei der Nahrungssuche bewegt sich das Tier im Zickzack und schnüffelt so ständig den Boden in einer Breite von etwa 30 Meter ab. Es vermag, wenn es nach etwas Freßbarem sucht, in einer Nacht zehn oder sogar bis zu 30 Kilometer weit zu wandern.

Erdferkel legen drei »Typen« von Gängen an: Einen für Nahrung, einen als vorübergehenden Unterschlupf und einen, in dem sie permanent wohnen. Bei den Bauten für die Nahrung und den provisorischen Unterschlupf handelt es sich meist um flache bis tiefe Löcher, die von den Tieren gegraben werden. Manchmal benutzen sie jedoch auch leerstehende Termitenhügel. Eine Dauerwohnung ist etwa zwei bis drei Meter lang. Normalerweise senkt sich der Eingang im Winkel von etwa 45 Grad. Es handelt sich um einen einzigen, geraden Haupttunnel oder um ein umfangreiches Tunnelsystem mit mehreren Zugängen. Die Schlafkammern sind so groß, daß das Tier sich darin herumdrehen kann, denn die Erdferkel betreten und verlassen ihre Bauten mit dem Kopf voran. Ehemalige Erdferkel-Bauten sind für das Überleben vieler kleiner Arten, wie etwa der Klippschliefer, von Bedeutung, die sie selber in Besitz nehmen oder als Zuflucht bei Feuersbrünsten aufsuchen.

FORTPFLANZUNG UND TERRITORIEN

Der Uterus eines weiblichen Erdferkels ähnelt dem der Nagetiere und Kaninchen. Die Zitzen sind in zwei Paaren angeordnet, ein Paar am unteren Hinterleib und eines in der Leistengegend. Die Zahl der Milchgänge variiert von einem bis drei. Es scheint, daß die Fortpflanzungszeit von der geographischen Breite abhängt: Bei den Tieren, die dicht am Äquator leben, beginnt sie später als bei den Populationen, die weiter vom Äquator entfernt leben. In Südafrika und Äthiopien kommen die Jungen von Mai bis Juli zur Welt, in Zaire und anderen äquatorialen Ländern entsprechend später. Der Östrus äußert sich in einer Schwellung der Vagina, und manchmal wird ein Ausfluß sichtbar.

Das einzige Junge, das normalerweise etwa zwei Kilogramm wiegt und 55 Zentimeter mißt, wird nach einer Entwicklungszeit von sieben Monaten geboren. Die Neugeborenen sind zum Teil sehr reif: Ihre Augen sind geöffnet und die Klauen gut entwickelt. Sie begleiten ihre Mütter auf nächtlichen Streifzügen, sobald sie zwei Wochen alt sind und bleiben bei ihnen bis zur folgenden Paarungszeit. Die Geschlechtsreife ist im Alter von etwa zwei Jahren erreicht. In Gefangenschaft brachte ein Weibchen 11 Jungtiere in 16 Jahren zur Welt, und ein Männchen hatte mit 24 Jahren 18 Junge gezeugt.

Die Männchen sind weniger ortsgebunden als die Weibchen und verbringen den größten Teil des Jahres in getrennten Bauten, nur während der Fortpflanzungszeit nicht. Es gibt keine eindeutigen Hinweise auf Territorialität, denn in Gebieten mit hoher Individuendichte kommt es vor, daß verschiedene Tiere in denselben oder wenigstens einander überlappenden Revieren leben und fressen. Erdferkel sind häufige Gäste an Wasserstellen und gute Schwimmer.

ERDFERKEL UND DER MENSCH

Die wirtschaftliche Bedeutung der Erdferkel läßt sich daran ermessen, daß sie die Termitenpopulationen klein halten. In Gebieten, in denen Erdferkel ausgerottet wurden, haben die Ernten erheblichen Schaden genommen. Indem wilde und domestizierte Huftiere das Land abweiden, schaffen sie geeignete Bedingungen für Termiten, die ihrerseits von den Erdferkeln gefressen werden. Allerdings zerstören die Gruben der Erdferkel das Farmland und haben zudem katastrophale Auswirkungen auf Fahrzeuge und galoppierende Pferde. Die Buschmänner, Hottentotten und andere Eingeborene jagen Erdferkel noch immer wegen des Fleisches und der Häute.

Clem Haagner/Ardea London

▲ Tagsüber schläft ein Erdferkel normalerweise in seinem Bau. Es ist nur selten eines am Tage aktiv, wie dieses auf dem Foto oben. Obwohl es nicht bewiesen ist, dienen die langen Ohren wahrscheinlich als Wärmestrahler bei der Temperaturregulation, wie es auch bei anderen Wüstenbewohnern, etwa beim Fennek, beim Jack Rabbit und beim Kaninchennasenbeutler der Fall ist.

PAARHUFER

VALERIUS GEIST

Die Artiodactyla oder Spalthufer bilden die jüngere der beiden Ordnungen huftragender Säugetiere oder Ungulaten. An jedem Fuß besitzen sie zwei oder vier Zehen, die das Körpergewicht tragen. Daher der Name Paarhufer. Die Artiodactylen sind eine erfolgreiche Gruppe von Pflanzenfressern: Sie zeigen eine große Artenvielfalt, bewohnen ein weite Spanne von Lebensräumen von den Tropen bis zum Polarkreis, und sie besitzen eine hohe Biomasse und eine weite geographische Verbreitung. Sie kommen natürlicherweise in allen Kontinenten, mit Ausnahme Australiens und der Antarktis, vor.

Ordnung Artiodactyla: 10 Familien, 90 Gattungen, 174 Arten

GRÖSSE

Kleinste Art Kleinkantschil, *Tragulus javanicus;* Kopf-Rumpflänge 44 bis 48 Zentimeter, Gewicht 1,7 bis 2,6 Kilogramm. Größte Art: Giraffe, *Giraffa camelopardalis,* durchschnittliche Kopf- Rumpflänge 4,2 Meter, Durchschnittshöhe bis zu den Hornspitzen 5 Meter, Durchschnittsgewicht 1,35 Tonnen. Die größte Masse besitzt das Flußpferd, *Hippopotamus amphibius;* Kopf-Rumpflänge durchschnittlich 3,4 Meter, Durchschnittsgewicht 2,4 Tonnen.

ARTENSCHUTZ

Folgende Arten werden in der Roten Liste für bedrohte Säugetiere der IUCN als gefährdet angesehen: Zwergwildschwein, *Sus salvanius;* Barasingha, *Cervus duvauceli;* Leierhirsch, *Cervus eldi;* Südl. Andenhirsch, *Hippocamelus bisulcus;* Tenasserim-Muntjak, *Muntiacus feai; Wildyak, Bos grunniens;* Kouprey, *Bos sauveli;* Tiefland-Anoa, *Bubalus depressicornis;* Tamarau, *B. mindorensis;* Berg-Anoa, *B. quarlesi;* Jentink-Ducker, *Cephalophus jentinki;* Edmi-Gazelle, *Gazella cuvieri;* Dünengazelle, *G. leptoceros;* Arabischer Tahr, *Hemitragus jayakari;* Arabischer Spießbock, *Oryx leucoryx;* Mufflon, *Ovis musimon.* Viele andere Arten werden in ihrem Bestand als bedenklich oder selten angesehen, oder man weiß nichts Sicheres über sie.

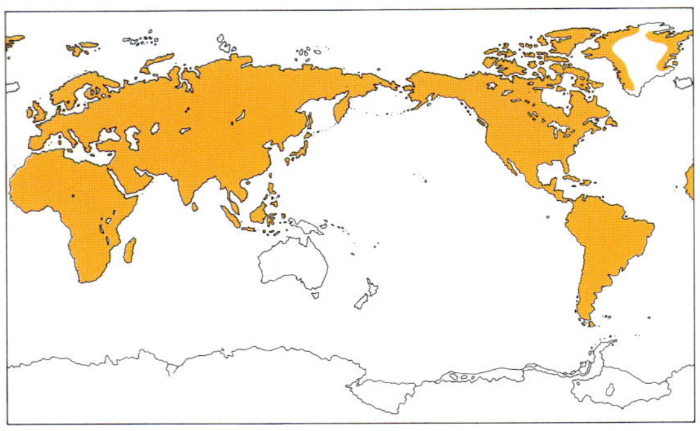

SIE LAUFEN UM IHR LEBEN

Zu den Artiodactyla gehören nicht wiederkäuende Formen wie die Schweine der Alten Welt (Familie Suidae), die schweineähnlichen Pekaris der Neuen Welt (Tayasuidae) und die heute auf Afrika beschränkten Flußpferde (Hippopotamidae). Zu den Ruminantiern (Wiederkäuern) gehören die Kamele (Camelidae), die Hirschferkel (Tragulidae), die Moschushirsche (Moschidae), die geweihtragenden Hirsche (Cervidae), zwei Giraffenarten (Giraffidae), die heute nur noch in Afrika leben, die isolierten amerikanischen Gabelhorntiere (Antilocapridae) sowie die vielen hohlhörnigen Rinderverwandten (Bovidae).

Die Artiodactylen sind Pflanzenfresser, wenn auch einige Schweine zu den Allesfressern zu zählen sind. Und alle sind die Beutetiere von Carnivoren. Daher ist die wichtigste Frage in ihrer Biologie, wie sie Raubtieren entkommen können, und dies spiegelt sich im Bau des Artiodactylen-Fußes wider, der zum Sprinten entwickelt wurde. Die Knochen an der Basis ihrer Füße sind groß, um die beim Rennen auftretende Belastung aufzufangen und verschmelzen zu einem gemeinsamen Kanonenbein. Eine Ausnahme bilden nur die Schweine, Flußpferde und die Vorderbeine der Pekaris. Die Hufe - bei den Kamelen sind es große Klauen - gewährleisten einen unmittelbaren Bodenkontakt auf nahezu jeder Unterlage, wenn plötzlich und heftig Kraft aufgewendet wird. Lediglich die Flußpferde entgehen den Räubern, indem sie ins Wasser gehen. Daher weichen sie im Körperbau von den übrigen Artiodactylen ab.

Während die Mägen einiger Schweine nur einfach gebaut sind, verfügt die Mehrzahl der Artiodactylen über komplexe Mägen und vergrößerte Blinddärme, die bei der anaeroben Fermentierung der pflanzlichen Nahrung eine Rolle spielen. Die Fermentierung erlaubt den Tieren, einen gewissen Teil sonst unverdaulicher Zellulose aus den Zellwänden der Pflanzen in Produkte zu überführen, die dem Stoffwechsel eingegliedert werden können. Dies sind insbesondere kurzkettige Fettsäuren. Sobald diese einmal freigesetzt sind, werden sie durch die Magenwände hindurch direkt in den Blutkreislauf absorbiert. Der Fermentierung der pflanzlichen Nahrung und der Absorption der Fettsäuren folgt die Verdauung der Bakterien und der anderen vorhandenen Organismen in dem echten Magen. Die Wiederkäuer legen also ihre eigenen Proteinquellen an, wodurch sie allerdings nicht nur mit Proteinen, sondern auch mit den meisten Vitaminen versorgt werden.

Der Fermentierungsbehälter akzeptiert auch anorganische Stoffe, wie etwa Schwefel, den die Bakterien sich einverleiben. Damit werden schwefelhaltige Aminosäuren synthetisiert, die für wachsendes Bindegewebe, Haare, Hörner und Hufe lebenswichtig sind. Aus diesem Grunde suchen die Tiere mineralhaltige Orte nicht nur wegen der lebenswichtigen Mineralien auf, wie Magnesium, Natrium und Kalzium, sondern auch wegen des Schwefels. In der Tat gehört bei den Müttern und Jungtieren des wunderschönen, weißen Dall-Schafes die Aufnahme von Mineralien zu den wichtigsten Aktivitäten während des Sommers, solange die Weibchen in nennenswerten Mengen Milch produzieren.

ENTWICKLUNGSGESCHICHTE

Die Artiodactylen erschienen in der Geschichte der Säugetiere, (nämlich im Eozän vor 57 bis 37 Millionen Jahren), als kleine Allesfresser, die an das Leben im Wald angepaßt waren. Sie hatten kaum das Format von Kaninchen und waren zum Überleben offenbar wie diese darauf angewiesen, sich zu verstecken. Bei Gefahr mußten sie rasch fortkommen, indem sie mit großer Geschwindigkeit über den Boden und über Hindernisse hinwegsprangen. Allerdings ist eine solche Art der Fortbewegung in Sätzen und Sprüngen recht energieaufwendig, da das rennende Tier sich mit jedem Satz erheblich anheben muß und daher recht schnell ermüdet. Dessen ungeachtet, muß dies ein wirkungsvoller Weg gewesen sein, Raubtieren zu entkommen. Dieses Verfahren ist bei den kleinen Huftieren auch unserer Tage noch immer das wichtigste.

In den Tropenwäldern ist den bodenbewohnenden Tieren nur ein kleiner Teil leicht verdaulicher Nahrung, wie etwa heruntergefallene Früchte oder auf dem Boden wachsende Triebe, zugänglich. Daher ist die Individuendichte derartiger Pflanzenfresser niedrig. Die Artiodacytlen erblühten zu ihrer großen Vielfalt in der Mitte des Tertiärs (von 65 bis 2 Millionen

Hans Reinhard/Bruce Coleman Ltd

Jahren), als Savannen und Steppen viele ehemalige Wälder ersetzten. Nun hatten die Artiodactylen Zugang zum Grasland, das im Gegensatz zu den hochgewachsenen Wäldern, vollständig als Nahrungsquelle ausgebeutet werden konnte. Damit erwuchs eine Vielzahl gesellig lebender, großer, rennender Tiere, die die offenen Ebenen in großen Zahlen bewohnten.

Der Herdentrieb und die Fähigkeit, rasch und ausdauernd zu laufen, hinterlassen ihre Spuren an der Gestalt und der Bewaffnung des Körpers. Die Brusthöhle vergrößert sich, um große Lungen und ein großes Herz aufzunehmen. Die Schultern werden muskulöser, die Beine gleichen sich in der Länge an und werden schlank und leicht. Einige Arten werden zu kurzbeinigen Läufern, die ausgezeichnet über ebenen, harten und hindernisfreien Boden entkommen können. Diese Arten, wie Saiga-Antilopen, Rentiere und Addax-Antilopen, rennen mit gesenktem Kopf. Sie halten das energieaufwendige Anheben des Körpers möglichst niedrig und setzen beinahe ihre gesamte Energie in den Vortrieb um.

Außerdem gibt es die langbeinigen Renner, die mit erhobenem Kopf laufen. Sie sind darauf spezialisiert, über unebenes, aufgebrochenes Terrain zu rennen.

▲ Giraffen laufen im »Paßgang«, das heißt, beide Beine einer Körperseite bewegen sich mehr oder weniger gemeinsam. Die Vorderbeine sind sehr lang und müssen beim Trinken gespreizt werden, damit das Maul tief genug gebracht werden kann.

▲ Im Gegensatz zu den übrigen Schweinen besitzt der Hirscheber (oben Mitte) Hauer, die offenbar nur zur Zierde existieren. Bei den Männchen ragen sie normalerweise oben aus der Schnauze heraus. Das Rote Pinselohrschwein (oben rechts) ist vermutlich das farbenprächtigste Mitglied der Schweinefamilie. Es gibt verschiedene Farbformen, und nicht alle sind rot. Das schweine- ähnliche Chacoa-Pekari (oben links) wurde erst 1975 entdeckt. Es ist die größte und seltenste der drei Pekari-Arten.

Außerdem sind sie darauf angewiesen, Hindernisse auf dem Weg unbedingt rechtzeitig wahrzunehmen und müssen zudem fähig sein, bei jedem Satz ihre Hufe rasch über diese Hindernisse anzuheben. Beispiele hierfür sind die Dama-Gazelle, das Argali-Schaf und die Gabelhornantilope. Es gibt auch Läufer, die darauf spezialisiert sind, dem verfolgenden Raubtier eine Fülle von Hindernissen in den Weg zu legen. Dies tun etwa der Schwarzwedelhirsch mit seiner einmaligen Sprungtechnik oder der Elch, der gewandt und schnell niedrige Hindernisse überwindet, die verfolgende Bären oder Wölfe mit energieaufwendigen Sprüngen überwinden müssen.

ANGRIFF UND VERTEIDIGUNG

Nicht nur die Körperform ändert sich bei in Herden lebenden Tieren, sondern auch die Bewaffnung. Bei den springend laufenden Bewohnern des tropischen Dickichts bestehen die Waffen aus langen Kampfzähnen und kurzen, scharfen Hörnern oder Auswüchsen auf dem Kopf, mit denen sich dieser als Keule einsetzen läßt. Diese Waffentypen stehen mit der Verteidigung von Materialquellen innerhalb eines Territoriums in Verbindung. In hohem Maße angepaßt sind Waffen, die die Körperoberfläche beschädigen, die jedoch nicht im Körper des Gegners steckenbleiben. Derartige Angriffe zielen darauf, schnell einen großen Schmerz hervorzurufen, wodurch der Eindringling fortläuft und dabei das Ereignis und den Ort als höchst unerfreulich im Gedächtnis behält. Der stechende Schmerz verhindert Vergeltungsschläge, die mit hoher Wahrscheinlichkeit auch den angreifenden Revierbesitzer verletzen würden. Die sogenannten

»Messer und Dolche« sind grundsätzlich mit der Verteidigung von Nahrungs- und Wohnterritorien verbunden, nicht jedoch mit der von Paarungsterritorien. Bei der sogenannten »Eigennützigen Herde« der offenen Ebene sind Beschädigungswaffen ein überflüssiger Ballast. Durch die Gruppenbildung in der freien Fläche profitiert jedes Individuum von der Gegenwart der anderen Tiere; je mehr von ihnen zusammenleben, umso sicherer ist jedes Individuum. Wenn ein Raubtier zuschlägt, mag es ein Herdentier treffen. Aber die Wahrscheinlichkeit, eben dieses eine zu sein, sinkt mit der Zahl der Genossen. Wenn die Herde flieht, hat ein Tier in einer großen Gruppe eine viel größere Chance, nicht der letzte zu sein als in einer kleinen: Es erwischt nämlich immer den letzten! Eine brauchbare Methode, nicht der letzte zu sein, besteht darin, als erster loszulaufen und die übrigen zu motivieren, sich der Flucht anzuschließen. Daher macht es sich bezahlt, eine Markierung am Schwanz zu besitzen, die etwa sagt: »Folgt mir«. Vermutlich liegt darin der Ursprung der großen, artspezifischen Fleckmarkierungen bei den in Herden lebenden Arten.

Die Waffen müssen dem Träger erlauben, einen Gegner zu besiegen, aber ihr Gebrauch darf in der Regel keine Gegenschläge oder Verletzung eines der beiden Kontrahenten nach sich ziehen. Denn Blut zieht Raubtiere an, und die kümmert es wenig, von welchem Tier das Blut stammt. Es taucht also mit dem Leben in den Herden ein neuer Waffentyp auf: Die Hörner oder Geweihe verändern sich zu verdrillten, gerunzelten oder verzweigten »Körben«, mit denen sich der Kopf des Gegners leicht einfangen und festhalten läßt und den Tieren erlaubt, mit den Köpfen zu ringen. Mit solchen Waffen, die sich in so harmloser Weise einsetzen lassen, können auch sportliche Aspekte florieren, und so ist es in der Tat. Derartige, als »Sparring« bezeichnete Aktivitäten, werden vielfach von großen und kleinen Arten praktiziert.

Die geselligen Arten, die Paarungsterritorien verteidigen, haben recht einfach gebaute, hakenförmige Hörner beibehalten. Bei Arten, die mehrere Weibchen nacheinander oder gleichzeitig verteidigen, können sich die Hörner vergrößern. So entwickeln sich riesige Geweihe oder Gehörne, wie beim Rentier, dem ausgestorbenen irischen Riesenhirsch und dem Wasserbüffel.

Jeff Foott/Bruce Coleman Ltd

▲ Die deutlich sichtbaren Flecken auf den Hinterteilen zahlreicher Herdentiere wirken auf andere Herdenmitglieder als Signale. Ihre Botschaft ist: »Folgt mir«. Besonders auffällig ist der Fleck bei den hier gezeigten Gabelhorntieren.

Jonathan Scott/Planet Earth Pictures

◀ Riesige Herden von Wildebeesten (Streifengnus) wandern in jedem Jahr über die Ebenen zwischen Kenia und Südafrika. Beim Wandern grasen sie.

Hans Reinhard/Bruce Coleman Ltd

▲ Hausschweine sind direkte Nachfahren des Wildscheins aus Eurasien und Nordafrika. Bei der Wildform haben die Jungen ein Tarnmuster aus unterbrochenen,, weißen Streifen. Verwilderte Nachkommen europäischer Zuchtschweine kehren zu einem Habitus zurück, das dem des hier gezeigten Wildschweins sehr ähnlich ist. Die Jungen sind allerdings einfarbig.

SCHWEINE, PEKARIS UND FLUSSPFERDE

Die Schweine der Alten Welt (acht Arten) und die mit ihnen nicht verwandten, schweineähnlichen Pekaris (drei Arten) der Neuen Welt entwickelten sich in vergleichbarer Weise und sind daher äußerlich einander ähnlich. Die Pekaris besitzen einen komplexeren Magen sowie an den Hinterbeinen verwachsene Kanonenbeine; daraus läßt sich auf eine längere Vergangenheit als Pflanzenfresser und beim raschen Entweichen vor Raubtieren schließen. Schweine und Pekaris nutzen teilweise die konzentrierten Nahrungsquellen unter der Erdoberfläche, wie etwa Wurzeln und Knollen. Die Schweine fressen auch Aas, neugeborene Säuger und kleine Nagetiere und plündern auch Vogelnester.

Die Pekaris unterscheiden sich von den Schweinen dadurch, daß sie in eng verwobenen Gruppen leben, die gemeinsam Territorien verteidigen. Diese sind normalerweise wesentlich kleiner als die Wohnreviere, in denen Schweine umherwandern. Die Größe der Gruppen variiert. Bei den Weißbart-Pekaris zählen sie unter Umständen mehr als einhundert Individuen. Da bei diesen Tieren die Verteidigung einen hohen Stellenwert einnimmt, haben sich beide Geschlechter zu »Kämpfern« entwickelt: Sie besitzen scharfe Eckzähne und sind von ähnlicher äußerer Erscheinung und Größe. Zudem sparen sie bei der Fortpflanzung, indem sie nur wenige und sehr kleine Junge zur Welt bringen. Im Gegensatz zu den Schweinen setzen die Pekaris ihre neugeborenen Jungen sofort der Umgebung aus und bewohnen daher keine kalten Klimaten. Die Kopf-Rumpflänge der Pekaris variiert von 80 bis 120 Zentimeter, das Gewicht von 17 bis 43 Kilogramm.

Die weiblichen Wildschweine schützen ihre kleinen, aber zahlreichen Jungtiere gegen Kälte, Schnee und Regen, indem sie überdachte Nester bauen und die Kleinen »bebrüten«. Daher können Wildschweine zu jeder Jahreszeit Junge in die Welt setzen, auch im Winter. Zudem können sie, unbeschwert von dem Zwang, ihre Geburten in die warmen Jahreszeiten zu legen, mehrere Würfe pro Jahr erzeugen.

Die Schweine bilden eine verschiedenartige Gruppe, die sich in Afrika entwickelte. Hier traten früh in den Eiszeiten Riesenformen auf, und sogar heute existieren merkwürdige Arten mit riesigen Hauern, wie das Warzenschwein oder das Riesen-Waldschwein. Diese großen Hauer werden bei Kämpfen dazu verwendet, den Kopf des Gegners festzuhalten und zu beherrschen. Eine tropische Inselform mit großen, aufwendigen Hauern bildet der Hirscheber. Eine andere außergewöhnliche Art ist das Zwergwildschwein aus den Gebirgsausläufern des östlichen Himalaya. Im Vergleich zum Riesen-Waldschwein, das ein Gewicht von 275 Kilogramm erreichen kann, erreicht die Zwergform nur zehn Kilogramm.

Schweine sorgen für ihre Sicherheit zum Teil dadurch, daß sie sich Raubtieren stellen und sie angreifen oder sich im dichten Pflanzenwuchs verstecken. Die großen Männchen leben offenbar für sich allein, und eine Rangordnung bestimmt, wer Zugang zu den Weibchen erhält, die sich im Östrus befinden. Passend zu den kurzen, scharfen und auf Angriff ausgelegten Hauern besitzen die dominanten Eber an den Schultern und an den Seiten dicke Hautschilder, die der Verteidigung dienen. Die kleineren Männchen wandern vorzugsweise in Junggesellengruppen zusammen. Die Weibchen leben dagegen in Mutter-Tochter-Gemeinschaften in großen Wohnrevieren. Man kennt keine Schweine, die Territorien verteidigen, allerdings teilen sie die Ressourcen miteinander. Die Reviere werden mit Drüsensekreten markiert. Da diese Tiere gesellig sind und andererseits kein territoriales Verteidigungsverhalten aufweisen, eignen sie sich her-

Jane Burton/Bruce Coleman Ltd

▲ Mit einem Gewicht von etwa 230 Kilogramm besitzt das Zwergflußpferd nur ungefähr ein Zehntel der Masse des »echten« Flußpferds. Es bewohnt den dichten, tropischen Regenwald, lebt für sich allein und liebt das Wasser nicht so sehr wie sein größerer Verwandter.

Jonathan Scott/Planet Earth Pictures

◀ Flußpferde verbringen den Tag zusammen im Wasser. Bei Sonnenuntergang begibt sich jedes Individuum auf einem festgelegten (und in Intervallen mit Dunghaufen markierten) Pfad zu einem Weidegebiet. Bei Sonnenaufgang kehren sie ins Wasser zurück. Ein Flußpferd ist Menschen gegenüber selten angriffslustig, es sei denn, es wird provoziert oder auf seinem markierten Pfad angetroffen.

Gunter Ziesler/Bruce Coleman Ltd

▲ Das Vicuña, ein wildes Kamel aus den Hochanden Südamerikas, ist der kleinste Vertreter der Kamel-Familie. Wie bei den verwandten Llamas sind Hals und Beine lang, ein Höcker fehlt.

vorragend zur Domestikation. Sie wurden auch in zahlreichen Kulturen seit dem frühen Neolithikum als Haustiere gezüchtet.

Ein naher Verwandter der Schweine, das Flußpferd, lebt ausschließlich von Pflanzen und fermentiert Gräser in seinem großen, komplexen Magen. Über die Ernährungsgewohnheiten des Zwergflußpferds, das den feuchten Tropenwald bewohnt, weiß man nichts. Wie bei den Schweinen besitzen auch die Flußpferde keine Kanonenbeine, sondern die vier Zehen, die das Körpergewicht tragen, besitzen je einen Mittelfuß- oder Mittelhandknochen. Dies ist ein ursprüngliches Merkmal, das vermuten läßt, daß die Schweine, Pekaris und Flußpferde bereits in einem frühen Stadium eine Lebensweise entwickelten, die kein schnelles Laufen auf harten Unterlagen erforderte. Dies wird von den Flußpferden gut belegt: Sie suchen Sicherheit, indem sie sich gruppenweise im Wasser aufhalten und nur nachts an Land gehen. Die aquatische Lebensweise oder ein Leben in hoher Luftfeuchtigkeit wird den Tieren offenbar durch die Beschaffenheit ihrer Haut aufgezwungen, die nur einen geringen Austrocknungsschutz besitzt. Vermutlich schützt das Leben in Gruppen die Jungtiere gegen Krokodile.

In den warmen Zwischeneiszeiten waren Flußpferde im Norden bis nach England verbreitet. Sie besiedelten auch einige Inseln des Mittelmeers, wo sie ihre Körpergröße erheblich reduzierten. Diese kleinen Inselformen fielen, ebenso wie die Zwergelefanten und Zwerghirsche, der ersten Einwanderungswelle neolithischer (jungsteinzeitlicher) Siedler vor etwa 8000 Jahren zum Opfer. Das in Liberia und an der El-

Lee Lyon/Bruce Coleman Ltd

▲ Es gibt auf der Welt etwa 15 Millionen domestizierter Kamele. Einige wenige wilde Trampeltiere (zweihöckerige Kamele) überleben noch irgendwo in der Mongolei, und über 25000 Dromedare (einhöckerige Kamele) sind in einem verwilderten Zustand in den Wüsten Australiens zur Blüte gekommen. Letztere sind Abkömmlinge gezähmter Tiere, die zu Beginn dieses Jahrhunderts verlorengingen.

fenbeinküste lebende Zwergflußpferd ist an das Leben im Wasser deutlich weniger angepaßt als das Flußpferd. Es besitzt vergleichsweise längere Beine, weniger entwickelte Schwimmhäute zwischen den Zehen, und seine Augen stehen weniger weit aus dem Kopf hervor. Bei den großen Flußpferden erlaubt diese Anordnung der Augen einen besseren Überblick über die Wasseroberfläche. Es lebt offensichtlich in Familiengruppen in feuchten Wäldern und Sümpfen und ist, ähnlich dem größeren und stärker spezialisierten Flußpferd, auf Suhlflächen angewiesen. Das Zwergflußpferd erreicht eine durchschnittliche Kopf-Rumpflänge von 1,6 Meter und ein Gewicht von 230 Kilogramm. Die Durchschnittslänge des großen Flußpferds liegt dagegen bei 3,4 Meter, sein Gewicht bei 2400 Kilogramm.

KAMELE

Die Kamele, die sich in Nordamerika entwickelten, spalteten sich im Tertiär von winzigen Gazellen-Kamelen zu riesigen, giraffenähnlichen Laubfressern auf. Während der Eiszeiten starben sie in Nordamerika aus. Einige waren jedoch ausgewandert und überlebten in Südamerika, Eurasien und Nordafrika. Bei den beiden altweltlichen Kamelarten, deren Fähigkeit, der Austrocknung zu widerstehen, schon legendär ist, handelt es sich um gesellige, an das Leben in der Wüste angepaßte Säugetiere. Sie bringen nach langen Entwicklungszeiten große, gut entwickelte Jungtiere zur Welt. Ihre roten Blutkörperchen besitzen noch einen Zellkern; dies ist unter den Säugern ungewöhnlich. Sie sind imstande, sich von trockener, dorniger Wüstenvegetation zu ernähren und lange Entfernungen zurückzulegen, wenn sie in der Ferne Regenfälle und grüne Weideflächen bemerken. Sowohl die Dromedare als auch die Trampeltiere besitzen am Höcker eine Durchschnittshöhe von 210 Zentimeter und ein Gewicht von 550 Kilogramm. Ebenso wie ihre kleinen, südamerikanischen Verwandten hat man die altweltlichen Kamele domestiziert. Die letzten wilden Kamele in den kalten Wüsten Nordwest- Chinas und der Mongolei sind stark gefährdet.

In Südamerika leben noch immer natürliche Populationen wilder Kamele wie das Guanako und das Vicuña - das letztere ist sehr empfindlich gegen äußere Einflüsse. Die südamerikanischen Kamele sind wesentlich kleiner als die Arten der Alten Welt und besitzen keine Höcker. Beim Vicuña, der kleinsten südamerikanischen Art, liegt die Schulterhöhe durchschnittlich bei 91 Zentimetern und das Gewicht bei 50 Kilogramm. Die Kamele Südamerikas haben ihren Ursprung eigentlich in Nordamerika und leben in dem südlichen Kontinent erst seit dem frühen Pleistozän (vor etwa zwei bis drei Millionen Jahren). Die Männchen neigen dazu, ein Territorium zu verteidigen, in dem eine Gruppe zusammenhängender Weibchen mit ihren Jungen lebt.

Alle Kamele besitzen ein bemerkenswertes Kampfgebiß, zu dem nicht nur die Eckzähne gehören, sondern bei dem auch die ersten Prämolaren zu eckzahnförmigen Kampfzähnen umgebildet wurden.

▲ Das Hirschferkel, das die Regenwälder Westafrikas bewohnt, hat etwa die Größe eines Kaninchens. Da es kein Geweih besitzt, verteidigt es sich mit seinen scharfen Eckzähnen. Es sucht häufig in hohlen Bäumen Unterschlupf, in welchen es lebhaft zu klettern versteht.

KANTSCHILE UND MOSCHUSHIRSCHE

Zu den primitivsten Artiodactylen gehören die vier Arten tropischer Traguliden, der asiatische Kantschil und das afrikanische Hirschferkel. Dies sind die Überreste einer Familie, deren Vertreter einst im frühen Tertiär sehr zahlreich waren. Obwohl die Traguliden oberflächlich kleinen Hirschen gleichen, stehen sie jedoch in vielerlei Hinsicht den Schweinen näher. Ihr Wiederkäuermagen ist einfacher gebaut als der anderer Arten. Sie unterscheiden sich in ihren Ernährungsgewohnheiten und verteidigen zudem die Ressourcen ihres Territoriums mit stetig nachwachsenden, scharfen Eckzähnen. Ihre Prämolaren besitzen noch die konischen Kronen, wie es im wesentlichen schon bei den primitiven Huftieren des frühen Tertiärs der Fall war. Dem Hirschferkel fehlen die Kanonenbeine in den Vorderextremitäten. Wie bei anderen kleinen, tropischen Arten, die ihre Ressourcen verteidigen, können die Weibchen größer werden als die Männchen. Die durchschnittliche Kopf-Rumpflänge der Hirschferkel beträgt 75 Zentimeter, die Schulterhöhe 35 Zentimeter und das Gewicht 10 Kilogramm.

Eng mit den Traguliden verwandt sind die drei Arten der Moschushirsche, die man als »verbesserte und vergrößerte Versionen« an kalte Umgebungen angepaßter Traguliden ansehen kann. Tatsächlich dringt der sibirische Moschushirsch noch weiter nach Norden vor als der große Wapiti. Der Moschushirsch unterscheidet sich hinreichend von den Traguliden und echten Hirschen, um eine eigene systematische Familie für sich zu beanspruchen. Er bewohnt die gemäßigten oder kalten Klimaten Kontinental-Asiens, wo er sich von kleinen Bissen in hohem Maße verwertbarer Pflanzen ernährt, darunter Triebe, Flechten, Früchte sowie weiche Gräser. Er rennt, von seinen kraftvollen Hinterbeinen getrieben, wie ein Kaninchen in langen Sprüngen. Er kann auch überraschend gut auf Felsen und großen, gut verzweigten Bäumen herumklettern. Er wird größer als die meisten Traguliden, ja beinahe so groß wie ein Reh: Seine Kopf-Rumpflänge erreicht im Mittel 90 Zentimeter, die Höhe 60 Zentimeter und das Gewicht 12 Kilogramm.

Nur die Männchen tragen lange Eckzähne, die zum Kämpfen bestimmt sind. Die Tiere leben streng territorial. Vermutlich dient die apfelgroße Moschus-

▼ ▶ Der indische Muntjak (unten) ist ein kleiner Hirsch mit einem Gewicht von etwa 22 Kilogramm. Die Männchen haben sehr einfache Geweihe und gut entwickelte Eckzähne. Die Muntjaks leben entweder allein, in Paaren oder in kleinen Familiengruppen. Der überwiegende Teil des Damwildes (rechts) auf der Welt dürfte heute in Hirschparks oder -reservaten unter einem gewissen Schutz leben. Die Männchen können schwerer als 100 Kilogramm werden. Typisch ist der vorstehende Adamsapfel.

drüse, die sich zwischen der Penisöffnung und dem Bauchnabel befindet, der olfaktorischen Kommunikation. Im Vergleich zu denen anderer Hirsche sind die gefleckten Jungen sehr klein. Die Fortpflanzung erfolgt zu einer bestimmten Jahreszeit. Der Moschushirsch, der wegen seines wertvollen Moschusduftes auf kommerzieller Ebene ausgebeutet wird, muß noch eingehend erforscht werden. Er wird in großem Stil gefangen und gejagt; dadurch wurde er stellenweise selten oder starb dort sogar aus. Das Moschus der Männchen findet sowohl in der Volksmedizin des Fernen Ostens als auch in der Parfüm-Industrie Verwendung. Versuchsprojekte, im Verlauf derer männliche Moschushirsche in Gefangenschaft gehalten werden und ihnen von Zeit zu Zeit das Moschus ausgedrückt wird, sind noch immer mit Problemen behaftet. Der Moschushirsch ist nur eine von vielen Wildtierarten, deren Fortbestand von den Prämien bedroht wird, die für ihre Kadaver bezahlt werden.

ECHTE HIRSCHE

Die Cervidae oder Familie der Echten Hirsche (39 Arten) besteht aus den Altwelt-Hirschen, den Neuwelt-Hirschen sowie dem etwas aberranten, geweihlosen Wasserhirsch Koreas, *Hydropotes inermis.* Die Hirsche zeichnen sich durch knöcherne Geweihe aus, die in jedem Jahr neu gebildet und abgeworfen werden. Bei dem ausgestorbenen Irischen Riesenhirsch erreichten die Geweihe monströse Dimensionen, nämlich eine Spannweite von 3,5 Meter und ein Gewicht von knapp 50 Kilogramm. Die Hirsche sind fortschrittliche Wiederkäuer, die in ihrer Ernährung an holzhaltige Pflanzen gebunden sind. Allerdings hat sich eine Art, das extrem gesellige Rentier, an das Leben in der Tundra angepaßt. Die Hirsche sind niemals bis nach Afrika südlich der Sahara vorgedrungen, sie erreichten allerdings noch vor den Eiszeiten Südamerika und spalteten sich dort in zahlreiche, kleinwüchsige Arten auf.

▼ Mit bis zu 450 Kilogramm ist der Wapiti einer der größten lebenden Hirsche. Er kommt natürlicherweise im Nordwesten Nordamerikas vor. Ungewöhnlich für ein Tier, das den Winter im Schnee verbringt, ist die Tatsache, daß das Winterfell des Wapiti dunkler ist als das Sommerfell. Im Gegensatz zu seinem engen Verwandten, dem Rothirsch, der in der Brunftzeit röhrt, stößt der Wapiti einen hohen, pfeifenden Ton aus.

◀ ▼ Geweihe sind etwas ganz anderes als Hörner. Hörner sind dauerhafte Strukturen, die aus derselben Substanz bestehen wie Haare oder Klauen. Ein Geweih besteht dagegen aus Knochen. Es wird in jedem Jahr abgeworfen und wächst wieder nach. Solange es wächst, ist ein Geweih von einer Haut bedeckt, die man »Bast« nennt. Ist das Wachstum abgeschlossen, platzt die Haut ab oder wird abgerieben. Es gibt eine grobe Korrelation zwischen der Größe eines Hirschs und dem Umfang und der Komplexität seines Geweihs. Der Wasserhirsch besitzt überhaupt kein Geweih. Kleine Arten, wie der Pudu (unten links), der übrigens mit einer Schulterhöhe von 35 bis 38 Zentimeter der kleinste Hirsch ist, besitzen einfache, unverzweigte Geweihe. Große Arten wie der Elch (oben links), er ist mit einer Schulterhöhe von 168 bis 230 Zentimeter die größte Hirschart, sowie das Rentier oder Karibu (unten rechts), bilden enorm große, vielfach verzweigte Geweihe aus, häufig mit Knochenfüllungen zwischen den Verzweigungen. Das Rentier ist die einzige Hirschart, in der beide Geschlechter Geweihe tragen.

WARUM SIND GEWEIHE SO GROSS?

Diese Frage wurde einst von Charles Darwin gestellt. Er bemerkte, recht zutreffend, eine Parallele zum Prachtgefieder der Fasane und Pfauen. Darwin vermutete, daß sich diese Organe irgendwie durch weibliche Zuchtwahl entwickelt haben müssen, konnte jedoch nicht erklären, wie. Das Geheimnis um die großen Hörner und Geweihe scheint sich zu lüften. Allerdings grenzt die Erklärung auf den ersten Blick an das Unglaubliche: Große Hörner und Geweihe sind eine indirekte Folge der Schutzanpassungen für die Neugeborenen.

Bei einer Art, die an schnelles Laufen angepaßt ist, sind die Jungen darauf angewiesen, bald ebenso schnell und ausdauernd zu rennen wie ihre Mütter. Die gefährliche Zeitspanne unmittelbar nach der Geburt läßt sich verkürzen, indem das Junge bei der Geburt möglichst groß und weit entwickelt auf die Welt kommt und indem es mit möglichst viel oder reichhaltiger Milch versorgt wird, so daß es rasch wachsen kann. Diese Anpassung ist so auch realisiert.

Eine Mutter, die diese Regeln befolgt, muß sehr sparsam mit ihren Nährstoffen umgehen. Sie muß Energie aus ihren eigenen Lebenserhaltungsbedürfnissen und Körperwachstum zugunsten des Wachstums und der Ernährung des Jungtiers einsparen. Was ist jedoch mit dem Vater? Wenn er Nährstoffe aus Körperwachstum und Grundstoffwechsel einspart, führt dies sofort zu einem Wachstum der Hörner oder des Geweihs. Dies sollte allerdings von Vorteil sein, denn das Männchen trägt nun ein Symbol seines biologischen Erfolges auf dem Kopf. Die Weibchen könnten dann Männchen mit großen Geweihen aussuchen, um mit einiger Sicherheit große Jungtiere für eine reichliche Milchproduktion zur Welt zu bringen und auch reichlich milchspendende Töchter zu bekommen. Alles in allem, je größer das Geweih, desto besser konnte das Männchen zusätzliche Ressourcen für sich gewinnen, und um so wirkungsvoller war seine Selbsterhaltung.

Die Geweihgröße des Vaters korreliert mit der Größe des Jungen bei dessen Geburt sowie mit dem Anteil der Feststoffe in der Milch weiblicher Nachkommen. Je größer ein Geweih ist, desto mehr wird es den Weibchen bei der Paarung gezeigt, allerdings nicht den Männchen beim Imponieren. Arten mit kleineren Geweihen, bei denen die Wahl der Weibchen eine geringere Rolle spielt, werden wohl eher gewaltsam ihren Zugang zu den Weibchen suchen. In derartigen Fällen sind die Männchen besser beraten, ihre zusätzlichen Energien und Nährstoffe in das Wachstum zu investieren, denn die Körpergröße ist entscheidend für den Sieg. Dies bedeutet, daß man bei Tieren, die nur kleine Hörner tragen und nicht territorial leben, erwartet, daß sie in jedem Jahr an Körpergröße zunehmen. Bei Arten mit großen Geweihen ist dagegen zu erwarten, daß die Männchen bald mit ihrer Körpergröße auf einem gewissen Niveau stehenbleiben.

Hans Reinhard/Bruce Coleman Ltd

▲ Abgeworfene Geweihstange eines Rehs.

▼ Männliche Rothirsche im Bast.

Hans Reinhard/Bruce Coleman Ltd

Masood Qureshi/Bruce Coleman Ltd

▲ Da sie sich von den Blättern von Bäumen ernähren, sind Giraffen das ganze Jahr hindurch mit Nahrung versorgt und können sich daher jederzeit fortpflanzen. Im Gegensatz dazu sind andere Huftiere der afrikanischen Ebenen darauf angewiesen, ihre Fortpflanzung auf den jahreszeitlichen Wandel des Nahrungsangebots am Boden auszurichten.

GIRAFFEN

Die Familie Giraffidae ist heute auf zwei Arten zusammengeschrumpft: Es handelt sich um das tropische, waldbewohnende Okapi, eine Art, die den primitiven Giraffen des mittleren Tertiärs ähnlich ist, sowie um den größten aller Wiederkäuer, die Giraffe der offenen, afrikanischen Ebenen. Zu Zeiten des Tertiärs waren die Giraffenarten noch zahlreicher. Zudem entwickelten sie damals einige Linien mit grasfressenden Giraffen von Ochsengröße und mit großen »Hörnern«, wie etwa die Sivatherien. Wie bei den Boviden bestehen die Hörner bei den Giraffen aus Knochenzapfen. Allerdings bedecken die Giraffen diese Zapfen nicht mit Hornsubstanz, sondern mit Haaren aus der Haut. Solange die Tiere leben, werden diese Knochenzapfen fortgesetzt mit einer Knochenschicht bedeckt, so daß der Schädel eines Bullen mit zunehmendem Alter immer massiver wird. Beide Giraffenarten setzen den Schädel bei Kämpfen wie eine Keule ein, daher ist die Haut panzerartig verdickt, um den Schlägen des keulenähnlichen Kopfes etwas entgegenzusetzen.

Die Giraffen haben auch ein einzigartiges Paarungsverhalten mit den Rindern gemeinsam. Man vermutet daher, daß beide Linien einen gemeinsamen Ursprung haben. Die Giraffe ist ein hochspezialisierter, außerordentlich erfolgreicher Blattfresser, dem, da er ganzjährig an grüne Blätter herankommt, die Erfahrung der Beschränkung erspart blieb, die viele Arten der Savanne durchleben müssen, die das Gras auf ebener Erde fressen: Leicht verdaubare, grüne Vegetation steht nur zu bestimmten Jahreszeiten zur Verfügung. Daher können sich Giraffen über das ganze Jahr fortpflanzen. Wie viele Huftiere, die auf offener Ebene leben und deren Landschaften viel Nahrung hergeben, bringen sie sehr große, hoch entwickelte Jungtiere zur Welt. Da sie nicht an die Beschränkungen einer jahreszeitlichen Nahrungsversorgung gebunden sind, können Giraffen auch sehr groß werden. Bei den Männchen liegt die durchschnittliche Kopf-Rumpflänge bei 4,2 Metern, die Höhe bis zu den Hornspitzen bei fünf Metern und das Gewicht bei 1350 Kilogramm. Die Weibchen sind dagegen nur 4,2 Meter hoch und wiegen 870 Kilogramm.

Giraffen erreichen die Geschlechtsreife relativ langsam und erzeugen nur wenig Nachwuchs; allerdings haben sie eine lange Lebenserwartung. Die Bullen regeln ihren Zugang zu den Kühen durch eine Hierarchie. Trotz ihrer merkwürdigen Gestalt rennen Giraffen sehr schnell.

Auch das Okapi, eine Waldgiraffe, ist ein Blattfresser, und in seiner Biologie weist es offenbar zahlreiche Ähnlichkeiten mit seinen fortschrittlichen Verwandten der offenen Ebenen auf. Seine Kopf- Rumpflänge liegt meist bei etwa zwei Metern, seine Höhe bei 136 Zentimetern und das Durchschnittsgewicht bei 230 Kilogramm. Die heutigen Populationen sind stark auf wenige Lokalitäten konzentriert, und die Tiere leiden unter der Geißel, von der die meisten großwüchsigen Tierarten heimgesucht werden: Sie werden um ihres Fleisches und ihrer Genitalien willen gewildert.

GABELHORNTIERE

Die Gabelhornantilope ist ein gazellenähnlicher Wiederkäuer. Und unter den vielen, merkwürdigen, einheimischen Wiederkäuern Nordamerikas ist sie zudem die einzige Art, die bis heute überlebt hat. Wie andere große, nordamerikanische Säugetiere, die das große Aussterben am Ende der Eiszeiten überlebten, sind die Gabelhorntiere ökologische Opportunisten und weisen hohe Fortpflanzungsraten auf. Diese auffällig gefärbten, scharfsichtigen »Antilopen« leben in Herden auf den offenen Ebenen. Sie sind schnelle, ausdauernde Läufer, denn sie sind leicht gebaut und speichern nur wenig Fett auf dem Körper. Ihr durchschnittliches Gewicht liegt bei 60 Kilogramm. Von Kopf bis zum Schwanz messen sie 140 Zentimeter, und an der Schulter sind sie 87 Zentimeter hoch. Die embryonale Reifungszeit ist bei den Gabelhorntieren recht lang. Im Sommer besetzen sie Fortpflanzungsterritorien und besitzen damit ein Fortpflanzungssystem, daß dem des in den Wäldern lebenden Rehs erstaunlich ähnlich ist.

Zudem teilen die Gabelhorn-Böcke einige soziale Signale mit den Gazellen. Ihr verzweigter Hornmantel wächst in jedem Jahr neu, aber nur von den Spitzen der Hornkerne. Auch die Weibchen tragen unter Umständen kurze Hörner. Die Hornscheiden werden in jedem Jahr unmittelbar nach der Paarungszeit abgeworfen. Die Weibchen der Gabelhorntiere zeigen eine übermäßige Ovulation, so daß sich im Uterus eine Handvoll Embryonen einnistet. Hier töten die Embryonen einander, indem sie lange Auswüchse durch die Leiber der rivalisierenden Feten wachsen lassen, bis schließlich nur noch zwei übrig sind, die friedlich weiterwachsen. Wie bei anderen Herdentieren, die auf das Rennen auf offener Ebene spezialisiert sind, gebären die Gabelhorntiere große Junge. Diese reifen schnell heran; die Lebensspanne der erwachsenen Tiere ist allerdings kurz. Normalerweise kommen Zwillinge zur Welt.

▼ Das Okapi (unten links) war vor 1900 den Europäern noch nicht bekannt. Es handelt sich um eine kurzhalsige Giraffe, die im äquatorialen Regenwald Blätter frißt. Sein Farbmuster verleiht ihm in seiner natürlichen Umgebung eine exzellente Tarnung. Die Gabelhornantilope (unten rechts), der einzige Vertreter der Familie Antilocapridae, lebt in Nordamerika. Sie wird zwar häufig als Antilope bezeichnet, gehört jedoch nicht wirklich zu dieser Gruppe. Die Gabelhorntiere sind die schnellsten Läufer Nordamerikas.

Hans Reinhard/Bruce Coleman Ltd

▲ Dicke, zottige Haare und ein dichtes Unterfell isolieren den Yak gegen die Kälte der Himalaya-Berge.

DIE FAMILIE DER BOVIDEN

Die mit etwa 107 Arten größte Familie der Artiodactylen ist die Familie Bovidae. Dazu gehören Rinder, Böcke und Moschusochsen, die echten Ziegen und Schafe, Gazellen und ihre Verwandten, die primitiven Ducker, die Drehhorn-Antilopen wie die Elen-Antilope und der Kudu, Ried- und Wasserböcke, Pferde- und Säbelantilopen, Gnus und Kuhantilopen, die Böckchen sowie verschiedene ausgefallene Arten wie die Vierhorn- und die indische Nilgau-Antilope.

Die Boviden haben ihren Ursprung in der Alten Welt und sind gegenwärtig von den heißen Wüsten und den Tropenwäldern bis zu den Polarwüsten Grönlands und den Gebirgsregionen Tibets verbreitet. Allerdings gibt es weder in Südamerika noch in Australien irgendwelche einheimischen Boviden-Arten. Sie zeichnen sich durch Hörner aus, die nicht abgeworfen werden und die aus einem Knochenzapfen an der Stirn wachsen. Dieser Knochenzapfen bildet sich in der Stirnhaut und verbindet sich mit dem Os frontale (Stirnbein). Er ist innen überwiegend hohl; daher werden die Rinder als hohlhornige Wiederkäuer bezeichnet. Die Verschiedenartigkeit von Form und Größe der Hörner ist ebenso erstaunlich wie die Vielfalt der ökologischen Anpassungen und Körpergrößen.

Die Boviden bilden die Hauptmasse der tropischen Grasfresser und der Wüstenbewohner. Und sie leisten auch den größten Beitrag zu den wichtigen Haustieren wie Rinder, Schafe und Ziegen. Von der Aussterbewelle am Ende der letzten Eiszeit waren in erster Linie großwüchsige Arten in Afrika, Europa und Nordamerika betroffen; die meisten der kleineren Arten haben bis heute überlebt. Die Domestizierung der Schafe und Ziegen begann bereits früh in der Jungsteinzeit. Es hat den Anschein, daß es sich bei den kleinen Wildschafen Korsikas, Sardiniens und Zyperns ebenso wie bei den wilden Ziegen auf Kreta um nicht einheimische Arten handelt, die von Tieren abstammen, die während der frühen Jungsteinzeit von Menschen dort eingeschleppt wurden. Auf einigen Inseln haben wilde Ziegen an der einheimischen Pflanzenwelt und den davon abhängigen Tieren erheblichen Schaden angerichtet. Zudem sorgte der Mensch für die Verbreitung von Arten, die für Jäger von Interesse sind. Derartige »Exoten« bedrohen gegenwärtig die einheimische Fauna Nordamerikas.

◄ ▼ Der Berg-Anoa oder Zwerg-Wasserbüffel (oben links) ist das kleinste echte Rind. Es ist zudem eines der seltensten. Der Gaur (unten rechts) ist ein massiv gebautes Rind, das in den Wäldern Indiens lebt und das manchmal »Indischer Bison« genannt wird. Die Vierhorn-Antilope der indischen Halbinsel (unten links) ist auch als Chausinga bekannt und steht in mancherlei Hinsicht zwischen den Antilopen und den Rindern. Sie ist der einzige Bovide mit vier Hörnern. Der seltene Bongo (unten Mitte), eine mittelgroße, afrikanische Antilope mit spiralig gewundenen Hörnern, gehört zu den farbenprächtigsten Antilopen.

Joe Van Wormer/Bruce Coleman Ltd

▲ ◀ ▼ Die Thompson-Gazelle (oben) ist ein sehr verbreiteter Gras- und Laubfresser auf den afrikanischen Ebenen. Die Giraffengazelle (links und ganz links im Foto) ist ein einzelgängerischer Laubfresser. Auch andere Gazellen sind imstande, sich auf ihre Hinterbeine zu erheben. Die Giraffengazelle ist in der Hinsicht einmalig, da sie diese Position nicht nur über längere Zeit beibehalten kann, sondern bis zu einem gewissen Grad sogar auf den Hinterbeinen zu laufen vermag. Sie ernährt sich von Blättern, Trieben und Früchten und entzieht diesen genug Wasser, um nicht trinken zu müssen. Obwohl die Hirschziegenantilope (unten) auch als Blackbuck bezeichnet wird, muß doch festgestellt werden, daß nur dominante Männchen während der Fortpflanzungszeit schwarz sind. Die Saiga (unten) ist eine Antilope aus den kälteren Bereichen Ostasiens. Man vermutet, daß sie mit ihrer bizarr geformten Schnauze Staub aus der Luft filtert oder die Luft vor dem Einatmen erwärmt.

▼ Der Klippspringer (unten links) ist eine Zwergantilope, die in felsigen Gegenden lebt, wo sie auf den Spitzen ihrer Hufe sehr behende umherspringt. Die Ducker (unten rechts) sind kleine, kurzhörnige Antilopen, die an den Waldrändern Laub fressen. Man weiß, daß sie ihre Blattnahrung vorzugsweise durch Insekten und kleine Wirbeltiere ergänzen. »Duiker« ist das Afrikaans-Wort für »Taucher«, denn verängstigte Tiere haben die Angewohnheit, ins dichte Unterholz abzutauchen.

◀ Diese beiden weidenden Antilopen gehören zu derselben Unterfamilie. Das Wildebeest (ganz links) und der Buntbock (links) bewohnen die afrikanischen Ebenen - das Wildebeest in großen Herden, der Buntbock in kleinen Gruppen.

◀ Die sehr seltene Große Säbelantilope (ganz links) und der Südafrikanische Spießbock (links), die beide etwa die Größe des Wildebeestes haben, leben in den feuchteren Regionen der afrikanischen Ebenen. Man hat Versuche unternommen, den Südafrikanischen Spießbock zu domestizieren.

◀ ▼ Bei sämtlichen hier abgebildeten Ziegen und Schafen handelt es sich um Männchen, die Zweikämpfe durch Kopframmen untereinander austragen. Die westasiatische Wildziege (oben links) ist der Vorläufer aller domestizierten Ziegenrassen. Der Tahr aus dem Himalaya (unten links) ist ein langhaariger Caprine. Die Großhorn-Schafe (oben rechts) leben in Nordamerika, wo man sie in recht verschiedenartigen Lebensräumen antrifft, von kalten Gebrigsregionen bis zu den Wüsten. Das auch als Aoudad bekannte Mähnenschaf (unten rechts) ist in Nordafrika zu Hause. Trotz seiner Größe ist der Moschusochse (unten) enger mit den Ziegen als mit den Rindern verwandt. Die Hörner sind für Kämpfe mit Kopframmen angepaßt und werden auch zur Verteidigung eingesetzt.

Ordnung Pholidota: 1 Familie, 2 Gattungen, 7 Arten

GRÖSSE
Kleinste Art Langschwanz-Schuppentier, *Phataginus tetradactyla;* Kopf-Rumpflänge 30 bis 35 Zentimeter, Schwanz 50 bis 60 Zentimeter, Gewicht 1,2 bis 2 Kilogramm.
Größte Art Riesenschuppentier, *Phataginus gigantea;* Kopf-Rumpflänge 80 bis 90 Zentimeter, Schwanz 65 bis 80 Zentimeter, Gewicht 25 bis 35 Kilogramm.

ARTENSCHUTZ
Die Tiere sind nicht gefährdet, aber die aus ihnen gefertigten Produkte unterliegen Handelsbeschränkungen.

SCHUPPENTIERE

R. D. STONE

Einst wurden die Pangoline oder Schuppentiere zusammen mit den Ameisenbären, Faultieren und Gürteltieren zu der Ordnung Edentata gerechnet. Heute befinden sie sich in ihrer eigenen systematischen Einheit, der Ordnung Pholidota. Die Schuppentiere bilden eine einzige Familie, die Manidae, und werden heute von zwei Gattungen vertreten, den asiatischen Schuppentieren, *Manis,* und den afrikanischen Schuppentieren, *Phataginus.* Sie unterscheiden sich von allen übrigen Säugetieren der Alten Welt durch ihre einzigartige Körperbedeckung aus hornigen Schuppen. Damit sehen die Pangoline sicherlich merkwürdig aus und wirken auf den ersten Blick nicht wie Säuger, sondern eher wie Reptilien. Diese Körperschuppen, die aus der dicken Haut darunter emporwachsen, schützen jeden Körperteil mit Ausnahme der Unterseite und den Innenflächen der Gliedmaßen. Der Schwanz, der bei einigen Arten doppelt so lang wie der ganze Körper sein kann, die kleinen, aber kräftigen Beine und der konisch geformte Kopf verleihen diesen Tieren ein Aussehen, das unter den altweltlichen Säugern der Tropen kaum seinesgleichen findet.

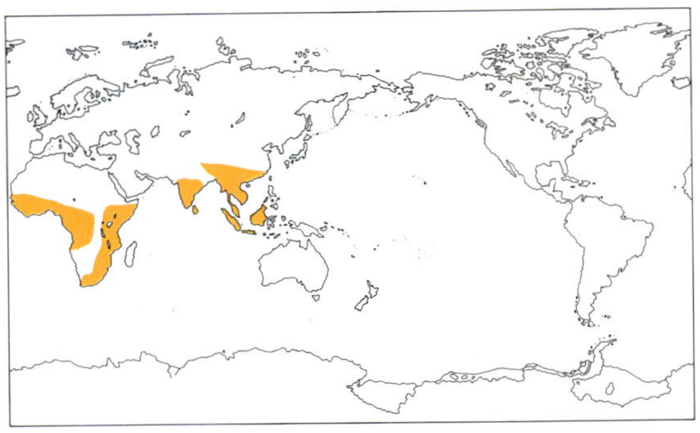

SÄUGER MIT SCHUPPEN

Die Schuppentiere kommen in großen Bereichen Südostasiens und in tropischen und subtropischen Teilen Afrikas vor. Die drei asiatischen Arten besitzen äußere Ohren, einen schuppenbedeckten Schwanz sowie Haare an der Basis der Körperschuppen. Den vier afrikanischen Arten fehlen die äußeren Ohren; der hintere Teil ihres Brustbeins ist sehr lang und der Schwanz ist unterseits unbeschuppt. Zwei Arten, das Riesenschuppentier, *Phataginus gigantea,* und das Steppen-Schuppentier, *P. temmincki,* leben auf ebener Erde, während die Langschwanz-, *P. tetradactyla,* und die Weißbauch-Schuppentiere, *P. tricuspis,* auf Bäumen leben. Das Riesenschuppentier besitzt eine Körperlänge von 80 bis 90 Zentimetern und einen Schwanz, der 65 bis 80 Zentimeter mißt. Es wiegt 25 bis 35 Kilogramm. Der Körper des Langschwanz-Schuppentiers wird 30 bis 35 Zentimeter lang, sein Schwanz 50 bis 60 Zentimeter. Es wiegt 1,2 bis zwei Kilogramm. Bei allen Arten ist das Männchen wesentlich größer als das Weibchen: Das männliche Vorderindische Schuppentier kann bis zu 90 Prozent schwerer sein als das Weibchen.

▼ Die Schuppentiere sind die einzigen Säuger, deren Oberfläche mit Schuppen bedeckt ist. Die Schuppen bestehen aus Horn.

C.B. Frith/Bruce Coleman Ltd

Die Vertreter sämtlicher Arten besitzen kurze, aber kräftige Gliedmaßen, mit denen sich die Tiere in Termiten- und Ameisenhügel hineingraben. Die am Boden lebenden Arten schaufeln mit ihren Krallen auch unterirdische Höhlen aus, in denen sie sich tagsüber verbergen. Die baumbewohnenden Arten suchen in hohlen Baumstämmen Zuflucht und schützen sich, indem sie sich beim Schlafen zusammenrollen. Obwohl der Schwanz mit Schuppen bedeckt ist, können die Tiere ihn gut bewegen, und einige Arten besitzen sogar einen Greifschwanz. Zusätzlich erfüllt der Schwanz zwei weitere Funktionen: Er ist an seiner Spitze sehr empfindsam und kann selbst bei den Arten, die keinen Greifschwanz besitzen, wie ein Finger über eine stabile Stütze eingehakt werden. Wenn es bedroht wird, kann ein Pangolin mit seinem Schwanz auch nach dem Gegner schlagen; dabei haben die rasiermesserscharfen Schuppen eine verheerende Wirkung. Zusätzlich wird das angreifende Tier gegebenenfalls mit einer faulig riechenden Flüssigkeit aus den Analdrüsen angesprüht.

Die Schuppentiere fressen ausschließlich Insekten - meist Termiten und Ameisen - die sie mit ihrer langen, rüsselähnlichen Zunge fangen. Bei einem ruhenden Tier befindet sich die Zunge aufgerollt im Maul und ist dabei von einer besonderen Hülle umgeben, die mit dem Becken verbunden ist. Besondere Drüsen im Hinterleib versehen die Zunge mit einem zähen Speichel, und an diesem bleibt die Beute hängen, wenn die Zunge in die Kammern des Termitenhügels vorstößt. Die Schuppentiere besitzen keine Zähne, und die gesamte Nahrung wird im unteren Bereich des Magens zerquetscht, der zum Darm führt. Dieser Abschnitt enthält in der Regel kleine Kieselsteine und scheint in einer ähnlichen Weise die Nahrung zu zermahlen wie der Muskelmagen eines Vogels. Beim Fressen werden die Augen des Pangolins durch verdickte Membrane geschützt, und besondere Muskeln verschließen seine Nasenlöcher, um sie vor den Bissen der Ameisen zu bewahren.

Das Ausmaß, in dem die Sinnesorgane bei diesen verschiedenen Arten entwickelt sind, hängt unmittelbar mit der Nahrung und der Lebensweise der Tiere zusammen. Da sie überwiegend nachtaktiv sind, ist der Gesichtssinn der Schuppentiere recht erbärmlich und das Gehör auch nur durchschnittlich. Dagegen ist der Geruchssinn außerordentlich scharf entwickelt, und dieser spielt vermutlich eine wesentliche Rolle bei der Kommunikation. Die Pangoline sind überwiegend einzeln lebende Tiere, die wahrscheinlich kein festes Territorium gegen benachbarte Artgenossen verteidigen. Allerdings markiert ein Schuppentier wiederholt ausgewählte Bäume und Felsen mit Sekreten aus der Analdrüse. So werden benachbarte Tiere und solche, die möglicherweise noch in ein bereits besetztes Gebiet eindringen wollen, bemerkt.

ARTENSCHUTZ

In Afrika werden in jedem Jahr zahlreiche Schuppentiere wegen ihres Fleisches getötet. In Asien dagegen messen die Chinesen traditionell den Schuppen eine medizinische Bedeutung bei, und daher wurden die Tiere zu allen Zeiten erbarmungslos gejagt. Es ist unwahrscheinlich, daß diese Tiere von noch anpassungsfähigeren Konkurrenten ersetzt werden könnten. Allerdings liegt die größte einzelne Bedrohung für das Überleben dieser seltsamen Tiere in der Zerstörung ihrer Lebensräume. Denn diese wird mit Sicherheit einen ernstzunehmenden Effekt auf Tiere ausüben, die eine derart hoch spezialisierte und eingeschränkte Ernährungsweise zeigen. Ehemals ausgedehnte Bereiche tropischer Regenwälder werden täglich erodiert und irreparabel zerstört. Wenn der Mensch nicht interveniert, um die Reste ihrer Lebensräume zu schützen, werden diese spezialisierten Arten vermutlich nicht überleben.

M.P.L. Fogden/Bruce Coleman Ltd

▲ Obwohl das Chinesische Schuppentier gut klettert, frißt es überwiegend auf dem Boden, wo es mit seinen stark bekrallten Füßen nach Termiten gräbt.

▼ Die afrikanischen Baum-Pangoline klettern mit Hilfe ihres beweglichen Greifschwanzes. Das einzige Junge klammert sich mit seinem Schwanz an der Mutter fest.

Keith & Liy Laidler/Ardea London

Ordnung Rodentia: 29 Familien, 395 Gattungen, 1738 Arten

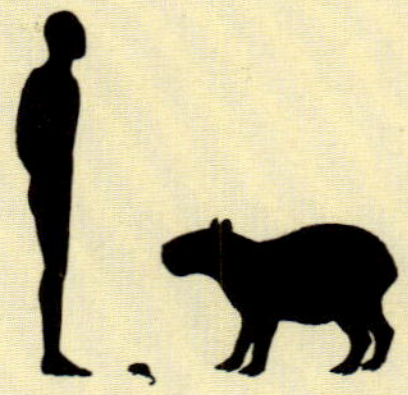

GRÖSSE
Kleinste Art
Zwerg-Springmaus, *Salpingotulus michaelis;* Kopf-Rumpflänge 36 bis 47 Millimeter, Schwanzlänge 72 bis 94 Millimeter.
Größte Art Wasserschwein, *Hydrochoerus hydrochaeris;* Kopf- Rumpflänge 106 bis 134 Zentimeter, Gewicht 35 bis 64 Kilogramm.

ARTENSCHUTZ
Folgende Arten werden in der Roten Liste für bedrohte Säugetiere der IUCN als gefährdet angesehen: Vancouver Island-Murmeltier, *Marmota vancouverensis;* Fuchshörnchen, *Sciurus niger cenereus;* Morro Bay-Känguruhratte, *Dipodomys heermanni morroensis;* Salzsumpf-Erntemaus, *Reithrodontomys raviventris;* Cabrera-Ferkelratte, *Capromys angelacabrerai;* Großohr-Ferkelratte, *C. auritus;* Zwergferkelratte, *C. nanus;* Kleine Erd-Ferkelratte, *C. samfelipensis.* Viele andere Arten werden in ihrem Bestand als bedenklich oder selten angesehen, oder man weiß nichts Sicheres über sie.

NAGETIERE

M. J. DELANY

Über den Erfolg der Nagetiere kann man kaum zweifeln. Sie stellen knapp 40 Prozent aller Säugetierarten und sind weltweit verbreitet. Sie haben sich an die Lebensräume der hohen, arktischen Tundra bis zu denen der tropischen Wüsten, Wälder und Hochgebirge angepaßt. Sie haben auch - häufig mit menschlicher Hilfe - einige der am stärksten isolierten ozeanischen Inseln erreicht. Ihr Verhältnis zum Menschen ist häufig eng und für diesen unerfreulich: In historischer Zeit verbreiteten sie tödliche Krankheiten in großem Maßstab, und sie machen sich über die Ernte und über gelagerte Produkte her.

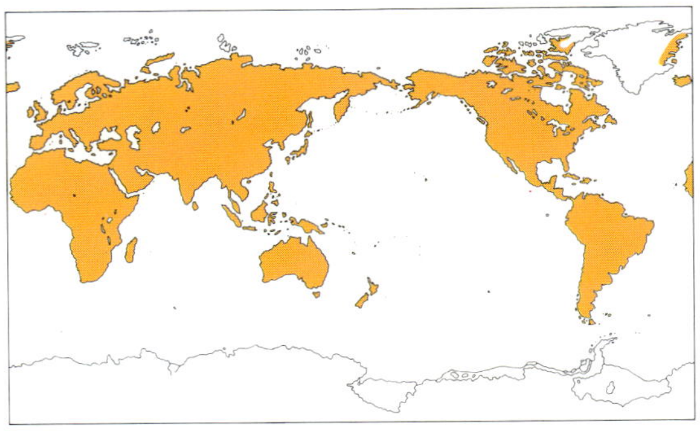

DIE GEHEIMNISSE IHRES ERFOLGES

Welchen Umständen verdanken diese Tiere ihren großen Erfolg? Im Zusammenhang mit dieser Frage muß man drei Hauptfaktoren in Erinnerung bringen. Zunächst erschien, trotz einer größeren Artenaufspaltung während des Eozäns (vor 57 bis 37 Millionen Jahren) eine Familie, die Muridae, erst im Pliozän (vor fünf Millionen Jahren) und ist daher vergleichsweise jung. Mit über 1000 Arten ist diese Familie noch immer dabei, ihre genetische Vielfalt zu erhöhen. Im Verlauf ihrer Entwicklungsgeschichte blieb diese Gruppe relativ unspezialisiert.

Zweitens sind die Nagetiere grundsätzlich klein: Die meisten wiegen weniger als 150 Gramm, obwohl es etliche Ausnahmen gibt, etwa das Wasserschwein, das ein Gewicht von 66 Kilogramm erreicht. Eine geringe Körpergröße bietet eine gute Möglichkeit, eine weite Spanne von Kleinlebensräumen zu nutzen.

Drittens sind viele Nagetiere außerordentlich fortpflanzungsfreudig. Typisch für sie ist eine kurze Embryonalentwicklung, große Würfe und häufiges Werfen. Dadurch können sie unter ungünstigen Bedingungen überleben und unter günstigen rasch ihre Vorteile ziehen.

Die Kombination aus entwicklungsgeschichtlicher Flexibilität, geringer Körpergröße und hoher Fortpflanzungsrate ermöglichte auch vergleichsweise bescheidenen strukturellen und funktionellen Veränderungen, die heutige Artenvielfalt hervorzurufen.

ANPASSUNGEN NACH EINEM EINFACHEN PLAN

Die Nagetiere besitzen einen bemerkenswert einheitlichen, mäuseähnlichen Körperbauplan, dessen Veränderungen in erster Linie am Gebiß und am Verdauungsapparat, den Beinen und dem Schwanz erfolgten. Alle Nagetiere tragen ein einziges Paar ständig wachsender, scharfer Schneidezähne mit offenen Wurzeln, mit denen sie ihre Nahrung benagen. Hinter diesen befindet sich eine Lücke oder Diastema, die dafür sorgt, daß die Lippen zueinandergebracht werden können, um unerwünschte Teile des benagten Materials fernzuhalten. Die Eckzähne fehlen. Hinten im Maul befindet sich eine Reihe von Molaren und manchmal auch Prämolaren, mit denen normalerweise die Nahrung zermahlen wird. Die Zahl der Molaren und Prämolaren variiert von vier beim Wühlhamster, *Mayermys ellermani,* bis zu 24 beim Silbergrauen Erdbohrer, *Heliophobius argentocinereus.* Normalerweise sind es 12 oder 16. Die Kaufläche kann aus Graten oder Höckern bestehen.

Obwohl die meisten Nagetiere Pflanzenfresser sind und über einen recht großen Blinddarm verfügen, um die für die Zellulose- Verdauung benötigten Bakterien zu beherbergen, besitzen etliche doch abweichende Ernährungsgewohnheiten und entsprechend angepaßte Verdauungssysteme. Zu den Beispielen gehören die Omnivorie bei der Hausratte, *Rattus norvegicus,* und der Sinai-Stachelmaus, *Acomys dimidiatus;* die Insektivorie bei der Afrikanischen Bürstenhaarmaus, *Lophuromys flavopunctatus,* und Carnivorie bei den südamerikanischen fischfressenden Ratten der Gattungen *Anotomys* und *Ichthyomys* sowie bei der australischen Schwimmratte, *Hydromys chrysogaster.*

Die meisten Nagetiere gehen auf den Sohlen ihrer Füße. Bei springenden Formen, wie etwa den Hüpfund den Springmäusen, ist der Hinterfuß stark verlängert, und nur die Zehen berühren den Untergrund. Kletternde Formen besitzen Großzehen, die sich gegenüberstellen lassen, (etwa die Baummaus, Vandeleuria oleracea); die Hände oder Füße oder beide sind verbreitert, um einen festeren Griff zu erlauben. Dies ist etwa bei der Waldratte, *Thamnomys rutilans,* der Fall, oder sie tragen wie bei den Eichhörnchen scharfe Krallen. Um schnell rennen zu können, besitzt das Aguti, *Agouti paca,* verlängerte Gliedmaßen, bei denen nur die Finger und Zehen den Boden erreichen. Die aquatischen Formen können lange und leicht nach außen gestellte Füße aufweisen, wie die afrikanischen Sumpfratten der Gattung *Malacomys,* oder Schwimmhäute, wie bei der australischen Wasserratte.

Der buschige Schwanz der Eichhörnchen dient der Balance. Und beim Afrikanischen Borstenhörnchen, *Xerus erythropus,* spendet er sogar Schatten, wenn er über den Körper gebogen wird. Die aquatischen Formen haben unter Umständen zum Schwimmen einen horizontal abgeflachten Schwanz (so ist es etwa beim Biber, *Castor*-Arten), einen seitlich abgeflachten Schwanz, der als Ruder fungiert (bei der Bisamratte, *Ondatra zibethicus*) oder längs angeordnete Haarfransen, die unter dem Schwanz verlaufen und dessen Oberfläche vergrößern (bei der Moncktons Schwimmratte, *Crossomys moncktoni*). Die schnellen Renner und Springer verfügen in der Regel über einen langen, balancierenden Schwanz, häufig mit einem abgesetzen Haarpinsel an der Spitze, wie bei den Springmäusen. Bei der Eurasiatischen Zwergmaus, *Micromys minutus,* bildet der Schwanz ein Greiforgan und wird beim Klettern eingesetzt. Der Schwanz kann auch bei der Kommunikation gebraucht werden. Der kunstvolle Fächer der Speke-Kammfinger, *Pectinator spekeri,* dient der Balance, hat jedoch auch eine soziale Signalwirkung. Die Schwarzohr- Riesenratte, *Mallomys rothschildi,* besitzt einen dunklen Schwanz mit einer weißen Spitze, die möglicherweise eine Verhaltensfunktion erfüllt.

Die drei Hauptgruppen der Nagetiere trennt man aufgrund ihrer Kiefermuskulatur. Bei den betroffenen Muskeln handelt es sich um die tiefen, seitlichen Zweige des Masseters (Kaumuskels), die den Unterkiefer (beim Nagen) nach vorn ziehen und den Unterkiefer gegen den Oberkiefer schließen. Ihre Funktionen variieren in den unterschiedlichen Gruppen, je nach der Position der Muskelverzweigungen. Bei den Sciuromorpha oder eichhörnchen- ähnlichen Nagetieren bewegt der seitliche Masseter den Kiefer nach vorn, und der tiefe Masseter schließt ihn. Bei den Caviomorpha oder meerschweinchen-ähnlichen Nagetieren schließt der seitliche Masseter den Kiefer, und der tiefe Masseter sorgt für die nagende Bewegung. Bei den Myomorpha oder maus- ähnlichen Nagetieren schließlich sind beim Nagen beide Teile des Masseters beteiligt. Diese letzte Version bietet die wirkungsvollste Art zu nagen. In jeder der drei Gruppen sind die Teile des Schädels, die mit diesen unterschiedlichen Muskelfunktionen verbunden sind, recht verschieden.

HÖRNCHENÄHNLICHE NAGETIERE

Abgesehen von ihrer sciuromorphen Kiefermuskulatur, haben die sieben Familien dieser Gruppe wenig miteinander gemein, und sie haben sich vermutlich zu einem frühen Zeitpunkt der Nagetier-Evolution auseinanderentwickelt. Die Hörnchen stellen beinahe 74 Prozent aller Arten. Mit Ausnahme Australiens, Polynesiens, des südlichen Südamerika sowie der Sahara und der arabischen Wüsten sind die eichhörnchenähnlichen Nager weltweit verbreitet und in den meisten Lebensräumen anzutreffen. Ihre Größe reicht von der Taschenmaus, *Perognathus flavus,* die 10 Gramm Gewicht erreicht, bis zum Biber, *Castor canadensis,* der 66 Kilogramm wiegt.

Stummelschwanzhörnchen und Biber

Das Stummelschwanzhörnchen, *Aplodontia rufa,* ist das primitivste aller lebenden Nagetiere. Es wiegt ein bis 1,5 Kilogramm und lebt in den Nadelwäldern Nordamerikas. Dort errichtet das Tier einen ausge-

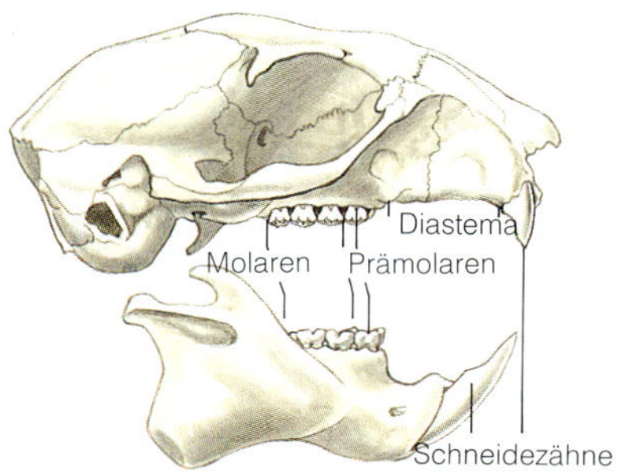

▲ Man kann den Schädel eines Nagetiers an einem Paar ständig wachsender, meißelförmiger Schneidezähne im Ober- und Unterkiefer erkennen. Zwischen diesen und den Mahlzähnen befindet sich eine weite Lücke.

Schädelmuskulatur der Nagetiere

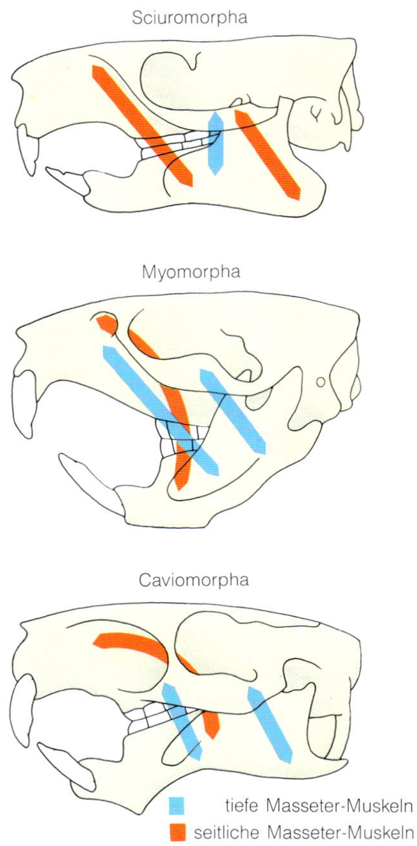

▲ Die wichtigsten Kiefermuskeln (Masseter) sind bei den drei Unterordnungen der Nagetiere unterschiedlich angeordnet. In den Diagrammen oben ist die Orientierung des seitlichen Masseters in rot und die des tiefen Masseters in blau dargestellt. Bei den hörnchenähnlichen Nagetieren (oben) zieht der seitliche Masseter den Unterkiefer nach vorn, und der tiefe Masseter schließt den Kiefer. Bei den mäuseähnlichen Nagetieren (Mitte) arbeiten die seitlichen und tiefen Masseter beim Vorwärtsziehen des Kiefers zusammen. Bei den meerschweinchenähnlichen Nagetieren (unten) schließt der seitliche Masseter die Kiefer, und der tiefe Masseter zieht den Kiefer nach vorn.

Hans Reinhard/Bruce Coleman Ltd

◀ Die Nagetiere haben sich an eine nagende, knabbernde Lebensweise angepaßt, nicht weniger als die Biber, die recht stattliche Bäume mit ihren Zähnen fällen können. Abgebildet ist der Europäische Biber.

klügelten Bau, in dem über weite Strecken des Jahres ein Tier wohnt. Das Stummelschwanzhörnchen kann nicht ohne weiteres seine Körpertemperatur regulieren und die Feuchtigkeit seines Körpers erhalten. Daher sind ihm die Möglichkeiten des Winterschlafs und der Sommerstarre verwehrt.

Der nordamerikanische Biber, *Castor canadensis,* und der Europäische Biber, *Castor fiber,* sind großwüchsige Pflanzenfresser, die mit ihrem stromlinienförmigen Körper, dem abgeflachten Schwanz und den Schwimmhäuten an ihren Füßen stark an eine halbaquatische Lebensweise angepaßt sind. Mit Hilfe ihrer Schneidezähne fällen die Tiere Bäume als Nahrung und bauen damit Dämme quer über Flüsse, um Wasser abzusperren und Teiche zu schaffen. In diesen Teichen errichten sie konisch geformte Bauten, deren Zugang zur Wohnkammer über einen unter Wasser gelegenen Tunnel erfolgt.

Eine Auswahl baumbewohnender Hörnchen. Oben links das eurasische Rote Eichhörnchen, rechts das Schwarze Riesenhörnchen, und unten links das Südliche oder Zwerg- Gleithörnchen. Der Schwanz ist bei den baumbewohnenden Hörnchen normalerweise lang und dient als eine wichtige Balancierhilfe.

Hörnchen

Die Hörnchen bilden eine recht einförmige, wenig spezialisierte Gruppe, die sich erfolgreich an viele Lebensräume angepaßt hat - von Felsklippen und halbtrockenen Wüsten bis zu den Grasebenen und Wäldern der gemäßigten und tropischen Breiten. Mit Ausnahme Australiens haben sie alle Kontinente besiedelt. Sie lassen sich in tagaktive Baumarten, nachtaktive Baumgleiter und tagaktive, bodenbewohnende Formen aufteilen. Ihre Größe variiert von etwa 10 Gramm beim Afrikanischen Zwerghörnchen bis zu acht Kilogramm beim alpinen Murmeltier.

Vermutlich sind es der buschige, auffällig Schwanz, ihre Aktivität, die leuchtenden Augen und ihre grundsätzliche Wachsamkeit, die die Hörnchen bei Menschen so beliebt machen. Mit ihrem ausgezeichneten Gesichtssinn und ihrem weiten Blickwinkel können die auf Bäumen lebenden Eichhörnchen Entfernungen präzise in drei Dimensionen schätzen. Ihre Bewegung durch die Bäume wird durch scharfe Krallen an den Fingern und einen Schwanz, der das Gegengewicht hält, erleichtert. Wenn das Tier springt, werden die Gliedmaßen ausgestreckt, der Leib abgeflacht und der Schwanz geringfügig gebogen, um der Luft eine möglichst breite Oberfläche entgegenzusetzen. Auf dem Boden bewegen sie sich durch eine Folge hochgebogener Sprünge.

Die Flughörnchen gleiten eher als daß sie fliegen und verwenden dabei als Fallschirm eine als Patagium bezeichnete Haut jederseits des Körpers und zudem den Schwanz als Ruder. Die Richtung steuern sie mit den Beinen, dem Schwanz und der Spannung des Patagiums. Bei der Landung bremsen die Flughörnchen, indem sie Körper und Schwanz nach oben beugen. Sie klettern weniger lebhaft als die Eichhörnchen. Die Erdhörnchen sind weit verbreitet. Zu ihnen gehören die Präriehunde der Gattung *Cynomys* in Amerika, die Murmeltiere der Gattung *Marmota,* die Sousliks der Gattung *Spermophilus,* die über die nördliche Halbkugel verbreitet sind, sowie die afrikanischen Erdhörnchen der Gattung *Xerus.* Viele von ihnen bewohnen Bauten, in denen sie ihre Jungen aufziehen, ihre Nahrung speichern und Schutz vor Räubern suchen. Zahlreiche grabende Formen verfügen über kräftige Vordergliedmaßen und lange Krallen. Bei einigen Arten, etwa bei *Cynomys* und *Marmota,* ist der Schwanz weitgehend reduziert. Viele Arten der gemäßigten Breiten halten einen Winterschlaf.

Die meisten auf Bäumen lebenden Hörnchen sind Pflanzenfresser und leben von Früchten, Nüssen, Samen, Trieben und Blättern; allerdings kann die Nahrung auch durch Insekten ergänzt werden. Die zu ebener Erde lebenden Arten verzehren häufig die Gräser und Kräuter in der unmittelbaren Umgebung ihrer Bauten. Die Ernährungsgewohnheiten der Hörnchen können die Umgebung in Mitleidenschaft ziehen: Die Rothörnchen schädigen Forstplantagen, indem sie die jungen Triebe der Nadelbäume fressen. Und einige Laubbäume gehen daran zugrunde, daß Grauhörnchen, *Sciurus carolinensis,* deren Rinde herunterholen. Andererseits helfen die Tiere, wenn sie ein Lager vergrabener Eicheln nicht wiederfinden, diesen Bäumen bei ihrer Verbreitung.

Die soziale Organisation ist bei den bodenbewohnenden Arten am höchsten entwickelt. Die Präriehunde leben in sozialen Einheiten, die aus einem erwachsenen Männchen, diversen erwachsenen Weibchen und den dazugehörigen Jungen bestehen. In diesem Verband gibt es keine Dominanz. Alle Ressourcen des Territoriums werden von den Tieren geteilt. Allerdings kommt es zwischen benachbarten Verbänden zu erheblichen Aggressionen, obwohl im Frühjahr und im Sommer stets eine gewisse Entspannung eintritt. Eine Reihe von Verbänden mit Gangsystemen, die untereinander in Verbindung stehen, bilden ausgedehnte »Städte«. Wenn erwachsene Tiere aus dem Verband ausziehen, werden neue Territorien gegründet.

Die Murmeltiere zeigen eine ähnliche Sozialstruktur. Allerdings ist der Grad der Geselligkeit bei den im Gebirge lebenden Formen, denen im Jahr nur eine kurze Wachstumsperiode zur Verfügung steht, am höchsten. Bei den Grauhörnchen kommen bei beiden Geschlechtern Dominanzhierarchien vor, wenn auch ihre Territorien einander überschneiden können. Individuen, die einen niedrigen Rang einnehmen, werden in Zeiten der Nahrungsverknappung verjagt. Dieses Verfahren dürfte unter den baumbewohnenden Arten weit verbreitet sein, da es eine optimale Verwendung der Ressourcen, eine möglichst geringe Konkurrenz und Kontakt mit anderen Artgenossen gewährleistet.

Francois Gohier/Auscape International

▲ Die meisten Erdhörnchen leben in kleinen, sozialen Gruppen, die gemeinsam ein Bausystem bewohnen. Zu einer Gemeinschaftseinheit der Präriehunde gehören ein Männchen, diverse Weibchen sowie deren Junge. Unter den Erwachsenen gibt es keine Rangordnung.

Eine Auswahl bodenbewohnender Hörnchen. Links das kolumbianische Ziesel. Oben Mitte das Eisgraue Murmeltier, rechts das Streifenhörnchen. Der Schwanz ist bei diesen grabenden Nagern relativ kurz.

▶ Europäische Zwergmäuse sind winzige, körnerfressende Nagetiere, die mit Hilfe ihres Greifschwanzes in Gräsern und Büschen herumklettern. Die Amerikanischen Harvest Mice, die eine ähnliche Lebensweise führen, gehören einer anderen Unterfamilie an.

▼ Der Springhase ist ein sehr großes, grabendes Nagetier, das sich auf seinen Hinterbeinen wie die viel kleineren Spring- und Hüpfmäuse springend fortbewegt.

G. Cubitt/Bruce Coleman Ltd

Taschenratten und Taschenmäuse

Die Vertreter beider Familien verfügen über »Taschen« an den Wangen jederseits des Mauls, um Nahrung festzuhalten oder zu transportieren.

Die Taschenratten, deren Gewicht zwischen 45 und 400 Gramm variiert, kommen in verschiedenen Lebensräumen Nord- und Zentralamerikas vor. Es handelt sich um Tiere, die sich mit ihren röhrenförmigen Leibern und den kurzen, kräftigen Gliedmaßen hervorragend an die grabende Lebensweise angepaßt haben. Die Hand ist zuweilen breit und trägt starke Krallen, wie bei der Riesentaschenratte, *Orthogeomys grandis.* Die Schneidezähne helfen den Vorderbeinen beim Graben. Die Taschenratten ernähren sich von der Vegetation an der Oberfläche sowie von unterirdischen Wurzeln und Knollen. Dadurch können sie ernstzunehmende, landwirtschaftliche Schädlinge werden.

Die Taschenmäuse sind Körnerfresser der trockenen bis feuchten Lebensräume Nord- und Zentralamerikas sowie des nördlichen Südamerika. In Trockengebieten fand man bis zu sechs Arten in demselben Lebensraum, im tropischen Regenwald sind es dagegen weit weniger. Dies hängt mit den Samen zusammen, die im Regenwald einen besseren chemischen Schutz besitzen. Die Vertreter der meisten Arten laufen auf allen Vieren und entfernen sich nicht sehr weit von ihren Bauten. Die auf zwei Beinen laufenden Känguruhratten der Gattung *Dipodomys* und die Känguruhmäuse der Gattung *Microdipodops* dagegen verteilen sich über weitere Gebiete. Ihr ausgezeichnetes Gehör vermag sie zum Teil vor Räubern zu schützen.

Dornschwanzbilche

Diese Bewohner der afrikanischen Regenwälder sind, mit Ausnahme einer Art *(Zenkerella insignis),* hervorragende Gleiter. Sie verfügen über ein wohlentwickeltes Patagium sowie, unterhalb der Basis ihres Schwanzes, über dreieckige Schuppen mit nach außen gerichteten Spitzen, die dem Tier vermutlich dabei helfen, Zweige zu ergreifen. Die beiden Zwergarten, *Idiurus macrotis* und *I. zenkeri,* wiegen nur etwa 20 Gramm und bewohnen Baumhöhlen in Kolonien aus bis zu 100 Individuen. Sie und die größeren Arten sind Pflanzenfresser, die Früchte, Nüsse, Blätter und Blüten zu sich nehmen. Sie alle sind vermutlich überwiegend nachtaktiv.

Die Springhasen des afrikanischen Veldts

Der Springhase oder Springhaas, *Pedetes capensis,* bewohnt die Trockensavannen und Halbwüsten-Gebiete des östlichen und südlichen Afrika. Er ist ein nachtaktiver Grasfresser, der den Tag in einem komplexen, unterirdischen Bau mit mehreren Zugängen verbringt. Dieses große Nagetier wiegt drei bis vier Kilogramm. Es sitzt häufig hoch aufgerichtet, und mit seinen langen Hinterbeinen ist es ein ausgezeichneter Springer. Das Weibchen bringt etwa dreimal im Jahr ein Junges zur Welt.

MÄUSEÄHNLICHE NAGETIERE

Die mäuseähnlichen Nagetiere oder Myomorpha, die etwa ein Viertel aller Säugetierarten bilden, sind weltweit verbreitet und haben sich mit Erfolg an alle Lebensräume angepaßt, mit Ausnahme der schneebedeckten Ödländer, besonders in der Antarktis. Sie sind im allgemeinen klein; die größte Art ist die afrikanische Mähnenratte, *Lophiomys inhausii,* die ein Gewicht von 2,5 Kilogramm erreicht.

Ratten und Mäuse

Zu der riesigen Gruppe, die die Familie der Muridae bildet, gehören bis auf 59 Arten sämtliche Myomorpha.

Die neu- und altweltlichen Ratten und Mäuse gehören zwei unterschiedlichen Gruppen an, den Hesperomyinae beziehungsweise den Murinae. Sie entwickelten sich zwar unabhängig voneinander, haben jedoch vergleichbare Nischen auf ihren beiden Kontinentalmassen besetzt. Sehr eng mit den Murinen verwandt sind die australischen Schwimmratten, die Hydromyinae; ihr Verbreitungsgebiet reicht von Australien bis nach Neu Guinea und zu den Philippinen. Alle drei Gruppen stammen aus dem frühen Oligozän (vor etwa 37 Millionen Jahren). Die hamsterähnlichen Tiere bewohnten damals Nordamerika, Europa und Asien. Als während des Pliozäns (vor fünf bis zwei Millionen Jahren) zwischen Nord- und Südamerika eine Landbrücke entstand, ergriffen die urtümlichen Hesperomyinen ihre Chance; sie wanderten nach Südamerika ein und nutzten für sich die neue Umgebung. Für die Murinen dagegen bildete Südostasien ein wichtiges Evolutionszentrum. Sie entwickelten sich vermutlich aus den ursprünglichen Beständen, die während des Miozäns (vor 24 bis fünf Millionen Jahren) dorthin gelangten. Dann spalteten sie sich auf und verbreiteten sich in westlicher und östlicher Richtung, um in Afrika und Australien sekundäre Evolutionszentren zu bilden. Daher muß, sowohl in der Alten als auch in der Neuen Welt die Artenbildung vergleichsweise spät erfolgt sein, nämlich im Pliozän und

Pleistozän (vor fünf Millionen bis 10 000 Jahren).

Das Fehlen von Insektivoren und Lagomorphen (Hasenartigen) in weiten Teilen Südamerikas verschaffte den urtümlichen Einwanderern die Gelegenheit, ihre Artenzahl zu erweitern. Diese Vorfahren haben es geschafft, was man daran sieht, daß nur 46 der 359 lebenden Hesperomyinae in Nordamerika vorkommen. Sie entwickelten also in Zentral- und Südamerika immer neue Arten, darunter allesfressende Feldmäuse *(Akodon)*, insektenfressende, grabende Mäuse *(Oxymycterus)*, kletternde Ratten, die auf Bäumen leben und sich von Früchten und Samen ernähren *(Tylomys)* sowie getreidefressende Zwergmäuse *(Scotinomys)*. Es gibt dort auch fischfressende Ratten *(Daptomys, Ichthyomys)*, mollusken- und fischfressende Wassermäuse *(Rheomys)* und Wasserratten, die an Flußufern leben *(Kunsia)*. Es gibt schließlich auch zahlreiche Arten, die an große Höhen angepaßt sind, darunter die pflanzenfressenden Paramo-Ratten *(Thomasomys)*, Waldmäuse *(Aepomys)*, die tagaktiven Blattohr-Mäuse *(Phyllotis)* sowie diverse Reisratten *(Oryzomys)*.

Wie schon die neuweltlichen Ratten und Mäuse, besitzen auch diejenigen der Alten Welt eine wesentlich größere Artendichte in den Tropen. So gibt es etwa in Europa nur neun Arten von Murinen. In Zaire, jenseits des Äquators, dagegen 41. Dennoch sind gewisse Gattungen der gemäßigten Breiten extrem erfolgreich, wie etwa Apodemus; ebenso verhält es sich mit der entsprechenden nordamerikanischen Gattung *Peromyscus*.

Die Murinen lassen sich in zwei größeren geographischen Zonen unterbringen, Afrika und Indo-Australien. Beide Gebiete sind artenreich, jedoch kommt nur eine Gattung *(Mus)* in beiden Arealen vor. Die Bereiche werden von der trockenen saharo- indischen Zone getrennt, woraus man auf eine vergleichsweise kurz zurückliegende, voneinander unabhängige Entwicklung in den beiden Gebieten schließen kann.

Die afrikanischen Murinen sind in der Regel klein; dabei befinden sich die afrikanischen Sumpfratten, *Malacomys*, unter den größten. Die Kopf-Rumpflänge dieser Tiere erreicht etwa 18 Zentimeter, ihr Gewicht 130 Gramm. Dagegen leben in Südostasien zehn Arten auf den Philppinen mit Kopf-Rumpflängen über 20 Zentimeter und auf Neu Guinea sechs Arten, die noch über 30 Zentimeter hinauswachsen. Der größte Vertreter ist die Gescheckte Riesenborkenratte, *Phloeomys cumingi*, von den Philippinen, die über 40 Zentimeter lang wird.

Drei Murinenarten, die Hausratte, *Rattus rattus* aus Hinterindien, die Wanderratte, *Rattus norvegicus*, aus dem gemäßigten Asien und die Hausmaus, *Mus musculus*, aus der südöstlichen Sowjetunion, haben sich mit Hilfe ihres engen und erfolgreichen Anschlusses an den Menschen über die ganze Welt verbreitet. Dabei haben sie dem Menschen an Gesundheit und Eigentum außerordentlichen Schaden zugefügt.

Ratten und Mäuse haben den Ruf, außerordentlich fruchtbar zu sein. Viele Arten haben Entwicklungszeiten von 20 bis 30 Tagen, mehrere Würfe im Jahr und Wurfgrößen von drei bis sieben Individuen. Charakteristischerweise kommen die Jungen ohne Fell und mit geschlossenen Augen zur Welt, und sie sind recht hilflos. Die Aufzucht erfolgt häufig innerhalb weniger Geburtsmonate. Dies trifft allerdings nicht auf sämtliche Arten zu. Die Stachelmaus, *Acomys*, weist beispielsweise eine Reifungszeit von 36 bis 40

NHPA/Australasian Nature Transparencies

Tagen auf und bringt dann in der Regel ein oder zwei große, gut behaarte Junge zur Welt. Diese haben geöffnete Augen und können sich nach wenigen Stunden selbständig bewegen. Die Große Afrikanische Waldmaus, *Praomys natalensis,* produziert durchschnittlich 12 Junge pro Wurf, und dies nach einer Entwicklungsdauer von 23 Tagen. Nach 55 Tagen können sich die Jungen selber wieder fortpflanzen. Man vermutet, daß ein Paar mitsamt seiner Nachkommenschaft in der Lage ist, in acht Monaten mehr als 6700 Tiere zu produzieren.

Viele Muriden richten Ernten zugrunde und verwüsten gespeicherte Produkte. Zu den erstaunlichsten Beispielen gehören die Verwüstungen, die dort eingeschleppte Hausmäuse in Australien anrichteten. Hier bilden sich Populationen auf einem unfaßbaren Niveau: Nachdem ein Farmer am Abend Gift auf seiner Veranda ausgestreut hatte, fand er am nächsten Morgen 28000 tote Mäuse vor; ebenso wurden an einem Nachmittag in einem Weizenfeld 70000 Tiere getötet. Im Pazifischen Becken und in Südostasien richten drei Rattenarten *(Rattus exulans, R. rattus* und *R. norvegicus)* erheblichen Schaden an Zuckerrohr (besonders auf Hawaii), an Kokosnüssen, Ölpalmen und Reis an. In Kenia wurden Verluste in Höhe von 34 Prozent bei einer Weizen- und von 23 Prozent bei einer Gerstenernte gemeldet. Die dafür verantwortlichen Arten waren die Große Afrikanische Waldmaus, die Kusu-Grasratte, *Arvicanthis niloticus,* und die Afrikanische Striemen-Grasmaus, *Rhabdomys pumilio.* Die beiden erstgenannten haben schon Baumwollernten im Sudan und Maisernten in Tansania ernsthaft geschädigt. Diese Schädlinge schlagen nicht zwingend in jedem Jahr zu, sondern eher unregelmäßig, und in einigen Fällen können zwischen derartigen Katastrophen mehrere Jahre vergehen.

Wühlmäuse und Lemminge

Bei den Wühlmäusen und Lemmingen handelt es sich um Nager der nördlichen, gemäßigten Zonen, die der Unterfamilie Microtinae angehören. Mit ihrer stumpfen Schnauze, den kleinen Ohren und Augen und ihrem kurzen Schwanz wirken sie durchaus attraktiv. Ihre Molaren besitzen abgeflachte Kronen und Dentinprismen, die von Schmelz umgeben sind. Sie sind hervorragend daran angepaßt, auch die widerstandsfähigste Vegetation, einschließlich Gräser, Seggen, Moose und Kräuter, zu zermahlen. Es werden auch Früchte, Wurzeln und Knollen gefressen, und die Tiere passen ihre Ernährungsweise dem Angebot der Jahreszeit an. Häufig ist die Nahrung im Frühjahr und im Frühsommer besonders knapp.

Die meisten der 121 Arten sind klein und wiegen weniger als 100 Gramm; eine Ausnahme bildet die halb-aquatische Bisamratte, *Ondatra zibethicus,* die ein Gewicht von 1,4 Kilogramm erreichen kann. Mit sehr wenigen Ausnahmen bewohnen sie die Erdoberfläche oder führen eine grabende Lebensweise. Sie leben in der Tundra, in Grasebenen, im Gestrüpp und im offenen Wald.

NAGETIERE UND DIE MENSCHLICHE HYGIENE

▼ Die Haus- oder Schiffsratte hatte ihren Ursprung offenbar in Westasien und erreichte Europa im dreizehnten Jahrhundert. Sie hat sich in die meisten Teile der Welt durch Schiffe ausgebreitet. Eine eng verwandte, ostasiatische Art ist im Erscheinungsbild und im Verhalten weitgehend identisch.

John Markham/Bruce Coleman Ltd

Viele Nagetierarten sind Träger von Mikroorganismen, die der menschlichen Gesundheit abträglich sind. Dazu gehören Bakterien, Viren, Pilze und Einzeller. Diese Mikroorganismen verursachen zahlreiche Krankheiten unter den Tieren. Die Übertragung kann direkt oder durch einen zwischengeschalteten Organismus (Zwischenwirt) erfolgen.

Von einigen durch Nagetiere übertragenen Krankheiten weiß man, daß sie über viele hundert Jahre unter der menschlichen Bevölkerung verheerende Sterblichkeitsraten hervorriefen. Eine dieser Krankheiten ist die Pest, die, wie man weiß, von mehr als 200 Nagetierarten übertragen wird. Die Übertragung auf den Menschen erfolgt in erster Linie durch Flöhe. Eine besonders ernste Bedrohung geht von den Nagern aus, die in der Nähe von Menschen leben: Die Hausratte, *Rattus rattus,* ist berüchtigt. In Zentralasien gehören zwei Rennmaus-Arten zu den Trägern, und in Südafrika existiert ein komplizierter Übertragungsweg, an dem die wichtigste Überträgerart, eine Rennmaus, sowie die mehr in der Nähe des Menschen lebende Vielzitzenratte beteiligt sind. Die Pest bricht häufig unregelmäßig oder in zyklischen Abständen aus. Eine andere bakterielle Krankheit, die unter natürlichen Bedingungen weithin von Nagetieren verbreitet wird, ist die Tularämie. In Zentralasien und Osteuropa gehören die Wühlmäuse zu den Hauptquellen dieser Krankheit. Auf den Menschen wird sie über verschiedene Wege übertragen, etwa über blutsaugende Arthropoden (Milben, Zecken, Flöhe), kontaminiertes Wasser oder eingeatmeten Staub, in dem Exkremente enthalten sind.

Bei einer Reihe von Krankheiten läßt sich ein gewisser Schutz durch einen permanenten, hohen Hygienestand erreichen. Dazu gehört auch, daß man Nagetiere aus Häusern fernhält. Glücklicherweise wird die Übertragung von allein dadurch begrenzt, daß die Lebensgewohnheiten des Menschen und vieler infektiöser Nagetierarten einander kaum oder gar nicht überlappen.

Jane Burton/Bruce Coleman Ltd

Die Microtinen verfügen über komplexe Sozialstrukturen. Die männlichen und weiblichen Territorien werden in der Fortpflanzungszeit mit Duft markiert. Je nach Art können die Reviere der Männchen und Weibchen getrennt sein oder einander überschneiden. Die Weibchen haben entweder ein Territorium für sich oder teilen eines gemeinsam. Die Männchen, die je nach Art mono- oder polygam sein können, leben häufig in einer Rangordnung. Eine interessante Seite des Verhaltens der Microtinen besteht darin, daß immer wieder Tiere abwandern. Bei einigen Arten, etwa bei der Wiesenwühlmaus, *Microtus pennsylvanicus,* besitzen die abwandernden Tiere eine von den zurückbleibenden Individuen abweichende genetische Zusammensetzung, was für die Gründung neuer Populationen anderenorts besonders günstig sein kann. Einen besonderen Ausdruck erfährt diese Abwanderung bei den Massenwanderungen der Lemminge. Beim Berglemming, *Lemmus lemmus,* erfolgen diese normalerweise im Sommer oder im Herbst, nachdem eine Population sich vermehrt hat. Zunächst beginnen diese Wanderungen, indem wenige Tiere aus dem Hochland nach unten kommen, und die Bewegung ist anfangs noch willkürlich. Während sich der Abstieg fortsetzt, schließen sich immer mehr Tiere der Wanderung an, bis es schließlich, nachdem tausende von Individuen beisammen sind, zu einer Massenpanik kommt. Die Bewegung des Zuges wird rücksichtslos und führt schließlich zum Massensterben von Tieren, die in Seen und Flüssen ertrinken.

▲ Die Europäische Schermaus (normalerweise in England als »water rat« bekannt) lebt primär vegetarisch, wie die anderen Wühlmäuse. Sie frißt allerdings auch Insekten, Mäuse und kleine Vögel. Die mit den Ratten und Mäusen verwandten Wühlmäuse haben kleinere Augen, eine stumpfere Schnauze und einen kürzeren Schwanz.

Jen & Des Bartlett/Bruce Coleman Ltd

▲ Die Mähnenratte ist der einzige Vertreter der Unterfamilie Lophiomyinae. Sie bewohnt die trockenen, felsigen Gebiete Nordostafrikas. Bei Bedrohung besitzt sie die sehr ungewöhnliche Fähigkeit, Teile ihres Fells entlang des Körpers zu »trennen« und damit kräftige Seitenstreifen und Duftdrüsen freizulegen.

Weitere afrikanische Ratten und Mäuse

Zwar gehören die meisten afrikanischen Ratten und Mäuse zur Unterfamilie Murinae, allerdings gilt dies nicht für weitere 51 Arten, sieht man von den Rennmäusen ab. Diese Gruppe ist sehr unterschiedlich zusammengesetzt und reicht von der 2,5 Kilogramm schweren Mähnenratte, *Lophiomys inhausii,* bis zur Delany-Sumpfmaus, *Delanymys brooksi,* die nur fünf bis sieben Gramm wiegt. Die Tiere sind südlich der Sahara weit über den Kontinent verbreitet. Eine Gruppe mit elf Arten, die Nesomyinae, kommt nur auf Madagaskar vor. Vermutlich leiten sich die Tiere von einem einzigen Vorfahren ab; heute leben dort Arten, die an Mäuse, Ratten, Wühlmäuse und Kaninchen erinnern.

Die Mähnenratte besitzt langes Haar, einen buschigen Schwanz und die Fähigkeit, sein Fell entlang der Längsrichtung des Körpers zu teilen, um ihre seitlichen Streifen und Duftdrüsen freizulegen. Die anderen großen Arten sind die Riesenhamsterratten der Gattung *Cricetomys,* die 1,2 Kilogramm schwer werden können. Sie haben Backentaschen, ein schmutzigbraunes oder graues Rückenfell und einen zweifarbigen Schwanz. Zu den kleineren Arten gehören die Aalstrich-Klettermäuse der Gattung *Dendromus.* Ihre geringe Größe - sie wiegen nur 18 Gramm - und ihr Greifschwanz ermöglicht ihnen, Gräser und krautige Pflanzen zu erklimmen. Die Sumpfratten *(Otomys)* bewohnen Grasflächen, besonders die feuchten Gebiete, und können dort sehr zahlreich sein. Ihr Erscheinungsbild erinnert an Wühlmäuse. Sie ernähren sich von Gras und hinterlassen, ganz wie die Wühlmäuse, bei ihren Ausflügen kleine Haufen abgeschnittenen Grases.

Unterirdisch lebende Ratten

Es gibt 22 Arten vegetarischer, unterirdisch lebender Muriden in Osteuropa, Afrika und Asien. Sie wohnen in Gängen, die sie mit Hilfe ihrer vorstehenden Vorderzähne und der kräftigen Arme graben. Ihre Nahrung besteht in der Regel aus Wurzeln, Rhizomen und Knollen, und häufig speichern sie ihre Nahrung auch unter der Erde. Nicht selten werden »Maulwurfshügel« gebaut. Am stärksten angepaßt sind die acht Arten der Blindmäuse, der Spalacinae, die weder äußere Ohren noch einen Schwanz besitzen und deren Augen permanent unter der Haut liegen. Die Blindmulle der Unterfamilie Myospalacinae weisen diesen extremen Anpassungsgrad nicht auf; bei ihnen sind die äußeren Ohren, Schwänze und sehr kleine Augen noch vorhanden. Zu den Wurzelratten der Unterfamilie Rhizomyinae gehören die ostafrikanischen Sandgräber und die asiatischen Bambusratten; letztere haben sich am wenigsten auf das unterirdische Leben spezialisiert. Einige Arten sind bedeutende landwirtschaftliche Schädlinge.

Bewohner der Wüste

Zu dieser Gruppe gehören die Hamster der Unterfamilie Cricetinae, die Rennmäuse der Unterfamilie Gerbillinae und die Springmäuse. Letztere bilden eine Familie für sich allein, die Dipodidae, der 11 Gattungen mit 30 Arten angehören. Mit Ausnahme der Hamster, die auch in Europa ein beschränktes Verbreitungsgebiet besitzen, sind diese Tiere auf Asien und Afrika beschränkt. Man findet sind von gemäßigten Felsengebirgen, Steppen und Wüsten bis hin zu trockenen, tropischen Grasebenen. Die Springmäuse unterscheiden sich von den Hamstern und Rennmäusen durch ihre stark verlängerten Hinterbeine, und die wesentlichen Knochen des Fußes sind zu einem einzigen Kanonenbein verschmolzen. Mit Hilfe dieser Anpassung können die Springmäuse bemerkenswert große Entfernungen rasch hinter sich bringen.

Alle Tiere, die an Orten mit spärlicher Vegetation leben, haben Probleme damit, Raubtieren auszuweichen. Dieses Problem haben diese Nager zum Teil durch ein hochentwickeltes Mittelohr gelöst, das ihnen ein außerordentlich scharfes Gehör verleiht. Zum anderen sind sie nachtaktiv und haben einen Bau, in den sie sich blitzartig zurückziehen können. Sie sehen hervorragend und decken häufig ein breites Gesichtsfeld ab, und schließlich verschwimmt ihre Körperfarbe mit der des Hintergrundes. Die Wüstenbewohner sind in erster Linie Körner- und Grünzeugfresser, obwohl sie häufig zusätzlich Insekten und andere Tiere verzehren.

In den heißen Trockengebieten ist es besonders schwierig, Wasser aufzunehmen und im Körper zu behalten. Die Renn- und Springmäuse halten ihren Wasserverlust möglichst gering, indem sie tagsüber in ihren tiefen, kühlen Bauten schlafen. Bei den Springmäusen ändert sich die Tiefe der Bauten jahreszeitlich je nach der Außentemperatur; die unteren Bereiche werden bei heißem Wetter bevorzugt. Indem sie den Eingang verschließen, verhindern die Tiere übermäßige Verdunstung und bewahren innen eine gewisse Luftfeuchtigkeit. Zudem verfügen diese Nager, um ihren Wasserverlust niedrig zu halten, über hoch angepaßte Nieren, die einen konzentrierten Urin erzeugen, sowie über ein Verdauungssystem, das trockenen Kot produziert.

▼ Die meisten Rennmäuse leben in Wüsten oder in sehr trockenen Gebieten. Tagsüber schlafen sie in einem tiefen, verschlossenen Bau. Nachts kommen sie zum Fressen heraus; ihre Nahrung besteht überwiegend aus Samenkörnern. Sie brauchen nicht zu trinken, denn sie erhalten genügend Wasser aus ihrer Nahrung und halten dieses möglichst in ihrem Körper, indem sie nur kleine Mengen hochkonzentrierten Urins ausscheiden.

Rod & Moira Borland/Bruce Coleman Ltd

NHPA/Australasian Nature Transparencies

Bilche

Bilche gibt es in Afrika südlich der Sahara, sowie von Westeuropa und Nordafrika bis hin zum gemäßigten Zentralasien, Arabien und in Japan. Mit ihrer Lebhaftigkeit, den buschigen Schwänzen und der Lebensweise eines typischen Baumbewohners haben sie vieles mit den Eichhörnchen gemein. Die Arten der gemäßigten Breiten überwintern etwa von Oktober bis April. Sie paaren sich bald, nachdem sie wieder aufgetaucht sind, und die ersten Würfe erscheinen im Mai. Da sie keinen Blinddarm besitzen, spielt Zellulose in ihrer Nahrung vermutlich nur eine untergeordnete Rolle. Sie leben überwiegend vegetarisch, besonders der Siebenschläfer, *Glis glis,* und die Haselmaus, *Muscardinus avellanarius.* Sie fressen Früchte, Nüsse, Samen und Knospen; dagegen nehmen die Gartenschläfer, die *Eliomys*-Arten, der Baumschläfer, *Dryomys nitedula,* und die afrikanischen Pinselschwanz-Bilche der Gattung *Graphiurus* mehr tierische Kost zu sich. Bilche können sehr geräuschvoll sein: Die Töne, die sie produzieren, wurden verschiedentlich als Gezwitscher, Kreischen, Klicken, Knurren und Pfiffe beschrieben. Derartige Verhaltensweisen stehen vermutlich mit der Reviermarkierung, der Paarung und der Rangordnung in Verbindung. *Selevinia betpakdalensis* ist eine wüstenbewohnende Form aus dem östlichen Kasachstan in der Sowjetunion. Zwei Arten orientalischer Stachelbilche gehören zu den Muriden.

Hüpfmäuse und Streifen-Hüpfmäuse

Die Hüpfmäuse sind in ganz Nordamerika und Europa weit verbreitet, und Streifen-Hüpfmäuse findet man in Zentralasien. Ihre Backentaschen sind nur schwach entwickelt. Die Schwänze sind sehr lang, und bei den Hüpfmäusen sind die Hinterbeine besonders verlängert. Die Tiere halten einen ausgedehnten Winterschlaf, der sich über sechs bis neun Monate hinzieht. Unter diesen Umständen kann die Körpertemperatur bis kurz über den Gefrierpunkt abfallen, und die Körperfunktionen arbeiten auf minimalem Niveau. Die Streifen-Hüpfmäuse der Gattung *Sicista* können mit ihren teilweise greiffähigen Schwänzen gut klettern, und sie verbringen viel Zeit im Gebüsch.

◀ Der europäische Bilch.

DIE FLUKTUATION DER NAGETIER-POPULATIONEN

J. Frazier/Australasian Nature Transparencies

▲ In Ländern wie Australien wird die eingeschleppte Hausmaus in periodischen Abständen durch Überbevölkerung zur Plage.

Die Populationen von Nagetieren sind erheblichen Veränderungen ihrer Individuenzahlen unterworfen. Zu den am besten bekannten Beispielen gehören die zyklisch auftretenden Peaks der Wühlmäuse und Lemminge aus den nördlichen, gemäßigten Breiten. Sie treten alle drei bis vier Jahre auf. Während der Wachstumsphase des Zyklus zieht sich die Fortpflanzungssaison lange hin, und die Fortpflanzungsaktivität erreicht ein Maximum. Auf dem Höhepunkt ist die Fortpflanzungssaison abgekürzt und die Sterblichkeit der Jungen hoch. Die Nahrung wird knapp, Streß setzt ein, und bald geht die Zahl der Population zurück. Anschließend erholt sich die Population wieder.

Die diesen Veränderungen zugrundeliegenden Ursachen sind nicht sicher geklärt. Es wurden zwei Erklärungsmöglichkeiten vorgeschlagen. Die eine besagt, das Anwachsen und Abfallen der Individuenzahlen sei mit der Ausbeutung und Verknappung der Nahrungsvorräte verbunden. Der anderen zufolge vergrößern Veränderungen des Verhaltens innerhalb der Population im Laufe des Zyklus die Fähigkeit der Art, ihre Umgebung auszunutzen, aber auch neue Gebiete zu besiedeln.

In der halbtrockenen Sahel-Zone Westafrikas kam es bei der körnerfressenden Rennmaus, *Taterillus gracilis,* zu Veränderungen in der Population von weniger als einem Individuum pro Hektar im Zeitraum von 1971 bis 1973 bis zu 143 Tieren pro Hektar im Jahre 1976. In dieser unsicheren Umgebung mit ihrem niedrigen, jährlichen Niederschlag beeinflussen klimatische Veränderungen in hohem Maße die Produktivität der Pflanzen und damit der Ressourcen für die Nagetiere.

MEERSCHWEINCHENARTIGE NAGETIERE

Die Caviomorpha erhielten ihren Namen von dem südamerikanischen Meerschweinchen *(Cavia)*, das mit den anderen Vertretern der Gruppe, besonders aus Süd- und Zentralamerika, etliche Merkmale gemein hat. Die typischen Kiefermuskeln, die Körpergröße, der stabile Bau, der große Kopf, die schlanken Extremitäten und der kurze Schwanz sind in dieser Gruppe weit verbreitete Merkmale. Allerdings ist nur das erste Merkmal wirklich bei allen zu finden.

Die meerschweinchenartigen Nagetiere unterscheiden sich von den hörnchen- und mäuseähnlichen Nagern durch die größte Zahl von Familien und die kleinste Artenzahl. In der Tat sind die vier Familien durch jeweils eine einzige Art vertreten. Die Ursache für die auffälligere und grundlegendere Auseinanderentwicklung unter den meerschweinchenartigen Nagetieren liegt vermutlich in ihrer frühen Entwicklungsgeschichte. Man vermutet, daß sich die ersten Caviomorphen im Eozän (vor 57 bis 37 Millionen Jahren) aus einem in der Nordhemisphäre lebenden Vorfahren entwickelten, und daß sie über eine Seebarriere während des späten Eozäns oder im frühen Oligozän (vor 37 bis 24 Millionen Jahren) nach Südamerika einwanderten. Als sich Nord- und Südamerika im Pliozän (vor fünf bis zwei Millionen Jahren) wieder vereinigt hatten, wanderte nur ein Caviomorpher, ein Stachelschwein, nordwärts und konnte sich erfolgreich ansiedeln.

Die meerschweinchenähnlichen Nagetiere der Neuen Welt Die amerikanischen Stachelschweine (Familie Erethizontidae) findet man vom Norden Argentiniens bis nach Alaska und Kanada. Ihre Stacheln sind wesentlich kürzer als die ihrer altweltlichen Gegenstücke. Sie fressen Pflanzen, sind harmlos, langsam und verbringen viel Zeit in den Bäumen. Einige Formen, wie die Greifstachler der Gattung *Coendou,* fühlen sich auf Bäumen mehr zu Hause als andere. Normalerweise liegen die Stacheln glatt am Rücken an, bei Gefahr werden sie jedoch von Muskeln in der Haut aufgerichtet. Die Stacheln lösen sich leicht und verbleiben dank der vielen, kleinen Widerhaken, die sich längs der Stacheln erstrecken, im Angreifer stecken. Beim dünnstacheligen Borsten- Baumstachler, *Chaetomys subspinosus,* aus den Wäldern Brasiliens sind die spitzen Stacheln auf den Kopf beschränkt.

Hausmeerschweinchen Diese Meerschweinchen, *Cavia porcellus,* verdanken ihren Namen zum Teil ihren untersetzten Leibern und den kurzen Extremitäten, die ihnen ungefähr ein schweineähnliches Aussehen verleihen. Sie sind zudem eßbar und werden in Südamerika seit etlichen Jahrhunderten als Nahrungsmittel gezüchtet. Das Hausmeerschweinchen gibt es in der Wildnis nicht mehr, jedoch sind andere, verwandte Formen (Caviidae) in Südamerika zahlreich und weit verbreitet. Diese besiedeln typischerweise Grasebenen, die offene Pampas, mit Büschen und Felsen besetzte Gebiete und Waldränder. Sie alle sind Pflanzenfresser, und einige können auf der Suche nach Blättern auch klettern. Die Geschlechtsreife wird zwischen einem und drei Monaten erreicht. Die Embryonalentwicklung dauert 50 bis 75 Tage. Die Würfe sind klein, aber die Jungen dafür sehr reif. Dies trifft auf sämtliche Caviomorphen zu.

▲ Greifstachler (oben) sind baumbewohnende Laubfresser in den amerikanischen Tropenwäldern. Die Neuwelt- und die Altwelt-Stachelschweine gehören unterschiedlichen Familien an, und es scheint, daß sich die Stacheln in jeder Gruppe unabhängig entwickelt haben. Zu der südamerikanischen Familie Echimyidae, die man im grundsätzlich als Stachelratten kennt (unten), gehören auch einige Arten mit weichem Fell. Die meisten besitzen jedoch Haare, die steif und stachelig sind. Obwohl sie überhaupt nicht eng mit den Stachelschweinen verwandt sind, lassen die Stachelratten Mutmaßungen darüber zu, wie sich die Stacheln aus normalen Haaren entwickelt haben könnten.

▲ Langbeinige Nagetiere Südamerikas: Oben der patagonische Mara oder Pampashase, eine monogame Art, die ihre Jungen in gemeinsamen Kinderstuben großzieht. In der Mitte das Viscacha. Die Männchen dieser Art wiegen doppelt soviel wie die Weibchen. Unten der Gold-Aguti, eine soziale Art, die ein gemeinsames Gangsystem bewohnt.

Meerschweinchen Diese mittelgroßen Nagetiere erreichen Gewichte zwischen 300 und 1000 Gramm. Sie sind nachtaktiv und leben häufig in Kolonien. Eine Ausnahme bilden die Maras oder Pampas-Hasen, *Dolichotis patagonum* und *D. salinicolum,* die wesentlich größer sind (acht bis neun Kilogramm). Mit ihren langen Beinen können sie rasch laufen. Bei *D. patagonum* bleibt ein Pärchen sein Leben lang zusammen. Zwar verteidigt das Männchen sein Weibchen, hilft ihm jedoch nicht bei der Aufzucht der Jungen. Es kommt vor, daß bis zu 15 Paare ihre Jungen in einen gemeinsamen Bau legen, wo sie etwa vier Monate lang bleiben. Die erwachsenen Tiere betreten den Bau nicht, die Jungen kommen jedoch in regelmäßigen Abständen heraus, damit sie gesäugt werden und grasen können. Die Tiere werden nicht gemeinsam gesäugt. Grundsätzlich sind die erwachsenen Tiere paarweise verstreut; wenn aber Nahrung im Überfluß da ist, können sie sich in Gruppen bis zu 100 Tieren einfinden. Dabei bleiben die Paarbindungen erhalten.

Wasserschweine Das Wasserschwein, *Hydrochoerus hydrochaeris,* ist der einzige lebende Vertreter einer offenbar recht jungen Familie (Hydrochoeridae), deren Fossilfunde nur bis zum Pliozän (vor fünf Millionen Jahren) zurückreichen. Es ist das größte lebende Nagetier und kann ein Gewicht von 66 Kilogramm erreichen. Allerdings waren die fossilen Vertreter dieser Familie allesamt erheblich größer. Das Wasserschwein lebt semi-aquatisch, daher befinden sich die Nasenöffnungen, Augen und Ohren alle hoch auf dem Kopf. Sie grasen an der Wasserkante und leben in Gruppen von bis zu 15 Individuen, die ihrerseits vorübergehend größere Vereinigungen bilden. Die Wasserschweine sind östlich der Anden von Panama bis Argentinien weit verbreitet. Stellenweise werden sie wegen des Fleisches und des Leders erlegt. Ein anderes großes, pflanzenfressendes Nagetier, der Nutria, *Myocastor coypus* (Familie Myocastaridae), der bis zu 10 Kilogramm schwer wird, ist stärker an das Wasser gebunden als das Wasserschwein. Er gräbt Gänge in die Uferbänke. Man hat die Nutrias wegen ihrer Felle an verschiedenen Stellen der Welt auf Farmen gebracht, und entwichene Tiere haben verheerende Wildpopulationen gegründet.

Chinchillas und Viscachas Bei diesen Vertretern der Familie Chinchillidae handelt es sich um mittelgroße Grasfresser mit einem dichten Fell und einem dicht behaarten Schwanz. Die vorderen Gliedmaßen sind kurz, die hinteren lang. Mit ihren großen Ohren wirken die Berg-Viscachas der Gattung *Lagidium* wie Kaninchen. Der Viscacha, *Lagostomus maximus,* besitzt dagegen kurze Ohren, und die Geschlechter sehen verschieden aus; die Männchen sind etwa doppelt so groß wie die Weibchen. Die kleineren Chinchillas, die etwa 800 Gramm Gewicht erreichen, sind wegen ihres Fells geschätzt.

Agutis Die Agutis (Dasyproctidae), die bis zu zwei Kilogramm schwer werden können, besitzen einen kurzen Schwanz und lange, schlanke Beine, die an eine schnelle Fortbewegung angepaßt sind. Die Vorderbeine besitzen vier Zehen, die hinteren drei. Die stumpfen Krallen wirken bei einigen Arten geradezu hufähnlich. Die Tiere sind tagaktive Waldbewohner,

Christian Zuber/Bruce Coleman Ltd

▲ Wasserschweine sind die größten lebenden Nagetiere.

leben in ausgehöhlten Bauten und ernähren sich von herabgefallenen Früchten.

Baumratten Die 13 Arten der Baumratten (Capromyidae) sind auf die Westindischen Inseln beschränkt, wo sie im Verlauf ihrer Entwicklungsgeschichte eine Reihe von Nischen ausfüllten. Sie sind schwere, gedrungene Nager. Der größte unter ihnen ist der Hutiaconga, *Capromys piloroides,* der ein Gewicht von sieben Kilogramm erreichen kann. Obwohl er in den Bäumen lebt, besitzt er, wie die anderen Baumratten, einen unterirdischen Bau.

Kammratten, Degus und Cururos Die Kammratten *(Ctenosmyidae)* der Flachland-Pampas und der Hochland-Plateaus bilden das südamerikanische Gegenstück zu den Taschenratten. Beide haben sich an die grabende Lebensweise angepaßt. Das Fell ist dunkel- bis blaßbraun; die kurzen Gliedmaßen sind mit großen Grabkrallen und Haarsäumen an den Zehen und Extremitäten ausgestattet, die helfen, die Erde zu bewegen. Der Schwanz ist kurz, Augen und Ohren sind klein. Die Tiere fressen Blätter, Sprosse und Wurzeln. Auch die Degus (Octodontidae), die in Höhen bis zu 5000 Metern über dem Meeresspiegel leben, graben häufig. Zu den stärker spezialisierten Arten gehört der chilenische Cururo, *Spalacopus cyanus.* Bei diesen Tieren bewohnen mehrere Gruppen ein gemeinsames Bautensystem. Sie fressen dort auch vollständig unterirdisch, überwiegend die Knollen und Sprosse einer bestimmten Lilie. Ist die Nahrungsquelle erschöpft, wandert die Kolonie an einen neuen Ort.

Stachelratten

Die Stachelratten (Echimyidae) bilden eine Einheit von 55 Arten mittelgroßer Pflanzenfresser, die mit Stacheln bedeckt sind. Oberflächlich erinnern sie an Muriden, aber sie hatten sich bereits sieben Millionen Jahre vor der Ankunft dieser Gruppe in Südamerika ausgebreitet. Innerhalb ihres Verbreitungsgebiets von Nicaragua bis Paraguay können sie sowohl im Wald als auch auf Grasflächen sehr häufig vorkommen. Die Arten mit langen Schwänzen und schlanken Leibern sind in der Regel Baumbewohner. Die etwas untersetzten, kurzschwänzigen Arten sind dagegen auf dem Boden lebende Gräber. Die Formen, deren Körperbau zwischen diesen Extremen liegt, beherrschen beides. Da ihr fünfter Schwanzwirbel schwach entwickelt ist, verlieren diese Tiere leicht ihren Schwanz - zweifellos eine einzigartige Methode, einem Räuber zu entkommen.

Die meerschweinchenartigen Nagetiere der Alten Welt

Wie bei den südamerikanischen Gegenstücken, besteht auch in dieser Gruppe eine beachtliche Spanne in Körperform und -größe. Der kleinste Vertreter ist der ostafrikanische Nacktmull, *Heterocephalus glaber,* der 30 bis 40 Gramm wiegt; der größte ist das Stachelschwein, *Hystrix,* mit einem Gewicht von bis zu 24 Kilogramm. Die großen afrikanischen Rohrratten, die neun Kilogramm wiegen können, besitzen ein Fell aus kurzen, harten und borstigen Haaren. Sie bevorzugen dichtbewachsenes Grasland nahe am Wasser, und die größere Art, *T. swinderianus,* lebt semiaquatisch. Sie fressen überwiegend Gräser, sind aber auch als Schädlinge an Mais, Zuckerrohr und anderen landwirtschaftlichen Erzeugnissen bekannt geworden. Andererseits bilden sie selber eine sehr beliebte Nahrungsquelle.

Stachelschweine Unter den Altwelt-Stachelschweinen (Hystricidae) gibt es drei Arten mit langen Schwänzen und einem abweichenden Stachelbüschel am Ende. Bei den Westafrikanischen Quastenstachlern *(Atherurus africanus)* und den Langschwanz-Quastenstachlern *(A. macrourus)* besteht jeder Stachel aus einer Kette abgeflachter Scheiben, so daß das Tier mit dem Schwanz rasseln kann, vermutlich um Räuber zu warnen. Diese relativ kleinen (bis 3,5 Kilogramm), waldbewohnenden Arten ruhen tagsüber in Bauten, Spalten und Höhlen. Ihre Hauptnahrung setzt sich aus Wurzeln, Knollen und herabgefallenen Früchten zusammen. Der Borneo-Pinselstachler von Malaya, Sumatra und Borneo besitzt ein endständiges Büschel hohler Stacheln. Er ist klein (1,5 bis zwei Kilogramm) und wirkt mit seinem mit kurzen Stacheln bedeckten Körper wie eine Stachelratte.

Bei den übrigen Stachelschweinen der Gattung *Hystrix* sind die Schwänze kürzer und die Stacheln länger. Sie sind von Java und Borneo über das südliche Asien bis nach Südeuropa und in den meisten Gebieten Afrikas verbreitet. Sie leben vegetarisch und bevorzugen Wurzeln, Zwiebeln und Früchte.

▲ Das Gewöhnliche Stachelschwein: Es lebt, wie andere altweltliche Stachelschweine, auf ebener Erde und besitzt einen relativ kleinen Schwanz, der nicht greifen kann. Fühlt das Tier sich bedroht, werden die langen Stacheln aufgerichtet, und das Tier rasselt mit ihnen. Dann huscht das Stachelschwein nach hinten oder zur Seite und versucht, die Stacheln in seinen Angreifer hineinzutreiben.

Gundis Die zur Familie Ctenodactylidae zählenden Gundis sind kleine Nagetiere, die bis zu 180 Gramm wiegen und in den zerklüfteten, felsigen Gebieten Nord- und Nordostafrikas leben. Sie sind in der Lage, auf Felsen lebhaft und geschickt zu klettern. Dabei helfen ihnen die scharfen Krallen und Polster an ihren Fußsohlen. Ihr weiches Fell isoliert den Körper gegen übermäßige Sonnenexposition - eine wichtige Anpassung für eine Art, die während der warmen Tageszeiten nach Nahrung sucht, wenn die Temperaturen zwischen 20 und 30 Grad Celsius betragen. Den heißesten Teil des Tages über verbergen sie sich vor der Sonne unter schattigen Felsvorsprüngen. Ihre scharfen Krallen eignen sich nicht für die Pflege ihres weichen Fells. Sie verwenden daher stattdessen einige Reihen steifer Borsten, die von den beiden inneren Zehen der Hinterfüße ausgehen. Die Gundis leben in Gruppen, in denen die Familien Territorien haben. Sie sind wenig wählerische Pflanzenfresser, die in beschränktem Maße ihren Urin konzentrieren können, wenn sie nur trockene Nahrung bekommen.

John Visser/Bruce Coleman Ltd

▲ Wie die meisten unterirdisch lebenden Säugetiere können die Blindmulle nicht sehen. Die Beine sind kurz und kräftig, der Körper zylindrisch.

Sandgräber Wie ihr englischer Name (»Mole-rat«) nahelegt, handelt es sich bei den Sandgräbern (Bathyergidae) um Ratten, die ähnliche Lebensweisen angenommen haben wie Maulwürfe. Alle neun in Afrika vorkommenden Arten zeigen eine erhebliche Anpassung an die unterirdische Lebensweise und weisen dabei häufig Parallelen zu ihren Gegenstücken unter den Muriden auf. Im Gegensatz zu den insektenfressenden Maulwürfen sind sie Vegetarier. Die Sandgräber verbringen beinahe ihr gesamtes Leben unter der Erde. Sie bewohnen Gangsysteme, die Netzwerke unterschiedlicher Komplexität bilden. Die Lippen verschließen das Maul dicht hinter den Schneidezähnen, damit keine Erde hineindringt. Die Erde wird dann mit den Hinterbeinen zurückgeschoben, und wenn ein Haufen sich angesammelt hat, wird er von der Ratte nach außen befördert wie ein »Maulwurfshügel« oder an anderer Stelle des Gangsystems untergebracht. Zu den weiteren Anpassungen an das unterirdische Leben zählen der zylindrische Körper, der kurze Schwanz, kleine Augen (die nicht mehr optische Funktionen erfüllen, sondern gegen Luftströmungen im Bau empfindlich geworden sind), der Verlust der äußeren Ohren sowie ein scharfes Gehör und ein guter Geruchssinn. Die Größe der Sandgräber reicht von 30 bis 60 Gramm beim unbehaarten Nacktmull, *Heterocephalus glaber,* bis zu etwa 800 Gramm beim Kap-Strandgräber, *Bathyergus suillus.* Die Sandgräber fressen Wurzeln, Knollen und alle Pflanzen, auf die sie beim Graben stoßen. Ihre ausgedehnten Gangsysteme haben schon Eisenbahnschienen zum Absacken gebracht.

DER NACKTMULL: EIN EXTREM GESELLIGES NAGETIER

Innerhalb der Kolonie erzeugt ein einziges, fortpflanzungsfähiges Weibchen zwei Kasten von Tieren, die sich unterscheiden lassen: Die zahlreicheren »häufig arbeitenden« Tiere sowie die Nicht-Arbeiter, die in der Minderzahl sind. Erstere sind die kleinsten Mitglieder der Kolonie. Sie graben, transportieren die Erde, suchen nach Nahrung und bringen diese sowie Nistmaterial in das gemeinsame Nest.

Die größeren Nicht-Arbeiter verbringen ihre Zeit überwiegend im Nest mit dem sich fortpflanzenden Weibchen. Die Weibchen unter ihnen sind zwar nicht sexuell aktiv, können es jedoch werden, wenn man das fruchtbare Weibchen entfernt. Letzteres produziert im Jahr ein bis vier Würfe mit durchschnittlich zwölf Jungen, es wurden allerdings schon 27 gezählt. Die Jungen werden nur von dem fruchtbaren Weibchen gesäugt. Bei der Entwöhnung ernähren sie sich von der Nahrung, die zum Nest gebracht wird sowie von den Fäkalien anderer Tiere der Kolonie. Nach der Entwöhnung wachsen sie nur langsam. Die jugendlichen Tiere schließen sich der Arbeiter-Kaste an, einige werden jedoch irgendwann größer, um sich dann an die Nicht-Arbeiter-Kaste zu halten. Vermutlich existiert eine Rangordnung unter den Nicht-Arbeitern, die von dem Hauptweibchen beherrscht und gesteuert wird. Es ist anzunehmen, daß es chemische Verbindungen (Pheromone) abgibt, die die Fortpflanzung bei allen weiblichen Nicht-Arbeitern unterdrücken. Es wurde bei dem fruchtbaren Weibchen auch unmittelbar vor einer Geburt ein chemischer Einfluß beobachtet. In der Folge entwickeln sämtliche Mitglieder der Kolonie Zitzen, und der Anteil ihrer männlichen Hormone sinkt. Dieses Phänomen dient vermutlich dazu, die Kolonie darauf einzustellen, für die Jungen zu sorgen.

Jane Burton/Bruce Coleman Ltd

▲ Sieht man von den Tastborsten auf der Schnauze ab, ist der unbehaarte Blindmull vollständig unbehaart. Möglicherweise entwickelte sich diese Nacktheit als eine Hilfe, Wärme vom Körper abzuführen.

Die faszinierende Sozialstruktur der Nacktmulle ist unter den Säugetieren einmalig. Diese beinahe unbehaarten Nagetiere leben in Kolonien von 40 Individuen in den Savannen Ostafrikas. Sie bewohnen ein kompliziertes Netzwerk, das sich aus Tunnels für die Nahrungssuche sowie aus einer Kammer zusammensetzt, die der Fortpflanzung dient.

HASENARTIGE

M. J. DELANY

Die Ordnung Lagomorpha umfaßt Hasen, Kaninchen und Pikas - jene vertraute Gruppe von Tieren mit großen Ohren und weit auseinanderliegenden Augen. Die Lagomorphen besitzen, entweder von Natur aus oder infolge der Verschleppung durch den Menschen, eine weite Verbreitung; sie fehlen allerdings in Teilen Südostasiens, besonders auf einigen der größeren Inseln. Obwohl sie typische Bewohner der Tundren, offenen Grasebenen, Felsgebiete und Trockensteppen sind, leben einige auch in den Waldgebieten der gemäßigten Breiten, in den kalten Wäldern des Nordens und in den Tropenwäldern.

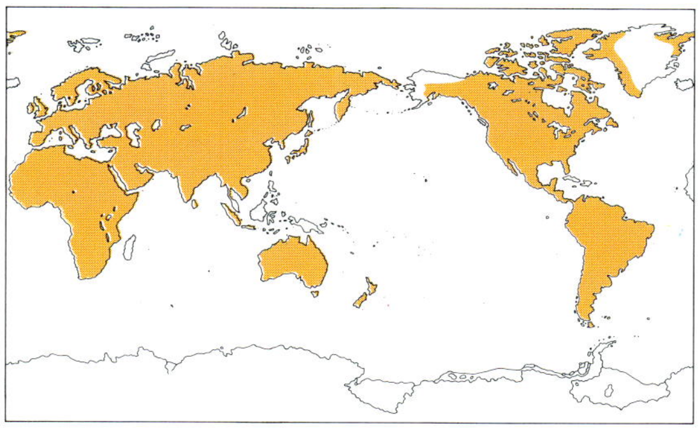

PIKAS

Die Pikas, die zur Familie Ochotonidae gehören, sind mit einer Gewichtsspanne von 80 bis 300 Gramm die kleinsten Lagomorphen. Sie haben vorstehende, rundliche Ohren und keinen Schwanz. Die Tiere leben in Steppen und felsigen Gebieten, besonders an Abhängen bis in 6000 Meter Höhe im Westen Nordamerikas (zwei Arten) und in Nordostasien (zwölf Arten). Je nach Landschaft ziehen sich die Tiere in Felsspalten oder Bauten zurück. Einige Arten, wie etwa die Rötlichen Pfeifhasen, *Ochotona rufescens,* und die Daurischen Pfeifhasen, *O. daurica,* findet man in beiden Geländetypen; wieder andere, wie die Steppenpikas, *O. pusilla,* sind grabende Steppenbewohner. Besonders auf hohen Bergen kommt es häufig zu einer vertikalen Aufteilung des Gebiets unter mehreren Arten, und sogar auf ebener Erde gibt es einige Hinweise darauf, daß zwei Arten denselben Lebensraum miteinander teilen.

Die Pikas fressen, was sich an Vegetation gerade bietet, so auch alle Pflanzen, die in der Nähe ihrer Unterschlüpfe wachsen. Im Sommer und Herbst sammeln sie Pflanzen und horten diese unter Felsen oder in ihren Bauten für den Winter. Diese Heuhaufen werden innerhalb von Territorien aufbewahrt, die beispielsweise beim Nördlichen Pfeifhasen, *O. hyperborea,* von einem Männchen und einem Weibchen ganzjährig beansprucht werden.

HASEN UND KANINCHEN

Die Hasen und Kaninchen gehören zur Familie Leporidae. Ihre Größe reicht vom Zwergkaninchen, *Sylvilagus idahoeinsis,* der bis zu 300 Gramm wiegt, bis zum Schneehasen, *Lepus timidus,* der ein Gewicht von fünf Kilogramm erreicht.

In verschiedenen Teilen der Welt hat man einen Eindruck von den Vertretern dieser Familie in erster Linie über die Verwüstungen, die das Europäische Kaninchen, *Oryctolagus cuniculus,* anrichtet. Es wurde von den Normannen nach Britannien eingeführt und von dort aus durch die Siedler des achtzehnten und neunzehnten Jahrhunderts nach Australien und Neuseeland gebracht. Sobald sich dieses Kaninchen in der Wildnis dieser neuen Umgebungen heimisch gemacht hatte, nahmen seine Individuenzahlen zu, und die Tiere vernichteten Ernten und Weideflächen für das Vieh. In Australien läßt sich die Tatsache, daß einige Beuteltiere beinahe ausgestorben sind, auf Konkurrenz mit den Kaninchen zurückführen.

Die Kaninchen, darunter auch das europäische, können außerordentlich fruchtbar sein. Ein Weibchen kann in einer einzigen Fortpflanzungssaison, von Januar bis August, bis zu dreißig Junge in die Welt setzen. Obwohl die jungen Kaninchen blind, unselbständig und mit einem nur spärlichen Fell geboren werden, können sie sich in einem Alter von dreieinhalb Monaten selber weiter fortpflanzen.

Es gibt allerdings Arten, die in vergleichsweise geringen Individuenzahlen existieren. So ist das Vulkan-Kaninchen, *Romerolagus diazi,* auf nur zwei vulkanische Sierras in der Nähe von Mexico City beschränkt, das Amami-Kaninchen, *Pentolagus furnessi,* lebt nur auf zwei der japanischen Amami-Inseln, und der wenig bekannte Natal-Rothase, *Pronolagus crassicauda-*

Ordnung Lagomorpha: 2 Familien, 12 Gattungen, 59 Arten

GRÖSSE
Kleinste Art Steppenpfeifhase, *Ochotona pusilla;* Kopf- Rumpflänge 18 Zentimeter, Gewicht 75 bis 210 Gramm.
Größte Art Europäischer Hase, *Lepus europaeus;* Kopf- Rumpflänge 50 bis 76 Zentimeter, Schwanzlänge 7 bis 12 Zentimeter, Gewicht 2,5 bis 5 Kilogramm.

ARTENSCHUTZ
Folgende Arten werden in der Roten Liste für bedrohte Säugetiere der IUCN als gefährdet angesehen: Borstenkaninchen, *Caprolagus hispidus;* Amami-Kaninchen, *Pentalagus furnessi;* Vulkan-Kaninchen, *Romerolagus diazi.* Das Sumatra-Kaninchen, *Nesolagus netscheri,* ist selten.

Martin W. Grosnick/Ardea London

▲ Obwohl sie an solche Nagetiere wie Meerschweinchen oder Hamster erinnern, sind die engsten Verwandten der Pikas die Kaninchen und Hasen. Wie diese besitzen die Pikas zwei Paar oberer Schneidezähne und einen Spalt zwischen der Oberlippe und den Nasenlöchern (»Hasenscharte«). Im Sommer speichern die Pikas Blätter und Gras und fressen diese im Winter als Heu.

John Cancalosi/Auscape International

▶ Zusätzlich zu ihrer Gehörfunktion fungieren die riesigen Ohren des Schwarzschwanz-Jackrabbit als Wärmestrahler, die diesem Wüstenbewohner helfen, seine Körpertemperatur zu steuern. Wenn sich die Blutgefäße der Ohren mit Blut füllen, verliert das Tier an Wärme; wenn sie sich verengen, bleibt die Körperwärme erhalten.

tus, ist nur in Teilen Natals und der südafrikanischen Kap-Provinz anzutreffen.

Das Europäische Kaninchen kann zu jeder Tages- oder Nachtzeit aktiv sein. Es lebt in Verbänden, die, besonders bei hohen Individuendichten, eine hochentwickelte Sozialstruktur mit Hilfe aggressiver Auseinandersetzungen aufrechthalten. Die dominanten Männchen und Weibchen nehmen das gesamte Territorium für sich in Anspruch, während sich die untergeordneten Individuen auf kleinere Bereiche innerhalb desselben beschränken. Wenn sie Junge haben, befinden sich die Nistkammern der dominanten Weibchen im Hauptbau; dagegen müssen die rangniedrigsten Weibchen ihre Jungen an weniger bevorzugten Plätzen unterbringen. Die Territorien werden durch Sekrete einer Drüse markiert, die sich unter dem Kinn befindet, ferner durch Analdrüsensekrete und Urin. Diese Stoffe sind für die chemische Kommunikation von Bedeutung.

In Europa zählen Füchse und Wiesel zu den wichtigsten Räubern, die sich von ausgewachsenen Kaninchen ernähren. Die Jungen sind dagegen einer weit größeren Schar von Raubtieren ausgesetzt, darunter auch Greifvögeln, Wieseln, Dachsen und Hauskatzen. Als Alarmsignale dienen den Kaninchen der Stummelschwanz, der beim Laufen auffällig leuchtet, und das Trommeln mit den Beinen oberhalb und unterhalb der Erdoberfläche. Sowohl die Kaninchen als auch die Hasen haben die Angewohnheit, mit den Zähnen zu knirschen; möglicherweise ist auch dies ein Warnsignal. Ihre langen, starken Hinterbeine machen die Hasen und Kaninchen sehr schnell. Abgesehen von ihrer Geschwindigkeit haben sie Raubtieren eine Tarntracht, einen scharfen Geruchssinn und lange, bewegliche Ohren entgegenzusetzen, mit denen sie ausgezeichnet hören. Im Gegensatz zu den extrem geselligen Kaninchen leben viele Hasen, darunter auch der Europäische Hase, für sich allein. Lediglich zur Fortpflanzungszeit sieht man sie in Paaren oder kleinen Gruppen zusammen.

Die Hasen und Jackrabbits der Gattung *Lepus* unterscheiden sich von den übrigen neun Gattungen

▼ Das »Boxen« zwischen Europäischen Hasen ist wohl überwiegend auf ein Weibchen zurückzuführen, das ein allzu stürmisches Männchen zurückweist.

Stefan Meyers/Ardea London

Hans Reinhard/Bruce Coleman Ltd

Hans Reinhard/Bruce Coleman Ltd

▲ Der Schneehase besitzt im Sommer ein graues Fell (oben links), das im Winter weiß wird (oben rechts). Der gleichen jahreszeitlichen Veränderung unterliegt auch der Schneeschuh-Hase, wodurch auch er gut getarnt ist. Allerdings erfolgt ein derartiger Farbwechsel auch beim Polarfuchs und der Schneeeule, wodurch diese Räuber ebenfalls schlecht zu sehen sind.

(von denen einige irreführenderweise als Hasen bezeichnet werden) in mancherlei Hinsicht. Sie graben nicht viel und verbesserten ihre Fähigkeit, schnell zu laufen. Hasen bringen in der Regel kleine Würfe mit gut behaarten, beweglichen Jungen zur Welt, deren Augen sofort offen sind. Die Weibchen legen ihren Wurf in eine Mulde, ihren Ruheplatz, der vom Körper des Tieres geformt wird. Der Europäische Hase, *Lepus capensis,* kann sich ganzjährig fortpflanzen, obwohl die Fortpflanzung überwiegend im April und Mai erfolgt. Ein Weibchen produziert in einem Jahr drei bis vier Würfe und damit insgesamt sieben bis zehn Jungtiere. Damit liegt ihre Produktivität deutlich unter der von Kaninchen.

Die spektakulären »Boxkämpfe« und Verfolgungsjagden, die die Hasen im Frühjahr einander liefern, führten zu dem Sprichwort *»verrückt wie ein Hase im März«.* Diese Verhaltensweisen lassen sich vermutlich überhaupt nicht mit der Fortpflanzung in Verbindung bringen, die deutlich früher als im März beginnt und sich ohne weiteres in den Winter hinein fortsetzt. Wahrscheinlich ist das »Boxen« eher als das Verhalten von Weibchen zu deuten, die sich allzu stürmische Böcke vom Leib halten wollen. Und angesichts der Tatsache, daß die Verfolgungsjagden, Kämpfe und Paarungen über den größten Teil des Jahres weiterhin stattfinden, kann man nur vermuten, daß der Gedanke der »Irrsinnigkeit im März« auf unzureichende Beobachtung zurückgeht.

Der Schneehase hat sich gut an das Leben im fernen Norden angepaßt, und sein weißes Winterfell bietet eine hervorragende Tarnung. Im Sommer verwandelt sich die Farbe des Fells zu braun oder grau. Dieser Hase gehört zu den wenigen Arten, die einen Gang graben - sei es in den Schnee oder in die Erde. Da die Alttiere dort selten hineingehen, dient dieser in erster Linie den Jungen als Sicherheitsversteck. Eine weitere nördliche Art mit einem weißen Winterfell ist der Schneeschuh-Hase, *Lepus americanus.* Während der Schneehase über weite Gebiete der Nordhalbkugel vordringt, ist der Schneeschuh-Hase allein auf Nordamerika beschränkt. Der Wert seines Pelzes führte dazu, daß das Tier seit über zwei Jahrhunderten systematisch gefangen wird.

In Afrika leben zwei weit verbreitete Arten, die mit Ausnahme der tropischen Regenwaldgebiete und der trockensten Teile der Sahara überall auf dem Kontinent zu finden sind. Es handelt sich und den Kap-Hase, *Lepus capensis,* und den Busch-Hasen, *Lepus saxatilis.* Beide führen ein nächtliches Leben und liegen tagsüber in ihren Mulden, und beide ernähren sich von Gras.

Ordnung Macroscelidea: 1 Familie, 4 Gattungen, 14 Arten

GRÖSSE

Kleinste Art Kurzohr-Rüsselspringer, *Macroscelides proboscideus;* Kopf-Schwanzlänge 35 Zentimeter, Gewicht 45 Gramm.

Größte Art Goldrücken-Rüsselhündchen, *Rhynchocyon chrysopygus;* Kopf-Schwanzlänge 76 Zentimeter, Gewicht 540 Gramm.

ARTENSCHUTZ

Viele Arten stehen nicht unmittelbar vor dem Aussterben, werden jedoch durch den Verlust ihrer Lebensräume bedroht.

ELEFANTENSPITZMÄUSE

R. DAVID STONE

Die Elefantenspitzmäuse sind eine äußerst ungewöhnliche Tiergruppe. Sie tragen diesen Namen, weil - es mag weit hergeholt sein - ihre ausgezogene, sehr bewegliche Schnauze an den Rüssel eines Elefanten erinnert. Sämtliche Elefantenspitzmäuse sind durch lange, dünne Beine, große Augen, äußere Ohren, lange, rattenähnliche Schwänze und natürlich die rüsselähnliche Schnauze gekennzeichnet.

▼ Elefantenspitzmäuse sind weder mit Elefanten noch mit Spitzmäusen verwandt, sondern ihre nächsten Verwandten sind vermutlich die Kaninchen. Sie haben große Augen und eine lange, empfindliche, bewegliche Schnauze, mit der sie in abgefallenem Laub nach wirbellosen Beutetieren suchen. Diese Brillen- Elefantenspitzmaus frißt gerade eine Grille.

Jane Burton/Bruce Coleman Limited

Spezialisierte Springer

Im Vergleich zu den Insektivoren verfügen Elefantenspitzmäuse über ein wohlentwickeltes Gehirn. In ihrer Gestalt ähneln sie den Spitzhörnchen mehr als irgendeine andere lebende Gruppe; sie haben sich jedoch auf eine ganz andere Lebensweise spezialisiert. Beinahe ihre gesamte Zeit verbringen sie auf dem Boden, auf dem sie mit ihren langen Beinen mit eindrucksvoller Geschwindigkeit springen und rennen können. Sie sind die einzigen insektenfressenden Säuger, die sich auf eine springende Fortbewegung spezialisiert haben. Vermutlich bildet diese eine brauchbare Taktik gegen verfolgende Räuber, die dadurch leicht irritiert werden.

Die Elefantenspitzmäuse besetzen heute eine bemerkenswerte Vielfalt von Lebensräumen, darunter offene Ebenen, Savannen, Dornengebüsch und Tropenwälder. Obwohl die meisten Arten wenigstens teilweise tagaktiv und damit recht leicht zu beobachten sind, bleiben ihre Verhaltensweisen und ihre Ökologie weitgehend unbekannt.

TYPEN VON ELEFANTENSPITZMÄUSEN

Wie schon bei den Insektivoren, weist auch die systematische Einordnung der Elefantenspitzmäuse eine bewegte Geschichte auf. Früher ordnete man diese Tiere mit Primaten, Insektivoren, Spitzhörnchen und sogar Ungulaten zusammen ein. Heute jedoch besitzen die Elefantenspitzmäuse einen festen Platz in ihrer eigenen Ordnung, Macroscelidea, die eine Familie umfaßt, die Macroscelididae. Innerhalb dieser Familie existieren vier Gattungen: *Macroscelides* (eine Art), *Petrodromus* (eine Art), *Elephantulus* (neun Arten) und *Rhynchocyon* (drei Arten).

Die Körperform variiert, je nach Art, ganz erheblich. So ist etwa das passend bezeichnete Goldrücken-Rüsselhündchen, Rhynchocyon chrysopygus, eine große Art, die von der Nase bis zur Schwanzspitze 76 Zentimeter mißt und ungefähr 540 Gramm wiegt. Diese Tiere sind auffallend dunkel-bernsteingelb gefärbt und tragen auf dem Leib einen abgesetzten, goldfarbenen Fleck. Die Beine und Füße sind schwarz. Dagegen ist der Kurzohr- Rüsselspringer, *Macroscelides proboscideus,* von dunkel-graubrauner Farbe und zudem mit einer Länge von nur 35 Zentimetern und einem Gewicht von etwa 45 Gramm die kleinste Art dieser Gruppe. In keiner Art liegen Sexualdimorphismen vor.

TERRITORIUM UND NESTER

Die Elefantenspitzmäuse besitzen ein deutlich ausgeprägtes, monogames Paarungssystem. Die Tiere zeigen ein hohes Maß an Treue ihren Partnern gegenüber - sie bleiben in der Regel ihr Leben lang zusammen - und jedes Paar verteidigt gemeinsam ein bestimmtes Revier gegen andere Elefantenspitzmäuse. Wenn ein Pärchen mit eindringenden Artgenossen konfrontiert wird, übernimmt das Männchen den Kampf, wenn der Eindringling ein Männchen ist, und umgekehrt werden fremde Weibchen von den weiblichen Tieren bekämpft. Es kommt nur selten zu direkten Auseinandersetzungen zwischen den Geschlechtern eines Paares. Allerdings erreichen die Tiere den Kontakt durch Duftsekrete, die sie an den strategisch wichtigen Stellen ihres gemeinsamen Territoriums absetzen.

Mindestens eine Art, die Rotbraune Elefantenspitzmaus, *Elephantulus refescens,* erbaut und pflegt ein komplexes System von Pfaden, die durch das Territorium verlaufen. Die Männchen eines Paares verbringen etwa ein Viertel ihrer aktiven Zeit damit, Abfallstoffe wie Blätter mit den Vorderpfoten von den Pfaden zu entfernen. Gräser und kleine Zweige werden gekaut, bis sie in Stücke zerfallen, die klein genug sind, um bewegt zu werden. Die Ursache für eine derart pingelige Hausarbeit ist vermutlich darin zu suchen, daß jedem Mitglied der Familie auf diese Weise eindeutige Fluchtwege innerhalb des Reviers zur Verfügung stehen, wenn eines von einem Räuber überrascht werden sollte. Das Pfadsystem dehnt sich oft über mehrere hundert Meter aus und bleibt im Jahresverlauf relativ stabil. An bevorzugten Plätzen dieses Pfadsystems führen die Tiere ihre wesentlichen Aktivitäten aus, wie Ruhen, Schlafen, Fellpflege oder Nahrungssuche.

Die Rotbraune Elefantenspitzmaus baut kein vollständiges Nest, andere Arten jedoch errichten komplizierte Nester und Bauten. Die Nistplätze sind überall in der Umgebung verteilt, sie befinden sich in der Regel an der Basis eines Baumes oder unter einem Stapel von Zweigen. Beim Schlafen liegen die Elefantenspitzmäuse selten auf der Seite; stattdessen behalten sie ihre Extremitäten unterhalb des Körpers in einer Stellung, die ihnen eine rasche Flucht erlaubt.

Jen & Des Bartlett/Bruce Coleman Limited

▲ Elefantenspitzmäuse leben ausschließlich auf ebener Erde. Mit ihren langen, schlanken Beinen können sie Räubern einfach davonlaufen oder sich springend wie Miniatur-Antilopen fortbewegen. Die Größe der Arten variiert von der einer Maus bis zu der eines halb erwachsenen Kaninchens.

WIE SIE IHRE NAHRUNG FINDEN

Das von diesen Tieren angelegte Pfadsystem dient nicht nur als Kommunikationsstraße, sondern wird auch ausgiebig bei der Suche nach Nahrung eingesetzt. Diese besteht in erster Linie aus Ameisen und Termiten, es werde jedoch auch Käfer, Würmer, abgefallene Blätter, Wirbellose, sowie gelegentlich kleine Echsen gefangen.

Die verschiedenen Arten besitzen unterschiedliche Verfahren, ihre Beute zu orten: Die Arten der Gattung Rhynchocyon etwa entdecken ihre Beute olfaktorisch, wenn sie zwischen abgefallenem Laub herumstreifen. Sie stecken ihre Schnauze ständig ins Laub hinein und stöbern dabei Käfer, Grashüpfer und Spinnen auf. Im Gegensatz dazu zieht die Rotbraune Elefantenspitzmaus eine Nahrung aus Termiten und Ameisen vor. Sie dringt in deren Bauten mit Hilfe ihrer Zähne und Krallen ein. Da die laubbewohnenden Wirbellosen eine denkbar unterschiedliche und unkalkulierbare Lebensweise führen, liegt für ein Tier, das sich von diesen ernährt, kein Vorteil darin, sie als Ressource zu verteidigen. Aus diesem Grund verbringt das Goldrücken- Rüsselhündchen etwa drei Viertel seiner aktiven Zeit damit, innerhalb ihres beinahe zwei Hektar großen Reviers nach Nahrung zu suchen. Die Rotbraune Elefantenspitzmaus dagegen, die sich von Termiten, also einer recht ortsgebundenen Nahrungsquelle ernährt, muß für die Nahrungssuche erheblich weniger Zeit aufwenden und ein viel kleineres, normalerweise nur halb so großes (ein Hektar) Territorium verteidigen.

WIE SIE SICH FORTPFLANZEN

Elefantenspitzmäuse pflanzen sich das ganze Jahr über fort. An einem sorgfältig ausgesuchten Ort bringen die Weibchen ein oder zwei recht reife Junge zur Welt, die lediglich in 24-Stunden-Intervallen versorgt werden. Da die Jungtiere so gut entwickelt sind, erfordern sie in Hinsicht auf Fütterung, Wärmung, Schutz und Fellpflege nur wenig elterliche Zuneigung und bilden daher keinen Bezugspunkt für elterliche Verhaltensweisen, die auch Räuber anziehen könnten. Die Jungen bleiben noch etwa zwei Wochen am Ort ihrer Geburt. Anschließend beginnen sie selbständig umherzustreifen und werden nur noch unregelmäßig gesäugt. Anders als bei den Insektivoren, wie Maulwürfen, Spitzmäusen und Desmanen, werden die entwöhnten Elefantenspitzmäuse im Revier der Eltern geduldet, bis sie selber geschlechtsreif sind. Dann müssen sie sich ein unbesetztes Gebiet suchen.

Der anfälligste Lebensabschnitt dieser Tiere liegt vermutlich in der Zeit, in der die ersten halberwachsenen Tiere noch kein eigenes, sicheres Territorium besitzen. Zu den wichtigesten natürlichen Feinden der Elefantenspitzmäuse gehören Schlangen, Eulen und kleine Carnivoren. In einigen Gegenden Afrikas werden *Rhychocyon*-Arten von den Eingeborenen gegessen und daher mit Hunden gejagt. Wenige Tiere werden älter als vier Jahre, da in diesem Alter die Zähne bereits so stark abgenutzt sind, daß das Fressen zu einem Problem wird.

ARTENSCHUTZ

Die meisten Arten der Elefantenspitzmäuse sind noch nicht unmittelbar vom Aussterben bedroht. Allerdings ist nahezu jede Art an besondere - häufig sehr eingegrenzte - Lebensräume gebunden. So findet man etwa die Klippen-Elefantenspitzmaus beinahe ausschließlich auf Felsvorsprüngen, während die größte Art, das Goldrücken-Rüsselhündchen, an den Rändern trockener Laubwälder angetroffen wird. In derartigen Umgebungen, die durch menschlichen Einfluß raschen Veränderungen unterliegen, ist es wahrscheinlich, daß diese und andere Arten nicht anpassungsfähig genug sind, die Zerstörung ihrer angestammten Lebensräume zu überstehen.

INDEX

T

U

V

W

X, Y, Z

BIBLIOGRAPHIE

Die Herausgeber fühlen sich Dr. Sue Hand von der University of New South Wales, Australien, und Dr. Merlin Tuttle von Bat Conservation International für ihre Ratschläge verpflichtet und danken auf diesem Wege auch Robert Coupe, Meryl Potter, Tristan Phillips, Vanessa Finney und Jane Fraser für ihre unermüdliche Hilfe.

Ein Großteil der Informtion in diesem Buch stammt aus der Forschung der Autoren selber. Die folgenden Werke jedoch waren eine unschätzbare Bezugsquelle und mögen auch für solche Leser von Interesse sein, die noch etwas mehr über die Säugetiere dieser Welt lesen möchten:

Airone

Australian Geographic

Banfield, A.W.F. 1974. *The Mammals of Canada,* University of Toronto Press.

Biegert, J. 1963. *The evaluation of characterisics of the skull, hands anf feet for primte taxonomy* in Sherwood L. Washburn (Hrg.) *Classifiation and Human Evolution.* Aldine, Chicago.

Borland, H. 1975. *The History of the Wildlife in America.* National Wildlife Federation, Washington D.C.

Carrol, R. L. 1988. *Vertebrate Paleontology and Evolution.* Freeman, New York.

Corbet, G.B. und Hill, J.E. *A World List of Mammalian Species,* 2. Auflage. Facts on File Publications, New York/British Museum (Natural History), London.

Ehrlich, P. und A. 1981. *Extinction.* Ballantine, New York.

Ewer, R.F. 1973. *The Carnivores.* Ithaca, New York.

Family Guide to Nature. 1984. Reader's Digest, Sydney.

Goss, R.J. 1983. *Deer Antlers.* Academic Press, New York.

Groves, Colin P. 1989. *a Theory of Human and Primate Evolution.* Oxford University Press.

Halstead, L. B. 1978. *The Evolution of Mammals.* Eurobook Limited, London.

Harrison, R. J. und Bryden, M. M. (Hrg.) 1988. *Whales, Dolphins and Porpoises.* Facts on File Publications, New York.

Hill, J.E. und Smith, J.D. 1984. *Bats. A Natural History.* British Museum (Natural History)/Texas University Press.

Jolly, Alison. 1986. *The Evolution of Primate Behavior.* Macmillan, New York.

Kavanagh, Michael. 1983. *A Complete Guide to Monkeys, Apes and Other Primates.* Jonathan Cape, London.

Kemp, T. S. 1982. *Mammal-like Reptiles and the Origin of Mammals.* Academic Press, London.

King, J. E. 1964. *Seals of the World.* British Museum (Natural History), London/Oxford University Press.

Macdonald, David W. (Hrg.) 1987. *The Encyclopedia of Mammals.* Facts on File Publications, New York/George Allen & Unwin Ltd, London.

Myers, N. 1979. *The Sinking Ark.* Pergamon Press, Oxford.

Napier, J. R. und P. H. 1985. *The Natural History of the Primates.* British Museum (Natural History) Publications, London.

National Geographic Book of Mammals, Bd. 1 und 2. 1981. National Geographic Society. Washington, D.C.

Norton, B. G. (Hrg.) 1986. *The Preservation of Species.* Princeton University Press, Princeton, New Jersey.

Nowack, R. M. und Paradiso, J. L. (Hrg.) 1983. *Walker's Mammals of the World.* 4. Auflage, Johns Hopkins University Press, Baltimore.

Peterson, R. L. 1966. *The Mammals of Eastern Canada.* Oxford University Press, Toronto.

Ranger Rick Books. 1989. *Endangered Animals.* National Wildlife Federation, Washington D. C.

Ridgway, S. H. und Harrison, R. J. (Hrg.), 1981-1985. *Handbook of Marine Mammals. Bd.1: The Walrus, Sealions, Fur Seals and Sea Otter, Bd.2; Seals, Bd.3: The Sirenians and Baleen Whales.* Academic Press, New York.

Savage, R. J. G. und Long, M.R. 1986. *Mammalian Evolution: An Illustrated Guide.* Facts on File Publications, New York/British Museum, London.

Schaller, G. B. 1967. *The Deer and the Tiger.* Univertity of Chicago Press.

Schaller, G. B. 1977. *Mountain Monarchs.* University of Chicago Press.

Strahan, R. (Hrg.) 1983. *The Australian Museum Complete Book of Australian Mammals.* Angus & Robertson, Sydney.

The Living World of Animals. 1971. Reader's Digest Association, London.

Watson, L. 1981. *Sea Guide to Whales of the World.* Hutchinson and Co. Ltd, London.

Whitfield, Philip (Hrg.). 1985. *Longman World Guide to Mammals.* Longman Group Limited, Harlow.

Wilson, E.O. (Hrg.). 1988. *Biodiversity.* National Academy Press, Washington D.C.

World checklist of threatened mammals. 1987. Nature Conservancy Council, England.

World Wildlife Fund. 1987/88 Yearbook. World Wildlife Fund Education Division, Gland, Schweiz.